算法竞赛
入门笔记

谢子扬 尹志扬 / 编著

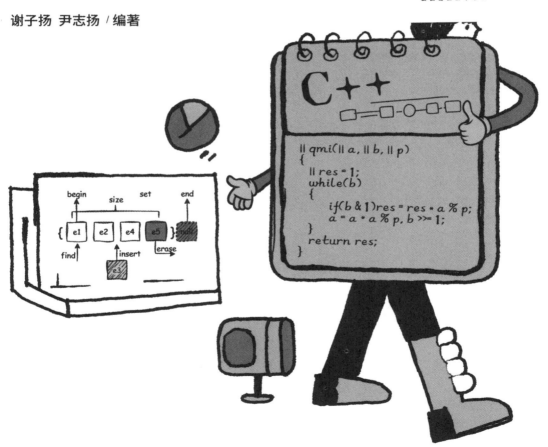

清华大学出版社
北京

内 容 简 介

本书从参赛者的视角出发，结合编者丰富的亲身竞赛经验，系统地介绍算法竞赛的关键知识点和核心技能。本书共13章，内容涵盖赛前准备、基础算法、STL容器、搜索技巧、动态规划、图论、数论、博弈论以及真题解析等重要主题。

本书的独特之处在于将算法竞赛中的实用知识点与竞赛题目紧密结合，并对高频考点和重要内容进行归纳总结。书中不仅详细讲解理论知识，还结合大量实战例题，使读者能够在实际问题中灵活运用所学算法。此外，书中提供的C++代码模板简洁高效，易于阅读和理解，便于快速上手练习。对于复杂的概念与核心算法，还配以直观的手绘图示说明，大大降低了学习难度，提高了学习效率。

本书讲解深入浅出，代码注释详尽，内容丰富实用，特别适合参加各类算法竞赛（如XCPC、蓝桥杯大赛、团体程序设计天梯赛等）的中学生和大学生阅读。同时，对于正在准备技术面试的求职者、希望提升编程技能的软件开发者以及算法爱好者来说，本书也是一本极佳的算法学习指南。

图书在版编目（CIP）数据

算法竞赛入门笔记 / 谢子扬，尹志扬编著. -- 北京：
清华大学出版社, 2025. 1. -- ISBN 978-7-302-67798-7
Ⅰ. TP301. 6
中国国家版本馆 CIP 数据核字第 20244CK041 号

责任编辑：王金柱
封面设计：王 翔
责任校对：闫秀华
责任印制：杨 艳

出版发行：清华大学出版社
　　　　　网　　　址：https://www.tup.com.cn，https://www.wqxuetang.com
　　　　　地　　　址：北京清华大学学研大厦 A 座　　　　　邮　　编：100084
　　　　　社 总 机：010-83470000　　　　　　　　　　　邮　　购：010-62786544
　　　　　投稿与读者服务：010-62776969，c-service@tup.tsinghua.edu.cn
　　　　　质量反馈：010-62772015，zhiliang@tup.tsinghua.edu.cn
印 装 者：小森印刷霸州有限公司
经　　销：全国新华书店
开　　本：185mm×235mm　　　　印　　张：28.5　　　　字　　数：685 千字
版　　次：2025 年 1 月第 1 版　　　　　　　　　　　　印　　次：2025 年 1 月第 1 次印刷
定　　价：119.00 元

产品编号：104317-01

[前言]
Preface

　　算法是计算机科学的核心，也是构建数字世界的基石。在众多计算机相关赛事中，算法竞赛以其高含金量和挑战性著称，例如中学生的 NOI 信息学竞赛、大学生的 ICPC/CCPC 赛事以及蓝桥杯大赛、天梯赛等。特别是对于大学生来说，拥有算法竞赛的经历和奖项不仅能够显著提升个人简历的质量，还能为未来的职业发展奠定坚实的基础。

　　进入大学之前，我没有任何编程经验。经过近两年的努力，我有幸在算法竞赛中取得了不错的成绩，并在退役后帮助许多同学一起学习并获奖。在这个过程中，我积累了大量关于算法和数据结构的学习心得。然而，随着时间流逝，这些宝贵的知识可能会逐渐淡忘，这让我感到非常遗憾。因此，萌生了撰写一本书的想法，以记录下这段宝贵的经历与收获。

　　正当此时，清华大学出版社编辑王金柱先生向我发出了邀请，我们很快达成了共识，决定将这个想法变为现实——《算法竞赛入门笔记》由此诞生。写作期间，我还担任了蓝桥云课 C/C++ 组官方讲师一职，通过线上平台向成千上万的学生传授我的经验和技巧。他们的学习热情以及对本书的期待给了我极大的动力，也坚定了我完成这本书的决心。此外，还有许多读者朋友不断催促本书早日面世，在此向大家表示衷心感谢！

　　《算法竞赛入门笔记》不仅仅是一本关于算法或编程语言的专业教材，它更注重于竞赛中的实用知识点与竞赛题目的结合。面对众多的竞赛知识点，我将其中的高频考点和重要内容进行了归纳整理，分成了基础算法、STL 容器、搜索、动态规划、图论、数论、博弈论等多个方面的内容。其中有丰富的代码模板、算法图解、典型例题解析等，旨在帮助初学者快速掌握关键概念并应用于算法竞赛实践中去。

　　本书特别适合那些刚开始接触算法竞赛的学生，希望通过系统化指导克服学习障碍，建立自信，最终能够在激烈的竞争中脱颖而出。同时，我也分享了自己在训练和参赛过程中积累的经验教训，希望能为广大读者提供有价值的参考信息。

　　学习算法竞赛的道路并非一帆风顺，但请相信，从零基础开始并不意味着没有机会站在领奖台上。本书将陪伴你，一步一步走过这段充满挑战与收获的学习旅程。

最后，我要特别感谢尹志扬先生与我共同编写此书；感谢曾经并肩作战过的 ACM 队伍"再睡五分钟"；感谢武汉理工大学 ACM 协会的所有教练员及成员们的支持；还要对所有给予宝贵意见的同学、读者以及粉丝朋友们说一声谢谢！

愿《算法竞赛入门笔记》成为你踏上算法竞赛征途的第一步，成为你在这条道路上最可靠的伙伴之一，助你披荆斩棘，勇攀高峰。让我们携手开启这场智慧与勇气并存的旅程吧！

谢子扬

2024.10.25

Contents

赛前准备

欢迎踏入算法竞赛的精彩世界。在本书的第1章中，我们将为你揭开赛前准备的神秘面纱。从ACM-ICPC到蓝桥杯、天梯赛，我们将逐一介绍这些顶级赛事的赛制和特点，让你对算法竞赛有一个全面而深入的了解。同时，我们还将探讨竞赛语言的选择、编程环境的搭建以及训练平台的使用，助你在竞赛中游刃有余。最后，我们将提供能力要求和学习建议，引导你在算法竞赛的道路上稳步前行。让我们一起开启这段充满挑战与收获的旅程吧！

1.1　算法竞赛简介

算法竞赛是一种竞技活动，旨在通过解决一系列算法问题来展示和比较参赛者的编程能力。在算法竞赛中，参赛者需根据题目的要求设计和实现高效算法，并在限定时间内提交并运行程序。这些算法问题通常涉及计算机科学和算法设计的多个领域，如图论、动态规划、搜索、字符串处理、数论等。参赛者需灵活运用算法思维、编程技巧和创造力来解决这些问题。比赛通常设置时间限制，参赛者需在规定的时间内尽可能多地解决问题，设计出正确且高效的算法，并得到正确的输出。

提交的程序会经过自动评测系统的测试，以验证程序的正确性和效率。根据正确解决题目的数量和用时，参赛者被排名并获得相应奖励，激励参赛者不断提升算法设计和编程能力，寻求更优的解决方案。算法竞赛不仅是一项技术竞赛，还是学习和交流的平台。参赛者通过与其他优秀选手的竞争，学习他人的解题思路，分享经验和技巧，不断提升自身能力。

算法竞赛不仅考察参赛者的算法和编程能力，还培养他们的问题解决能力、团队合作意识和压力管理能力。算法和编程技能是基础，持续的训练和技术提升，以及对算法和数据结构的深入理解与应用至关重要。

此外，团队合作的重要性不可忽视。很多算法比赛是团队比赛，高效沟通、合理分工对成功解决问题至关重要。最后，良好的心态也非常关键。比赛中难免会遇到困难和挑战，保持冷静，坚持不懈，并从失败中汲取教训，是获得成功的重要因素。

以下是程序设计竞赛的常见赛制。

1. ACM-ICPC赛制

- **分数计算**: 只有问题完全解决时才能计入AC（Accepted）题数。分数还受提交时间和错误次数的影响，错误提交会增加"罚时"。AC题数越多且罚时越少的选手排名越高。
- **反馈方式**: 提供实时反馈，选手可在短时间内看到提交结果。
- **排名方式**: 按AC题数降序排列，若选手得分相同，则排名按照罚时升序排列。
- **优点**: 竞技感强，刺激，实时反馈增加紧张感。
- **缺点**: 无法通过部分得分或"骗分"提升成绩。

2. OI赛制

- **分数计算**: 每道题根据得分点计分（对了多少个点得多少分），选手只能提交一次（离线），每道题的最终得分为最后一次提交的得分。
- **反馈方式**: 无实时反馈。
- **排名方式**: 无罚时，总得分多者排名更高。
- **优点**: 有期待感（等待评测结果），可通过部分得分积累总分（有骗分机会）。
- **缺点**: 无实时反馈，需等待评测结果。

3. IOI赛制

- **分数计算**: 每道题根据得分点计分（对了多少个点得多少分），选手可提交多次，每道题的最终得分为最后一次提交的得分。
- **反馈方式**: 提供实时反馈，提交后可在短时间内看到结果。
- **排名方式**: 无罚时，总得分多者排名更高。
- **优点**: 提供实时反馈，有机会通过部分得分累积总分（有骗分机会），对选手更友好。
- **缺点**: 相较于ACM-ICPC，比赛的竞技感稍弱，可能不那么刺激。

1.1.1　ACM-ICPC 简介

ACM-ICPC（Association for Computing Machinery International Collegiate Programming Contest，国际大学生程序设计竞赛）是世界上最具声望、最具挑战性的大学生程序设计比赛之一，被誉为计算机领域的顶级赛事之一。

最初，ICPC由ACM（Association for Computing Machinery，国际计算机学会）赞助，尽管ACM现在已不再担任赞助方，比赛仍被习惯性地称为ACM-ICPC。

1. 竞赛形式与目标

ACM-ICPC是一项多轮的团队竞赛，旨在考察参赛者的算法设计和编程能力。每支参赛队伍由三名大学生组成，他们需在限定时间内解决一系列编程问题。

2. 题目类型

比赛题目涵盖计算机科学和算法设计的各个领域，包括图论、动态规划、搜索、字符串处理和数论等。每道题目要求参赛者设计并实现一个正确且高效的算法来解决问题。

3. 比赛规则

比赛通常持续数个小时（通常为 5 个小时），每支参赛队伍只能使用一台计算机，并且仅限使用官方指定的编程语言（例如 C/C++、Python）。参赛队伍需要根据题目要求编写程序，提交后由评测系统运行，生成正确的输出结果。

4. 评判与排名

提交的程序将由自动评测系统进行测试，以验证其是否能够正确、有效地解决问题，并在限定的时间内运行完成（即符合时间复杂度的要求），有些题目对内存的使用量有所限制，即符合空间复杂度的要求）。参赛队伍的排名根据解决问题的数量和用时长短，即解决问题越多且用时越短的参赛队伍排名越高。

5. 挑战与竞争

ACM-ICPC为参赛者提供了一个充满挑战和竞争的舞台，激发他们的创造力和解决问题的能力。参赛者需在紧张的环境中思考问题、分析算法、调试程序，并在限制时间内提交解决方案。

ACM-ICPC是分级别进行的比赛，分为区域赛、区域决赛和世界总决赛。区域赛的优秀队伍将获得参加区域决赛的资格，每个区域决赛的优秀队伍将获得参加国际总决赛的资格。国际总决赛汇聚了来自世界各地的顶尖参赛队伍，代表各个国家和地区进行最终角逐。

6. 赛季赛程

ACM-ICPC赛事及时间如表1-1所示。

表 1-1　ACM-ICPC 赛事及时间

赛　　事	时　　间
ICPC/CCPC 网络赛	8 月底至 9 月初
ICPC/CCPC 区域赛	9 月底至 11 月底
ICPC EC Final/CCPC Final	12 月中下旬
ICPC 世界总决赛	次年 4 月至 6 月

当然，具体的日期可能会根据每年的赛事安排有所不同。

7. 参赛建议

如果你决定开启自己的ACM-ICPC之旅，那么就义无反顾地走下去吧！以下是一些参赛建议。

● 基础知识打牢：这是任何事情的基础。首先，你需要确保编程基础知识扎实，包括对编程语言、算法理论、数据结构的深入理解，以及对数学知识的掌握。

- 大量练习：ICPC是一个实践性很强的竞赛。你需要对各种问题进行大量实践，以掌握解决这些问题的策略和方法。参加在线竞赛，解决各类编程问题，尝试更复杂的题目，都是提升自己能力的有效方法。
- 学习新技术和算法：编程领域不断发展，总有新技术和算法出现。因此，保持学习新知识的热情和兴趣很重要。新的、之前未接触过的算法，有时可能是解决问题的关键。
- 团队协作：ICPC是一项团队竞赛，良好的团队协作至关重要。你需要学习如何与队友有效地沟通，分享思考和解决问题的方法，并合理分配任务。
- 比赛策略：ICPC的比赛规则和格式特殊，采用一定的比赛策略会非常有帮助。例如，你需要懂得如何在比赛开始时快速浏览并评估所有题目的难度，如何优先选择要解决的问题，以及如何有效利用提交次数和罚时等。
- 保持冷静和理智：在比赛压力下，保持冷静和理智非常重要。不要因一时的失败或困难而沮丧，保持冷静，理智分析问题，寻找解决方法，以积极的态度面对赛场。
- 积累比赛经验：多参加比赛可以帮助你适应比赛的压力和环境，提高你解决问题和团队协作的能力。

1.1.2 CCPC 简介

中国大学生程序设计竞赛（China Collegiate Programming Contest，CCPC）是中国高校中最具影响力的大学生程序设计竞赛之一，常年得到华为、腾讯等大厂的赞助。你可以将其理解为中国版的ICPC，但它们是两个不同的比赛。如果你能在ICPC或CCPC的任何比赛中取得奖项，都将受到大厂HR的关注。

CCPC的参赛队伍由三名大学生组成，每队需要在规定时间内解决一系列编程问题。比赛采用多轮赛制，每轮比赛都会有一组编程问题，参赛队伍通过编写程序解决这些问题，并提交给评测系统进行自动评测。注重参赛队伍的算法设计、编程实现和问题解决能力。队伍需要根据问题的要求，设计出高效、正确的算法，并在限定时间内完成编程实现。

CCPC是一项激烈的竞赛，参赛队伍需要在有限的时间内迅速分析问题、设计算法，并通过合理的编程实现获得正确的解答。比赛排名根据参赛队伍解决问题的数量和总用时来确定。通过参加CCPC，大学生能够锻炼自己的算法设计和编程能力，提高解决问题的能力和团队协作精神。

1.1.3 NOIP/NOI/ CSP-J/S 简介

1. 信息学奥林匹克联赛NOIP

全国青少年信息学奥林匹克联赛（National Olympiad in Informatics in Provinces，NOIP）自 1995 年起至 2022 年已举办 28 次，每年由中国计算机学会统一组织。初、高中或其他中等专业学校的学生可报名参加该联赛。NOIP 在同一时间、不同地点以各省市为单位，由特派员组织，采用全国统一大纲和试卷。联赛分初赛和复赛两个阶段。初赛主要考察通用和实用的计算机科学知识，以笔试形式进行；复赛则为程序设计，要求在计算机上调试完成。参加初赛的选手必须达到一定分数线，才有资格参加复赛。联赛设有入门组（Junior）和提高组（Senior）两个组别，难度不同，分别面向初中和高中阶段的学生。

2. 全国青少年信息学奥林匹克竞赛

全国青少年信息学奥林匹克竞赛（National Olympiad in Informatics，NOI）由中国计算机学会（China Computer Federation，CCF）主办，旨在向中学生普及计算机科学知识，培养学生的算法设计和编程能力。

信息学奥赛与数学、物理、化学、生物奥赛并称为奥林匹克五大联（竞）赛，是高校自主招生中含金量最高的赛事之一，被视为进入名校的重要途径。信息学奥赛通常分为入门组和提高组两个级别，分别适合不同编程基础和学习阶段的学生。

3. CSP-J/S

CSP-J/S（Certified Software Professional - Junior/Senior，非专业级别的能力认证）是一项全国性的计算机算法和编程能力认证，分为入门组和提高组两个级别。该认证自2019年起每年在全国范围内举行，遵循统一大纲，旨在普及编程和计算机科学知识。在CSP-J/S中表现优异的参赛者将有机会优先参加后续的全国青少年信息学奥林匹克竞赛系列活动。

1）级别

（1）入门组

入门组是较低级别的比赛，主要面向小学生和初中生，题目难度相对较低。考核内容包括计算机基础知识、编程基础、数据结构入门及常见算法，如枚举、贪心算法、递归、动态规划、深度优先搜索（Depth-First Search，DFS）和广度优先搜索（Breadth-First Search，BFS）等。尽管入门组题目有一定难度，但相较于提高组仍显简单。

（2）提高组

提高组的难度更高，考核内容覆盖复杂的数据结构、高中及部分大学阶段的数学知识以及更具挑战性的算法。题目难度甚至可能超过本科计算机相关专业的课程水平。

2）与NOIP的关系

NOIP（National Olympiad in Informatics in Provinces，全国青少年信息学奥林匹克竞赛）是一项在秋季学期举办的全国性信息学竞赛。由中国计算机学会统一命题，并由各省特派员组织考试。在2019年前，NOIP分为入门组和提高组两个组别，改革后主要面向高中阶段的高水平选手。在NOIP中表现优异的选手将有机会参加省队选拔，进而获得参加全国青少年信息学奥林匹克竞赛的资格。

3）竞赛时间安排

CSP-J/S的竞赛时间安排见表1-2。

表 1-2　CSP-J/S 的竞赛时间安排

时　间	赛事考级名称	主　办　方
9 月	CCF 计算机软件能力认证（CSP-J）初赛	中国计算机学会
9 月	CCF 计算机软件能力认证（CSP-S）初赛	中国计算机学会
10 月	CCF 计算机软件能力认证（CSP-J）复赛	中国计算机学会
10 月	CCF 计算机软件能力认证（CSP-S）复赛	中国计算机学会

4. NOI冬令营

NOI冬令营（全国青少年信息学奥林匹克竞赛冬令营）是由中国计算机学会在寒假期间组织的为期一周的培训活动。NOI冬令营包括授课、讲座、讨论和测试等内容，旨在为选手提供深入的算法和编程技能培训，帮助他们在后续比赛中提升竞争力。

5. 国际信息学奥林匹克竞赛

国际信息学奥林匹克竞赛（International Olympiad in Informatics，IOI）是全球最具影响力的信息学竞赛之一，参赛选手为全世界各国通过本国计算机竞赛选拔出来的中学生。每个国家最多可派出4名选手参赛，这些选手通常在国家级信息学竞赛中表现优异，经过严格选拔后脱颖而出。

6. 中国国家队选拔

国际信息学奥林匹克竞赛中国国家队选拔赛（China Team Selection Competition，CTS）是面向中国国家队集训队员的选拔活动，通常与NOI冬令营同期举办。选拔内容包括作业测试、集训环节、冬令营交流、线下选拔测试及现场答辩等，最终选出4名选手组成中国国家队，代表中国参加IOI。

7. 省选

省选是在NOI冬令营之前由各省组织的省级代表队选拔赛，用以确定参加NOI冬令营的选手名单。自2022年起，省选采用全国统一命题和统一时间，在各省同步举行。每个省份基本名额为4名男生和1名女生。此外，根据实际情况可能会增加激励名额或重大贡献奖励名额。

8. 晋级路线

从CSP至IOI的晋级路线大致如图1-1所示。

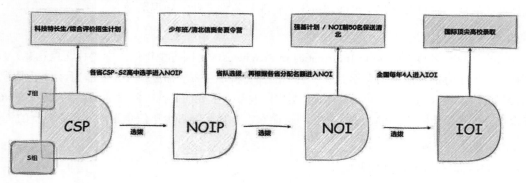

图 1-1　从 CSP 至 IOI 的晋级路线图

1.1.4　蓝桥杯简介

蓝桥杯全国软件和信息技术专业人才大赛是中国规模最大、影响力最广的IT技术类赛事之一。赛事分为个人赛和团队赛两个阶段，内容涵盖计算机程序设计、软件开发和算法设计等领域。

蓝桥杯由教育部、工业和信息化部等多部门联合主办，旨在选拔和培养优秀的软件和信息技术人才。比赛包括在线笔试与实践环节，参赛者需解决一系列编程和算法问题。题目范围广泛，涵盖计算机科学、软件工程及网络技术等多个方向，注重对参赛者综合能力和创新思维的考察。

参赛者需熟练掌握编程语言、算法和数据结构，具备分析和解决实际问题的能力。比赛不仅为参赛者提供展示才华和锻炼技能的平台，还为他们创作了与其他优秀人才交流和学习的机会。成绩优异的参赛者还有机会参加国际级竞赛与相关项目。

作为中国软件和信息技术领域最具影响力的大赛之一，蓝桥杯在培养和选拔优秀人才方面发挥了重要作用。

1.1.5　天梯赛简介

天梯赛是一项面向程序员的高水平竞技赛事，由全国高等学校计算机教育研究会主办，联合主办单位还包括教育部高等学校计算机类专业教学指导委员会、教育部高等学校软件工程专业教学指导委员会和教育部高等学校大学计算机课程教学指导委员会。

天梯赛的参赛者需在规定的时间内解决一系列编程问题并提交解答。问题内容涵盖算法设计、数据结构和编程技巧等方面，要求参赛者能够快速思考并实现高效的解决方案。天梯赛的评判系统会自动测试参赛者提交的程序，并根据正确性和效率评估成绩和排名。

天梯赛分为三个组别：珠峰争鼎（本科组）、华山论剑（本科组）和沧海竞舟（专科组）。

参赛规则包括：

- 本科生可报名参加"珠峰争鼎"或"华山论剑"组，专科生可自由选择任一组别。
- 每支参赛队最多由10名队员组成，队员必须为所属高校的在册本科生或专科生。若队伍中有本科生，则不得报名"沧海竞舟"组。
- 每所高校参赛队伍数量不设上限，但只有成绩最好的3支队伍参与计分和评奖。如果同一所高校的参赛队伍报名参加不同组别，则按照最高组别确定高校的排名，只计算该组别最佳3支参赛队伍的得分。
- 曾获得两届全国个人冠军奖的队员不得再次参赛。

其他规定：

- 每队必须配备至少一名教练，教练必须是参赛高等学校的正式教师，负责指导和联络工作，并确保队员符合规程要求。
- 参赛队伍必须提供由学校或学院教务部门出具的队员身份证明。
- 欢迎中学生友情参赛，但仅能参与个人奖评选，且必须经竞赛专家委员会批准后方可报名（可参加任一组别）。

1.2　语言和工具

在算法竞赛中，选择合适的竞赛语言、搭建高效的编程环境，以及利用优质的训练平台是取得优异成绩的关键。本节将引导读者了解这些核心要素，帮助读者在竞赛中发挥最佳水平。

1.2.1　竞赛语言

高水平赛事中常用的编程语言包括C++、Java和Python，它们各具特色，适用于不同场景。C++以高执行速度和丰富的标准库著称，适合处理大规模数据和复杂算法，同时提供对指针和内存管理的细粒度控制。Java具有简洁的语法、强大的面向对象特性和丰富的标准库，适用于大型项目和图形界面开发，但执行速度稍慢。Python则凭借其简洁高级的语法和广泛的第三方库备受欢迎，学习门槛低，但执行效率较低，不适合高性能要求的竞赛题目。

常用的编译工具包括支持多语言的VS Code、快速轻便且功能强大的Sublime Text，以及适用于Java的IntelliJ IDEA和适用于C++的CLion。虽然赛事允许使用多种编程语言，C++因其高效性和强大的标准库（如STL）而被广泛推荐。然而，最终的选择取决于个人偏好、熟悉程度和竞赛要求。建议选择自己最擅长的语言和熟悉的开发环境（包括编译工具），以便专注于解题和算法实现。

1.2.2　编程环境

算法竞赛大多使用C++，因为C++具有强大的标准库和高效的内存管理能力，提供丰富的数据结构和算法工具。C++的高执行速度使其能够应对大规模数据和复杂计算，可以满足算法竞赛的高性能要求。此外，由于C++的灵活性和广泛使用，使得大量算法竞赛资源和题解多以C++编写，方便选手学习和参考。

对于尚未接触过C++的选手，可以优先使用自己熟悉的语言（如Python），并在后续学习算法的过程中逐步掌握C++。

1.2.3　训练平台

Codeforces是全球广受欢迎的在线编程竞赛平台，题目涵盖算法、数据结构和动态规划等领域，定期举办比赛以提升选手的竞赛技能。

AtCoder是日本知名的在线竞赛平台，提供各种难度的编程题目，通过定期比赛让选手与全球选手竞争，以便在竞赛中不断提高选手的水平。

LeetCode是一个全面的刷题平台，为用户提供丰富的面试题和算法题，配有讨论区和解题，方便用户交流学习。

HDU、POJ和ZOJ等学校的OJ平台也有大量经典题目，适合练习C++语法和基础算法。本书有配套的在线判题系统（Online Judge，OJ），名为星码StarryCoding，特别适合初学者使用。

此外，许多高校会组织校内编程竞赛和训练活动。读者可以参加校内或周边学校的竞赛，与其他同学切磋技艺，并向优秀选手学习，能够快速积累经验和成长。需要注意的是，在选择训练平台时，应根据自身水平和目标，挑选适合的题目类型和难度，循序渐进，从基础逐步挑战更高难度，以不断提升解题能力和编程技巧。

准备参加竞赛或学习编程语言时，读者可能会遇到一些常见的术语，如表1-3所示。

表 1-3　常见的术语

缩　写	英文全称	中文解释
cf	Codeforces	全球最大算法平台
atc	AtCoder	日本算法平台
WF	World Final	全球总决赛
AC	Accepted	答案正确/通过
WA	Wrong Answer	答案错误
PE	Presentation Error	格式错误
RE	Runtime Error	运行时错误
CE	Compilation Error	编译错误
MLE	Memory Limit Exceed	超出内存限制
TLE	Time Limit Exceed	超出时间限制/运行超时
OLE	Output Limit Exceed	输出超出限制

1.3　能力要求和学习建议

如果你想参加算法竞赛，这里有一些建议，可能对你有所帮助。

1.3.1　如何迈出算法竞赛第一步

加入ACM校队的第一步是打下坚实的基础并不断练习。首先，学习并掌握计算机科学和算法的基础知识，例如数组、链表、树、排序算法以及图论等。刷题是提高技能的重要方法之一，可以通过在线平台（如Codeforces、AtCoder、LeetCode和牛客等）解决各种难度的编程问题。

参加校内竞赛展示自己的实力，争取取得好成绩，以吸引校队的关注。积极参与ACM的训练和选拔活动，在这个过程中评估自己的水平，同时向教练和学长请教以提升解题能力。通过ACM校队选拔赛展示你的解题能力和团队协作精神。

加入ACM社群，例如学校的ACM俱乐部或训练队，与其他选手交流、分享经验，提升整体水平。与此同时，关注最新的算法和竞赛动态，不断学习新的知识与技巧。通过参加其他竞赛、项目或研究，拓展自己的视野，逐步提升实力，最终成功进入ACM校队。

只要你对算法充满热情，现在就开始行动吧！

1.3.2　如何合理且高效地训练

首先，从基础题目开始，建立扎实的计算机科学和算法基础。通过刷一些基础和简单题目，总结通用模板和解题思路，以便应对类似或改编题目。解决问题后，务必进行详细分析与复盘，回顾解题过程，探索其他可能的解法，分析时间和空间复杂度，并学习更加优雅、高效的解法。

组建或加入竞赛团队，与队友一起训练和刷题，通过分享思路和经验促进学习，提升团队合作与沟通能力。定期参加本地、区域或在线编程竞赛，积累实战经验，锻炼在竞赛环境下的应变能力、时间管理和调试代码的技巧。

此外，阅读优秀选手的解题报告、博客和教程，学习他们的思维过程和解题策略，从中汲取灵感和指导。由于编程竞赛题目和技术不断发展，持续更新自己的算法和数据结构知识，掌握新的解决方法尤为重要。设定阶段性目标，挑战更高难度的题目，追求更好的竞赛排名，持续突破自我，挑战极限，提高技能水平。

1.3.3　补题和总结的重要性

补题和总结是编程竞赛中不可或缺的环节。竞赛本身是在高压环境下进行的，对心态、经验和技巧的提升具有重要作用，但其中的知识盲点和漏洞往往需要通过赛后补题来完善。

在比赛中遇到未能解决的问题，赛后可以专门花时间学习和研究这些问题，寻找解决方案。这不仅能帮助你掌握新知识和技能，还能帮助你加深对复杂概念的理解。每一个问题都是新的挑战，通过补题，你能提升解决问题的能力，并强化思考和分析问题的能力。

同时，总结同样重要。总结是反思与改进的过程，通过回顾比赛表现，发现自身优点和不足。总结可以帮助你理清思路，加深对问题和解法的理解。你可以通过记录自己的思考过程和解决步骤，清晰地了解解题策略与方法。这样的记录还可作为未来的思考基础，为下一场比赛提供宝贵的经验和指导。

补题与总结是从竞赛中学习和提升的关键环节。通过不断地补题和总结，你不仅能从错误中吸取教训，还能显著提高自己的能力，为未来的竞赛做好准备。

1.3.4　如何正确看待算法竞赛的付出和收益

参加算法竞赛需要投入大量的时间和精力。为了在比赛中取得好成绩，你需要学习新的算法和数据结构，解决训练题目中的问题，参加模拟比赛等。这些准备工作可能会占用你的休息时间，并影响其他活动。然而，这些付出是提升编程能力和解题技巧的必要过程。通过比赛，你会接触到课堂上难以深入学习的许多高级算法和数据结构（其中一些在实际工作中可能用得不多），以显著提升自己编写高质量代码和快速解决问题的能力。

尽管在短期内可能会感到疲劳或压力，但这些努力会带来坚实的技能和宝贵的经验积累，对个人成长和职业发展都大有裨益。这些能力不仅在比赛中有用，在实际的软件开发中也能显著提高工作效率。此外，优秀的比赛成绩可能为你赢得奖项，并成为简历上的亮点，但更重要的是这些成绩背后的能力和经验。因此，不应过度关注奖项本身，而应重视学习与自我提升的过程。

团队比赛还能够培养团队协作与沟通能力，这是任何职业都极为重要的技能。无论未来是否从事编程相关工作，这些能力都会让你受益匪浅。

总的来说，参加算法竞赛虽然需要付出许多努力，但其收益也是显而易见的。不过，每个人的目标和情况都不同，你需要根据自身情况决定是否参赛，以及如何平衡投入的时间和精力。更重要的是，无论是否选择参与，都要明白比赛只是提升和展示自己能力的一种途径，结果固然重要，但在这个过程中的学习和收获更值得重视。

最后，提醒各位同学，算法竞赛并非一条轻松且高性价比的道路。它要求你承受孤独、接受失败，同时也能带来追逐荣誉的满足感。如果你选择这条道路，请做好充分准备，享受其中的挑战与成长。

第 2 章

基础语法

　　掌握一门编程语言是参加竞赛的基础。本章以C++语言为例，系统介绍其基础语法和编程要领。通过学习本章的内容，相信你能够快速上手C++编程，并用这门语言高效地解决实际问题。

2.1　第一个程序：Hello World

　　为了编写代码，我们需要安装一个IDE（Integrated Development Environment，集成开发环境）。适合新手的常用IDE包括Dev-C++和Code::Blocks等，这些软件的安装过程相对简单，建议读者自行查阅相关资料完成安装。

　　不建议新手使用Visual Studio或VS Code，因为它们的配置相对复杂。当然，这也归因于它们的功能过于强大，新手暂时用不到如此多的功能。

　　在计算机编程中，"Hello, World!"程序通常用于教授编程语言的基础语法，或用于测试编程语言、编译器或开发环境。本节将介绍如何用C++编写一个"Hello World!"程序，开始你的编程学习之旅。

2.1.1　程序示例

　　以下是一个C++的"Hello, World!"程序的示例：

```
#include <iostream>

int main() {
    std::cout << "Hello, World!" << std::endl;
    return 0;
}
```

这段程序使用C++的标准输入/输出库（iostream）中的cout对象和endl操作符，将字符串"Hello, World!"输出到控制台。程序的最后返回状态码0，表示程序正常结束。

下面解释一下上面这段文字中的一些概念：

- 标准输入/输出库：C++官网提供的库，用于处理输入/输出操作（通常是在控制台上）。开发者可以调用其中的函数或对象来实现数据的输入/输出，例如从键盘读取数据或将内容输出到屏幕。
- 库：类似于一个工具箱，提供了各种各样的工具和功能，开发者通过包含或引入（#include）即可直接使用，避免从零开始编写复杂的功能。
- 字符串：由一系列字符组成的文本序列，用于表示文字内容。在C++中，字符串常以双引号包裹，例如"Hello"或"Welcome"，也就是以双引号作为起止符号。

如果暂时看不懂这些概念，也不用担心，可以先尝试将代码复制到开发环境中，然后运行程序看看效果。在学习编程语法时，尤其需要注意符号的正确性，例如冒号、括号等，不要写错或漏写。

2.1.2 头文件

在C++中，头文件是包含程序所需的函数声明、变量声明和类型定义的文件。

例如，#include <iostream>这一行代码引入了iostream头文件。

iostream库提供了基本的输入/输出功能，例如我们在上面的"Hello, World!"程序中用到的std::cout和std::endl。

 在算法竞赛中，<bits/stdc++.h>这个"万能头文件"被广泛使用，它几乎涵盖所有常用的头文件，包括输入/输出库、各种标准模板库（Standard Template Library，STL）、数学库等。然而，需要注意的是，有些较旧的在线判题系统可能并不支持这个万能头文件。

开发者只需要引入头文件，就可以使用库中的所有内容，包括宏、对象、函数、方法等，从而大幅度提高开发效率。

2.1.3 命名空间

在C++中，命名空间是一种用于防止命名冲突的机制。

命名空间可以包含变量、函数、类型等。例如，在上面的"Hello, World!"程序中，std::cout和std::endl实际上位于std命名空间中。写成std::cout表示我们要使用的是std命名空间中的cout对象。

当然，我们也可以在程序开头加上using namespace std;这行代码，这样在后续代码中就可以直接使用cout和endl，而不需要加上std::前缀。

然而，在大型或复杂的程序中，为了防止命名冲突，通常推荐使用完整的std::cout和std::endl。下面两种写法都是正确的。

使用using namespace std;的代码：

```cpp
#include <iostream>        // 引入输入/输出流库
using namespace std;       // 使用标准命名空间，可以直接使用cout和endl而无须加上std::前缀
```

```
int main()        // 主函数，程序的入口点
{
    cout << "Hello, World!" << endl;   // 输出"Hello, World!"并换行
    return 0;     // 返回0表示程序正常结束
}
```

不使用using namespace std;的代码：

```
#include <iostream>  // 引入输入/输出流库
int main()              // 主函数，程序的入口点
{
    std::cout << "Hello, World!" << std::endl; // 使用std::前缀来访问标准命名空间中的cout和endl
    return 0;              // 返回0表示程序正常结束
}
```

2.1.4 main 函数

在C++程序中，main函数扮演着至关重要的角色。它是整个程序的入口点，也是操作系统（包括几乎所有在线判题系统OJ）默认的启动程序的起点。

每个程序只允许有一个main函数。

在前面的"Hello, World!"程序中，int main()这行代码定义了一个返回值为int类型的main函数，该函数不接受任何参数（关于函数和参数的详细介绍将在后续章节展开）。

函数体由一对花括号（{}）包围，在花括号内的所有代码都属于这个函数。

在main函数中，return 0;这行代码表示该函数的返回值为0。

 在操作系统中，程序的返回值0通常表示该程序正常结束。如果发现程序运行完毕后返回值不是0，则说明程序在执行过程中发生了某种异常，也就是出现运行时错误（Runtime Error, RE），这时需要检查程序中是否有隐藏的错误，一般是数组越界或非法、无限递归等。

2.2 输入与输出

对于任何一个程序来说，输入/输出是与用户交互的核心功能。用户通过输入给程序提供数据，程序再通过输出向用户显示处理结果。

2.2.1 scanf 和 printf

scanf和printf是C语言中的输入/输出函数，不过在C++中也可以使用，并且具有较高的执行速度。

- scanf: 用于从标准输入（通常是键盘）读取数据。例如，scanf("%d", &num);用于读取

用户输入的一个整数，然后把这个整数的值存储到变量num中。在这个函数中，"%d"是格式符，表示要读取的数据是整数类型。注意，在num前面要加上 "&" 表示取出num这个变量的地址，因为C语言是面向过程的编程语言，并且没有引用类型，所以想要在函数内改变一个变量的值，就得把变量的地址传入函数。

- printf：用于向标准输出（通常是屏幕）写入数据。例如，`printf("%d", num);`就是把变量num的值显示在屏幕上。同样，"%d"表示我们要输出整数类型的数据。

2.2.2　cin 和 cout

C++提供了更高层次的输入/输出方式，分别是cin和cout，它们是基于标准输入/输出对象的。

- cin：用于从标准输入读取数据。例如，`cin >> num;`用于读取用户输入的一个整数（假设num是一个整数变量），然后把这个整数的值存储到变量num中。
- cout：用于向标准输出写入数据。例如，`cout << num;`用于把变量num的值显示在屏幕上。

与scanf和printf相比，cin和cout的优势在于，它们能够自动识别变量类型，无须指定格式符，这使得代码更加简洁易读。例如以下代码，虽然输入/输出的数据类型不同，但是我们无须修改输入/输出的代码，无论num和str两个变量是什么数据类型，cin和cout两行代码都不针对不同数据类型进行修改。

```cpp
#include <iostream>
#include <string>
using namespace std;

int main()
{
    int num;                // 定义一个整型变量num
    string str;             // 定义一个字符串变量str
    cin >> num >> str;      // 从标准输入读取一个整数和一个字符串，分别赋值给num和str
    cout << num << str;     // 将num和str输出到标准输出
    return 0;               // 返回0表示程序正常结束
}
```

在这个示例程序中，首先引入（即包含）了头文件，然后使用std命名空间避免频繁加前缀。接下来，定义了一个整型变量num和一个字符串变量str。通过使用cin对象，我们可以从标准输入读取一个整数和一个字符串，并将它们分别存储在变量num和str中。最后，我们使用cout对象将num和str的值输出到标准输出。

与scanf和printf相比，cin和cout的速度稍慢，在处理大量输入/输出的情况下，通常可以通过关闭同步流来提高读写速度，这也是算法竞赛中比较好的实践。这可以通过以下代码实现：

```cpp
ios::sync_with_stdio(0);
cin.tie(0);
cout.tie(0);
```

2.2.3　各种输入/输出示例

1. 输入/输出整数

C：

```
scanf("%d", &num); printf("%d", num); // 使用C语言的scanf函数读取整数,然后使用printf函数输出整数
```

C++：

```
cin >> num; cout << num; // 使用C++的cin对象读取整数,然后使用cout对象输出整数
```

2. 输入/输出浮点数

C：

```
scanf("%f", &x); printf("%f", x); // 使用C语言的scanf函数读取浮点数,然后使用printf函数输出浮点数
```

C++：

```
cin >> x; cout << x; // 使用C++的cin对象读取浮点数,然后使用cout对象输出浮点数
```

3. 输入/输出字符串

C：

```
scanf("%s", str); printf("%s", str); // 使用C语言的scanf函数读取字符串,然后使用printf函数输出字符串
```

C++：

```
cin >> str; cout << str; // 使用C++的cin对象读取字符串,然后使用cout对象输出字符串
```

4. 输入/输出数组

循环的相关知识将在后续章节讲解,此处仅初步了解即可。

C：

```
for(i = 0; i < n; i++) {
    scanf("%d", &arr[i]);     // 使用循环逐个读取数组元素
}
for(i = 0; i < n; i++) {
    printf("%d ", arr[i]);     // 使用循环逐个输出数组元素
}
```

C++：

```
for(int i = 0; i < n; ++i) {
    cin >> a[i];              // 使用循环逐个读取数组元素
}
```

```
for(int i = 0; i < n; ++i) {
    cout << a[i] << ' ';          // 使用循环逐个输出数组元素，并在元素后输出一个空格字符
}
```

2.3 常用的基础数据类型和数学运算

在编程时，我们会处理很多数据，而数据在计算机中的表示需要依赖各种数据类型。同时，对数据的操作离不开各种运算，包括基本的加、减、乘、除以及更复杂的数学函数。

2.3.1 基本数据类型

在编写代码解决问题或参与竞赛时，我们必须明确要处理的数据类型。选择合适的数据类型可以简化问题，而错误的选择可能会导致错误的结果甚至程序无法编译。

- 整型（int）：在算法竞赛中，整型用得非常多，它用于存储整数。例如，在进行计数或作为数组的索引时，整型是不可或缺的选择。如果整数的数值范围超过了32位int的数值范围（−2, 147, 483, 648~2, 147, 483, 647），可以使用长整型（long long），它的数值范围是−9, 223, 372, 036, 854, 775, 808~9, 223, 372, 036, 854, 775, 807。

- 浮点型（float、double）：浮点型用于存储小数，包括正数、负数和零。当需要精确到小数点后几位时，就需要用到此类型。在算法竞赛中，double的使用更为频繁，因为它的精度高于float。

- 字符型（char）：字符型用于存储单个字符。例如，在涉及字符比较、查找或需要存储大量字符等需求时，就会用到字符型。字符数组构成字符串，可以处理更复杂的字符数据。

- 布尔型（bool）：布尔型只有两个值：真（true）和假（false）。在处理逻辑判断时，布尔型非常有用。例如，要判断一个数是否为质数，可以定义一个布尔型变量来存储结果。

此外，标准模板库（STL）提供了更多强大的数据类型，例如vector、map、string和set，能够帮助选手编写更高效的算法和实现复杂的数据结构，详见第4章。

2.3.2 常用的数学运算

基本运算和数学函数是编写算法的基本工具，理解并熟练使用这些工具能够帮助我们高效地解决问题。

- 基本运算：加法（+）、减法（−）、乘法（*）、除法（/）、取余（%）。需要注意的是，整数除法会直接舍弃小数部分，例如9/2的结果是4。取余运算（也称为取模运算）在处理循环问题或解决数论问题时，非常有用。

- 数学函数：C++的标准库提供了一些常用的数学函数，如sqrt（求平方根）、pow（求幂）、fabs（求绝对值）。这些函数在处理数学问题时非常有用。例如，在计算两点之间的欧几里得距离时，通常会用到sqrt函数。

【例1】假设有一个坐标平面，两个点的坐标分别为(x1, y1)和(x2, y2)，我们需要计算两点之间的距离

可以使用下面的距离（distance）公式：

$$distance = \sqrt{(x2-x1)^2 + (y2-y1)^2}$$

对应的C++实现代码如下：

```cpp
#include <cmath> // 引入cmath库，用于计算平方根和幂运算

// 计算两点之间的距离
double distance = sqrt(pow(x2-x1, 2) + pow(y2-y1, 2));
```

对于平方、立方等计算，为了效率和精度，建议直接使用变量相乘而非pow函数。

```cpp
#include <cmath> // 引入cmath库，用于计算平方根和幂运算
double dx = x2 - x1, dy = y2 - y1;
double distance = sqrt(dx * dx + dy * dy);
```

【例2】若干基本数学运算的整合

```cpp
#include <iostream>
#include <cmath> // 引入cmath头文件以使用数学函数
using namespace std;

int main() {
    // 声明变量
    int a = 5;
    int b = 3;
    double c = 2.5;
    double d = 1.5;

    // 基本算术运算
    int sum = a + b;           // 加法
    int difference = a - b;    // 减法
    int product = a * b;       // 乘法
    int quotient = a / b;      // 整数除法
    int remainder = a % b;     // 求余数

    // 输出基本算术运算结果
    cout << "Sum: " << sum << endl;
    cout << "Difference: " << difference << endl;
    cout << "Product: " << product << endl;
    cout << "Quotient: " << quotient << endl;
    cout << "Remainder: " << remainder << endl;

    // 高级数学运算
    double power = pow(c, d);      // 乘方
    double squareRoot = sqrt(c);   // 平方根
    double naturalLog = log(c);    // 自然对数
```

```
    double commonLog = log10(c);    // 常用对数
    double sine = sin(c);           // 正弦
    double cosine = cos(c);         // 余弦
    double tangent = tan(c);        // 正切

    // 输出高级数学运算结果
    cout << "Power: " << power << endl;
    cout << "Square Root: " << squareRoot << endl;
    cout << "Natural Log: " << naturalLog << endl;
    cout << "Common Log: " << commonLog << endl;
    cout << "Sine: " << sine << endl;
    cout << "Cosine: " << cosine << endl;
    cout << "Tangent: " << tangent << endl;

    return 0;
}
```

2.4　分支语句

在编程时，我们经常需要根据条件来决定执行哪些代码，这就需要用到分支语句。正确并熟练地使用分支语句是每个竞赛选手的基本技能之一。

2.4.1　if 语句

if语句是C++中最常见的分支语句之一，用于根据条件进行分支控制。其基本形式如下：

```
// condition是需要满足的条件
if (condition) {
    // codes to be executed if condition is true
    // 条件满足后，就会执行此处花括号中的语句块
}else{
    // 条件不满足，执行这里的语句块
}
```

其中，condition是一个布尔表达式，如果其值为true，则执行if块中的代码；否则执行else块中的代码。例如，我们可以用if语句来检查一个数是否为奇数：

```
// 定义一个整数变量num，并赋值为3
int num = 3;
// 使用 if 语句检查 num 是否为奇数
if (num % 2 == 1) {
    // 如果 num 除以2的余数等于1，则说明它是奇数
    // 输出 num 是奇数的信息
    cout << num << " is an odd number.";
}
```

如果要在condition中使用复合条件，则需要利用逻辑运算符&&和||进行逻辑运算。例如，若希

望同时满足条件c_1和c_2，则可以这样编写：

```
if(c1 && c2){
    // 当c1、c2同时为真时，执行这里的语句块
}
```

如果希望c_1和c_2两个条件只要有一个为真时，可以这样编写：

```
if(c1 || c2){
    // 当c1和c2中至少一个为真时，执行这里的语句块
}
```

如果想要构造更复杂的条件，可以配合圆括号来编写（圆括号的优先级最高，类似于四则运算中的圆括号）。需要注意的是，在C++的条件表达式中，不存在数学中常用的方括号（[]），所有括号都用圆括号（()）：

```
if(c1 || (c2 && c3)){
    // 当c1为真，或(c2, c3)同时为真时，执行这里的语句块
}else if(c2){
    // 当上一个条件不满足，但是满足c2为真时，执行这里的语句块
}
```

> **竞赛笔记**　&&和||是逻辑运算符。
>
> &&是"逻辑与"运算符，只有当两个操作数都为真（true）时，结果才为真。如果某一个操作数为假（false），那么无论另一个操作数是什么值，结果都是假。
>
> ||是"逻辑或"运算符，只要两个操作数中有一个为真，结果就为真。如果某一个操作数为真，那么无论另一个操作数是什么值，结果都是真。

在算法竞赛中，if语句被广泛用于控制程序的流程，例如在动态规划中，我们需要根据特定条件来更新状态值，或者在图论中，根据结点是否已访问来决定是否进一步探索等。

以下是一些if语句的示例程序。

【例1】根据年龄判断是否成年

程序代码如下：

```
// 定义一个整数变量 age，并赋值为18
int age = 18;

// 使用 if 语句检查 age 是否大于或等于18
if (age >= 18) {
    // 如果 age 大于或等于18，则输出提示信息
    cout << "你已经成年了。" << endl;
}else{
    cout << "你还没成年。" << endl;
}
```

【例2】根据分数判断成绩等级

程序代码如下：

```
// 定义一个整数变量score，并赋值为85
int score = 85;

// 使用 if-else 语句判断分数等级
if (score >= 90) {
    // 如果分数大于或等于90，则输出"Grade: A"
    cout << "Grade: A" << endl;
} else if (score >= 80) {
    // 如果分数大于或等于80且小于90，则输出"Grade: B"
    cout << "Grade: B" << endl;
} else if (score >= 70) {
    // 如果分数大于或等于70且小于80，则输出"Grade: C"
    cout << "Grade: C" << endl;
} else if (score >= 60) {
    // 如果分数大于或等于60且小于70，则输出"Grade: D"
    cout << "Grade: D" << endl;
} else {
    // 如果分数小于60，则输出"Grade: F"
    cout << "Grade: F" << endl;
}
```

2.4.2 三目运算符

除if语句外，C++还提供了一种更为简洁的分支控制方式，那就是三目运算符（?:），也被称为三元运算符。它的形式如下：

```
condition ? expression_if_true : expression_if_false
```

如果condition为真（true），则表达式的值为expression_if_true，否则为expression_if_false。

例如，我们可以使用三目运算符来找出两个数中的较大值：

```
int a = 3, b = 4;
int max_value = a > b ? a : b;     // 返回4
```

请务必注意，三目运算符会返回一个值，而不是执行一条语句，同时需要保证冒号两边的值类型相同。

```
// 此处关于函数的知识将在后续讲解
// 返回两个数中较大的数
int getMax(int a, int b)
{
    // 以下写法是错误的，因为三目运算符会返回一个值，而不是像if那样执行一段语句
    a > b ? return a : return b;
    // 以下写法也是错误的，冒号两边需要有相同的数据类型
    return a > b ? a : "Hello";

    // 以下是正确的写法
```

```
    return a > b ? a : b;
}
```

三目运算符可以使代码更为简洁，增强可读性。但在某些场景下，过度使用三目运算符可能会让代码变得更加难以理解（尽可能避免嵌套使用三目运算符）。因此，我们应当谨慎使用，以防止代码变得难以阅读和维护。

2.5 循环语句

在解决问题和优化算法的过程中，我们经常需要多次执行某段代码，这时就需要用到循环语句。正确地使用循环语句可以极大地提高代码的效率和可读性。

2.5.1 for 循环

for循环是C++中最常见的循环结构之一，它的基本格式如下：

```
for (initialization 初始化条件; condition 循环执行条件; increment 步长) {
    // 将要被执行的代码
}
```

在for循环中，我们首先进行初始化操作，然后检查条件是否满足。如果条件满足，则执行循环体中的代码，接着进行自增操作，再次检查条件，如此往复，直到条件不满足为止。

例如，我们可以使用for循环来打印出0~9这10个数字：

```
// 使用for循环打印数字0~9，每个数字后面跟一个空格
for (int i = 0; i < 10; ++i) {
    cout << i << " "; // 输出当前数字i和一个空格
}
// 打印结果: 0 1 2 3 4 5 6 7 8 9
```

在算法竞赛中，for循环被广泛用于重复执行某项任务，例如遍历数组或向量（vector），或者执行固定次数的操作等。

嵌套循环也非常重要，但要注意，嵌套循环可能会极大地增加时间复杂度，因此需要谨慎使用。例如，我们要枚举所有二元组$(a,b),(a,b\in[1,n],a<b)$，可以这么编写：

```
// 此处外层的花括号可以省略，因为后面只有一条for语句
// 遍历所有可能的i和j的组合，其中i<j且i,j的范围是1~n（包括n）
for(int i = 1; i <= n; ++i)            // 外层循环，从1开始递增到n
    for(int j = i + 1; j <= n; ++j)    // 内层循环，从i+1开始递增到n
    {
        // 当满足条件时，输出i和j的值，用空格分隔，并换行
        cout << i << ' ' << j << '\n';
    }
```

更多时候，我们会将循环和分支语句结合使用，读者可在本书后面的示例代码中逐渐理解。实际上，还有一种分支语句为switch，但在算法竞赛中几乎用不着，因此此处不作详细介绍，

其功能完全可以通过if…else语法来实现。

2.5.2　while 循环

while循环是另一种常见的循环结构，它的基本格式如下：

```
while (condition) {
    // 只要condition满足，代码块中的代码就会反复执行
}
```

while循环会在条件满足的情况下不断执行循环体中的代码，直到条件不再满足为止。

例如，我们可以使用while循环来找出不大于给定值的最大的2的幂：

```
int val = 100;
int power = 1;
while (power * 2 <= val) {
    // 只要power * 2 <= val条件满足，就让power乘以2
    power *= 2;
}
// 当退出while循环时，一定满足条件：power * 2 > val
// 此时的power是最大的满足power <= val的2的幂
cout << "The largest power of 2 less than or equal to " << val << " is " << power <<
".";
```

在算法竞赛中，while循环被广泛用于处理需要根据条件动态决定次数的任务。例如，在不确定目标何时满足的情况下，重复尝试某个操作，或者在需要逐步缩小范围以达到目标的算法（如二分搜索等）中，while循环也非常有用。

还有一种语法是do…while，但在实际编程中用得不多，并且其应用场景几乎可以被while循环代替。此处不再赘述，读者可以自行了解。

2.6　数组

数组是编程中最基础且最常用的数据结构之一，它可以存储多个同类型的元素。在算法竞赛中，我们经常使用数组来保存和操作数据。

2.6.1　数组的结构

数组是一种线性数据结构，可以存储固定数量的同类型元素。数组中的元素在内存中是连续存储的，每个元素都有一个索引，用于唯一标识该元素。索引从0开始，但在大多数情况下，0号位置是空置的，从1号位置开始，这样做是为了方便编写代码。

例如，我们可以声明一个包含5个整数的数组（见图2-1）：

```
int arr[5];
```

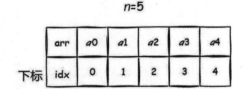

图 2-1　包含 5 个整数的数组

在这个数组中，arr[0]是第一个元素，arr[4]是最后一个元素。这种计算方法称为0-index0，但是在算法竞赛中，我们有时会使用1-index1，即将arr[1]当作第一个元素。实际上，使用哪种方法并不会有太大差别，读者可以根据个人偏好和熟练程度选择其中一种。

2.6.2　开辟数组空间

1. 数组的声明

在C++中，我们可以在声明数组时确定其大小。例如，声明一个包含10个整数的数组：

```
int arr[10];
```

注意，数组的大小必须是常量，不能使用变量来确定数组的大小。如果想创建一个可变长度的数组，可以使用STL中的vector容器。

在不同位置开辟的数组，其初始值也有所不同。在栈区（即函数内部）开辟的数组，数组元素的初始化值是未定义的，可能是随机混乱的值或内存中残余的垃圾值。而在堆区（即全局或静态区）开辟的数组，所有元素会自动将每字节都归零（即自动初始化为0）。

示例代码如下：

```
const int N = 10;
int a[N];          // 全局变量，a={0, 0, 0, 0, …}

int main()
{
    int b[N];      // 局部变量，b={-7, 5, -23, 3, -1966129712, …}，内容仅为示例，实际是一些
随机的值
    return 0;
}
```

上述代码首先定义了一个常量整数N，其值为10。然后，在全局作用域中声明了一个名为a的整型数组，其大小为N（即10）。由于a是全局变量且未显式初始化，因此数组a的所有元素都被默认初始化为0。

在main函数内部，声明了一个名为b的整型数组，大小同样为N。与全局变量a不同，局部变量b没有被显式初始化，因此它的初始值是不确定的。这些值可能是内存中的任意垃圾值，也可能是编译器自动分配的值。在这个示例程序中，注释中提到的随机值仅用于说明，实际上这些值是不确定的。

这段代码展示了如何声明和使用全局和局部数组，并说明了它们的初始化差异。全局数组a被初始化为全零，而局部数组b的元素值是不确定的。

2. 二维数组

在实际使用中，还有一个非常重要的数组类型——二维数组，其结构如图2-2所示。

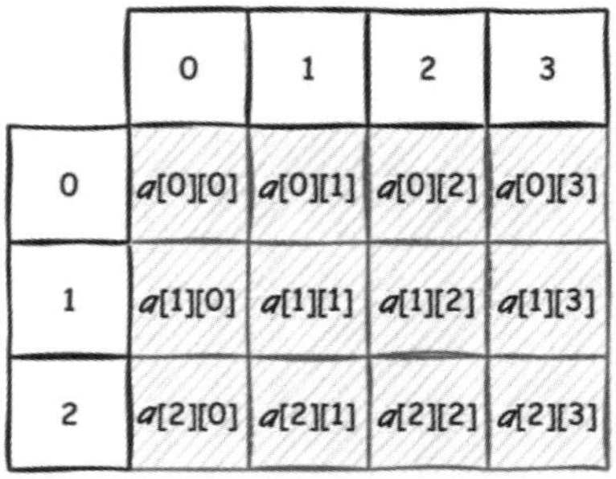

图 2-2　一个 3 行 4 列的二维数组

例如，以下代码用来创建一个二维数组，并输出数组的一个元素：

```
const int N = 1003;
const int M = 2003;
int a[N][M];                  // 创建一个1003 × 2003大小的二维数组

cout << a[1][2] << '\n'; // 输出数组a的第1行第2列的元素
```

上述代码首先定义了两个常量N和M，分别赋值为1003和2003。然后声明了一个名为a的二维数组，其大小为1003行2003列。最后，使用cout输出数组a的第1行第2列的元素，即a[1][2]。

在算法竞赛中开数组时，我们一般会多开几个空间，例如题目要求1000大小，我们就可以开到1003,1005,1007等大小，这在编程时会提供一些便利。

3. 字符数组

关于数组，还有一种字符数组，即C原生字符串，值得了解。字符数组实际上是一个char类型的数组，每个元素占据一个字节（Byte）的存储空间。假如想存储一个长度为n的字符串，需要创建$n+1$大小的字符数组，如图2-3所示。

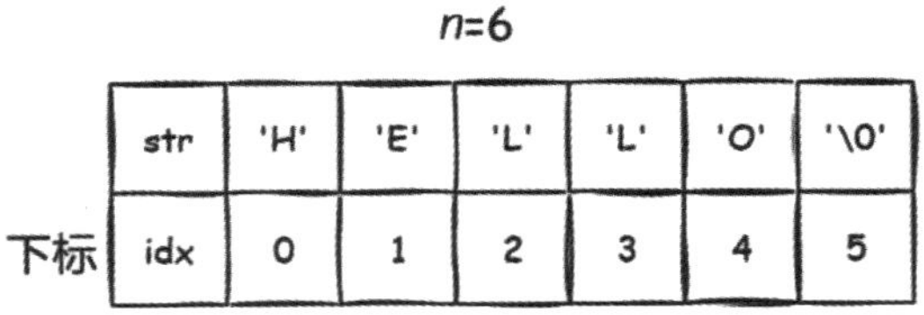

图 2-3　字符数组

因为字符数组的最后一位存储的是结束符'\0'，它的出现意味着字符串到此为止。在C/C++中，用单引号引起来的都是字符常量。字符数组有多种初始化方式，相比其他数组，它更为灵活。

```cpp
char s[] = "Hello";  // 字符串长度为5，但字符数组长度为6

// 表示将字符串输入str[1]开始的字符数组中
// 注意此时需要创建n+2大小的字符数组，因为第0位没有被使用
char str[N];
cin >> str + 1;
```

上述代码将输入的字符串存储到一个字符数组中，但从数组的第1个位置（索引为1）开始存储，而不是从第0个位置开始。这样做的目的是让数组的第0位保持空白，或用于其他目的。

首先，定义了一个字符数组str，其长度为N。然后，使用cin >> str + 1;语句将输入的字符串存储到数组str中，从第1个位置开始。这里的+1表示将输入的字符串存储到数组的第1个位置，而不是第0个位置。

需要注意的是，为了确保有足够的空间存储输入的字符串以及可能的空字符（字符串结尾的'\0'），数组str的大小应该至少为N+2。这样，即使输入的字符串长度为N-1，仍然可以在数组末尾添加一个空字符作为字符串结束标志。

2.6.3 数组元素初始化

当我们声明数组时，可以同时对其进行初始化。例如：

```cpp
int arr[5] = {1, 2, 3, 4, 5};
```

如果只初始化数组的部分元素，未被初始化的元素将被赋予默认值（对于int类型，默认值为0）。例如：

```cpp
int arr[5] = {1, 2};                    // 剩余的元素置为0
//arr = {1, 2, 0, 0, 0};
```

如果想要将所有元素都初始化为同一值，可以使用std::fill函数。例如：

```cpp
int arr[5];
std::fill(arr, arr+5, 1);               // 将[arr, arr + 5]这段内存的值初始化为1
```

当然，最常用的方法是直接用for循环对数组进行初始化，这样最为灵活。例如：

```cpp
int arr[5];
for(int i = 0;i < 5; ++ i)arr[i] = 0; // 将数组arr初始化为0

int a[N][M];
// 初始化二维数组
// 将二维数组的[1 ~ n][1 ~ m]区域初始化为0
for(int i = 1;i <= n; ++ i)
    for(int j = 1;j <= m; ++ j)
        a[i][j] = 0;
```

2.6.4 数组和指针的关系

在C++中，数组名是一个指向数组第一个元素的指针。例如：

```
int arr[5] = {1, 2, 3, 4, 5};
int *p = arr;
```

此时，p指向数组arr的第一个元素，我们可以通过解引用指针来访问元素：

```
cout << *p;            // 打印结果: 1
cout << *(p+1);        // 打印结果: 2
```

需要注意的是，尽管数组名可以作为指针使用，但数组名并不是一个真正的指针，它是一个常量指针，不能更改其值。例如，以下代码是错误的：

```
int arr[5], arr2[5];
arr = arr2;            // error: array type 'int [5]' is not assignable
```

竞赛笔记 在计算机编程中，指针是一种变量类型，它存储了某个变量的内存地址。通过指针，我们可以间接地访问和操作该内存地址上的数据。

在C++中，指针的使用非常普遍，因为它们提供了一种高效的方式来处理内存和数据结构，尤其是在数组、字符串和动态分配的内存处理中。

指针变量的声明包括指针的类型和指针变量的名称。例如，int* p;声明了一个指向int类型的指针变量p。要使指针指向一个特定的变量，可以将变量的地址赋给指针，代码如下：

```
int value = 10;
int* p = &value;       // 指针p现在存储了变量value的地址
```

通过解引用指针（使用*操作符），我们可以访问或修改指针所指向的值：

```
cout << *p;            // 输出10，因为p指向value
*p = 20;               // 通过指针p修改value的值
cout << value;         // 输出20
```

指针加上一个整数可以访问连续内存块中的其他元素，这对于处理数组特别有用。例如，如果我们有一个整数数组，则可以创建一个指向数组第一个元素的指针，并通过增加指针值来访问数组中的其他元素：

```
int arr[] = {1, 2, 3, 4, 5};
int* p = arr;          // p指向数组的第一个元素

cout << *p;            // 输出1
cout << *(p+1);        // 输出2
cout << *(p+2);        // 输出3
// 以此类推
```

理解指针的概念对于成为一名熟练的C++程序员至关重要，因为它们在许多高级编程技术和库中都发挥着核心作用。

2.7 函数

函数是一个封装了可以执行特定任务的代码块，它接受一些参数并返回一个值。

在算法竞赛中，我们经常使用函数来提高代码的可读性和重用性，减少代码冗余，并以模块化方式解决问题。

有些算法必须使用函数来实现，或者说，使用函数实现会更加高效，例如递归、DFS搜索、最短路径等。

2.7.1 函数的声明和实现

函数的声明包括函数名、返回类型、参数列表等。例如，下面是一个名为sum的函数，它接受两个整数作为参数，并返回它们的和：

```
int sum(int a, int b);
```

这是函数的声明，告诉编译器有一个名为sum的函数，但并没有提供具体的实现。函数的实现包括函数的具体代码，其格式如下：

```
函数声明和实现格式为：
[返回类型] [函数名](参数表)
{
    函数体
}
```

示例如下：

```
int sum(int a, int b) {
    return a + b;
}
```

在这里，我们实现了sum函数，它返回a和b的和。函数的声明和实现可以在同一个地方，也可以分开。如果分开，通常将函数的声明放在头文件中，函数的实现放在源文件中。

需要注意的是，一个函数只能返回一次，一旦执行了return语句，函数就会终止，函数中的后续代码将不再执行。

2.7.2 函数的调用

当我们需要使用函数时，可以通过函数名和参数列表来调用它。例如，可以调用上面的sum函数来计算1和2的和：

```
int result = sum(1, 2);
```

在这里，sum(1, 2)就是函数的调用，它会返回1和2的和，然后将结果赋值给result。

2.7.3　Lambda 函数

C++11引入了一种新的函数类型：Lambda函数，也称为匿名函数。Lambda函数可以在需要函数但不想定义函数的地方使用。

例如，我们可以使用Lambda函数来定义一个自定义的排序规则：

```
vector<int> v = {3, 1, 4, 1, 5, 9};
sort(v.begin(), v.end(), [](int a, int b) {
    return a > b; // 降序排序
});
```

在这里，我们定义了一个Lambda函数[](int a, int b) { return a > b; }，它接受两个整数作为参数，并返回它们的比较结果。然后将这个Lambda函数传递给sort函数，告诉它我们需要按照降序排序。

Lambda函数可以捕获外部变量，使得代码更加灵活。例如，我们可以定义一个Lambda函数，它捕获了外部的变量x：

```
int x = 10;
auto is_less_than_x = [x](int a) {
    return a < x;
};
```

在这里，is_less_than_x是一个函数，它接受一个整数a，返回a是否小于x。这段代码使用了auto关键字自动推导函数的返回值类型，这个特性需要在C++11标准以上才能实现，否则会报错。但是请注意，尽管使用了auto进行自动推导，返回值类型也只能是一种，不能"在不同的函数出口返回不同的类型"。

Lambda函数的捕获列表还可以采用其他方式，例如使用"="表示通过值捕获所有变量的拷贝，而使用"&"表示通过引用捕获所有外部变量。

2.8　结构体

结构体是一种可以存储多个不同类型数据的数据结构，对于封装和操作复杂的数据非常有用。在算法竞赛中，我们经常使用结构体来表示复杂的数据，如点、矩形、图的边等。

2.8.1　结构体的定义

在C++中，可以使用struct关键字来定义结构体。结构体的定义包括结构体名和一系列成员。例如，我们定义一个表示二维点的结构体：

```
// 定义一个名为point的结构体，表示二维空间中的一个点
struct point {
    int x, y; // 结构体有两个整型成员x和y，分别代表点的x坐标和y坐标
};
```

在这里，我们定义了一个名为point的结构体，它有两个整型成员x和y。

我们可以创建一个point类型的对象p，并初始化它的成员：

```
point p;
p.x = 1; // 设置p的x坐标为1
p.y = 2; // 设置p的y坐标为2
```

或者可以在创建对象时直接初始化成员，注意这里内部元素的类型必须和结构体定义时完全对应：

```
point p = {1, 2};
```

在上述例子中，我们定义了一个表示二维空间点的简单结构体，并展示了如何创建该结构体的实例以及如何初始化它们的成员。

2.8.2　结构体数组

与其他类型一样，我们也可以创建一个结构体的数组。例如，创建一个point的数组：

```
point points[10];
```

在这个数组中，每个元素都是一个point的对象。我们可以初始化数组中的元素，例如：

```
for (int i = 0; i < 10; i++) {
    points[i].x = i;
    points[i].y = i * i;
}
```

上述for循环用于初始化一个名为points的数组。数组中的每个元素都是一个具有x和y属性的对象。循环从0开始，直到小于10，每次迭代都会执行以下操作：

- 将当前索引i的值赋给points[i].x。
- 将当前索引i的平方值赋给points[i].y。

最终，数组points将被填充为以下形式：

```
points[0].x = 0; points[0].y = 0;
points[1].x = 1; points[1].y = 1;
points[2].x = 2; points[2].y = 4;
points[3].x = 3; points[3].y = 9;
…
points[9].x = 9; points[9].y = 81;
```

我们也可以在创建数组时直接初始化元素，例如：

```
point points[5] = {{0, 0}, {1, 1}, {2, 4}, {3, 9}, {4, 16}};
```

在算法竞赛中，结构体的使用是非常广泛的。掌握结构体的定义和使用，可以帮助我们更有效地表示和处理复杂的数据。

在星码StarryCoding网站上有语法基础的相关课程，有需要的读者可以了解一下。

2.9 推荐代码规范

在算法竞赛中，了解一些代码规范，可以显著加快我们编程和解决问题的速度。本节推荐一些在竞赛中可能会用到的代码规范。

2.9.1 使用头文件 bits/stdc++.h

在算法竞赛中，通常需要使用各种库的函数，如<iostream>用于输入/输出、<algorithm>用于一些通用算法（排序、查找等）、<vector>用于动态数组等。这些库分布在各种各样的头文件中。如果我们需要在每个程序中逐一包含这些头文件，不仅非常麻烦，而且在紧张的竞赛中可能会遗漏一些必要的头文件。为了解决这个问题，GCC编译器提供了一个非标准的头文件bits/stdc++.h，它包括几乎所有的标准库头文件，只需一行代码即可：

```
#include<bits/stdc++.h>
```

使用这个头文件的好处是可以节省许多编写头文件的时间，而且不会忘记包含必要的头文件。但请注意，这是GCC特有的头文件，不适用于所有编译器。

2.9.2 使用 std 命名空间

C++的标准库中的所有内容都放在std这个名字空间中。这意味着我们在使用这些内容时，通常需要加上std::前缀，如std::cout、std::endl等。为了避免这种麻烦，我们可以使用using namespace std;让std名字空间中的所有内容在全局范围内可见，这样可以直接使用这些内容，而不必每次都加上std::前缀：

```
using namespace std;
```

然而，使用全局的using namespace std;可能会引起名字冲突，因此在大型项目中，这种做法并不推荐。但在算法竞赛中，为了方便和提高编程速度，我们通常会使用这种方法。

2.9.3 代码缩进规范

良好的缩进是保持代码清晰易读的关键。在算法竞赛中的C++代码，我们通常使用4个空格进行缩进。使用空格进行缩进而不是制表符（Tab）的原因是，不同的编辑器对制表符的显示可能不同，而空格的显示是统一的。

其实，如何书写缩进并不严格要求，按照自己的习惯即可，不必过于纠结。

例如：

```
for (int i = 0; i < n; i++) {
    if (i % 2 == 0) {
```

```
        cout << i << " is even." << endl;
    } else {
        cout << i << " is odd." << endl;
    }
}
```

在这个例子中，我们使用了4个空格的缩进，使得代码的结构一目了然。

2.9.4　代码换行规范

合理的代码换行可以使代码更加清晰易读。我们通常在每个语句后以及每个代码块的开始和结束处进行换行。例如：

```
for (int i = 0; i < n; i++) {
    cout << i;
    if (i < n - 1) {
        cout << ", ";
    }
}
cout << endl;
```

在这个例子中，我们在每个语句后都进行了换行，使得代码易于阅读。我们也可以在一些较长的表达式中适当地进行换行，以提高代码的可读性。

2.9.5　for 循环规范

for循环是经常使用的一种控制结构。在使用for循环时，需要明确循环变量的起始值、终止条件和更新方式。为了防止出错，通常在for循环内部只使用循环变量，而不修改它：

```
for (int i = 0; i < n; i++) {
    // do something with i
}
```

在这个例子中，清楚地指出了循环变量i的起始值（0）、终止条件（i < n）和更新方式（i++）。在循环体内，只使用i，而不修改它，这样可以防止一些由于误修改循环变量导致的错误，当然，当你对算法足够熟悉时，可以为了便利而修改循环变量。

2.9.6　使用 longlong 类型是好习惯

在处理大整数时，需要注意整型溢出的问题。int类型的数值范围为-2 147 483 648~2 147 483 647，如果我们的数超过这个范围，就会出现溢出，导致结果错误。在处理可能会超过int数值范围的整数时，通常使用long long类型，其数值范围为-9 223 372 036 854 775 808~9 223 372 036 854 775 807，足够大：

```
long long a = 1e18;
```

在这个例子中，使用long long类型来存储一个非常大的数。这样可以防止溢出，保证结果的正确性。

2.9.7 不要过分压行

虽然压行可以使代码看起来更短，但过分地压行会降低代码的可读性。应该在保证代码简洁的同时，尽量使代码清晰易读。

例如，可以使用空行来分隔不同的代码块，使代码结构更加明显。

```
// 过分压行的代码, 可读性非常差
#include <iostream>
using namespace std;
int f(int n,int a=0,int b=1){return n<2?a:f(n-1,b,a+b);}
int main(){int n; cin>>n; cout<<f(n)<<endl; return 0;}

//可读性较好的代码

#include <iostream>
using namespace std;

int f(int n){
    return n <= 2 ? 1 : f(n - 1) + f(n - 2);
}

int main()
{
    int n;
    cin >> n;
    cout << f(n) << endl;
    return 0;
}
```

2.9.8 不要轻易使用宏定义

虽然宏定义可以简化代码，但过度使用宏定义可能会导致代码难以理解，而且容易出错。应该谨慎使用宏定义，只在必要时使用。例如，可以用宏定义来简化一些常用操作，但应避免用宏定义来改变语言的基本语法，这可能会使代码难以阅读和维护。

举一个具体的例子，以下代码你能发现什么问题吗？

```
#define N 1e5 + 5
int a[N], t[N * 4];   // t申请N的4倍大小的空间
```

初看代码似乎没有问题，但提交后会遇到运行时错误（RE），这是因为发生了数组越界。错误的原因在于为数组t分配的内存空间不足。问题出在宏定义N的外面没有加上括号。由于宏定义本质上是文本替换，因此在定义数组t时，其大小计算实际上是$10^5+5\times4=10^5+20$，而不是我们预期的$(10^5+5)\times4$。

2.9.9 适当撰写注释

在算法竞赛的紧张环境下，撰写注释看似会消耗宝贵的几秒钟，但这短暂的时间损失并不会直接导致你无法解题。重要的是，当你对某些算法不够熟悉时，详尽的注释可以起到极大的帮助。

例如，在进行特殊判断后，应当注明变量的预期范围；在一系列复杂的while循环操作之后，记录下此时已经满足的关键条件等。这样做不仅有助于你在回顾代码时快速理解和调试，也方便参赛队友快速把握你代码的核心逻辑。

示例如下：

```
if(n <= 2){
    // 特判
    return;
}

// 此时有n > 2
for(int i = 1, j = 0;i <= n; ++ i)
{
    while(j < n && !cnt[a[j + 1]])cnt[a[++ j]] ++;
    // 此时[i, j]为合法区间
    // 对[i, j]的操作
}

for(int i = 2;i <= n; ++ i)
    if(a[i] < a[i - 1])
        return;
// 此时a数组满足升序
```

对于任何想要提高编程能力的人来说，明确理解和掌握编程规范是十分重要的。

编程规范的目标是提高代码的可读性和可维护性，减少错误，并提高编程效率。它们包括但不限于合理地使用头文件、命名空间、缩进、换行，以及恰当地使用循环、数据类型和控制结构等。以下是一些值得注意的细节：

- 使用bits/stdc++.h头文件能够帮助我们省去写许多其他头文件的时间，并避免在忙碌的编程过程中遗漏某些必要的头文件。
- 使用std命名空间可以方便我们在全局范围内直接使用C++标准库中的所有内容，而不必每次都加上std::前缀。
- 保持良好的代码缩进和合理的代码换行，可以使代码结构清晰，提高代码的可读性。
- 当处理可能超过int类型数值范围的大整数时，习惯使用long long类型，以避免整数溢出的问题。
- 避免过度压行和过度使用宏定义，这些做法可能会让代码变得难以理解和维护。

2.10　语法练习题

以下语法练习题较为简单，请读者自行实现和检验，本书不提供答案。

（1）数组计算：输入 n（$3 \leqslant n \leqslant 10$）个整数，求出其中最大的3个数字，并计算这 n 个整数的平均值和中位数。

（2）圆的计算：输入一个圆的半径 r，求出其面积和周长（用浮点数表示）。

（3）字符串压缩：实现一个函数，接收一个字符串作为输入，输出其压缩后的形式。例如，输入"AAABBBCCDAA"，输出"3A3B2C1D2A"。

（4）斐波那契数列：编写一个程序，生成斐波那契数列的前 n（$1 \leqslant n \leqslant 10^5$）项。

（5）素数生成器：编写一个程序，生成并打印出前 n（$1 \leqslant n \leqslant 100$）个素数。

第 3 章

基础算法

本章主要介绍基础算法的核心概念，专注于不涉及复杂数据结构的算法设计。读者将深入学习暴力枚举、贪心算法、分治策略以及搜索技术等算法思想。此外，本章还将通过增加实际代码练习，帮助读者熟悉各种基础算法的编程实现方式，从而在面对不同问题时能够灵活选择和应用合适的算法进行解决。

3.1 时空复杂度分析

在讨论算法设计时，必须澄清一个常见的误解：所谓的"复杂度"，并非指算法的复杂性或理解上的难度，而是指衡量算法运行效率的标准。

在深入学习算法设计之前，首要任务是掌握如何准确分析算法的复杂度。这种复杂度与算法的直观复杂性或理解难度无关，而是提供了一个理论模型，用于评估算法本身的计算需求规模，即其效率。

通常，较低的复杂度意味着算法更加高效；相反，较高的复杂度则表明算法的效率较低。在某些情况下，我们可能会采取"空间换时间"的策略，即通过增加空间复杂度为代价，显著降低时间复杂度，从而提升整体性能。

复杂度分为时间复杂度和空间复杂度两大类。在大多数情况下，我们主要关注最坏情况下的复杂度，并用 O 来表示，读作"大欧"。

3.1.1 时间复杂度分析

时间复杂度是衡量算法效率的关键指标，它不仅体现了算法性能的优劣，而且通常是算法题目考察的重点。

为了深入理解时间复杂度，我们首先需要明确"基本操作"的概念。基本操作指的是算法中的单一计算步骤，例如基本的算术运算（加、减、乘、除）、位运算、变量赋值以及条件判断等。在分析算法时，我们通常将这些操作视为单一的计算单元，尽管在底层机器指令层面，它们所需的具体操作步骤可能有所不同。在时间复杂度的分析中，这些"基本操作"被认为具有常数时间，即 $O(1)$。

以下是一些示例代码，演示了 $O(1)$ 时间复杂度的基本操作：

```
// 头文件、变量声明等部分已省略
a += 3;              // 简单的算术运算
b += a;              // 简单的算术运算
a = b;               // 变量赋值
a *= -1;             // 简单的算术运算
b >>= 7;             // 位运算
if(a == b){}         // 条件判断
a ++;                // 简单的算术运算
```

时间复杂度通常源于算法中的"循环"和"递归"结构，因此，在分析时间复杂度时，我们应重点关注这些结构。

在评估时间复杂度时，我们主要关注的是操作的数量级，即运算的规模和增长速度，而非精确的操作次数。例如：

- 对于复杂度 $O(n^2 + n)$，由于 n 的数量级低于 n^2，因此可以忽略低阶项，简化为 $O(n^2)$。
- 对于复杂度 $O(1/2n^2 \log n)$，常数系数也可以忽略，简化为 $O(n^2 \log n)$。

在某些情况下，时间复杂度不易精确分析，此时我们通常会估计一个上界，即确保实际计算规模不会超过这个估计值。然而，是否能进一步缩减这个上界则不一定。

在本书后续内容中，除非特别指明，提到的"复杂度"一般指"时间复杂度"。这是因为大多数算法题目的挑战通常在于时间效率，而非空间效率，而且很多算法优化的本质是"用空间换时间"。

【例 1】分析以下程序的时间复杂度

```
// 输入a数组
int ans = 0;
for(int i = 1;i <= n; ++ i)
    for(int j = j + 1;j <= m; ++ j)
        ans = max(ans, a[i][j]);
cout << ans << '\n';
```

该代码段包含一个双重循环结构。外层循环对 i 进行迭代，共执行 n 次；内层循环对 j 进行迭代，共执行 m 次（实际上是 $m-i$ 次，但是我们认为这是 m 级别的，所以在计算复杂度时是 m）。因此，整个程序的时间复杂度为两层循环的乘积，即 $O(nm)$。

【例 2】分析以下程序的时间复杂度

```
int a[N], n;
bitset<N> vis;


void dfs(int dep)
{
    if(dep == n + 1){
        for(int i = 1;i <= n; ++ i)cout << a[i] << ' ';
```

```
        cout << '\n';
        return;
    }
    for(int i = 1;i <= n; ++ i)
    {
        if(!vis[i])
        {
            vis[i] = true;
            a[dep] = i;
            dfs(dep + 1);
            vis[i] = false;
        }
    }
}
```

这段代码实现了深度优先搜索（在后续章节中对该算法有讲解）。在最坏的情况下，即没有剪枝的情况下，这段代码会枚举所有可能的排列，共有$n!$种。对于每一种排列方案，内部的循环需要$O(n)$时间来遍历和输出。因此，总的时间复杂度为$O(n!\times n)$。即使加入了剪枝策略，由于剪枝效果难以量化，我们通常认为时间复杂度保持不变，以最坏情况（即不进行剪枝的情况）作为时间复杂度的上界。

3.1.2 空间复杂度分析

空间复杂度虽然不是主要关注点，但了解其计算方法依然重要。

在计算机中，内存的基本单位是比特（Bit），它可以是0或1。为了便于处理，8个比特组成一个字节（Byte）。计算机操作通常以字（Word）为单位，不同的计算机架构会将字节组合成不同大小的字，常见的是2字节或4字节。

在C++中，1Byte=8Bit，我们通常称Byte为大B，Bit为小b。常见单位还有1MB=1024KB，1KB=1024B。

在解决问题时，空间复杂度通常指数组大小或递归深度。

不同数据类型及其占用的字节数如表3-1所示。

表 3-1 不同数据类型及其占用的字节数

数据类型	占用的字节数
int	4
long long	8
char	1
float	4
double	8
long double	8~16
bool	1

需要注意的是，unsigned类型的数据和没用unsigned修饰的数据，它们占用的字节数是一样的，例如unsigned int和int都占用4字节。

现在，我们可以大致估算在给定的空间限制下可以声明的数组大小。假设题目提供了128MB的空间，我们要计算可以声明多大的int类型数组。由于每个int通常占用4字节（即4Byte），那么需要满足$4x<128\times10^6$，解得x的最大值约为3×10^7。这意味着我们可以声明一个包含大约3000万个元素的int数组。

通常情况下，题目不会对空间限制过于严格，除非使用的内存非常巨大，如声明一个包含10亿个元素的数组，或者几个包含一亿个元素的数组。

至于递归的最大深度，这通常取决于运行环境的栈大小。一般在Windows上是1MB，而在Linux上可能是8MB。在递归过程中，每一层都需要一定的空间来保存参数和局部变量，因此如果有n层递归，且每层递归开辟的空间为常数大小，则总的空间复杂度为$O(n)$。如果栈空间不足，则可能会导致"栈溢出"。在线编程环境通常会增加栈空间来避免这种情况，但在本地运行时可能更容易遇到栈溢出问题。一般建议递归层数不要超过5×10^5，若递归过深且在线评测系统对栈空间限制较为严格，则可能会遇到超出内存限制（Memory Limit Exceeded，MLE）错误或运行时错误。

3.2　暴力枚举

暴力枚举（Brute Force，BF）算法是一种简单且有效的算法策略。它通过遍历问题的所有可能解空间，逐一检查每个解的有效性或最优性，从而找到满足条件的解。

虽然暴力枚举通常具有较高的时间复杂度，但在处理规模较小的问题时，它提供了一种直接且实用的解决方案。

【例】找出一个长度为 n（$n\geq1$）的数组中的最大值

我们的做法通常是先设$mx=a_1$，然后从1到n遍历整个数组，不断用数组中的元素更新最大值，最后得到的最大值即为整个数组中的最大值。

```
int mx = a[1]; // 初始化mx = a[1]
for (int i = 0; i < n; ++i) {
    mx = max(mx, a[i]);
}
cout << "数组中的最大值为: " << mx << '\n';
```

3.2.1　什么是解空间

解空间是指所有可能成为答案的元素集合，这些元素可以是数字、二元组、字符或其他任何类型的数据。在3.2节的例子中，解空间指的是数组中所有可能的数字。根据不同的问题，解空间也会有所不同。

【例】找出 1~n（n≥1）中所有的偶数

在这里，解空间可以有多种理解：

（1）解空间是1~n中的所有整数i，然后通过一个限制i%2==0（即i可以被2整除）来得到最终的解。

```
for(int i = 1;i <= n; ++ i)    // 枚举（遍历）解空间
    if(i % 2 == 0)cout << i << '\n';
```

（2）解空间是1~n中的所有偶数，无须任何限制，此时解空间就是最终的解。

```
for(int i = 2;i <= n;i += 2)cout << i << '\n';
```

在解题时，题目通常不会直接告诉你解空间是什么，需要你自己来构建模型，然后基于这个数学模型来解决问题。可以发现，对于解空间的不同理解会产生不同的数学模型，从而编写出不同的代码。所以，很多时候我们研究算法的目的就是尽可能缩小解空间，或用巧妙的方式来描述解空间，从而减少不必要的枚举，提升程序效率。

3.2.2 解空间的枚举方法

1. 循环枚举法

当解空间可以通过循环生成时，我们一般采用循环枚举法。

【例1】给定一个长度为 n 的数组 a，求出所有子区间的最大值之和

假如给定的数组a=[2,3,3]，可以口算出答案是ans=[max(2)+max(2,3)+max(2,3,3)]+[max(3)+max(3,3)]+[max(3)]=2+3+3+3+3+3=17。

解空间是什么呢？我们发现，每一个区间可以用一个二元组(l,r)表示，1≤l≤r≤n。因此，解空间就是所有满足条件的二元组。对于每一个枚举出的二元组(l,r)，可以唯一对应一个闭区间[l, r]，然后计算该区间的最大值并累加到答案中。

```
int ans = 0;       // 表示答案
for(int i = 1; i <= n; ++ i)
{
    for(int j = i; j <= n; ++ j)
    {
        int mx = a[i];
        for(int k = i; k <= j; ++ k)mx = max(mx, a[i]);
        ans += mx;      // 将最大值累加入答案中
    }
}
```

循环枚举型暴力法的时间复杂度通常为$O(n^k \times f(n))$，其中k为循环层数，$f(n)$为将一个解合并到答案中所需的时间。关于时空（时间和空间）复杂度的分析将在本章末尾介绍。

在做题时，数组下标一般从1开始，但在某些情况下，如"环形数组""取模"运算时，可能会采用从0开始的方式。

2. 递归枚举法（回溯法）

当解空间有明显的层次结构，或可以构成一个树形图时，我们可以使用递归枚举法。这种枚举方法在生成子集树或排列树时尤为常见。

【例 2】假设有一个容量为 T 的背包，商店有 n（$1 \leqslant n \leqslant 10$）件商品，每件商品的价值为 w_i、体积为 v_i，求背包能容纳商品的最大价值

我们分析一下可以发现，对于每件商品，我们可以选择拿（标记为1）或不拿（标记为0），这样会构成一个子集（二进制表示的子集）。我们可以用递归的方法来生成这个子集。

假设 $T=6$，$n=3$，$w=[4,5,2]$，$v=[1,3,3]$。

若生成的子集为011，表示不拿第1件商品，而拿第2、3件商品，总体积为3+3=6，总价值为5+2=7。

若生成的子集为110，则说明不拿第3件商品，而拿第1、2件商品，总体积为1+3=4，总价值为4+5=9。

问题在于如何生成这些子集。由于 n 的大小在变化，我们不便通过多重循环的方法来生成解空间（当然，如果采用枚举所有二进制子集的方式，也是可行的）。因此，我们可以采用递归枚举的方法。递归的每一层对应一个决策，表示是否选择拿当前商品（1表示拿，0表示不拿）。当递归到终点，也就是完成了 n 次决策（对每件商品都进行了决策），我们便得到一个完整的决策结果，这个结果就构成了解空间中的一个解。

```
const int N = 15;
int w[N], v[N];
int ans = 0;

// dep表示当前的递归层数，即当前正在对第dep个商品进行决策
void dfs(int dep, int sumW, int sumV)
{
    if(sumV > T)return;    // 剪枝，因为商品的体积都是非负的，所以如果在中间过程所选商品的总体
积已经超过了背包体积，那么后面就没必要继续选了，这肯定是不合法的方案
    if(dep == n + 1)
    {
        // 如果进入到这里，说明sumV <= T一定成立，这是一种合法的方案，更新ans即可
        ans = max(ans, sumW);
        return;
    }
    // 选当前商品
    dfs(dep + 1, sumW + w[dep], sumV + v[dep]);

    // 不选当前商品
    dfs(dep + 1, sumW, sumV);
```

```
    }
```

递归生成子集的方法有其独特的优点，例如剪枝操作非常直观和方便。

这里讲解的例题是01背包问题，上述这段代码的时间复杂度为$O(2^n)$，这是一个较高的复杂度。该问题的最佳解法并非暴力枚举法，而是动态规划法，我们将在后续章节中详细介绍动态规划法。

递归形式的暴力法通常被称为"暴搜"（暴力搜索）。在决定使用暴搜之前，务必合理评估复杂度，否则可能导致性能瓶颈而吃大亏。不过，有些问题可以通过创新的剪枝方法极大地降低复杂度，尽管这种方法的正确性可能难以证明。

3.2.3   例题讲解

【例 1】StarryCoding P28 straax'aks Array

题目描述

给定一个长度为n的数组a和一个整数m，问数组中有多少个三元组(i,j,k)，满足：

- $i<j<k$。
- $(a_i+a_j+a_k)\times(a_i \oplus a_j \oplus a_k)\geqslant m$。

输入格式

第一行包含两个整数n和m（$1\leqslant n\leqslant 500$，$1\leqslant m\leqslant 10^9$）。

接下来一行包含n个整数，第i个数字表示a_i（$1\leqslant a_i\leqslant 10^9$）。

输出格式

一个整数，表示满足条件的三元组的个数。

样例

输　　入	输　　出
4 10 1 3 2 5	3

解释

共有3个三元组满足条件：$(1,2,4)(1,3,4)(2,3,4)$。

解题思路

本题是一个典型的循环枚举型暴力问题，解空间为所有三元组(i,j,k)。我们可以在枚举时直接限定$i<j<k$，从而轻松满足第一个条件。当枚举出一个三元组后（此时已满足第一个条件），再进行第二个条件的判断，如果满足条件，则将该三元组计入答案中。

代码

```cpp
#include <bits/stdc++.h>          // 引入C++标准库头文件
using namespace std;              // 使用标准命名空间

using ll = long long;
const ll N = 1e6 + 9, inf = 8e18;
ll a[N];

// 检查三元组(a, b, c)是否合法
bool check(ll a, ll b, ll c, ll m)
{
    return (a + b + c) * (a ^ b ^ c) >= m;
}

void solve()
{
    int n, m; cin >> n >> m;
    for(int i = 1;i <= n; ++ i)cin >> a[i];

    ll ans = 0;  // 答案
    // 枚举所有三元组(ai, aj, ak)
    for(int i = 1;i <= n; ++ i)
        for(int j = i + 1;j <= n; ++ j)
            for(int k = j + 1;k <= n; ++ k)
                if(check(a[i], a[j], a[k], m))
                {
                    ans ++;
                    // cout << a[i] << ' ' << a[j] << ' ' << a[k] << '\n';
                }

    cout << ans << '\n';
}

signed main()
{
    ios::sync_with_stdio(0), cin.tie(0), cout.tie(0);
    int _ = 1;
    while(_ --)solve();
    return 0;
}
```

【例 2】luogu P2089 烤鸡

题目描述

猪猪Hanke特别喜欢吃烤鸡。Hanke吃鸡的方式很特别，为什么特别呢？因为它有10种配料（比如芥末、孜然等），每种配料可以放1~3克，任意烤鸡的美味程度为所有配料质量之和。

现在，Hanke想要知道，如果给你一个美味程度n，请输出这10种配料的所有搭配方案。

输入格式

一个正整数n，表示美味程度。

输出格式

第一行：方案总数。

第二行至结束：每种配料的质量，用10个数表示，按字典顺序排列。

如果没有符合要求的方案，则只需在第一行输出一个0。

样例

输　　入	输　　出
11	10 1 1 1 1 1 1 1 1 1 2 1 1 1 1 1 1 1 1 2 1 1 1 1 1 1 1 1 2 1 1 1 1 1 1 1 1 2 1 1 1 1 1 1 1 1 2 1 1 1 1 1 1 1 1 2 1 1 1 1 1 1 1 1 2 1 1 1 1 1 1 1 1 2 1 1 1 1 1 1 1 1 2 1 1 1 1 1 1 1 1 2 1 1 1 1 1 1 1 1 1

提示

对于100%的数据，$n \le 5000$。

解题思路

本题是一个典型的递归枚举问题。每一层的取值都是1~3，通过枚举所有可能的解空间（用数组a记录决策情况），判断这些方案的配料总质量是否等于n。

如图3-1所示，使用深度优先搜索（DFS）枚举所有可能的配料质量。在每一个决策层选定某种配料的质量，递归进入下一层。剪枝操作：若当前累计质量已经超过n，则直接返回。若递归达到第n层并完成所有决策后，则得到一个可能的解，再判断这个解是否符合要求。

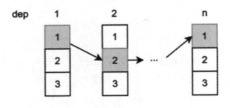

图 3-1　用递归枚举法枚举所有的解空间

代码

```cpp
#include <bits/stdc++.h>
using namespace std;

const int N = 15;
int n, a[N];                    // a数组记录每层的决策情况

vector<vector<int> > ans;       // 记录结果，关于vector的用法参见第4章

// dep表示当前决策所处的层，sum表示当前累计质量
void dfs(int dep, int sum)
{
    if(sum > n)return;          // 剪枝
    if(dep == 11)
    {
        if(sum == n)            // 对解空间的可行性进行判断
        {
            vector<int> tmp;    // 构造一个答案
            for(int i = 1;i <= 10; ++ i)tmp.push_back(a[i]);
            ans.push_back(tmp);   // ans中的答案是按照字典顺序排序的
        }
        return;
    }

    // 为了使结果按照字典顺序升序排列，则需要从小到大进行决策
    for(int i = 1;i <= 3; ++ i)
    {
        a[dep] = i;             // 记录当前决策
        dfs(dep + 1, sum + i); // 进入下一决策层
    }
}

int main()
{
    cin >> n;
    dfs(1, 0);                 // 搜索出答案
    cout << ans.size() << '\n';
    for(auto &v : ans)         // auto遍历vector的方法参见第4章
    {
        for(auto &i : v)cout << i << ' ';
        cout << '\n';
    }
    return 0;
}
```

3.3 二分法

二分法（Binary Search），也称为二分搜索法，是一种高效的搜索算法，通常用于从具有单调性的数组中查找指定的元素，或者从具有单调性的函数中找出满足条件的结果。

例如，在一个有序数组a=[1,1,1,3,5,5,6,9]中，要求找出"第一个大于5"的元素的位置。可以采用以下两种办法。

- 暴力法：从左到右依次枚举数组中的元素，当找到第一个大于5的元素后直接退出，该方法的时间复杂度为$O(n)$。
- 二分法：需要维护一个区间[l,r]，每次取区间最中间的元素，即$a[(l+r)/2]$，如果这个元素小于或等于5，则说明答案应该在区间[mid,r]中，于是更新l=mid，反之则更新r=mid，继续执行，直到$l+1=r$，即两个指针相邻，说明找出了结果。在最终的结果中，l左侧的都满足$a[i]\leqslant5$，r右侧的都满足$a[i]>5$。在这个案例中应该返回$a[r]$，因为根据中间转移的方式，我们可以知道，当$i\leqslant l$时，有$a[i]\leqslant5$，当$i\geqslant r$时，有$a[i]>5$，于是第一个大于5的就是$a[r]$。因为每次可以舍弃一半的区间，所以总共的更新次数不超过log2(n)次，若更新操作的时间复杂度为$O(f(n))$，则二分法的时间复杂度为$O(\log n * f(n))$。

3.3.1 二分法的特征

二分法的时间复杂度为$O(\log n)$，其中n为搜索区间的大小。但是这只是二分框架的复杂度，实际上还需要乘上check函数（即确定l或r的转移方式的函数）的复杂度，若check函数的时间复杂度为$O(f(n))$，二分法的时间复杂度为$O(\log n * f(n))$。

当一道题目需要使用二分法时，其最大的特点在于单调性。为了避免使用暴力法，题目通常会设置极大的数据范围，例如10^9，使得暴力枚举既无法完整遍历，也无法存储所有数据。

二分法通常用于寻找某个分界点。常用的关键字包括："至少""至多""最大""最大的最小值""最小的最大值"等。需要注意的是，二分法的枚举对象一般是问题所要求的答案，通过验证其是否满足条件来逐步缩小搜索区间。

3.3.2 二分法的类型

二分法一般可分为两种类型：二分查找和二分答案。

1. 二分查找

二分查找指在一个确定的数组中寻找满足条件的边界值。例如，在本节开头的例子中，将整个数组划分为互斥的两个连续区间，分别表示"小于或等于5的元素"和"大于5的元素"，如图3-2所示。

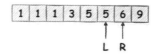

图 3-2 二分查找迭代退出时 L 和 R 的指向

在编写二分查找时，需要明确两点：我们要求的是哪个边界值；最终的答案应该是左边界的右端点还是右边界的左端点。

这个示例程序的代码如下：

```
int a[9] = {0, 1, 1, 1, 3, 5, 5, 6, 9};      // 下标从1开始
// 因为需要取以r作为结果的下标，并且r的最小值是1+1，所示l的初始值设为0
int l = 0, r = 8;                  // 设置初始值

while(l + 1 != r)
{
    int mid = (l + r) >> 1;    // 等价于(l+r)/2
    if(a[mid] <= 5)l = mid;
    else r = mid;
}
// 输出结果
cout << a[r] << '\n';
```

当然，由于二分查找是常用算法，C++的STL提供了现成的函数lower_bound()和upper_bound()。它们用于计算某个数字的下边界（闭区间）和上边界（开区间），但是它们的功能相当于找出区间内第一个大于或等于x的元素下标、区间内第一个严格大于x的元素下标。

上述二分代码的功能与下面代码的功能相同：

```
int a[9] = {0, 1, 1, 1, 3, 5, 5, 6, 9};      // 下标从1开始
// upper_bound(st, ed, x)返回的是地址[st, ed)中第一个严格大于x的元素对应的地址
// 减去a得到下标
int pos = upper_bound(a + 1, a + 1 + 8, 5) - a;
cout << a[pos] << '\n';
```

关于lower_bound()和upper_bound()函数使用方法的详细介绍，请看后续章节中有关STL的内容。

2. 二分答案

二分答案比二分查找更加灵活，其核心要义是"求解困难，那就转换为求证"。假设有一个具有单调性的函数$f(x)$，我们枚举的就是该函数的参数x，因为这个函数的结果无须存储为数组，所以参数x的取值范围可以非常大，甚至可达10^{18}。

举个例子，给定函数$f(x)=\lfloor x + \sqrt{x} \rfloor, x \in N$，请求出一个最大的$x$，使得$f(x) \leq m$（$0 \leq m \leq 10^9$）。显然，$f(x)$是一个单调不减的函数，但通过数学方法直接找出分界点较为困难，因此需要借助二分答案的方法。

在这个例子中，我们的目标是找到满足条件的最大x。其二分答案的步骤如下：

步骤01 设定初始值。设置范围的下界 $L=0$ 和上界 R 可以是一个较大的数字，但需保证 $f(R)>m$，以确保 $L \leqslant ans \leqslant R$，具体范围可能根据实际情况调整。

步骤02 明确区间定义。定义左半区间满足 $f(x) \leqslant m$，右半边满足 $f(x)>m$，于是我们能分析出最后的答案是 $ans=l$。

步骤03 确定 check 函数。在本题中，check 函数即为 $f(x)$。但在许多二分答案的题目中，check 函数一般是一个复杂度为 $O(n)$ 或更小的算法，用于验证某个答案是否满足题目条件，并以此划分区间，从而找出答案的最大值/最小值。check 函数的作用是根据 mid 值划分区间，确定答案是在左区间还是在右区间。

步骤04 开始迭代。循环（或迭代）的终止条件为 $l+1=r$。迭代结束后，根据最终结果所属区间选择 l 或 r 作为答案。在这个例子中，选择 l 作为结果。

这个示例程序的代码如下：

```cpp
#include <bits/stdc++.h>
using namespace std;

ll check(ll x)          // 定义check函数
{
    return (ll)(x + sqrt(x));
}

int main()
{
    ll l = 1, r = 1e9;          // 初始值
    ll m; cin >> m;
    while(l + 1 != r)
    {
        ll mid = (l + r) >> 1;
        if(check(mid) <= m)l = mid;     // mid在左区间, 于是让l=mid
        else r = mid;                    // mid在右区间, 于是让r=mid
    }
    cout << l << '\n';      // 在这个例子中要求的是参数x, 直接输出l即可
    return 0;
}
```

二分答案的题目灵活性较高，通常需要选手分析"某个较为抽象的函数"的单调性，然后套用二分答案模板。其主要考察点为：分析函数的单调性；设计合理的check函数。解决此类问题需要多加练习，以提高分析和实现能力。

3.3.3 例题讲解

【例 1】StarryCoding P57 查找

给定一个大小为 n 的单调不减的非负整数序列 a（下标从1开始），再给出 q 个询问。

对于每个询问，给出一个整数 x，需要回答整数 x 第一次在给定序列 a 中出现的下标，若不存在，

则输出-1。

解题思路

本题考察二分查找方法。因为数组a是单调不减的，所以可以采用手写二分或lower_bound()方法求出答案。注意在找出下标后判断x是否存在，如果不存在，则输出-1。

一般来说，如果数组已经确定了，则调用lower_bound()函数会方便很多。

AC代码（Accepted代码，编程竞赛中的术语，指通过测试并被判定为"通过"的代码）

```
#include<bits/stdc++.h>
using namespace std;
const int N = 2e5 + 10;        // 最大数组长度
int n, q, a[N];                // n为数组长度，q为询问数，a为数组

int main() {
    ios::sync_with_stdio(0), cin.tie(0), cout.tie(0);
    cin >> n >> q;             // 输入数组长度n和询问数q
    for(int i = 1;i <= n; ++ i)cin >> a[i];
    while(q --)        // 处理每个询问
    {
        int x; cin >> x;
        // 减去a的地址得到下标
        // 调用lower_bound()函数找到下界位置
        int pos = lower_bound(a + 1, a + 1 + n, x) - a;
        if(pos <= n && a[pos] == x){
            cout << pos << ' ';       // 输出下标
        }else{
            cout << -1 << ' ';        // 元素不存在
        }
    }
    return 0;
}
```

【例 2】StarryCoding P260 该加班了家人们

题意描述：给定n个整数a_i，求一个上限ans，使得这n个整数可以按原有顺序分为k组，且每组之和不超过ans。

解题思路

本题是二分答案的经典例题。首先，我们分析一下每组上限时间x与组数y的单调性：当x增大时，y为非增加。

因此，我们可以通过二分法来确定上限x，当x增加到某个值时，组数y将减少到满足$y \leqslant k$，即符合题目要求。

在二分法中，当确定某个上限x=mid后，需要调用check函数检查是否能够按顺序分成k组，且每组之和不超过mid。实现该函数时，只需简单地模拟分组过程。

需要特别注意：如果某个元素$a_i>$mid，则直接返回false，因为这个a_i无法分配到任何组中，此时可以认为组数y（对应代码中的cnt）趋于无穷。

AC代码

```cpp
#include <bits/stdc++.h>
using namespace std;
using ll = long long;

const int N = 1e5 + 9;

ll a[N], n, k;

bool check(ll mid)                      // 检查上限mid是否可行
{
    ll cnt = 1, sum = 0;                // 组数cnt，当前组内元素之和sum
    for (int i = 1; i <= n; ++i)
    {
        if(a[i] > mid)return false;     // 当前元素无法分组，直接返回false
        if (sum + a[i] <= mid)
        {
            sum += a[i];                // 当前元素可以计入当前组
        }
        else
        {
            sum = a[i];                 // 新建一组
            cnt++;
        }
    }
    return cnt <= k;                    // 检查是否满足组数限制
}

void solve()                            // 求解函数
{
    cin >> n >> k;                      // 输入数组大小和组数限制
    for (int i = 1; i <= n; ++i)
        cin >> a[i];

    ll l = 0, r = 1e14 + 5;             // 二分边界
    while (l + 1 != r)
    {
        ll mid = (l + r) >> 1;          // 取中间值，右移一位相当于除以二向下取整
        if (check(mid))
            r = mid;                    // 答案可能更小
        else
            l = mid;                    // 答案需要更大
    }
    cout << r << '\n';                  // 输出最小合法上限
}
```

```
int main()
{
    ios::sync_with_stdio(0), cin.tie(0), cout.tie(0);
    int _;
    cin >> _;                            // 测试用例的个数
    while (_--)
        solve();
    return 0;
}
```

【例 3】StarryCoding P27 小 e 的书架

假设要把n本规格相同的书放入书架。每本书可以选择横着放，也可以选择竖着放（不能斜着放，也不能把竖着放的书放到横着放的书上方或把横着放的书放到竖着放的书上方）。

书的宽度为l、高度为h，书架的高度为t，意味着如果横着放，每h长度的书架最多叠t本，如果竖着放，每l长度的书架可以放一本书（竖着放不能叠起来，且书的高度要小于书架的高度）。

请问书架至少要多长，才能放下所有的书？

输入格式

第一行包含一个整数T，表示测试样例的数量（$1 \leqslant T \leqslant 10^5$）。

对于每个样例，每行包含3个整数n、h、t（$1 \leqslant n, h, t \leqslant 10^7$）。

输出格式

对于每个测试样例，输出书架的最小长度（每个结果单独占一行）。

样例输入

```
2
6 4 5
4 3 2
```

样例输出

```
5
6
```

解题思路和参考代码

```
#include<bits/stdc++.h>;
using namespace std;

using ll = long long;
const ll inf = 2e18;
int n, h, t;

// 返回长度为mid的书架最多能放的书的数量
ll f(ll mid)
{
```

```
    // 下一句写法的用意是避免mid / h * t溢出long long数据类型的数值范围
    if(mid / h >= inf / t)return inf;
    ll cnt = (mid / h) * t;      // 总共可以横着放cnt本
    // 当h <= t时可以竖着放，但仅有剩余几个位置可以放
    if(h <= t) cnt += mid % h;
    return cnt;    // 能放进去的书刚好大于或等于n
}

void solve()
{
  cin >>n>>h>>t;
  ll l = 0, r = 2e18;
  while(l + 1 != r)
  {
      //当mid增大时，f是不减的
      ll mid = (l + r) >> 1;
      if(f(mid) >= n) r = mid;     // 能放下所有书
      else l = mid;                // 需要更长的书架
  }
  cout << r << endl;        // 输出最小长度
}

int main(){
  int _; cin >> _;
  while(_ --) solve();
  return 0;
}
```

3.4 双指针

双指针算法是一种针对数组进行操作的优化算法。它通过利用数据的单调性来降低时间复杂度，通常可以将一些原本时间复杂度为$O(n^2)$的问题降低为$O(n)$，效果非常显著。

3.4.1 双指针题的特征

使用双指针方法时，通常要求数组具备某种单调性质，例如数组是升序排列的，或者"区间内元素递增，所维护的值具有单调性"等。

以一个具体的问题为例：假设我们需要找到一个数组（数组最大长度和元素的最大值均为10^5）中最长的连续不重复子序列的长度。即，我们需要寻找一个区间，其中没有重复元素，并且寻求这样的区间的最大长度。

考虑暴力解法：使用两个指针i和j来枚举数组中的所有区间，然后检查每个区间是否包含重复元素。可以想到一种小优化：在枚举过程中，动态地维护一个桶（由于本例中的数据范围较小，因此可以使用桶；如果数据范围较大，可以考虑使用map或set来检测重复元素），这样可以快速判断

是否存在重复元素，但时间复杂度仍为$O(n^2)$。

暴力代码

```cpp
#include <bits/stdc++.h>
using namespace std;

using ll = long long;
const int N = 1e5 + 9;
ll a[N];

void solve()
{
    int n; cin >>n;
    for(int i = 1;i <= n; ++ i)cin >> a[i];
    int ans = 0;
    for(int i = 1;i <= n; ++ i)
    {
        bitset<N> vis;
        for(int j = i; j <= n; ++ j)
        {
            // 枚举到区间[i, j]
            // 判断是否已经存在a[j]，若存在则可以直接break
            if(vis[a[j]])break;
            vis[a[j]] = true;
            // 如果没有break，则说明区间[i, j]不存在重复元素
            ans = max(ans, j - i + 1);
        }
    }
    cout << ans << '\n';
}

int main()
{
    ios::sync_with_stdio(0), cin.tie(0), cout.tie(0);
    int _;cin >> _;
    while(_ --)solve();
    return 0;
}
```

接下来考虑如何优化这个问题。假设当前区间为[l,r]，且[l,r+1]已经出现了重复元素，即[l,r]为左端点为l时的最大合法区间。对于所有k>r的区间，[l,k]必然存在重复元素，因此可以直接break，这在暴力代码中已经有所体现。

那么问题来了，每次r都要从l重新开始遍历，真的有这个必要吗？

对于左端点为l的最大合法区间为[l,r]，当l移动到l+1时，对于所有l+1≤k≤r：

- 若[l,k]合法，则长度必然小于r−l+1，且都不如[l,r]优秀，因此无须再遍历，可以让r延续上一轮的位置。

- 若[l,k]不合法，则需要右移l，r无须改变。

如图3-3所示，所有r可以直接从上一轮结束的位置继续，即不需要移动r，因此只需右移l,r两个指针，优化后的时间复杂度为$O(n)$。

具体的AC代码请见本节例题。

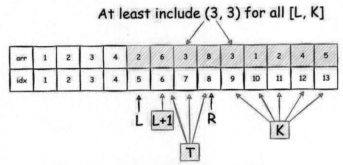

图 3-3   双指针单调性演示

3.4.2   双指针的类型

常见的双指针类型有以下4种。

- 快慢指针：一般用于解决链表中的循环检测问题，在算法竞赛中涉及较少，因此不再深入阐述。
- 左右指针：在有序数组中查找一对特定的数字，通常用于枚举二元组或区间。
- 对撞双指针：利用某些数学特性（单调性），初始区间为[1,n]，每次只移动一个指针，从而不断逼近最大值。典型题目有：盛最多水的容器。
- 滑动窗口：用于维护一段区间的各种统计信息，例如最值或元素的总和，常见于在单调队列中维护最值。

3.4.3   例题讲解

【例 1】StarryCoding P36 最长连续不重复子序列

给定一个长度为n（$1 \leqslant n \leqslant 10^5$）的数组$a$（$1 \leqslant a_i \leqslant 10^5$），求其中最长的连续不重复子序列的长度。

解题思路

本题可以采用双指针的思想，l、r指针只会向右移动，并用一个bitset记录元素是否出现过。当区间[l, r]已经包含重复元素时，任何一个包含区间[l, r]的区间都必然会有重复元素，于是只要当$a[r+1]$已经在区间$[l, r]$中出现过，右端点就没有必要再右移了，此时的最大合法区间为$[l, r]$。

而当左端点右移一步后，因为此时的区间一定比最大合法区间更小，于是也没有必要让r回来重新跑一遍了。

AC代码

```cpp
#include <bits/stdc++.h>
using namespace std;

using ll = long long;
const int N = 1e5 + 9;
ll a[N];

void solve()
{
    int n; cin >>n;
    for(int i = 1;i <= n; ++ i)cin >> a[i];
    int ans = 0;
    bitset<N> vis;
    for(int i = 1, j = 0;i <= n; ++ i)
    {
        while(j < n && !vis[a[j + 1]])vis[a[++ j]] = true;
        // 此时的[i, j]是以i为左端点的最大合法区间
        ans = max(ans, j - i + 1);

        // 注意在i右移时，需要将a[i]移除
        vis[a[i]] = false;
    }
    cout << ans << '\n';
}

int main()
{
    ios::sync_with_stdio(0), cin.tie(0), cout.tie(0);
    int _;cin >> _;
    while(_ --)solve();
    return 0;
}
```

【例 2】StarryCoding 盛水最多的容器

给定若干高度为h_i的竖线，横坐标为i，请找出其中两条线，使得其盛水量最大，如图3-4所示（图片来自LeetCode）。

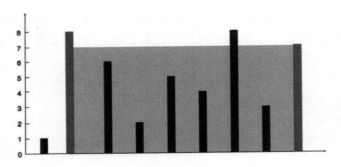

图 3-4   盛水最多的容器

解题思路

本题可采用对撞指针的方法，初始区间为 $[1,n]$，其中 $i=1$、$j=n$。因为盛水量为 $\text{value}_{i,j}=\min(h_i,h_j)(j-i)$，可以发现当区间变小时，$j-i$ 一定变小（这一点我们无法改变）。此时我们可以选择将 i 右移，或者将 j 左移，即选择较高的一个或较低的一个向内移动（向内移动是对撞指针决定的）。可以发现，如果移动较高的竖线，无论怎么移动，$\min(h_i, h_j)$ 一定是不增的，因此盛水量也不会增加。因此，移动较高的竖线，一定不会使得答案变得更好，只能将较低的竖线向内移动一步。为什么不会向外移动呢？因为向外移动的情况是过去的，如果向外移动会使答案变好，早就已经算过了，不必再往外走。如果 $[l,r]$ 两个竖线相等，则随便移动一个即可。

在这种情况下，向内一步一步移动，当 $l>r$ 时退出，在中间过程中计算出最大值即可。

AC代码

```cpp
#include <bits/stdc++.h>
using namespace std;
using ll = long long;
const int N = 1e5 + 9;
ll h[N];                    // 存储高度数组
int main()
{
    ios::sync_with_stdio(0), cin.tie(0), cout.tie(0);    // 优化输入/输出流
    int n; cin >> n;        // 输入数组长度
    for(int i = 1;i <= n; ++ i)cin >> h[i];              // 输入数组高度
    ll l = 1, r = n;        // 初始化左右指针
    ll ans = 0;             // 初始化最大面积为0
    while(l <= r)           // 当左指针小于或等于右指针时循环
    {
        // 计算当前左右指针围成的矩形面积，并更新最大面积
        ans = max(ans, (r - l) * min(h[l], h[r]));
        // 每次将高度较低的端点向内移动
        if(h[l] < h[r])l ++;    // 如果左边的高度小于右边的高度，则移动左指针
        else r --;              // 否则移动右指针
    }
    cout << ans << '\n';        // 输出最大面积
```

```
        return 0;
    }
```

3.5　其他

本节介绍几种在算法竞赛中比较常用的算法，包括递归、排序、位运算、贪心算法、分治法等，读者应当牢固掌握这些算法的原理并且正确使用。

3.5.1　递归

1. 递归的概念

递归是一种解决问题的方法，它将一个问题分解为更小的子问题，直到问题变得足够简单，可以直接求解。递归主要由两个部分组成：基线条件（Base Case）和递归条件（Recursive Case）。

基线条件描述了最简单的情况（也叫递归出口），在这种情况下可以直接得到结果。而递归条件则是通过调用函数自身来解决更复杂的问题。

对递归最直观的理解是：函数调用自身，但调用的函数解决的是当前问题的子问题，且子问题之间要么相互独立，要么能够记忆化（Memorization）。

2. 阶乘函数

求解阶乘是一个经典的递归示例。n的阶乘定义为n乘以$n-1$再乘以$n-2$，一直乘到1。用递归的方式，我们可以这样定义阶乘函数：

- 基线条件：如果n等于0，那么n的阶乘结果值为1。
- 递归条件：如果n大于0，那么n的阶乘等于n乘以$n-1$的阶乘。

这个递归没有满足相互独立的条件，于是复杂度比较高。

C++代码如下：

```cpp
// 定义一个名为factorial的函数，接收一个整数n作为参数
int factorial(int n) {
    // 如果n等于0，则返回1（因为0的阶乘定义为1）
    if (n == 0) {
        return 1;
    } else {
        // 否则，递归调用factorial函数，传入n-1作为参数，并将结果乘以n
        return n * factorial(n - 1);
    }
}
```

3. Fibonacci序列

Fibonacci序列（斐波那契序列）是另一个递归的经典示例。这个序列的前两个数字是0和1，后面的每个数字是前两个数字之和。

- 基线条件：Fibonacci序列的第0项和第1项分别是0和1。
- 递归条件：Fibonacci序列的第n项等于第$n-1$项和第$n-2$项的和。

C++代码如下：

```cpp
// 定义一个名为fibonacci的函数，接收一个整数n作为参数
int fibonacci(int n) {
    // 如果n等于0，则返回0（斐波那契序列的第0项是0）
    if (n == 0) {
        return 0;
    } else if (n == 1) { // 如果n等于1，则返回1（斐波那契序列的第1项是1）
        return 1;
    } else { // 如果n大于1，则递归调用fibonacci函数计算前两项之和
        return fibonacci(n - 1) + fibonacci(n - 2);
    }
}
```

4. 注意事项

虽然递归是一个强大的工具，但在使用时需要注意以下几点。

- 递归深度：如果递归调用的深度太大，可能会导致栈溢出错误。这通常发生在递归处理大数据或递归没有正确终止的情况下。
- 递归效率：在某些情况下，递归可能导致重复计算，从而降低程序效率。如上述的Fibonacci序列代码中会进行大量的重复计算。为了解决这一问题，我们可以使用一种名为"记忆化"的技术，即存储已计算过的结果并复用它们，从而显著提高算法的效率。

通过理解和掌握递归，将为学习更复杂的算法和数据结构，如深度优先搜索（DFS）、动态规划（Dynamic Programming，DP）等打下坚实的基础。

3.5.2 排序

在算法竞赛中，99%需要排序的情况都可以通过STL中的sort()函数解决，因此我们要熟练掌握如何使用sort()函数，并学会自定义比较函数。

在少数情况下，可能需要使用桶排序、归并排序等算法，其他排序方法几乎用不到，仅需了解其他排序法的基本思想即可。

1. STL中的sort()函数

sort()函数的时间复杂度为$O(n\log n)$，这已经是一种极为出色的性能了，因此通常不需要自己编写排序算法。

下面将展示一些示例程序，通过这些示例程序，读者可以直观地了解如何调用sort()函数。

示例1：将元素排为升序，代码如下：

```cpp
#include <bits/stdc++.h>
```

```
using namespace std;
const int N = 1009;
int a[N];

int main(){
    // 输入数据
    // 将a[1]~a[n]的数据进行排序，默认为升序，传入的两个参数分别是起始地址和终止地址，左闭右开
    sort(a + 1, a + 1 + n);
    return 0;
}
```

示例2：对vector中的元素进行排序，代码如下：

```
#include <bits/stdc++.h>
using namespace std;

vector<int> v;

int main(){
    // 输入数据
    // 对v[0]~v[v.size() - 1]的数据进行排序，默认为升序
    sort(v.begin(), v.end());
    return 0;
}
```

2. 自定义比较函数

常用的自定义比较函数的方法有以下几种。

1）自定义函数

通过编写一个自定义的比较函数，可以灵活地定义排序规则。例如，下面的代码展示如何创建一个降序排序的比较函数：

```
#include <bits/stdc++.h>
using namespace std;
const int N = 1e5 + 9;
int a[N];

// 自定义比较函数
bool cmp(int x, int y){
    // 大于号，得到的结果是降序的
    return x > y;
}

int main()
{
    ios::sync_with_stdio(0), cin.tie(0), cout.tie(0);
    int n; cin >> n;
    for(int i = 1;i <= n; ++ i)cin >> a[i];
    sort(a + 1, a + 1 + n, cmp);
    for(int i = 1;i <= n; ++ i)cout << a[i] << " \n"[i == n];
```

```
    return 0;
}
```

2）重载小于运算符（常用于结构体）

对于结构体或类，可以通过重载小于运算符来定义排序规则。例如，下面的代码将展示了如何对一个包含两个整数的结构体数组进行排序：

```cpp
#include <bits/stdc++.h>
using namespace std;
const int N = 1e5 + 9;

struct Node
{
    int x, y;
    bool operator < (const Node &u)const     // 重载小于运算符，定义排序规则
    {
        // 以y为第一关键字升序，如果y相等，就按照x升序
        return y == u.y ? x < u.x : y < u.y;
    }
}a[N];

int main()
{
    ios::sync_with_stdio(0), cin.tie(0), cout.tie(0);
    int n;cin >> n;
    for(int i = 1;i <= n; ++ i)cin >> a[i].x >> a[i].y;

    sort(a + 1, a + 1 + n);     // 不写第三个参数，就默认使用重载<运算符进行排序

    // 输出排序后的结果
    for(int i = 1;i <= n; ++ i)cout << a[i].x << ' ' << a[i].y << "\n";
    return 0;
}
```

3）Lambda表达式

使用Lambda表达式可以更简洁地定义比较函数。例如，下面的代码展示如何使用Lambda表达式实现降序排序：

```cpp
#include <bits/stdc++.h>
using namespace std;
const int N = 1e5 + 9;
int a[N];

int main()
{
    ios::sync_with_stdio(0), cin.tie(0), cout.tie(0);
    int n;cin >> n;
    for(int i = 1;i <= n; ++ i)cin >> a[i];
    sort(a + 1, a + 1 + n, [](int x, int y)
    {
```

```
        return x > y;  // 大于号，得到的结果是降序的
    });
    for(int i = 1;i <= n; ++ i)cout << a[i] << " \n"[i == n];      // 输出排序后的结果
    return 0;
}
```

3.5.3　位运算

在C++中，有5种基本的位运算，分别是按位与（&）、按位或（|）、按位异或（^）、按位非
（~）和位移（<<、>>）。

```
int a = 6;              // 二进制表示：110
int b = 3;              // 二进制表示：011
int c = a & b;          // "按位与"运算，结果为2（二进制：010）
int d = a | b;          // "按位或"运算，结果为7（二进制：111）
int e = a ^ b;          // "按位异或"运算，结果为5（二进制：101）
int f = ~a;             // "按位非"运算，结果为-7
int g = a << 1;         // 左移运算，结果为12（二进制：1100）
int h = a >> 1;         // 右移运算，结果为3（二进制：011）
```

位运算在竞赛中的应用主要有以下几种情况。

1. 存储状态

位运算常用于存储和表示状态。例如，我们可以使用一个整数来存储集合的信息。
示例如下：

```
int states = 0;                 // 一个空集合
states |= (1 << 3);             // 把第3位设置为1，表示元素3在集合中
states &= ~(1 << 3);            // 把第3位设置为0，表示元素3不在集合中
bool is_in = states & (1 << 3); // 检查元素3是否在集合中
```

2. 快速计算

位运算可以实现快速的乘法和除法运算。
示例如下：

```
int x = 4;
x = x << 1;         // x现在是8，相当于x乘以2
x = x >> 1;         // x现在是4，相当于x除以2
```

3. 掩码运算

位运算常用于对特定位进行运算，我们通常将这种运算称为"掩码"操作。
示例如下：

```
int x = 9;                      // 二进制：1001
int mask = 1 << 3;              // 掩码，二进制：1000
bool is_set = x & mask;         // 检查x的第3位是否为1
```

4. 解决复杂问题

一些看似复杂的问题，如果运用好位运算，可能会有巧妙的解决方案。例如，找出一个数组中出现奇数次的数字。

示例如下：

```
vector<int> nums = {1, 1, 2, 2, 3, 3, 4};
int result = 0;
for(int num : nums) {
    result ^= num;
}
cout << result; // 输出4，因为4是唯一一出现奇数次的数字
```

位运算的效率极高，能够极大地提高算法的性能。掌握和灵活运用位运算，会在编程竞赛中给你带来极大的便利。

3.5.4　贪心算法

贪心算法（Greedy Algorithm）是一种在每一步选择中都采取当前状态下最好或最优的选择，从而希望最终得到一个全局最好或最优的解。简单来说，贪心算法不从整体最优考虑，它所做出的选择只是某种意义上的局部最优。

贪心算法适用于具有"最优子结构"的问题，即一个问题的最优解包含其子问题的最优解，这也是贪心算法正确的关键。也就是说，整体的最优解可以通过在每一步都选择局部最优解来逐层构建。

一般来说，贪心算法的正确性证明起来较为复杂，但我们可以通过经验总结一些常见的贪心模型，从而快速判断贪心法是否适用于某道题目。

贪心算法主要靠刷题积累，见得多了，就能产生"贪心"的直觉。

> 在竞赛中，如果对某道题目的贪心算法解法的正确性没有把握，可以编写一个更基础的暴力解法作为对比。通过在小范围内生成随机数据并对比两种方法的输出结果进行大量测试，如果两种方法的结果始终一致，那么可以认为贪心算法大概率是正确的。

接下来通过几道例题帮助读者理解贪心算法。

【例 1】StarryCoding P24 最大子段和

给定一个长度为n的数组a，求最大连续子段和（子段长度至少为1）。

输入格式

- 第一行包含一个整数n，表示数组的长度（$1 \leqslant n \leqslant 1 \times 10^6$）。
- 接下来一行包含n个整数，表示数组a（$-10^9 \leqslant a_i \leqslant 10^9$）。

输出格式

一个整数，表示最大连续子段和。

样例输入1

```
5
1 2 -4 4 5
```

样例输出1

```
9
```

解释

最大子段和为a_4+a_5=9。

样例输入2

```
6
-1 -2 -3 -5 -2 -3
```

样例输出2

```
-1
```

解题思路

变量sum表示以当前位置为右端点的最大子段和。

变量ans表示当前遇到的所有sum中的最大值，即题目要求的答案。

当我们遇到一个数字a_i，有两种情况：

（1）如果sum+a_i<0，说明此时将a_i接到之前的一个最大子段后面会导致子段和变为负数，那么还不如不接收，直接令sum=0，从a_i+1开始重新计算字段和。

（2）如果sum+a_i≥0，说明将a_i接到之前的最大子段后面依然可以为之后的行为作出贡献，就将a_i留下，更新sum+=a_i和ans=max(ans, sum)。

但是，这里需要注意ans的初始值应设置为a_1而不是0，因为子段长度必须大于0，可能存在全为负数的情况。

AC代码

```cpp
#include <bits/stdc++.h>
using namespace std;
using ll = long long;          // 定义长整型别名ll
const int N = 1e6 + 9;         // 定义常量N，表示数组的最大长度
ll a[N];                       // 定义一个长整型数组a，用于存储输入的数据

int main()                     // 主函数
{
    ios::sync_with_stdio(0), cin.tie(0), cout.tie(0);     // 优化输入/输出流性能
    int n;cin >> n;            // 输入整数n，表示数组的长度
    for(int i = 1;i <= n; ++ i)cin >> a[i];              // 输入数组a的元素
```

```
ll sum = 0, ans = a[1];     // 初始化sum为0，ans为数组第一个元素
for(int i = 1;i <= n; ++ i)                              // 遍历数组a
{
    if(sum + a[i] < 0)sum = 0;              // 如果当前累加和小于0，则重置sum为0
    else sum += a[i], ans = max(ans, sum);// 否则累加当前元素到sum，并更新ans为最大值
}
cout << ans << '\n'; // 输出最大子段和
return 0; // 程序正常结束
}
```

【例 2】StarryCoding P264 活动选择问题

在星码乐园中有 n 个活动，但遗憾的是只有一个活动大厅，同一时间只能进行一个活动，第 i 个活动的活动时间为 $[l_i, r_i)$。

请问最多能完成多少个活动？

输入格式

本题有多组测试用例。

第一行包含一个整数 T，表示测试用例的数量（$1 \leqslant T \leqslant 10^3$）。

对于每组测试用例：

第一行包含一个整数，表示 n（$2 \leqslant n \leqslant 10^5$）。

接下来 n 行，每行包含两个整数 l_i 和 r_i（$1 \leqslant l_i < r_i \leqslant 10^9$），表示活动 i 的时间。

数据保证 $\sum n \leqslant 2 \times 10^5$。

输出格式

对于每组测试用例，输出一个整数，表示最多可以完成的活动数量。

样例输入

```
2
3
1 5
2 3
3 7
2
1 5
2 4
```

样例输出

```
2
1
```

解释

在样例中，选择活动2和活动3，可以完成两个活动。

解题思路

根据贪心的思路，我们选择一个活动时，应尽可能为后续的选择留下更大的空间。因此，当有多个活动可以选择时，应该选择结束时间最早的活动。

具体步骤如下：

步骤01 将所有活动存入结构体，并按照结束时间 r 升序排序。

步骤02 依次遍历活动，采用"能选即选"的策略（即如果当前活动的开始时间 l 不早于已选活动的结束时间，则选取该活动）。

步骤03 统计选中的活动数量，即为最大活动数量。

AC代码

```cpp
#include <bits/stdc++.h>
using namespace std;
using ll = long long;
const int N = 1e5 + 9;

struct Node
{
    int l, r;
} a[N];

void solve()
{
    int n;
    cin >> n;
    for (int i = 1; i <= n; ++i)
        cin >> a[i].l >> a[i].r;
    // 根据右端点排序，即按结束时间排序
    stable_sort(a + 1, a + 1 + n, [](const Node &u, const Node &v){
        if(u.r != v.r)return u.r < v.r;
        return u.l < v.l;
    });
    int now = 0, ans = 0;
    for (int i = 1; i <= n; ++i)
    {
        if (a[i].l >= now)
            ans++, now = a[i].r;
    }
    cout << ans << '\n';
}

int main()
{
```

```
    ios::sync_with_stdio(0), cin.tie(0), cout.tie(0);
    int _;
    cin >> _;
    while (_--)
        solve();
    return 0;
}
```

3.5.5　分治法

1. 分治法介绍

分治法（Divide and Conquer）是一种递归算法设计技术，其基本思想是将一个难以直接解决的大问题分解成若干规模较小且形式相同的子问题，逐一解决这些子问题，然后将这些子问题的解决结果合并以得到原问题的答案。

2. 分治法的基本步骤

分治法通常包含以下三个步骤。

步骤01 分解：将原问题分解为若干规模较小的相同问题（即子问题）。

步骤02 解决：递归求解这些子问题。

步骤03 合并：将子问题的解合并为原问题的解。

3. 分治法的应用条件

（1）问题规模缩小到一定程度就可以直接解决。

（2）子问题相互独立。

（3）子问题的解可以合并为原问题的解。

4. 分治法的优势

（1）降低问题复杂度。

（2）易于理解和实现。

（3）支持并行处理子问题：子问题可独立求解，但我们不会进行多线程编程，本书编写的都是单线程算法，多线程编程在竞赛中并没有显著优势。

5. 分治法的劣势

（1）子问题可能存在重复计算，可以通过记忆化等方式来优化。

（2）需要额外空间存储子问题的解，这体现了"空间换时间"的思想。

例如，对于问题，其问题域为区间$[l,r]$，如果问题具有分治特征，可以计算一个中间值mid，分别处理$[l,mid]$，$[mid+1,r]$，然后通过某种方式将两个子问题的结果，从而得到整个问题的解。

举例来说，假如要求区间$[l,r]$的元素之和，可以将其划分为$[l,mid]$，$[mid+1,r]$两个区间的和，然后将两部分结果相加,这种思想在线段树中也被广泛应用。

分治法一般采用递归的方式实现,因此需要注意递归出口和递归层数等问题。

分治法常见的题目有:最大子段和、归并排序(同时可以用来计算逆序对)、二分搜索、快速幂等。分治法经常作为一种核心思想嵌入其他算法或数据结构中,因此单独对分治法进行考察没有太大意义。

【例 1】StarryCoding P24 最大子段和

题意请参考3.5.4节的例题"最大子段和"。

解题思路

本题既可采用贪心法求解,也可采用分治法求解。

对于区间[l,r]内的子段,假设左右端点分别为x、y,中间点为mid,可以分为三类:

- $l \leqslant x \leqslant y \leqslant$ mid,即左侧的子段,可以通过递归计算[l,mid]的最大子段和。
- mid+1$\leqslant x \leqslant y \leqslant r$,即右侧的子段,可以通过递归计算[mid+1,$r$]的最大子段和。
- $l \leqslant x \leqslant$ mid$<y \leqslant r$,即跨越中间点的子段,此时需要计算左侧[l,mid]的最大后缀和与右侧[mid+1,r]的最大前缀和,两者相加即为这一类子段的最大和。

当l=r时,直接返回a[l]即可,需要注意的是,子段和可能为负数,因此左侧最大后缀和、右侧最大前缀和的初始值应分别设为a[mid]和a[mid+1]。

本题实际上使用的分治方法是CDQ分治(Cute Divide and Conquer),相关内容在第12章中有详细介绍。

AC代码

```cpp
#include <bits/stdc++.h>
using namespace std;
using ll = long long;
const int N = 1e6 + 9;
ll a[N];

// 定义一个函数f,用于计算区间[l,r]内的最大子段和
ll f(int l, int r)
{
    // 如果区间只有一个元素,则直接返回该元素值
    if(l == r)return a[l];
    // 计算区间的中间位置
    int mid = (l + r) >> 1;
    // 初始化左右两侧的最大子段和为中间位置的元素值
    ll mxL = a[mid], mxR = a[mid + 1];
    // 初始化左侧子段和为0
    ll sum = 0;
    // 从中间位置向左遍历,计算最大子段和
    for(int i = mid; i >= l; -- i)
```

```
        sum += a[i], mxL = max(mxL, sum);
    // 重置左侧子段和为0
    sum = 0;
    // 从中间位置向右遍历，计算最大子段和
    for(int i = mid + 1;i <= r; ++ i)
        sum += a[i], mxR = max(mxR, sum);
    // 返回三种情况的最大值：左侧最大子段和加上右侧最大子段和、左半部分的最大子段和、右半部分的最
大子段和
    return max({mxL + mxR, f(l, mid), f(mid + 1, r)});
}

int main(){
    ios::sync_with_stdio(0), cin.tie(0), cout.tie(0);
    int n;cin >> n;
    // 输入数组元素
    for(int i = 1;i <= n; ++ i)cin >> a[i];
    // 输出整个数组的最大子段和
    cout << f(1, n) << '
';
    return 0;
}
```

【例 2】StarryCoding P54 模板排序

给定一个大小为n的整型数组a，需要对其按照升序排序并去重。

输入格式

第一行：一个整数n（$1 \leqslant n \leqslant 2 \times 10^5$）。

第二行：n个整数，表示数组a的所有元素（$-10^9 \leqslant a_i \leqslant 10^9$）。

输出格式

共一行，n个整数，表示进行升序排序并去重后的数组。

样例输入

```
8
2 0 2 3 0 7 1 7
```

样例输出

```
0 1 2 3 7
```

解题思路

本题可采用归并排序来求解。

- 递归出口：当区间大小为1时，无须排序，直接返回该元素。
- 递归：将两个有序子数组合并为一个新的有序数组。

为了简化和提高可读性，我们使用vector容器来实现。以下为示例程序的代码：

```cpp
#include <bits/stdc++.h>
using namespace std;
const int N = 2e5 + 9;                          // 定义常量N，表示数组的最大长度
using ll = long long;                           // 定义长整型别名ll
ll a[N];                                        // 定义一个长整型数组a，用于存储输入的数据

// 归并排序函数，参数l和r分别表示待排序数组的左边界和右边界
vector<ll> merge_sort(int l, int r)
{
    if(l == r)return vector<ll>(1, a[l]);       // 如果左右边界相等，则说明只有一个元素，直接返回该元素的向量

    int mid = (l + r) >> 1;                     // 计算中间位置
    vector<ll> vl = merge_sort(l, mid);         // 递归调用归并排序处理左半部分
    vector<ll> vr = merge_sort(mid + 1, r);     // 递归调用归并排序处理右半部分
    int pl = 0, pr = 0;                         // 初始化两个指针pl和pr，分别指向vl和vr的起始位置
    vector<ll> res;                             // 定义结果向量res
    while(res.size() < r - l + 1)               // 当结果向量的大小小于待排序区间的长度时，继续合并
    {
        if(pl == vl.size())res.push_back(vr[pr ++]);        // 如果pl已经到达vl的末尾，则将vr中的元素加入res
        else if(pr == vr.size())res.push_back(vl[pl ++]);   // 如果pr已经到达vr的末尾，则将vl中的元素加入res
        else if(vl[pl] < vr[pr])res.push_back(vl[pl ++]);   // 如果vl当前元素小于vr当前元素，则将vl当前元素加入res
        else res.push_back(vr[pr ++]);          // 否则，将vr当前元素加入res
    }
    return res;                                 // 返回合并后的有序向量
}

int main(){
    ios::sync_with_stdio(0), cin.tie(0), cout.tie(0);       // 优化输入/输出流
    int n; cin >> n;                            // 输入数组长度n
    for(int i = 1;i <= n; ++ i)cin >> a[i];     // 输入数组元素
    vector<ll> res = merge_sort(1, n);          // 对数组进行归并排序
    res.erase(unique(res.begin(), res.end()), res.end());   // 去除重复元素
    for(int i = 0;i < res.size(); ++ i)cout << res[i] << ' ';    // 输出排序后的结果
    return 0;
}
```

第 4 章

STL的基本使用

4

STL（标准模板库）是C++中一个至关重要的类库，它提供了丰富的常用数据结构和算法。熟练掌握并运用STL，不仅可以显著提升代码的可读性和可维护性，还能大幅节省开发时间。

在算法竞赛中，STL的使用十分普遍，因此人们常说，算法竞赛中的C++更像是C with STL而非传统意义上的C++。

4.1 STL 中的数据结构

STL中内置了许多高效的数据结构，常用的包括vector、stack、queue、map、priority_queue等。在算法竞赛中，常会涉及查找、排序、插入、删除等大量基于不同数据结构的操作，而STL中的这些数据结构和算法提供了高效、简洁的解决方案。

本节将介绍几种STL中常用的数据结构。

4.1.1 向量（vector）

vector翻译为"向量"，实际上它是一个可变长的数组。相比C风格的数组需要在定义时固定长度，而向量（vector）支持动态扩容，使用起来非常方便。

1. 向量的结构

向量是一个顺序表，其内存空间是连续的，支持自动扩容和自动内存管理，它的基本结构如图4-1所示。

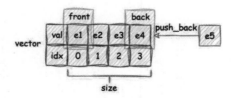

图 4-1　向量顺序表

2. 向量的初始化

在使用向量之前，需要引入相应的头文件。如果程序开头已经引入或包含了万能头文件，则无须再额外引入。例如：

```
#include <vector>
// #include <bits/stdc++.h>        // 万能头文件中包含vector
using namespace std;               // vector在std命名空间中
```

vector的初始化方式很灵活，以下是一些常见用法，其中T代表数据类型，可以是int、double、char等，也可以是自定义的结构体。但需要注意，同一个向量中的元素类型必须一致。

例如：

```
vector<T> v;               // 声明一个空的向量，内部元素类型为T
vector<int> v_int;         // 声明一个存储int类型的空向量

int n = 5;
vector<int> v_int2(n);          // 声明一个大小为n的向量，默认初值为0
// v_int2 = [0, 0, 0, 0, 0]

int x = 3;
vector<int> v_int3(n, x);       // 声明一个大小为n、初值为x的向量
// v_int3 = [3, 3, 3, 3, 3]
```

如果已确定所需的数组大小，建议在声明时设定向量的大小并赋予初值。这是因为向量的动态扩容需要额外的时间，了解其扩容机制有助于优化性能。

> 向量的下标与C风格的数组一样，从0开始计数，即0-index。

3. 向量的基本操作

向量作为C++标准模板库中的重要组件，以其动态数组的特性广泛应用于各种数据存储和处理场景，例如临时存储、保存答案、构建邻接表等。

表4-1总结了向量的一些基本操作及其时间复杂度，这些操作是开发过程中频繁使用的。

表4-1　向量的一些基本操作方法

方　　法	作　　用	时间复杂度
push_back(x)	将元素 x 插入向量的末尾	$O(1)$
pop_back(x)	删除尾部元素	$O(1)$
operator[idx]	中括号操作符，返回下标 idx 所指的元素	$O(1)$
front()	返回向量中的第一个元素，即下标为 0 的元素	$O(1)$
back()	返回向量中的最后一个元素	$O(1)$
size()	返回向量中的元素个数	$O(1)$
empty()	判断向量是否为空	$O(1)$

（续表）

方　　法	作　　用	时间复杂度
resize(n)	将向量的大小调整为 n，多删少补	$O(1)$
clear()	将向量清空	$O(n)$
erase(it)	删除迭代器 it 所指的元素	$O(n)$
insert(it, val)	在迭代器 it 前面插入 val（复杂度太高，一般不用）	$O(n)$
begin()	返回指向向量中第一个元素的迭代器	$O(1)$
end()	返回指向向量中最后一个元素的下一个位置的迭代器	$O(1)$

 在执行向量的某些操作时，需要确保操作的合法性。例如，使用erase()时必须保证传入
的迭代器是有效的；获取元素时必须确保下标在合法的范围内。容器不会自动检查这些
条件，因此我们需格外小心，以免运行时出错。

4.1.2　栈（stack）

栈（stack）是一种遵循FILO（First In Last Out，先进后出）原则的数据结构。它通过两个主
要的接口操作元素，并提供多种方式访问栈顶元素、查询栈的大小以及判断栈是否为空。在C++中，
借助STL（标准模板库），我们可以便捷地实现和使用栈这一数据结构。

1. 栈的结构

栈是一种线性数据结构，可被视为一种"功能受限"的数组。栈只允许在栈顶进行数据操作，
栈内的其他元素无法被直接访问。这种限制性赋予了栈独特的特性，例如在深度优先搜索（DFS）
中，结点的遍历顺序与栈的结构紧密相关，如图4-2所示。

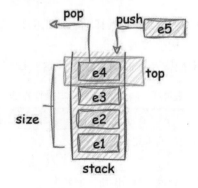

图 4-2　栈的结构

2. 栈的初始化

在使用栈之前，需要引入相应的头文件。如果已经引入了万能头文件（<bits/stdc++.h>），则
无须额外引入栈头文件。示例代码如下：

```
#include <stack>
// #include <bits/stdc++.h>    // 如果使用万能头文件, 则包含栈
using namespace std;           // stack位于std命名空间中
```

声明一个栈时, 使用stack<T>的形式, 其中T代表数据类型, 可以是int、double、char等, 也可以是自定义的结构体。但需要注意, 一个栈内的所有元素必须具有相同的数据类型。

通常情况下, 我们声明一个空栈, 然后向其中添加元素。示例代码如下:

```
stack<T> stk;            // T为数据类型
stack<int> stk_int;      // 声明一个存储int类型元素的栈
```

3. 栈的基本操作

栈提供了一些基本操作方法来管理栈内的元素, 如表4-2所示。

表 4-2　栈的一些基本操作方法

方　　法	作　　用	时间复杂度
push(x)	将元素 x 推入栈顶	$O(1)$
pop()	弹出栈顶元素, 但不会返回该元素	$O(1)$
top()	返回栈顶元素, 但不会弹出该元素	$O(1)$
size()	返回栈中的元素个数	$O(1)$
empty()	判断栈是否为空	$O(1)$

在使用top()方法之前, 务必确保栈非空, 否则可能导致运行时错误（RE）。

判断栈是否为空的方法有两种:

```
//方法一：用empty()方法判断
cout << (stk.empty() ? "栈为空" : "栈非空") << '\n';

//方法二：用size()方法判断
cout << (stk.size() ? "栈非空" : "栈为空") << '\n';
```

需要注意的是, stack没有提供clear()方法来清空栈。如需清空栈, 可以使用以下代码:

```
while(!stk.empty())stk.pop();
```

4. 例题讲解

【例】StarryCoding P38 火车轨道

给定n列火车, 每列火车具有一个唯一的编号, 编号的取值范围为1~n（这些编号形成了一个特定的排列）。

目前, 这些火车按照一定的顺序停在一条轨道上, 并且可以在两个方向上移动。我们需要判断是否可以通过一个车站, 而且每列火车最多只进站一次, 使得它们离开车站时的编号顺序是升序的。

该车站采用栈的数据结构, 位于输入队列轨道的中间位置, 形成了一个T字形状的结构。初始

状态下，所有火车都停靠在车站的右侧。

如果可以达到上述目标，则输出Yes；否则，输出No。

输入格式

第一行包含一个整数n（$1 \leqslant n \leqslant 10^5$）。

第二行包含n个整数a_i，表示在进站口的火车编号（$1 \leqslant a_i \leqslant n$，$a_i \neq a_j$）。

输出格式

如果火车编号可以变为升序，则输出Yes；否则，输出No。

样例

输　　入	输　　出
3 3 1 2	Yes
4 3 4 1 2	No

解题思路

为了模拟车站的功能，我们使用一个栈结构。首先，确定当前应当出站的火车编号（即按照升序排列的编号）。接着，依次让火车进站。当栈顶的火车恰好是当前应该出站的编号时，这列火车便出站。这一过程持续进行，直到所有火车都有机会进站和出站。

最后，检查栈内是否还有剩余的火车。如果栈为空，则意味着所有火车都已正确出站，并且它们的编号是按升序排列的，因此可以输出Yes。反之，如果栈内仍然有火车，则说明无法通过单次进站使火车编号排列成升序，此时应输出No。

参考代码

```cpp
#include <bits/stdc++.h>
using namespace std;

const int N = 1e5 + 9;

int a[N];

signed main()
{
    ios::sync_with_stdio(0), cin.tie(0), cout.tie(0);

    int n;cin >> n;
    for(int i = 1;i <= n; ++ i)cin >> a[i];
    stack<int> stk;        // 车站，存放的是火车编号
    int pt = 1;            // pt为当前车站外等待入站的车的下标
    bool ans = true;       // 初始化答案为true
```

```
for(int i = 1;i <= n; ++ i)
{
    // 当车站内为空或栈顶的火车编号并非当前想要出站的编号时，继续进一列火车
    while(stk.empty() || (pt <= n && stk.top() != i))stk.push(a[pt ++]);

    // 如果当前火车可以出站，就直接出站，如果不行，则说明答案为false
    if(stk.size() && stk.top() == i)stk.pop();
    else ans = false;
}
cout << (ans ? "Yes" : "No") << '\n';
return 0;
}
```

4.1.3　队列（queue）

队列（queue）是一种遵循先进先出（First In First Out，FIFO）原则的数据结构，允许元素按照被添加的顺序进行移除。队列有两个主要的操作接口（入队和出队），此外还提供了一些辅助方法，如访问队列首尾元素、获取队列长度以及检查队列是否为空。

利用C++的标准模板库（STL），可以便捷地实现和使用队列。

1. 队列的结构

队列属于线性数据结构的一种，可以视为一种"功能受限"的数组。虽然数组可以完成队列的所有操作，但队列有其特定限制：仅允许从队尾添加元素和从队头移除元素。这种限制赋予了队列一些独特的优势，尤其在广度优先搜索（BFS）中，队列确保了结点按照特定顺序被遍历，如图4-3所示。

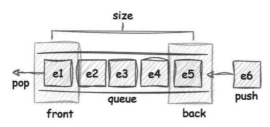

图 4-3　队列的结构

2. 队列的初始化

在使用队列之前，需要引入相应的头文件。如果已包含万能头文件（如<bits/stdc++.h>），则无须单独引入队列头文件。

```
#include <queue>
// #include <bits/stdc++.h>    // 万能头文件中包含队列头文件
using namespace std;           // 队列在std命名空间中
```

可以声明一个队列，其中T代表数据类型（如int、double、char等基本数据类型，或用户自定

义的结构体或类）。需要注意的是，一个队列中的所有元素必须具有相同的数据类型。

通常情况下，我们只需要声明一个空队列，然后向其中添加元素。以下是两种声明队列的方式：

```
queue<T> q;            // 声明一个通用类型的队列，其中T为数据类型
queue<int> qint;       // 声明一个内部元素为int的队列
```

3. 队列的基本操作

C++中的<queue>头文件提供了queue类，用于实现队列的基本操作。表4-3列举了常用的队列操作方法及其时间复杂度。

表4-3　队列的常用操作方法

方　　法	作　　用	时间复杂度
push(x)	将元素 x 从队尾推入	$O(1)$
pop()	将队头元素弹出，但不返回该元素	$O(1)$
size()	返回队列的大小，即队列中的元素个数	$O(1)$
empty()	返回队列是否为空，若为空，则返回 true，否则返回 false	$O(1)$
front()	返回队头元素，但不删除该元素	$O(1)$
back()	返回队尾元素	$O(1)$

需要注意的是，队列没有类似向量中的clear()方法用于直接清空整个队列。如果想要清空队列，可以使用以下两种方法之一。

方法一：逐个判断队头元素并清空

```
queue<int> q;               // 声明一个整数类型的队列

for (int i = 1; i <= 5; ++i) {
    q.push(i);              // 向队列中添加一些数据
}
while (!q.empty()) {
    q.pop();               // 弹出队头元素直到队列为空
}
cout << q.empty() << '\n'; // 输出1（表示true，队列为空）
```

方法二：重新赋值为空队列

```
queue<int> q;               // 声明一个整数类型的队列

for (int i = 1; i <= 5; ++i) {
    q.push(i);              // 向队列中添加一些数据
}
q = queue<int>();          // 重新赋值一个空队列给q
cout << q.empty() << '\n'; // 输出1（表示true，队列为空）
```

在后面的广度优先搜索中，我们会用到队列这种数据结构。

4.1.4 map

map是一种基于红黑树（无须深入理解红黑树的原理）的关联容器，支持快速插入、查找和删除操作，并能保持内部元素的有序性。在map中，每个元素都由一个键和与之关联的值组成。

可以将map类比为一个箱子：你给它一件物品（变量），它会返回给你对应的另一件物品（另一个变量）。我们无须深究map的底层结构，只需了解如何正确使用它以及相关操作的时间复杂度即可。

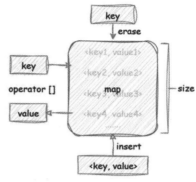

1. map的结构

在map中，一个键（key）唯一确定了一个<key, value>键-值对（key-value pair）。得益于其内部的特殊结构，各项操作的效率表现出色，如图4-4所示。

2. map的初始化

在使用map之前，需要引入对应的头文件。如果已经包含万能头文件（如<bits/stdc++.h>），则无须再引入与map相关的头文件。例如：

图 4-4 map 的结构

```
#include <map>
// #include <bits/stdc++.h>   // 万能头文件中已包含map
using namespace std;          // map位于std命名空间中
```

我们可以通过以下方式声明一个map，其中T_key和T_value是数据类型，可以是int、double、char等基本数据类型，也可以是自定义的结构体。需要注意的是，当使用自定义结构体作为键时，必须重载小于（<）运算符。

通常情况下，我们只需声明一个空的map，然后向其中插入键-值对。

```
map<T_key, T_value> mp;       // T_key和T_value为数据类型
map<int, int> mp_int;         // 声明一个键-值对类型为<int,int>的map
```

如果要使用自定义的结构体作为键，则需要重载小于号运算符。示例代码如下：

```
struct Node
{
    int x, y;
    bool operator < (const Node &u) const
    {
        return x == u.x ? y < u.y : x < u.x;
    }
};
map<Node, int> mp_Node_int; // 声明一个键-值对类型为<Node, int>的map
```

在map中，每个键（key）唯一对应一个值（value）。不同的键可以对应相同的值，这类似于函数中的自变量和因变量的关系。

3. map的基本操作

表4-4列出了map常用的方法及其时间复杂度。

表 4-4　map 常用的方法及其时间复杂度

方　　法	作　　用	时间复杂度
insert({key, value})	向 map 中插入一个键–值对<key, value>	$O(\log n)$
erase(key)	删除 map 中指定的键–值对	$O(\log n)$
find(key)	查找 map 中指定键对应的键–值对的迭代器	$O(\log n)$
operator[key]	查找 map 中指定键对应的值	$O(\log n)$
count(key)	查找 map 中键的数量，由于键是唯一的，故只返回 0 或 1	$O(\log n)$
size()	返回 map 中键–值对的数量	$O(1)$
clear()	清空 map 中的所有键–值对	$O(n)$
empty()	判断 map 是否为空	$O(1)$
begin()	返回 map 中第一个键–值对的迭代器	$O(1)$
end()	返回 map 中最后一个键–值对的下一个迭代器	$O(1)$

在执行取值运算（[]运算符）时，必须确保键存在，否则可能产生错误。通常可以通过以下两种方法来判断键是否存在：

```
map<int, int> mp;     // map的声明

/ 方法一：通过find()函数判断，返回键–值对的迭代器，如果未找到，返回end()
if (mp.find(key) != mp.end()) {
    cout << mp[key] << '\n';
}

// 方法二：通过count判断键是否存在
if (mp.count(key)) {
    cout << mp[key] << '\n';
}
```

遍历map中的所有键–值对的两种方法如下：

```
map<int, int> mp;

// 方法一：使用auto关键字进行遍历（推荐）
for (auto &i : mp) {
    cout << i.first << ' ' << i.second << '\n';
}
```

```
// 方法二：使用迭代器进行遍历（不推荐）
for (map<int, int>::iterator it = mp.begin(); it != mp.end(); ++it) {
    cout << it->first << ' ' << it->second << '\n';
}
```

需要注意的是，STL中还有一种名为unordered_map的数据结构，它是基于哈希表而不是红黑树来实现的。虽然它的平均时间复杂度更低（接近$O(1)$），但在特殊情况下可能退化到$O(n)$。因此，除非题目明确要求或性能瓶颈特别明显，通常直接使用map即可满足题目要求。

4. 例题讲解

【例】StarryCoding P59 气球数量

空中有n个气球，每个气球都有一个颜色col_i（用字符串表示）。

你的任务是计算每种颜色的气球数量，并按照气球出现的顺序进行排序输出。

输入格式

第一行包含一个整数T，表示样例的数量（$1 \leqslant T \leqslant 10$）。

对于每个样例：

- 第一行包含一个整数n，表示气球的总数（$1 \leqslant n \leqslant 100$）。
- 接下来的n行，每行包含一个表示颜色的字符串col_i（$1 \leqslant |col_i| \leqslant 50$）。
- 字符串仅包含小写英文字母。

输出格式

对于每个样例，按顺序输出每种颜色的气球的数量。

样例

输　　入	输　　出
2	
3	
red	
red	red 2
blue	blue 1
5	a 1
a	b 1
b	e 2
e	d 1
d	
e	

解题思路

本题中运用了string类型。这种类型非常简单，可以直接作为map的键（key），这是一个常用的用法。

我们可以利用map给每种颜色对应一个数量，具体思路如下：

每输入一个气球的数据时，更新map中对应的内容。如果map中不存在对应的键，则说明该颜色第一次出现，同时记录到向量中。

输出时，只需按照向量中记录的顺序，逐一输出颜色和数量。

AC代码

```cpp
#include <bits/stdc++.h>
using namespace std;

int main() {
    int _;cin >> _;           // 样例数
    while(_ --)
    {
        int n; cin >> n;              // 每个样例的气球数量
        map<string, int> mp;          // 记录颜色及其数量
        vector<string> v;             // 按顺序记录出现过的颜色

        for(int i = 1;i <= n; ++ i)
        {
            string col; cin >> col;
            // 如果颜色col已经出现过，则直接将对应的数量++即可
            // 如果没有出现过，则这个颜色col的气球数量为1
            if(mp.count(col)) mp[col] ++;
            else mp[col] = 1, v.push_back(col);        // 记录颜色出现的顺序
        }
        // 按照向量中的元素自动按照出现的顺序进行排序
        for(auto &col : v)
        {
            cout << col << ' ' << mp[col] << '\n';
        }
    }
    return 0;
}
```

4.1.5 堆优先队列（priority_queue）

在STL中，priority_queue是一种特殊类型的队列，用于存储具有不同优先级的元素。与普通队列不同，priority_queue总是将优先级最高（或最低）的元素置于队列的前端。默认情况下，priority_queue使用最大堆实现，这意味着优先级最高的元素（数值最大的元素）将最先被移除。

1. 优先队列的结构

priority_queue只维护堆顶的元素，即队列的队头（top）。队列中的其他所有元素的优先级都低于（或高于）堆顶元素的优先级。这种结构确保在任何时候都可以快速访问当前队列中的最高优先级元素，如图4-5所示。

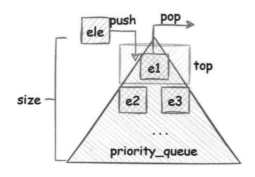

图 4-5　priority_queue 的结构

priority_queue这种数据结构适用于需要快速访问最优先处理项的场景，如任务调度、事件管理等，其中每个元素根据其优先级顺序进行处理。

2. 优先队列的初始化

在使用priority_queue之前，需要引入相应的头文件。如果使用了万能头文件（如<bits/stdc++.h>），则无须再单独引入<queue>。

```
#include <queue>          // 或者 #include <bits/stdc++.h>
using namespace std;      // priority_queue位于std命名空间中
```

要声明一个priority_queue，需要指定其数据类型T，它可以是基本数据类型（如int、double、char等）或自定义的结构体。然而，如果使用自定义结构体，则必须重载小于运算符（operator<），或者定义一个比较类并重载括号运算符（operator()）。

通常情况下，可以直接声明一个空的priority_queue，然后向其中插入元素。例如：

```
priority_queue<int> pq; // 声明一个整数类型的优先队列
pq.push(3); // 插入元素3
pq.push(1); // 插入元素1
pq.push(2); // 插入元素2
1) priority_queue的使用示例
#include <queue>
#include <iostream>
using namespace std;
using ll = long long;
const int N = 2e5 + 9;

struct Node
```

```
{
    int x, y;
    bool operator < (const Node &u)const
    {
        return x == u.x ? y < u.y : x < u.x;
    }
};

struct cmp
{
    // 重载()运算符，将比较符号变为大于号，即产生一个小根堆
    bool operator ()(const int &u, const int &v)const
    {
        return u > v;
    }
};

signed main()
{
    ios::sync_with_stdio(0), cin.tie(0), cout.tie(0);
    // 声明一个类型为T的优先队列
    priority_queue<T> pq_T;
    // 声明一个以结构体为类型的优先队列
    priority_queue<Node> pq;
    // 声明一个以int为类型、vector为容器、cmp为比较类的优先队列
    priority_queue<int, vector<int>, cmp> pq_int;

    for(int i = 1;i <= 5; ++ i)      // 插入元素
    {
        pq.push({i, 2 * i});
        pq_int.push(i);
    }
    while(pq.size())                 // 输出结构体类型的优先队列的内容
    {
        cout << pq.top().x << ' ' << pq.top().y << '\n';
        pq.pop();
    }
    while(!pq_int.empty())           // 输出自定义比较类的优先队列的内容
    {
        cout << pq_int.top() << '\n';
        pq_int.pop();
    }
    return 0;
}
/*
```

运行结果为：

```
5 10
4 8
3 6
```

```
2 4
1 2
1
2
3
4
5
*/
```

 在编程竞赛中，priority_queue被广泛应用，尤其是在贪心算法和思维类问题中。因此，熟练掌握它的用法，特别是如何使用自定义结构体和自定义比较器，是解题的关键。

priority_queue提供了4种自定义比较函数的方法，读者只需掌握其中一种即可。以下是对这4种方法的简要介绍。

1）函数指针法

```
bool cmp(const int &lhs, const int &rhs){
    return lhs > rhs;
}
priority_queue<int, vector<int>, bool(*)(const int&, const int &)> pq(cmp);
```

这种方法通过函数指针定义比较规则。尽管可行，但由于其语法复杂且风格更接近C语言，不推荐使用。

2）结构体重载小于运算符

这种方法与本小节示例代码中的Node结构体的写法相同：在结构体中重载小于运算符（operator<）。

3）仿函数类

```
struct cmp{
//public:
    bool operator()(const int &lhs, const int &rhs)const{
        return lhs > rhs;
    }
};

priority_queue<int, vector<int>, cmp> pq;
```

仿函数通过定义一个类，并重载 () 运算符实现自定义比较规则。注意，如果使用的是class而非struct，需要显式添加public关键字以保证访问权限。

4）Lambda表达式

```
auto cmp = [](const int& lhs, const int& rhs) {
    return lhs > rhs;
};
priority_queue<int, vector<int>, decltype(cmp)> pq(cmp);
```

这种方法使用Lambda（匿名函数）定义比较规则。这种方法简洁明了，是推荐使用的实现方法。

3．优先队列的基本操作

优先队列提供了几种基本的操作方法，用于管理队列中的元素。这些操作允许将元素按照指定的优先级顺序进行插入、移除和检索。表4-5列出了优先队列的基本操作及其时间复杂度。

表4-5　优先队列的基本操作方法

方　　法	作　　用	时间复杂度
push(x)	将元素 x 推入队列中	$O(\log n)$
pop()	移除队列中优先级最高的元素，这个函数不会返回被删除的元素	$O(\log n)$
top()	返回队列中优先级最高的元素，但不删除该元素	$O(1)$
size()	返回队列中的元素个数	$O(1)$
empty()	判断队列是否为空，若为空则返回 true，否则返回 false	$O(1)$

需要注意的是，priority_queue与前面提到的几种线性结构不同，它不提供迭代器（iterator），因此无法使用类似begin()和end()这样的函数来遍历整个队列，自然无法采用for auto的形式进行遍历。此外，也不能直接修改优先队列中的元素。

大多数情况下，调用top()后会紧接着调用pop()，并在调用pop()之前，应确保优先队列非空。

4．例题讲解

【例】StarryCoding 58 1057：小 e 的菜篮子

为了计算Q次操作后菜篮子中剩下的菜的总重量，我们需要跟踪每次操作后篮子状态的变化。具体来说，对菜篮子进行Q次操作，每次操作规则如下：

步骤01 "1 x"表示将一个重量为 x 的菜放入菜篮子中。

步骤02 "2"表示将菜篮子中重量最大的菜丢掉（如果菜篮子为空，则跳过）。

要求在Q次操作后，输出菜篮子中剩下的菜的总重量。

输入格式

第一行包含一个整数Q，表示操作次数（$1 \leqslant Q \leqslant 10^5$）。
接下来的Q行中，每行表示一条操作（$1 \leqslant x \leqslant 10^9$）。

输出格式

输出一个整数，表示最终菜篮子中剩下的菜的总重量。

样例

输　　入	输　　出
3 1 5 1 7 2	5

解题思路

我们可以用一个优先队列维护菜篮子中的菜的重量，同时用一个变量维护菜篮子的总重量，每次操作时，根据规则更新优先队列和总重量，最后输出总重量即可。

代码

```cpp
#include <bits/stdc++.h>
using namespace std;

// 使用长整型别名ll表示long long类型
using ll = long long;

int main()
{
    // 读取操作次数q
    int q; cin >> q;
    // 创建一个优先队列，用于存储菜篮子中的菜的重量
    priority_queue<int> pq;
    // 初始化总重量为0
    ll sum = 0;
    // 进行q次操作
    while(q --)
    {
        // 读取操作类型op
        int op; cin >> op;
        if(op == 1)
        {
            // 如果操作类型为1，则读取菜的重量x并放入优先队列中
            int x; cin >> x;
            pq.push(x);
            // 更新总重量
            sum += x;
        }
        else if(!pq.empty()) // 如果操作类型为2且优先队列不为空
        {
            // 从总重量中减去最大重量的菜的重量，并从优先队列中移除该菜
            sum -= pq.top(), pq.pop();
        }
    }
    // 输出剩余的总重量
    cout << sum << '\n';
    return 0;
}
```

4.1.6   集合（set）

在C++标准模板库中，集合（set）是一个关联容器，使用红黑树作为底层数据结构实现。集合中的元素是唯一的，并且按照一定的顺序存储和访问。默认情况下，集合会以升序排序，但也可以通过提供自定义的比较函数来实现其他排序方式。

由于集合内部使用了红黑树，因此需要动态维护元素，且要求快速查找、删除和添加元素的场景中非常有用。例如，如果需要确保集合中没有重复元素，并且需要频繁地进行插入、删除和查找操作，那么使用集合是一个理想的选择。

1. 集合的结构

集合提供了一种高效且便捷的方式管理一个有序且唯一的元素集合。如图4-6所示，集合的结构可以简单理解为一个数学意义上的集合，用户无须深入理解其内部的树形结构。

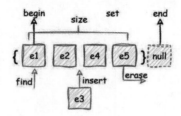

图 4-6   集合的结构

这意味着，只需将集合视为一个自动排序且不含重复元素的容器即可。

2. 集合的初始化

在使用集合之前，需要引入头文件<set>。如果已经包含万能头文件<bits/stdc++.h>，则无须再次引入。

```
#include <set>
// #include <bits/stdc++.h>   // 万能头文件中包含集合头文件
using namespace std;          // 集合在std命名空间中
```

要声明一个集合，可以使用以下代码：

```
set<T> mySet; // T可以是int、double、char等基本数据类型，也可以是自定义的结构体
```

需要注意的是，当使用自定义结构体作为集合的元素数据类型时，必须重载小于号（<）运算符，或者创建一个自定义比较类并重载()运算符。这是因为集合内部使用红黑树来维护元素的顺序，而红黑树的实现依赖于元素的比较操作。

通常情况下，我们只需要声明一个空的集合，然后通过插入操作向其中添加元素。例如：

```
set<int> mySet;       // 创建一个整数集合mySet

mySet.insert(1);      // 向集合中插入元素1
```

```
mySet.insert(2);        // 向集合中插入元素2

mySet.insert(3);        // 向集合中插入元素3
```

示例程序：

```cpp
#include <set>
#include <iostream>
using namespace std;
using ll = long long;

// 定义结构体Node，包含两个整数x和y，并重载小于（<）运算符
struct Node
{
    int x, y;
    bool operator < (const Node &u)const
    {
        return x == u.x ? y < u.y : x < u.x;
    }
};

// 定义比较类cmp，重载()运算符，将比较符号改为大于号，即产生一个小根堆
struct cmp
{
    bool operator ()(const int &u, const int &v)const
    {
        return u > v;
    }
};

signed main()
{
    ios::sync_with_stdio(0), cin.tie(0), cout.tie(0);
    // 声明一个以T为类型的集合（注意：T需要替换为可行的数据类型）
    set<T> st_T;

    // 声明一个以结构体Node为类型的集合
    set<Node> st;
    // 声明一个以int为类型、cmp为比较类的集合
    set<int, cmp> st_int;

    // 向st中插入元素
    for(int i = 1;i <= 5; ++ i)
    {
        st.insert({i, 2 * i});
        st_int.insert(i);
    }

    // 输出st中的元素
    for(auto &i : st)cout << i.x << ' ' << i.y << '\n';

    // 输出st_int中的元素
    for(auto &i : st_int)cout << i << '\n';

    return 0;
```

```
    }
    /*
```

运行结果为:

```
1 2
2 4
3 6
4 8
5 10
5
4
3
2
1
*/
```

3. 集合的基本操作

集合是一种关联容器,用于存储唯一对象的集合。当把对象插入集合中时,集合会按照一定的顺序(默认为升序)自动排序,并确保每个对象只出现一次。表4-6列出了集合的一些常用操作及其时间复杂度。

表 4-6   集合常用操作方法及其时间复杂度

方　　法	作　　用	时间复杂度
insert(x)	将元素插入集合中	$O(\log n)$
erase(it or val)	从集合中删除指定元素,可以传入一个迭代器或一个值	$O(\log n)$
clear()	清空集合中的所有元素	$O(n)$
find(x)	返回 x 在集合中的位置(迭代器),如果 x 不存在,则返回 end()	$O(\log n)$
count(x)	返回 x 在集合中出现的次数,返回值仅为 0 或 1	$O(\log n)$
size()	返回集合中的元素个数	$O(1)$
empty()	判断集合是否为空,若为空,则返回 true,否则返回 false	$O(1)$
begin()	返回指向集合中第一个元素的迭代器	$O(1)$
end()	返回指向集合中最后一个元素的下一个位置的迭代器	$O(1)$

此外,集合还支持其他一些高级操作,例如lower_bound()、upper_bound()等,这些高级操作允许执行更复杂的搜索和遍历功能,例如查找某个值的下界和上界,时间复杂度同样为$O(\log n)$。

请注意,调用erase()函数并传入迭代器时,必须确保该迭代器是有效的。如果迭代器无效,会导致程序陷入无限查找状态,进而产生运行时错误(RE)或超时错误(TLE)。

以下为包含错误的示例代码:

```
#include <set>
#include <iostream>
using namespace std;
using ll = long long;
```

```
const int N = 2e5 + 9;

signed main()
{
    ios::sync_with_stdio(0), cin.tie(0), cout.tie(0);
    // 声明一个以int为类型、cmp为比较类的集合
    set<int> st;

    // 插入一些元素
    for(int i = 1;i <= 5; ++ i)st.insert(i);

    // 此处的循环存在逻辑错误
    // 当i=6时，调用st.begin()已经返回非法迭代器
    for(int i=1;i <= 6; ++ i)st.erase(st.begin());

    // 输出集合中的剩余元素
    for(auto &i : st)cout << i << '\n';

    return 0;
}
/*
```

运行结果为：

```
TLE
*/
```

程序陷入死循环，导致超时错误（TLE）。

在上述代码中，当i=6时，集合已经被完全清空，此时st.begin()返回的迭代是非法的，试图使用它会导致运行时错误。

确保erase()操作时集合不为空，例如将第二个for循环中的6改为小于或等于集合的初始大小，这样可以避免非法迭代器的访问，程序将正常运行。

4. 例题讲解

【例】StarryCoding 26：排序去重问题

给定一个大小为n的数组a，请将a中元素去重后，从小到大排序输出。

输入格式

第一行包含一个整数T，表示测试样例的数量（$1 \leqslant T \leqslant 100$）。

对于每一个测试样例：

- 第一行包含一个整数n，表示数组大小（$1 \leqslant n \leqslant 10^3$）。
- 第二行包含n个整数，表示数组元素（$1 \leqslant a_i \leqslant 500$）。

输出格式

对于每个测试样例，输出一行去重排序后的结果。

样例

输　入	输　出
2 5 1 1 3 2 2 3 1 2 3	1 2 3 1 2 3

解题思路

本题可以使用两种方法来解决：使用向量配合sort、erase和unique函数；使用集合来解决（集合内部自动排序去重）。这两种方法的时间复杂度相同。

 unique()函数可以将有序数组中的重复元素"搬运到"数组末尾，并返回指向末尾第1个重复元素的下标（或迭代器）。例如，给定数组a=[1,1,2,2,3]，执行unique(a, a+5)后，数组会变为a=[1,2,3,2,3]，返回值为3（即数组中第2个2对应的下标）。

代码一

```cpp
#include <bits/stdc++.h>
using namespace std;

// 定义一个函数，用于处理输入并输出去重后的有序数组
void solve()
{
    int n;                  // 定义一个整数变量n，用于存储输入的数组长度
    cin >> n;               // 从标准输入读取数组长度
    vector<int> v;          // 定义一个整数向量v，用于存储输入的数组元素
    for(int i = 1; i <= n; ++i)     // 循环读取n个整数
    {
        int x;              // 定义一个整数变量x，用于存储当前读取的整数
        cin >> x;           // 从标准输入读取整数x
        v.push_back(x);     // 将整数x添加到向量v中
    }

    sort(v.begin(), v.end());                       // 对向量v进行排序
    v.erase(unique(v.begin(), v.end()), v.end());   // 去除向量v中的重复元素
    for(auto &i : v)cout << i << ' ';               // 遍历向量v并输出每个元素，用空格分隔
    cout << '\n';           // 输出换行符，表示一行结束
}

// 主函数，程序入口
```

```
signed main()
{
    ios::sync_with_stdio(0), cin.tie(0), cout.tie(0); // 优化输入/输出性能
    int _;                  // 定义一个整数变量_，用于存储测试用例的数量
    cin >> _;               // 从标准输入读取测试用例的数量
    while(_--)solve();      // 对于每个测试用例，调用solve函数进行处理
    return 0;               // 程序正常结束，返回0
}
```

代码二

```
#include <bits/stdc++.h>
using namespace std;

// 定义一个函数，用于处理输入并输出去重后的有序数组
void solve()
{
    int n;              // 定义一个整数变量n，用于存储输入的数组长度
    cin >> n;           // 从标准输入读取数组长度
    set<int> st;        // 定义一个整数集合st，用于存储不重复的元素
    for(int i = 1; i <= n; ++i) // 循环读取n个整数
    {
        int x;          // 定义一个整数变量x，用于存储当前读取的整数
        cin >> x;       // 从标准输入读取整数x
        st.insert(x);   // 将整数x添加到集合st中
    }
    for(auto &i : st)cout << i << ' ';      // 遍历集合st并输出每个元素，用空格分隔
    cout << '\n';       // 输出换行符，表示一行结束
}

// 主函数，程序入口
signed main()
{
    ios::sync_with_stdio(0), cin.tie(0), cout.tie(0); // 优化输入/输出性能
    int _;              // 定义一个整数变量_，用于存储测试用例的数量
    cin >> _;           // 从标准输入读取测试用例的数量
    while(_--)solve();                          // 对于每个测试用例，调用solve函数进行处理
    return 0;           // 程序正常结束，返回0
}
```

4.1.7　多重集合（multiset）

多重集合（multiset）是标准模板库中的一个有序容器，允许存储重复的元素。由于其与集合在结构和特性上有很多相似之处，这里不再赘述。多重集合的一个重要特点是允许元素重复。要使用多重集合，需要引入相应的头文件。

1. 多重集合的基本操作

为了方便管理元素，多重集合提供了一些基本操作方法，如表4-7所示。

表 4-7 多重集合的基本操作

方　　法	作　　用	时间复杂度
insert(x)	将元素 x 插入多重集合	$O(\log n)$
erase(it or val)	从多重集合中删除一个或多个元素	$O(k+\log n)$，其中 k 为删除的元素的个数
find(x)	在多重集合中查找元素 x，返回迭代器	$O(\log n)$
count(x)	返回 x 在多重集合中出现的次数	$O(\log n)$
size()	返回多重集合中元素的个数	$O(1)$
empty()	判断多重集合是否为空	$O(1)$
clear()	清空多重集合中的所有元素	$O(n)$
begin()	返回指向多重集合中第一个元素位置的迭代器	$O(1)$
end()	返回指向多重集合中最后一个元素的下一个位置的迭代器	$O(1)$

此外，多重集合还支持其他一些高级操作，例如lower_bound()、upper_bound()等，这些操作的时间复杂度同样是$O(\log n)$。

和集合一样，在使用erase()且传入的参数为迭代器时，需要保证迭代器合法，否则可能导致运行时错误（RE）或超时错误（TLE）。

值得注意的是，若erase()参数为值x，则会删除集合中所有等于x的元素。如果只想删除一个，则可以使用st.erase(st.find(x))这样的组合来实现，意思是先找到第一个x的迭代器，然后删除这个x。

在标准模板库中还有一种集合，可以将插入和查询的时间复杂度降低到$O(1)$，那就是unordered_set（无序集合），它的底层采用哈希表而非红黑树。不过，它的时间复杂度并不稳定，在特殊情况下可能退化到$O(n)$，因此不推荐使用。在大多数场景下，直接使用集合（set或multiset）更为合适，竞赛题目不太可能会涉及这个方面。

2. 例题讲解

【例】StarryCoding P189 小 e 的超大气球

小e是个充满好奇心的孩子，他在广场上嬉戏时，经历了n件有趣的事情。这些事情可以归为以下三类。

- 事件1：他捡到了一个大小为x的气球。
- 事件2：有一个大小为x的气球从小e的手中飞走了（这个气球之前确实在小e的手中）。
- 事件3：小e好奇地询问自己手里目前最大的气球有多大。

每当发生事件3时，如果小e手中有气球，我们会告诉他当前手中最大的气球有多大；如果手里空空如也，则会输出"No Balloon!"来回应他的好奇心。

输入格式

注意本题有多组测试用例。

第一行包含一个整数 T，代表测试用例的总数（$1 \leqslant T \leqslant 1000$）。

对于每组测试用例：

首先会有一行，仅包含一个整数 n，表示事件的数量（$1 \leqslant \sum n \leqslant 10^5$）。

接下来的 n 行，每行描述一个事件。

每一行的第一个整数表示事件类型 op（op $\in \{1,2,3\}$）。

如果事件类型为 1 或 2，该行的第 2 个整数 x 表示气球的大小（$1 \leqslant x \leqslant 10^9$）。

输出格式

对于事件 3，输出结果。

样例

输　　入	输　　出
2	
3	
1 5	
1 9	
3	9
7	5
1 5	2
1 2	No Balloon!
3	
2 5	
3	
2 2	
3	

解题思路

本题需要动态维护一个集合的最大值，并且要支持插入和删除操作。使用多重集合的特性（快速插入、修改、允许重复元素、自动排序），即可解决问题。

AC代码

```cpp
#include <bits/stdc++.h>
using namespace std;

// 定义一个函数solve，用于处理每个测试用例
void solve()
{
    int n;
    cin >> n;                          // 读取操作次数n
```

```
        multiset<int> st;                   // 创建一个多重集合容器，用于存储整数
        for (int i = 1; i <= n; ++i)        // 循环n次，每次进行一次操作
        {
            int op;
            cin >> op;                      // 读取操作类型op
            if (op == 1)                    // 如果操作类型为1，则插入元素
            {
                int x;
                cin >> x;                   // 读取要插入的元素x
                st.insert(x);               // 将x插入多重集合中
            }
            else if (op == 2)               // 如果操作类型为2，则删除元素
            {
                int x;
                cin >> x;                   // 读取要删除的元素x
                // 注意：这里要使用st.find(x)找到第一个等于x的元素，然后调用erase删除它
                st.erase(st.find(x));
            }
            else                            // 如果操作类型为3，则输出当前最大的元素
            {
                // 只要多重集合不为空，就可以输出
                if (st.size())
                    cout << *st.rbegin() << '\n';  // 输出多重集合中的最大元素
                else // 反之输出No Balloon!
                    cout << "No Balloon!" << '\n';
            }
        }
    }

    int main()
    {
        ios::sync_with_stdio(0), cin.tie(0), cout.tie(0);  // 优化输入/输出流

        int _;
        cin >> _;               // 读取测试用例的数量
        while (_--)             // 对每个测试用例进行处理
            solve();            // 调用solve函数处理每个测试用例
        return 0;
    }
```

4.1.8 双端队列（deque）

双端队列（double-ended queue，通常简称为deque）的结构和初始化方法与普通队列类似，但有一个重要的区别：它允许在队列的两端进行添加和移除操作。因此，它提供了更灵活的数据操作方式。要将普通队列转换为双端队列，只需将代码中的queue替换为deque。这里我们不再详细解释这一过程。

首先，引入相应的头文件并使用标准命名空间：

```
#include <deque>
using namespace std;
```

然后，声明双端队列，例如：

```
deque<T> dq_T;
deque<int> dq_int;
```

相较于普通队列，双端队列增加了在队头推入元素和在队尾删除元素的功能。这种灵活性使得双端队列能够应用于更广泛的场景。例如，本书后续讲解的"单调队列"就是基于双端队列实现的。

1. 双端队列的基本操作

双端队列提供了一系列基本操作方法以有效管理队列中的元素。这些操作如表4-8所示。

表 4-8　双端队列的基本操作

方　　法	作　　用	时间复杂度
push_front(x)	将元素 x 从队头推入	$O(1)$
push_back(x)	将元素 x 从队尾推入	$O(1)$
pop_front()	将队头元素弹出（删除），但不返回该元素	$O(1)$
pop_back()	将队尾元素弹出（删除），但不返回该元素	$O(1)$
size()	返回双端队列的大小，即双端队列中的元素个数	$O(1)$
empty()	返回双端队列是否为空，若为空，则返回 true，否则返回 false	$O(1)$
front()	返回队头元素，但不会删除该元素	$O(1)$
back()	返回队尾元素	$O(1)$
clear()	清空双端队列，使得大小变为 0	$O(n)$

在使用时，请注意在调用pop_front()或pop_back()前确保双端队列非空，以避免运行时错误。此外，双端队列提供了clear()函数，用于快速清空双端队列（将其大小设置为0）。

与普通队列相比，双端队列灵活性更大，既支持从队尾添加和移除元素，也支持从队头进行相应的操作，非常适用于需要频繁在队列两端操作的场景。

2. 例题讲解

双端队列的例题将在后续讲解"单调队列"时详细阐述。

4.1.9　string

1. string简介

在C++中，string是一个功能强大的类，用于表示和处理字符串。它提供了一系列的便利函数，如连接、查找、替换、插入、删除和子串操作等。我们可以将string想象成一个动态数组，它能够根据需要自动调整大小。得益于其简洁的操作和优秀的封装性，string在算法竞赛中备受青睐。

2. string的初始化

在使用string之前，需要包含相应的头文件或直接使用万能头文件：

```
#include <string>
```

```
using namespace std;
```

string的初始化方式多种多样，接下来分别说明。

使用字符串字面量来初始化：

```
string str = "Hello World";
```

使用另一个string对象来初始化：

```
string str1 = "Hello";
string str2 = str1;
```

使用字符数组来初始化：

```
char arr[] = "Hello";
string str3(arr);
```

使用重复的字符来初始化：

```
string str4(5, 'A'); // 结果为"AAAAA"
```

3. string的基本操作

表4-9列出了一些常用的string操作方法及其时间复杂度。

表4-9　常用的 string 操作方法及其时间复杂度

方　　法	作　　用	时间复杂度
length()	返回字符串的长度	$O(1)$
empty()	判断字符串是否为空	$O(1)$
substr(pos, len)	返回从 pos 开始、长度为 len 的子串（若省略 len，则表示截取到末尾）	$O(len)$
erase(pos, len)	删除从 pos 开始、长度为 len 的子串	$O(len)$
operator + char/str	将字符或字符串拼接到当前字符串后面	$O(len)$
operator <、<=、>、>=、==	按字典顺序比较字符串	$O(n)$
find(str)	返回指定字符串或字符在当前字符串中第一次出现的位置	$O(nm)$

 在算法竞赛中，string通常用作键值，较少涉及修改操作。若需频繁修改或构造字符串，建议选用字符数组。这是因为字符数组在某些操作上会更高效。

4. 例题讲解

【例】StarryCoding P190 回文子串

给定一个仅包含大写字母的长度为n的字符串S，求出其回文子串的数量。

输入格式

注意，本题有多组测试用例。

第一行包含一个整数T，表示测试用例的数量（$1 \leqslant T \leqslant 1000$）。

对于每组测试用例：

- 第一行包含一个整数n（$1 \leqslant \sum n \leqslant 10^3$），表示字符串长度。
- 第二行包含一个仅由大写字母组成的字符串S。

输出格式

输出一个整数，表示结果。

样例

输　　入	输　　出
3	
5	
ABABA	9
3	3
ABC	8
6	
CCBACA	

解题思路

本题的目标是计算一个给定字符串中回文子串的数量。我们可以通过枚举所有可能的子串，并检查每个子串是否为回文来解决这个问题。由于题目对时间复杂度没有严格限制，我们可以利用 string 类的 substr() 方法来简化编程过程，从而使代码更加简洁且易于理解。

AC代码

```cpp
#include <bits/stdc++.h>
using namespace std;

// 判断一个字符串是否为回文串
bool isPalindrome(string s){
    for(int i = 0, j = (int)s.length() - 1;i <= j; ++ i, -- j)
        if(s[i] != s[j])return false; // 如果两端字符不相等，则不是回文串
    return true; // 否则是回文串
}

// 解决问题的主要函数
void solve()
{
    int n;
    cin >> n;           // 输入字符串的长度
    string s;
    cin >> s;           // 输入字符串
    int ans = 0;        // 初始化回文子串的数量
    // 遍历所有可能的子串
    for(int i = 0;i < n; ++ i)
        for(int j = i; j < n; ++ j)
            if(isPalindrome(s.substr(i, j - i + 1)))ans ++;// 如果子串是回文串，则计数器加1
```

```
        cout << ans << '\n'; // 输出回文子串的数量
}

int main()
{
    ios::sync_with_stdio(0), cin.tie(0), cout.tie(0); // 优化输入/输出流

    int _;
    cin >> _;                // 输入测试用例的数量
    while ( _--)
        solve();             // 对每个测试用例调用solve函数
    return 0;
}
```

4.1.10 pair

pair是一种非常实用的数据结构，用于存储和操作两个关联的数据项。

1. pair的结构

pair是一个模板类，定义在标准库的头文件中。该模板类旨在存储一对值，包含两个公有成员变量：first和second。这两个变量分别表示有序对中的首个元素和第二个元素。使用pair可以方便地处理和操作这对数据，使代码更加简洁与高效。pair的结构如图4-7所示。

<first, second>

图 4-7   pair 的结构

2. pair的用法

可以按以下方法来使用pair。

- 定义有序对：可以使用pair<*T1*, *T2*>定义一个有序对，其中*T1*和*T2*分别表示有序对中第一个值和第二个值的类型，例如pair<int, string> p;。
- 初始化有序对：使用make_pair()函数初始化一个有序对，例如pair<int, int> p = make_pair(1, 2);。
- 访问有序对的值：可以使用first和second成员变量访问有序对中第一个值和第二个值，例如int x = p.first; string s = p.second;。
- 比较有序对：使用比较运算符（<、<=、>、>=）比较两个有序对的大小，默认比较顺序是先比较第一个值，如果相等，则比较第二个值。
- 作为返回值：有序对可以作为函数的返回值，用于返回多个值，例如pair<int, int> findMaxMin(int a[], int n){···}。
- 作为容器元素：有序对可以作为容器（如vector、map等）的元素类型，用于存储多个值，例如vector<pair<int, int>> v;。

在map中，存储的<key, value>键-值对就是一个pair，可以使用first和second取出其中的元素。

4.1.11 bitset

bitset是算法竞赛中极为实用的工具，可被视为一个长度可观的二进制数，支持位运算及标准模板库中的其他操作。

1. bitset的结构

bitset是C++标准库中的一个类，设计用于处理和操作固定大小的位序列，即一系列的二进制位，每一位取值为0或1。它的结构如图4-8所示。

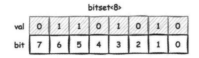

图 4-8　bitset 的结构

初始化bitset后，它的各位（val）默认均为0。为了更好地演示，图4-11中的某些位置预设为1。需要特别注意的是，bitset的索引是从右向左计算的，以保证与二进制数字的表达方式一致，这在执行位移运算时尤为重要。

2. bitset的用法

在处理固定大小的二进制数据时，bitset提供了一种高效且简便的方式。它不仅支持位级别的操作，还允许执行一些快速的整体位运算。表4-10列出了一些bitset的常用操作方法及其时间复杂度。

表 4-10　bitset 的常用操作方法及其时间复杂度

方　　法	作　　用	时间复杂度
operator[idx]	返回 bitset 中第 idx 位的引用	$O(1)$
reset()	将 bitset 中所有位都设置为 0	$O(n)$
size()	返回 bitset 的大小，即位数	$O(1)$
count()	返回 bitset 中 1 的个数	$O(n)$
&, |, ~, <<, >>	整体位运算	$O(n)$

虽然上述部分操作的理论时间复杂度为$O(n)$，但由于bitset的内部优化及其固定小常数的特点，实际执行速度非常快，可以达到$O(n/w)$。其中w是机器的字长（如64或32位）。因此，在现代计算机上，bitset的操作效率非常高。

每个二进制位支持单独的位运算，使用[]操作符取出对应位后，即可对其进行位级别的操作。这使得bitset在需要精细控制二进制数据的应用场景下尤为有用。

3. 例题讲解

【例】StarryCoding P51 二进制中 1 的个数

给定一个长度为n的整数数组，需要求出每个元素的二进制表示中1的个数。

输入格式

第一行：一个整数n（$1 \leq n \leq 2 \times 10^5$）。

第二行：n个整数，表示数组a（$0 \leq a_i \leq 2 \times 10^9$），其中$1 \leq i \leq n$。

输出格式

共一行，输出n个整数，其中第i个数为a_i的二进制中1的个数。

样例

输　　入	输　　出
3 4 10 6	1 2 2

解题思路

本题可以利用bitset的count()函数直接解决。

代码

```
#include <bits/stdc++.h>
using namespace std;

signed main() // 主函数，返回值为int类型
{
    ios::sync_with_stdio(0), cin.tie(0), cout.tie(0); // 关闭同步，提高输入/输出效率

    int n;cin >> n;                  // 输入一个整数n
    for(int i = 1;i <= n; ++ i)      // 循环n次
    {
        int x; cin >> x;             // 输入一个整数x
        cout << bitset<32>(x).count() << ' '; // 将x转换为32位的二进制数，计算其中1的个数
并输出
    }

    return 0;
}
```

4.2　STL 中的算法

STL算法函数以其高效、可靠且经过严格测试的特点，在程序设计竞赛中备受推崇。这些函数

能够简化程序设计流程，提供高效的解决方案，并显著提升算法性能。对于竞赛者而言，鉴于时间和空间效率至关重要，STL算法函数的优化实现无疑是解决难题的利器。此外，熟练掌握STL算法函数不仅能提升代码的可读性和可维护性，还能有效减少编码错误和调试时间。因此，掌握STL算法函数是一项在竞赛中不可或缺的核心技能，为竞赛者取得佳绩提供了坚实的基础。

4.2.1　sort()函数

sort()函数是C++ STL中一个功能强大的排序工具，定义于头文件<algorithm>中。该函数可以高效地对容器内的元素进行排序，支持升序和降序排列，并兼容多种容器类型（如数组、向量和列表等）。为了演示它的功能，我们将继续使用万能头文件，并沿用标准命名空间，旨在简化代码结构，提高编码效率。

```
#include<bits/stdc++.h>
using namespace std;
```

接下来，我们定义一个自定义的比较函数。在这里，我们选择使用C++11中的Lambda表达式（或称为匿名函数），它提供了一种更简洁的方式来定义函数。相较于传统的函数，Lambda表达式无须提前声明或定义，可以直接在代码中嵌入使用，这一特性显著提高了代码的灵活性和可读性。将在后续章节中进一步详细介绍。以下是我们定义的Lambda表达式：

```
auto compare = [](int a, int b) { return a > b; };
```

再创建一个数组并对其进行排序：

```
int main() {
    vector<int> v = {3, 2, 5, 1, 6, 4};
    sort(v.begin(), v.end(), compare);
    for(int num : v) cout << num << " "; // 输出：6 5 4 3 2 1
    return 0;
}
```

STL的sort()函数是基于快速排序（Quicksort）实现的混合版本，结合了多种优化算法，以在不同情况下保持较高的效率，该函数的时间复杂度为$O(n \log n)$，其中n是要排序的元素数量。这是任何基于比较的排序算法所能达到的理论最低时间复杂度。同时，sort()函数经过高度优化，它的常数因子也非常小，使得它在实际应用中表现优异。

需要注意的是，sort()函数并不是稳定排序算法，也就是说，排序后相等的元素可能会改变它们的原始顺序。如果需要稳定排序算法，可以使用stable_sort()函数，它能够在排序过程中保持相等元素的相对位置不变。

最后，由于sort()函数使用了随机访问迭代器，因此适用于数组和向量等支持随机访问的容器，但不能用于list或forward_list这类不支持随机访问迭代器的容器。

4.2.2　lower_bound()和 upper_bound()函数

　　C++ STL中的lower_bound()和upper_bound()是两个用于在有序集合中进行二分查找的高效函数。它们的时间复杂度为$O(\log n)$，适用于快速查找特定值的位置或范围。以下是它们的基本使用方式和特点。

1. lower_bound()函数

　　lower_bound()函数返回指向第一个不小于给定值的元素的迭代器。如果所有元素都小于该值，则返回指向序列尾部的迭代器。如果存在多个相等的元素，则返回指向第一个元素的迭代器。

　　下面是使用lower_bound()函数的示例代码：

```cpp
#include<bits/stdc++.h>
using namespace std;

int main() {
    vector<int> v = {1, 3, 5, 7, 9}; // 定义一个整数类型的向量v，并初始化为{1, 3, 5, 7, 9}
    int val = 5;                     // 定义一个整数变量val，并赋值为5
    auto it = lower_bound(v.begin(), v.end(), val); // 使用lower_bound()函数查找在有序
容器v中第一个大于或等于val的元素的迭代器
    if (it != v.end())              // 如果找到了符合条件的元素
        cout << "Found at index: " << it - v.begin(); // 则输出该元素的索引（通过计算迭代
器与起始迭代器的差值）
    else                            // 如果没有找到符合条件的元素
        cout << "Not found";        // 则输出"Not found"
    return 0;
}
```

　　上述代码将输出Found at index: 2。

　　🎮➕竞赛笔记　auto it是一个变量声明语句，使用auto关键字进行自动类型推导，它将根据右侧的初始化表达式的值来推断变量的类型。

2. upper_bound()函数

　　upper_bound()函数返回指向第一个大于给定值的元素的迭代器。如果所有元素都不大于该值，则返回指向序列尾部的迭代器。如果存在多个等于目标值的元素，upper_bound()函数会跳过它们，返回指向下一个大于给定值的元素。

　　下面是使用upper_bound()函数的示例代码：

```cpp
#include<bits/stdc++.h>
using namespace std;

int main() {
    vector<int> v = {1, 3, 5, 7, 9}; // 定义一个整数类型的向量v，并初始化为{1, 3, 5, 7, 9}
    int val = 5; // 定义一个整数变量val，并赋值为5
    auto it = upper_bound(v.begin(), v.end(), val); // 使用upper_bound()函数查找在有序
```

容器v中第一个大于val的元素的迭代器

```
    if (it != v.end()) // 如果找到了符合条件的元素
        cout << "First element greater than " << val << " is at index: " << it - v.begin();
    // 则输出该元素的索引（通过计算迭代器与起始迭代器的差值）
    else      // 如果没有找到符合条件的元素
        cout << "No elements are greater than " << val; // 则输出No elements are greater
than加上val的值
    return 0;
}
```

上述代码将输出First element greater than 5 is at index: 3。

 lower_bound()和upper_bound()都假定输入范围是有序的。如果在无序的序列上使用它们，将无法保证结果正确。

3. lower_bound()和upper_bound()函数的比较

稍加思考，读者会发现lower_bound()实际上是求出给定序列的下边界，upper_bound()是求出给定序列的是上边界。这两者遵循计算机中左闭右开的原则。下面通过表4-11对lower_bound()和upper_bound()函数进行比较。

表 4-11   lower_bound()和 upper_bound()函数的比较

函　　数	lower_bound()	upper_bound()
功能	查找第一个不小于给定值的元素	查找第一个大于给定值的元素
返回值	迭代器	迭代器
条件要求	输入的序列必须是有序的	输入的序列必须是有序的
时间复杂度	$O(\log n)$	$O(\log n)$
返回元素条件	大于或等于给定值的第一个元素	大于给定值的第一个元素
返回值为 end()的条件	所有元素都小于给定值	所有元素都小于或等于给定值

4.2.3   reverse()函数

reverse()函数是C++标准模板库中常用的函数，用于反转指定范围内的元素顺序。该函数接收两个随机访问迭代器，分别表示要反转范围的起始和结束位置。

下面是一个使用reverse()函数的示例程序：

```
#include<bits/stdc++.h>
using namespace std;

int main() {
    vector<int> v = {1, 2, 3, 4, 5};// 定义一个整数类型的向量v，并初始化为{1, 2, 3, 4, 5}
    reverse(v.begin(), v.end());    // 使用reverse()函数将向量v的元素顺序反转
    for(int i : v) cout << i << " ";    // 遍历向量v，输出每个元素并在元素之间添加空格
    // 输出结果：5 4 3 2 1
```

```
        return 0;
    }
```

在这个示例程序中，我们首先定义了一个包含5个元素的向量v，然后调用reverse()函数反转向量中的元素顺序。最后打印反转后的结果。

> reverse()函数要求提供随机访问迭代器，因此可以应用于数组和向量等支持随机访问迭代器的容器。但无法用于只支持前向或双向迭代器的容器（如list和forward_list）。在这些情况下，可以使用对应容器的成员函数reverse()，比如list::reverse()和forward_list::reverse()。

reverse()函数的时间复杂度为$O(n)$，其中n为输入范围内的元素数量。

4.2.4　swap()函数

swap()函数也是C++标准模板库中常用的函数，用于交换两个元素的值。swap()函数接收两个同类型的引用作为参数，并将它们的值进行交换。该函数在编写排序或其他需要交换元素的算法中非常实用。

下面是一个使用swap()函数的示例程序：

```
#include<bits/stdc++.h>
using namespace std;
int main() {
    int a = 5, b = 10;      // 定义两个整数变量a和b，分别赋值为5和10
    swap(a, b);             // 调用swap()函数交换a和b的值
    cout << "a = " << a << ", b = " << b; // 输出交换后的a和b的值，即a = 10, b = 5
    return 0;
}
```

在这个示例程序中，我们定义了两个整数a和b，并调用swap()函数将它们的值交换。最后打印交换后的结果。swap()函数也可以用于交换复杂数据类型的对象，例如交换两个字符串、向量或自定义类的对象（即实例）。

例如，交换两个字符串：

```
string str1 = "Hello", str2 = "World";
swap(str1, str2);
cout << "str1 = " << str1 << ", str2 = " << str2; // 输出：str1 = World, str2 = Hello
```

> swap()函数只交换两个对象的值，而不改变它们在内存中的位置。这使得它对于大多数数据类型来说都能快速执行，时间复杂度为$O(1)$。不过，对于像字符串或向量这样的动态分配的数据类型，swap()函数的执行可能涉及实际的内存交换，从而使时间复杂度升至$O(n)$。

4.2.5　next_permutation()和 prev_permutation()函数

在程序设计竞赛中，排列是常见的主题，而next_permutation()和prev_permutation()函数是处理排列的重要工具。

1. next_permutation()函数

next_permutation()函数的作用是生成给定排列的下一个排列。在算法竞赛中，排列问题经常涉及全排列，即将一组元素按不同的顺序排列。

调用next_permutation()函数，可以逐个生成所有可能的排列，该函数接收的参数是数组的起始和结束地址（或迭代器）。该函数的返回值为一个布尔值，若存在下一个排列，则返回true，并修改原数组为下一个排列；若不存在下一个排列，则返回false，数组保持不变。

该函数对于解决与排列相关的问题非常有帮助，如旅行商问题、八皇后问题等。

需要注意的是，在生成下一个排列时，next_permutation()函数会修改原始排列，将其变为下一个排列。

2. prev_permutation()函数

prev_permutation()函数的作用是生成给定排列的上一个排列，在某些问题求解和算法设计中也非常重要。调用prev_permutation()函数，可以逐个生成所有可能的上一个排列。

与next_permutation()函数类似，prev_permutation()函数在生成上一个排列时会修改数组原来的排列。

3. 例子：使用 prev_permutation() 和 next_permutation() 生成排列

假设有一个包含3个整数的序列 {3,2,1}，要找到这个序列的前一个排列，可以调用prev_permutation()函数，示例代码如下：

```
bool go = true;
while (go) {
    // 在这里可以处理每个生成的排列
    go = prev_permutation(sequence.begin(), sequence.end());
}
```

上述循环会依次生成序列的所有前一个排列。在每次迭代中，sequence会被修改为前一个排列，并返回一个布尔值，表示是否存在前一个排列。

在这个例子中，循环将生成序列的以下排列：

```
{3,2,1}
{3,1,2}
{2,3,1}
{2,1,3}
{1,3,2}
{1,2,3}
```

当prev_permutation()无法生成前一个排列时，循环将终止。在这个例子中，循环在第6次迭代后终止，因为{1,2,3}已经是最小的排列。

与next_permutation()函数类似，调用prev_permutation()函数可以方便地生成序列的所有前一个排列。这在解决排列组合问题、生成全排列等应用场景中非常有用。

同样地，需要包含头文件<algorithm>以使用prev_permutation()函数。

4. 例题讲解

【例】StarryCoding P30　全排列

题目描述

给定一个数字 n，请按照字典序输出排列 $[1,2,\cdots,n]$ 的全排列。

输入格式

一个整数 n（$1\leqslant n\leqslant 10$）。

输出格式

每行输出一个排列，按照字典序从小到大排列。

样例

输　　入	输　　出
3	1 2 3 1 3 2 2 1 3 2 3 1 3 1 2 3 2 1

解题思路

首先初始化字典序最小的排列，然后调用next_permutation()函数反复生成下一个排列，直到不存在更多排列为止。

AC代码

```
#include <bits/stdc++.h>
using namespace std;
const int N = 12;      // 定义常量N为12
int a[N];              // 定义一个长度为N的整数数组a

int main()
{
    ios::sync_with_stdio(0), cin.tie(0), cout.tie(0); // 优化输入/输出流的性能
    int n;cin >> n;          // 从输入流读取一个整数n
    for(int i = 1;i <= n; ++ i)a[i] = i; // 初始化数组a，使其元素值为1~n
```

```
bool go = true;              // 定义布尔变量go，用于控制循环
while(go)                     // 当go为true时执行循环
{
    for(int i = 1;i <= n; ++ i)cout << a[i] << " \n"[i == n]; // 输出数组a的元素,
```
并在最后一个元素后换行
```
    go = next_permutation(a + 1, a + 1 + n); // 调用next_permutation()函数生成下一
```
个排列，如果存在，则返回true，否则返回false
```
}
return 0;
}
```

第 5 章

搜　索

搜索算法是计算机科学中至关重要的暴力算法之一，其重要性不言而喻。因此，我们专门用一章来深入探讨这一主题。搜索算法主要分为两类：深度优先搜索（DFS）与广度优先搜索（BFS）。尽管这两种搜索方法各有特点，但在实际应用中，尤其是在各类编程竞赛中，深度优先搜索因其高效性和灵活性成为最常用的暴力搜索策略。而广度优先搜索通常更适合解决最短路径等特定类型的问题。通过学习本章的内容，我们将全面了解这些基础且强大的搜索技术，并掌握它们在不同场景中的应用方法。

5.1　深度优先搜索（回溯法）

深度优先搜索及其相关变体（如回溯法）是解决组合问题的强大工具。本节将深入探讨深度优先搜索的几个重要应用，包括子集树、排列树和Flood Fill算法，并说明如何利用这些技术系统地探索解空间以找到问题的解。

5.1.1　子集树

子集树是一种典型的解空间树结构，用于解决组合问题，在回溯法中被广泛应用。当所给问题要求从包含n个元素的集合S中找出满足某种性质的一个或多个子集时，相应的解空间树便称为子集树。

例如，考虑一个场景：给定一个由n个商品组成的集合S，每个商品有两种选择：购买或不购买。在这种情况下，一个长度为n的二进制数组（如010101）可表示一个特定的商品子集，即某些商品被选中的状态。以$n=5$为例，若当前状态数组为[0,0,1,0,1]，则表示第3和第5个商品被选中，而第1、2、4个商品未被选中，形成子集{3,5}。确定这样的状态（子集）后，可进一步计算该状态对应的解。通过系统性地枚举所有可能的状态（即子集），即可求解整个问题。

5.1.2 排列树

当问题需要从n个元素的排列中找到满足某种性质的某个排列时，相应的解空间树称为排列树。

例如，对于给定的整数n，任务是找出1~n的所有数字的全排列。在这种情形下，状态数组的值不再是二元的$\{0,1\}$，而是$[1,n]$，其中$state_i$表示数字i所处的位置。

以$n=4$为例，若状态数组为$[1,3,4,2]$，则表示数字1放在第1位，数字2放在第3位，数字3放在第4位，数字4放在第2位，形成排列$[1,4,2,3]$。

虽然使用状态数组描述排列能够准确表达排列过程，但在实际实现时，也可以在搜索过程中直接生成排列，无须借助状态数组，从而简化实现。

5.1.3 FloodFill 算法

1. 算法概念

Flood Fill算法，即洪水覆盖算法，是一种经典算法，用于从一个区域中提取若干连通点，并将其与其他相邻区域区分开（或染成不同颜色）。该算法常用于在二维地图上查找连通块，应用场景包括图像处理和游戏开发等，如图5-1展示了其基本原理。

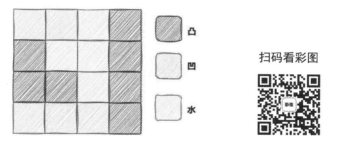

图 5-1 洪水覆盖算法示意图

假设二维数组mp表示地图状态（大小为$n×n$），当$mp[i][j]=0$时表示该点是凹的，当$mp[i][j]=1$时表示该点是凸的（水无法到达）。

2. 算法过程

如果用水覆盖凹点，则选择一个初始的凹点，并遍历它周围的4个相邻格子。如果相邻格子也是凹点，则水可以继续拓展到该格子。然后重复这一过程，对所有新加入的点进行遍历，直到所有可拓展的格子都被覆盖。最终，图5-1中的黄色点都会被覆盖并变为蓝色点。

在处理这类二维图形问题时，通常会定义两个数组dx和dy，分别表示坐标的变化量，从而简化坐标的更新过程。

3. 算法过程

```
#include <bits/stdc++.h>
```

```cpp
using namespace std;
const int N = 50;
int col[N][N];   // col[i][j]表示坐标(i, j)的颜色（即所属的连通块）
int mp[N][N], n; // 地图状态
// 判断坐标是否在地图内（这个非常重要）
bool inmp(int x, int y){return 1 <= x && x <= n && 1 <= y && y <= n;}

// 坐标变化量数组
int dx[] = {0, 0, 1, -1};
int dy[] = {1, -1, 0, 0};

// c表示颜色，用于区分不同的连通块
void FloodFill(int x, int y, int c)
{
    if(col[x][y])return;
    col[x][y] = c;
    for(int i = 0;i < 4; ++ i)
    {
        // (nx, ny)是下一个位置
        int nx = x + dx[i], ny = y + dy[i];
        if(inmp(nx, ny) && mp[nx][ny] != 1)
        {
            FloodFill(nx, ny, c);
        }
    }
}

int main()
{
    cin >> n;
    // 输入地图
    for(int i = 1;i <= n; ++ i)
        for(int j = 1;j <= n; ++ j)
            cin >> mp[i][j];
    int tot = 0; // 颜色总数
    // 对于每个点，如果没有颜色，则执行一次洪水覆盖算法
    for(int i = 1;i <= n; ++ i)
        for(int j = 1;j <= n; ++ j)
            if(mp[i][j] == 0 && !col[i][j])
                FloodFill(i, j, ++ tot);
    // 输出地图中各点的颜色
    for(int i = 1;i <= n; ++ i)
    {
        for(int j = 1;j <= n; ++ j)cout << col[i][j] << ' ';
        cout << '\n';
    }
    return 0;
}
```

上述代码运行结果如下。可以看出，它成功地为不同的连通块分配了不同的颜色。

样例

输　　入	输　　出
4	1 0 2 2
0 1 0 0	0 0 2 2
1 1 0 0	3 3 0 0
0 0 1 1	3 0 0 0
0 1 1 1	

最终得到的颜色矩阵如图5-2所示。

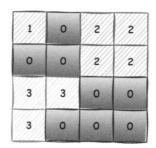

图 5-2　颜色矩阵

5.1.4　例题讲解

【例】StarryCoding P173 朋友太多怎么办

在小e的公司中，监事桶子由于拥有众多朋友而面临一个选择难题：他不知道该与哪位朋友约会。

假设武汉的地图可视为二维坐标系，桶子的起始位置为(0,0)。他需要从n个分散在不同学校的朋友中挑选k个进行约会。第i个朋友位于坐标(x_i, y_i)，与他约会将为桶子带来a_i的愉悦度。然而，长途的距离会减少他们的曼哈顿距离所带来的愉悦度。

今天，桶子计划与恰好k个朋友约会（每位朋友只约会一次）。请计算桶子今天可以获得的最高愉悦度（结果可能为负数）。

注意，桶子最后不需要返回到起点，而是留在最后一个约会地点。

输入格式

第一行包含一个整数T，表示测试用例的数量（$1 \leqslant T \leqslant 10$）。

对于每组测试用例：

第一行包含两个整数n和k（$1 \leqslant k \leqslant n \leqslant 10$）。

接下来n行，第i行表示第i个朋友的坐标（x_i, y_i）（$-10^9 \leqslant x_i, y_i \leqslant 10^9$）和约会带来的愉悦度$a_i$（$0 \leqslant a_i \leqslant 10^9$）。

本题数据均为整数。

输出格式

对于每组测试用例，输出一个整数，表示最高愉悦度。

样例输入

```
2
3 2
0 0 1
0 1 3
1 1 5
2 1
0 0 1
1 1 3
```

样例输出

```
6
1
```

解释

在样例中，桶子可以选择先和朋友2约会，再从朋友2的位置前往朋友3的位置约会，总计得到8−2=6的愉悦度。

解题思路

本题可使用深度优先搜索（DFS）算法来搜索所有约会方案，并计算每种方案的愉悦度，最后再从所有可能的愉悦度中取最大值即可。

在实现时，我们可以在搜索过程中即时计算某种方案的愉悦度，这比先枚举出某种方案再计算愉悦度效率更高（即时间复杂度低）。

枚举方案的时间复杂度为$O(n!)$，而在搜索中同步计算的时间复杂度为$O(n)$，这样一遍搜索一遍计算可以降低n倍的时间复杂度，同时也有利于剪枝。

剪枝的依据是，如果当前愉悦度再加上所有剩余朋友的愉悦度之和仍小于已有的最优解ans，则无须继续搜索。

```
#include <bits/stdc++.h>
using namespace std;
using ll = long long;
const int N = 20;
ll x[N], y[N], a[N];
ll getabs(ll x) { return x < 0 ? -x : x; }

ll dist(ll u, ll v)
{
    return getabs(x[u] - x[v]) + getabs(y[u] - y[v]);
}
```

```cpp
bitset<12> vis; // 标记是否访问过
int n, k;
ll ans, asum;
int f[N]; // 用于记录当前的选取排列

// dep是层数，sum是当前的愉悦度
void dfs(int dep, ll sum)
{
    // 剪枝条件
    if(sum + asum <= ans)return;
    // 递归出口
    if (dep == k + 1)
    {
        ans = max(ans, sum);
        return;
    }

    for (int i = 1; i <= n; ++i)
    {
        // 如果当前朋友已约会过了，则跳过
        if (vis[i])
            continue;
        f[dep] = i;
        vis[i] = true;
        dfs(dep + 1, sum + a[i] - dist(f[dep - 1], i));
        vis[i] = false;    // 回溯
    }
}

void solve()        // 处理每组测试用例
{
    cin >> n >> k;
    for (int i = 1; i <= n; ++i)
        cin >> x[i] >> y[i] >> a[i];
    asum = 0;
    for(int i = 1;i <= n; ++ i) asum += a[i];    // 计算愉悦度总和
    ans = -2e18;
    vis.reset();         // 重置访问标记
    dfs(1, 0);           // 开始深度优先搜索
    cout << ans << '\n';
}

int main()
{
    ios::sync_with_stdio(0), cin.tie(0), cout.tie(0);
    int _;
    cin >> _;
    while (_--)
        solve();
    return 0;
```

```
    }
```

洛谷P1162填充颜色

```cpp
#include<bits/stdc++.h>
using namespace std;
#define ll long long

const int MAXN = 30;            // 定义最大矩阵大小为30×30
int mat[MAXN][MAXN], n;         // 定义矩阵mat和矩阵大小n

// 深度优先搜索函数，用于标记不在闭合圈内的元素
void dfs(int x, int y) {
    if (x < 0 || y < 0 || x >= n || y >= n || mat[x][y] != 0) return; // 如果越界或已
经访问过，则直接返回

    mat[x][y] = -1;             // 标记为已访问，但不在闭合圈内
    dfs(x + 1, y);             // 向下递归
    dfs(x - 1, y);             // 向上递归
    dfs(x, y + 1);             // 向右递归
    dfs(x, y - 1);             // 向左递归
}

int main() {
    cin >> n; // 输入矩阵大小
    for (int i = 0; i < n; i++)
        for (int j = 0; j < n; j++)
            cin >> mat[i][j]; // 输入矩阵元素

    // 从4条边界开始 DFS
    for (int i = 0; i < n; i++) {
        dfs(0, i);             // 上边界
        dfs(n - 1, i);         // 下边界
        dfs(i, 0);             // 左边界
        dfs(i, n - 1);         // 右边界
    }

    // 填充闭合圈内部并输出结果
    for (int i = 0; i < n; i++) {
        for (int j = 0; j < n; j++) {
            if (mat[i][j] == 0) mat[i][j] = 2;              // 将未访问过的点标记为2
            cout << (mat[i][j] == -1 ? 0 : mat[i][j]) << " "; // 输出矩阵元素，如果为-1，
则输出0，否则输出原值
        }
        cout << endl; // 换行
    }

    return 0;
}
```

Acwing1097池塘计数

```cpp
#include <bits/stdc++.h>
using namespace std;
typedef pair<int, int> PII; // 定义一个pair类型，用于存储坐标

const int N = 1010;         // 定义常量N，表示地图的最大尺寸
vector<string> mp(N);       // 定义一个二维字符串向量，用于存储地图信息
vector<vector<bool>> st(N, vector<bool>(N)); // 定义一个二维布尔向量，用于标记某个位置是否被访问过
int n, m;                   // 定义两个整数变量n和m，分别表示地图的行数和列数

// 定义一个bfs()函数，用于广度优先搜索
void bfs(int sx, int sy) {
    queue<PII> q;                   // 定义一个队列，用于存储待访问的坐标
    q.push({sx, sy});               // 将起始坐标加入队列
    st[sx][sy] = true;              // 标记起始坐标已被访问

    // 当队列不为空时，继续搜索
    while (!q.empty()) {
        PII t = q.front();          // 取出队列头部的坐标
        q.pop();                    // 弹出队列头部的坐标

        // 遍历当前坐标周围的8个方向
        for (int i = -1; i <= 1; i++) {
            for (int j = -1; j <= 1; j++) {
                int nx = t.first + i, ny = t.second + j;      // 计算新的坐标
                if (nx < 0 || nx >= n || ny < 0 || ny >= m) continue; // 如果新坐标越界，则跳过

                if (st[nx][ny] || mp[nx][ny] == '.') continue; // 如果新坐标已被访问或为空的，则跳过

                if (i == 0 && j == 0) continue;    // 如果新坐标与原坐标相同，则跳过

                q.push({nx, ny});                  // 将新坐标加入队列
                st[nx][ny] = true;                 // 标记新坐标已被访问
            }
        }
    }
}

int main() {
    ios::sync_with_stdio(false);    // 关闭cin与stdin的同步，提高输入/输出效率
    cin.tie(nullptr);               // 解除cin与cout的绑定，提高输入/输出效率

    cin >> n >> m;                  // 输入地图的行数和列数
    for (int i = 0; i < n; i++) {
        cin >> mp[i];               // 输入地图的每一行
    }

    int cnt = 0;                    // 初始化计数器
```

```
    // 遍历地图的每一个位置
for (int i = 0; i < n; i++) {
    for (int j = 0; j < m; j++) {
        // 如果当前位置是W且未被访问过,则进行广度优先搜索,并将计数器加1
        if (mp[i][j] == 'W' && !st[i][j]) {
            bfs(i, j);
            cnt++;
        }
    }
}

cout << cnt; // 输出连通区域的数量
return 0;
}
```

5.2 广度优先搜索

广度优先搜索是一种基础且重要的算法,通过逐层向外拓展的方式进行搜索,适用于解决等权最短路径或最小操作次数等问题,广泛应用于各种搜索场景。

在广度优先搜索过程中,该算法使用队列记录待拓展的结点。每一步从队列头部(即队伍前端)取出一个结点作为当前拓展点,确保搜索过程按照“逐层推进”的顺序进行。

图5-3展示了广度优先搜索的顺序。

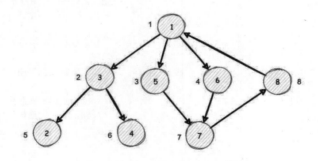

图 5-3   广度优先搜索示意图

5.2.1 等权的最短路径

当图中所有边的权值相同时,广度优先搜索可以用来解决从特定起点到所有其他顶点的最短路径问题,这通常被称为单源最短路径问题。

实施广度优先搜索(BFS)时,需要准备一个队列q来存储待拓展的顶点,同时使用一个布尔数组(也可以用bitset替代)来标记某个顶点是否已被探索(即该顶点已被处理过,后续再次到达此顶点时无须重复处理),并使用一个数组d来记录从起点到各顶点的最短距离。

每次拓展的流程如下:

（1）从队列中取出队头的顶点x。

（2）遍历顶点x的所有邻接点y。

（3）如果顶点y未被更新过，则认定边x→y为首次访问y的边，因此设置d[y]=d[x]+1，将y加入队列，并标记为已更新状态vis[y]=true。如果最终发现d[n]等于无穷大，则表示不存在从起点到顶点n的路径。

关于图的构建和遍历方法，请参阅第7章。

【例 1】StarryCoding P251 等权最短路径

题目描述

给定一个具有n个点、m条边的有向图，边的权重均为1，求从点1到点n的最短距离。可能存在重边与自环。

输入格式

本题有多组测试样例。

第一行包含一个整数T，表示测试用例的数量（$1 \leq T \leq 10$）。

对于每组测试用例：

一行包含两个整数n和m（$1 \leq n$，$m \leq 10^5$）。

接下来m行，每行包含两个整数x和y（$1 \leq x$，$y \leq n$），表示存在一条从x指向y的边。

数据保证：$\sum n \leq 2 \times 10^5$。

输出格式

对于每组测试用例，输出一个整数表示答案，若不存在从1到n的路径，则输出-1。

样例输入

```
2

3 2
1 2
2 3

5 4
1 3
3 4
1 2
2 4
```

样例输出

```
2
-1
```

解题思路

本题为广度优先搜索（BFS）模板题，按照BFS算法流程编写即可。

```cpp
#include <bits/stdc++.h>
using namespace std;
using ll = long long;
const int N = 2e5 + 9;      // 定义常量N，表示结点数量的最大值
const ll inf = 2e18;        // 定义无穷大的值
vector<int> g[N];           // 邻接表存储图的信息
ll n, m, d[N];              // n表示结点数，m表示边数，d数组用于存储从起点到每个结点的最短距离

// bfs()函数：广度优先搜索算法，用于计算从起点st到其他所有结点的最短距离
void bfs(int st)
{
    for (int i = 1; i <= n; ++i)
        d[i] = inf;         // 初始化所有结点的距离为无穷大
    queue<int> q;           // 创建一个队列用于存储待处理的结点
    bitset<N> vis;          // 使用bitset记录每个结点是否已经入过队
    d[st] = 0;              // 起点到自身的距离为0
    q.push(st);             // 将起点加入队列
    while (q.size())        // 当队列不为空时循环
    {
        int x = q.front();// 取出队首元素
        q.pop();            // 弹出队首元素
        for (const auto &y : g[x]) // 遍历与x相邻的所有结点
        {
            if (vis[y])             // 如果y已经被访问过，则跳过
                continue;
            d[y] = d[x] + 1;        // 更新y的距离为x的距离加1
            q.push(y);              // 将y加入队列
            vis[y] = true;          // 标记y已被访问
        }
    }
}

// solve()函数：解决一次测试用例，读取输入数据并调用bfs()函数计算最短距离
void solve()
{
    cin >> n >> m;              // 读取结点数和边数
    for (int i = 1; i <= n; ++i)
        g[i].clear();           // 清空邻接表
    for (int i = 1; i <= m; ++i)    // 读取边的信息并构建邻接表
    {
        int x, y;
        cin >> x >> y;
        g[x].push_back(y);          // 添加一条从x到y的边
    }
    bfs(1);                    // 从结点1开始进行广度优先搜索
    cout << (d[n] == inf ? -1 : d[n]) << '\n'; // 输出从结点1到结点n的最短距离，如果无法
到达，则输出-1
```

```
    }

    int main()
    {
        ios::sync_with_stdio(0), cin.tie(0), cout.tie(0); // 优化输入/输出流性能
        int T;
        cin >> T;              // 读取测试用例的数量
        while (T--)            // 对每个测试用例进行处理
            solve();
        return 0;
    }
```

【例 2】StarryCoding P67 小 e 走迷宫

给定一个大小为*n*×*m*的矩阵，表示一个迷宫，在矩阵中：

- 0表示空白处，可以行走。
- 1表示障碍物，不可通过。

最初，小e位于迷宫的左上角(1,1)处，每秒钟他可以向上、左、下、右任意一个方向移动一个位置。

现在他想走到迷宫的右下角(*n*,*m*)处。请你判断他能否到达目的地，若能到达，所需的最短时间是多少呢？

输入格式

第一行包含两个整数*n*和*m*（1≤*n*，*m*≤1000），分别表示矩阵的行数和列数。

接下来*n*行，每行包含*m*个整数（0或1），表示迷宫矩阵。数据保证(1,1)和(*n*,*m*)均为0。

输出格式

若无法到达(*n*,*m*)，则输出-1；否则，输出所需的最短时间。

样例输入

```
5 5
0 1 0 0 0
0 0 0 1 0
1 1 0 1 0
0 0 1 0 0
1 0 0 1 0
```

样例输出

```
10
```

解题思路

本题是经典的广度优先搜索（BFS）例题。从起点出发，搜索每个方向的邻接点，利用vis数组标记已访问的点，BFS算法"一层一层往外走"的特性可以保证搜索到的路径是最短的。

```cpp
#include <bits/stdc++.h>
using namespace std;
using ll = long long;
typedef pair<int, int> PII;
const int N = 1009;
int g[N][N],n,m;              // 定义地图数组g，以及地图的行数n和列数m
int d[N][N];                  // 定义距离数组d，用于存储每个点到起点的距离
bitset<N>vis[N];             // 定义访问标记数组vis，用于记录每个点是否被访问过
int dx[] = { 0,0,1,-1 };     // 定义4个方向的横坐标偏移量
int dy[] = { 1,-1,0,0 };     // 定义4个方向的纵坐标偏移量

// 判断坐标(x，y)是否在地图范围内
bool inmp(int x, int y)
{
    return x >= 1 && x <= n && y >= 1 && y <= m;
}

// 广度优先搜索函数，从起点(sx，sy)开始搜索
void bfs(int sx, int sy)
{
    queue<PII>q;                        // 定义一个队列q，用于存储待访问的点
    memset(d, 0, sizeof d);             // 初始化距离数组d为0
    vis[sx][sy] = true;                 // 标记起点已被访问
    q.push({sx,sy});                    // 将起点加入队列
    while (q.size())                    // 当队列不为空时循环
    {
        int x = q.front().first;        // 取出队首点的横坐标
        int y = q.front().second;       // 取出队首点的纵坐标
        q.pop();                        // 弹出队首点
        for (int i = 0; i < 4; ++i)     // 遍历4个方向
        {
            int nx = x + dx[i], ny = y + dy[i];     // 计算下一个点的坐标

            if (inmp(nx, ny) && !g[nx][ny] &&  !vis[nx][ny]) // 如果下一个点在地图范围
                                                             // 内、未被访问过且不是障碍物
            {
                d[nx][ny] = d[x][y] + 1;            // 更新距离数组
                q.push({ nx,ny });                  // 将下一个点加入队列
                vis[nx][ny] = true;                 // 标记下一个点已被访问
            }
        }
    }
}

// 解决问题的函数
void solve()
{
    cin >> n >> m;                      // 输入地图的行数和列数
    for (int i = 1; i <= n; ++i)        // 遍历地图的每一行
    {
```

```
        for (int j = 1; j <= m; ++j)      // 遍历地图的每一列
        {
            cin >> g[i][j];                // 输入地图上的障碍物信息
        }
    }
    bfs(1, 1); // 从起点(1, 1)开始广度优先搜索
    if (vis[n][m])cout << d[n][m] << '\n';        // 如果终点被访问过，则输出最短距离
    else cout << -1;                              // 否则输出-1，表示无法到达终点
}

// 主函数
int main()
{
    ios::sync_with_stdio(0), cin.tie(0), cout.tie(0); // 优化输入/输出流性能
    int _ = 1;                            // 测试用例的数量，这里只处理一个测试用例
    while (_--)solve();                   // 调用solve()函数处理测试用例
    return 0;
}
```

5.2.2　最少操作次数

广度优先搜索（BFS）算法还可用于计算达到特定目标所需的最少操作次数。具体来说，BFS可以帮助我们在众多选项中找到完成某项任务的最高效路径（即实现题目要求的目标所需的操作次数）。

例如，可以使用广度优先搜索算法求解从1到n的最少操作次数。

洛谷B3626

```
#include<bits/stdc++.h>
using namespace std;
#define ll long long

// 使用广度优先搜索算法求解从1到n的最少操作次数
int bfs(int n) {
    if (n == 1) return 0;                 // 如果目标是1，那么不需要进行任何操作
    vector<bool> visited(n + 1, false);   // 标记每个位置是否被访问过
    queue<pair<int, int> > q;             // 存储当前位置和到达该位置所需的步数
    q.push(make_pair(1, 0));              // 初始位置为1，步数为0
    visited[1] = true;                    // 标记起始位置已访问

    while (!q.empty()) {
        pair<int, int> front = q.front(); // 取出队列首部元素
        int x = front.first;              // 当前位置
        int step = front.second;          // 到达当前位置所需的步数
        q.pop(); // 弹出队列首部元素

        // 检查 x-1、x+1 和 2x 这三个可能的下一步位置
        int next_positions[3] = {x - 1, x + 1, 2 * x};
        for (int i = 0; i < 3; ++i) {
```

```
        int next = next_positions[i];    // 下一个可能的位置
        if (next == n) return step + 1; // 如果到达目标位置，则返回步数
        if (next > 0 && next <= n && !visited[next]) { // 如果位置合法且未被访问过
            q.push(make_pair(next, step + 1));    // 则将新位置加入队列，并更新步数
            visited[next] = true;                 // 标记新位置已访问
        }
    }
    }
    return -1; // 实际上不会到达这里，除非输入不合法
}

int main() {
    int n;
    cin >> n; // 输入目标位置
    cout << bfs(n) << endl; // 输出最少操作次数
    return 0;
}
```

5.3　搜索的优化方法

在搜索问题中，优化搜索顺序和剪枝技术是提高搜索效率的关键手段。本节将介绍两种常见的优化方法：剪枝和记忆化搜索，并通过例题示范其使用方法。

5.3.1　剪枝

在搜索过程中，剪枝是一种重要的优化技术，旨在通过减少不必要的计算来提高搜索效率。剪枝的主要特点包括：

- 优化搜索顺序：通过改变搜索的顺序，可以显著影响搜索树的结构。例如，在搜索问题中，按照一定规则（如升序）进行搜索，或者在填字游戏中优先填写数字较少的空格，都可以有效地减少搜索空间，从而提高搜索效率。
- 排除等效冗余：在搜索过程中，识别并避免重复搜索相同状态或结果的子树至关重要。这种方法能够显著减少冗余操作，从而进一步提高搜索效率。
- 可行性剪枝：在搜索过程中，需要对当前搜索状态进行评估。如果发现某个分支无法达到目标状态，可以提前停止对该分支的搜索并进行回溯，以节省计算资源，避免无效探索。
- 最优性剪枝：在寻找最优解的过程中，如果发现当前路径的代价已经超过已知的最优解，可以提前终止对该路径的搜索并进行回溯，以寻找更优的解决方案。这种剪枝方法可以有效缩小搜索范围，从而提高搜索效率。

5.3.2　记忆化搜索

记忆化搜索可以视为搜索方法与动态规划理念的完美结合，是一种先进的优化策略。它通过

存储已解决子问题的解，避免了重复计算，本质上是一种用空间换取时间的策略。在递归过程中，记忆化搜索创建了一个缓存系统（通常是数组或哈希表），用于保存子问题的答案。当算法再次遇到相同的子问题时，可以直接从缓存中取得结果，而无须重新计算。

记忆化搜索的优势包括：

- 减少计算量：通过避免重复计算相同的子问题，大幅减少整体的计算次数。
- 提高效率：对于包含大量重复计算的递归问题，记忆化搜索能大幅加快算法运行速度。
- 易于实现：在已有递归算法的基础上添加缓存机制，通常实现起来较为简单。

以下通过一个示例程序来介绍记忆化搜索的应用。

【例 1】求第 50 个斐波那契数

在这个例子中，我们使用记忆化搜索（也称为动态规划）来优化计算过程，避免重复计算已经计算过的值。

```cpp
#include<bits/stdc++.h>
using namespace std;

unordered_map<int, long long> memo;

long long fib(int n) {
    if (n <= 1) return n;
    if (memo.find(n) != memo.end()) return memo[n];      // 检查是否已计算
    memo[n] = fib(n - 1) + fib(n - 2);                   // 记忆化存储结果
    return memo[n];
}

int main() {
    int n = 50;          // 求第50个斐波那契数
    cout << "fib(" << n << ") = " << fib(n) << endl;
    return 0;

}
```

【例 2】滑雪

给定一个R行C列的矩阵，表示一个矩形网格滑雪场。矩阵中第i行第j列的点表示滑雪场的第i行第j列区域的高度。

某滑雪者从滑雪场中的某个区域出发，每次可以向上、下、左、右任意一个方向滑动一个单位距离。需要注意的是，滑雪者能够滑向某个相邻区域的前提是该区域的高度低于自己目前所在区域的高度。

下面给出一个矩阵作为例子：在给定矩阵中，一条可行的滑行轨迹为24-17-2-1。 在给定矩阵中，最长的滑行轨迹为25-24-23-……-3-2-1，沿途共经过25个区域。现在，给定一个表示滑雪场各区域高度的二维矩阵，请计算该滑雪场中可以完成的最长滑雪轨迹，并输出其长度（即滑行经过的最大区域数）。

输入格式

第一行包含两个整数R和C，分别表示矩阵的行数和列数。接下来的R行，每行包含C个整数，表示完整的二维矩阵。

输出格式

输出一个整数，表示可完成的最长滑雪长度。

```
 1  2  3  4 5

16 17 18 19 6

15 24 25 20 7

14 23 22 21 8

13 12 11 10 9
```

代码

```cpp
#include<bits/stdc++.h>
using namespace std;
const int N = 1010;                    // 定义常量N，表示数组的最大容量
int n, m, a[N][N], f[N][N];    // 定义变量n和m，分别表示矩阵的行数和列数，a为输入的矩阵，f用
于存储动态规划的结果
int dx[4] = {-1, 0, 1, 0}, dy[4] = {0, 1, 0, -1}; // 定义4个方向的偏移量，用于遍历上下左
右4个方向

// dfs()函数，用于计算从(x, y)出发的最长滑行路径长度
int dfs(int x, int y)
{
    int &op = f[x][y];                 // 使用引用简化代码，op表示当前位置的最大滑行路径长度
    if(op != -1) return op;            // 如果已经计算过该位置的最大滑行路径长度，则直接返回结果
    op = 1;                            // 初始化当前位置的最大滑行路径长度为1
    for(int i = 0; i < 4; i ++)        // 遍历4个方向
    {
        int px = x + dx[i], py = y + dy[i]; // 计算相邻位置的坐标
        if(px <= 0 || px > n || py <= 0 || py > m) continue; // 判断相邻位置是否越界
        if(a[x][y] <= a[px][py]) continue;  // 判断相邻位置的值是否小于或等于当前位置的值，
如果是，则跳过
        op = max(op, dfs(px, py) + 1);      // 更新当前位置的最大滑行路径长度
    }
    return op;                          // 返回当前位置的最大滑行路径长度
}

int main()
{
    cin >> n >> m;                     // 输入矩阵的行数和列数
```

```
    memset(f, -1, sizeof f);                 // 初始化动态规划数组f为-1
    for(int i = 1; i <= n; i ++)             // 输入矩阵的元素
        for(int j = 1;j <= m; j ++)
            cin >> a[i][j];
    int res = 0;                             // 初始化结果为0
    for(int i = 1; i <= n; i ++)             // 遍历矩阵的每一个位置
        for(int j = 1; j <= m; j ++)
            res = max(res, dfs(i, j));       // 更新结果为最大滑行路径长度的最大值
    cout << res; // 输出结果
}
```

5.3.3　例题讲解

洛谷P1464 Function

```
#include <bits/stdc++.h>
using namespace std;
using ll = long long ;
const ll N = 21;                      // 定义常量N为21，因为题目中提到的范围是0~20
ll w[N][N][N];                        // 定义三维数组w，用于存储计算结果，记忆化数组

// 函数W用于计算w(a, b, c)的值
ll W(ll a, ll b, ll c) {
    if (a <= 0 || b <= 0 || c <= 0)
        return 1;
    if (a > 20 || b > 20 || c > 20)
        return W(20, 20, 20);          // 如果a、b或c大于20，则返回W(20,20,20)的结果
    if (w[a][b][c] != -1)              // 如果w[a][b][c]已经被计算过，则直接返回结果
        return w[a][b][c];
    if (a < b && b < c)
        w[a][b][c] = W(a, b, c - 1) + W(a, b - 1, c - 1) - W(a, b - 1, c);
    else
        w[a][b][c] = W(a - 1, b, c) + W(a - 1, b - 1, c) + W(a - 1, b, c - 1) - W(a -
1, b - 1, c - 1);
    return w[a][b][c];
}

int main() {
    memset(w, -1, sizeof(w));          // 初始化w数组为-1，表示未计算的状态
    ll a, b, c;
    while (true) {
        cin >> a >> b >> c;
        if (a == -1 && b == -1 && c == -1)
            break;
        cout << "w(" << a << ", " << b << ", " << c << ") = " << W(a, b, c) << endl;
    }
    return 0;
}
```

洛谷 P1120 小木棍

```
#include<bits/stdc++.h>
using namespace std;
const int N = 70 ;          // 定义常量N为70, 表示木棍长度的上限
int n , cnt , tot , maxn , minn , t[N] ; // 定义变量n、cnt、tot、maxn、minn和数组t
                            // n: 输入木棍数量, cnt: 有效木棍数量, tot: 木棍总长度
                            // maxn: 最大木棍长度, minn: 最小木棍长度
                            // t: 记录每种长度木棍的数量

// 定义dfs()函数, 用于深度优先搜索, 尝试用指定长度target组合剩余的木棍
void dfs( int res , int sum , int target , int p ) {
    if( res == 0 ) { // 若剩余未组合的木棍数res等于0, 则输出target并退出程序（成功完成拼接）
        cout<<target;
        exit( 0 );        // 输出结果后退出程序
    }
    if( sum == target ) { // 当前拼接长度等于目标（即sum等于target）, 开始组合下一根大木管（即
递归调用dfs()函数）
        dfs( res - 1 , 0 , target , maxn );
        return;
    }
    for( int i = p ; i >= minn ; i -- ) {   // 尝试从长度p到minn遍历数组t（选择木棍）
        if( t[ i ] && i + sum <= target ) { // 如果当前木管数量不为0且拼接长度合法
            t[ i ] -- ; // 使用长度为i的木棍, 木棍数量减1（将t[i]减1）
            dfs( res , sum + i , target , i );  // 递归调用dfs()函数, 尝试拼接
            t[ i ] ++ ; // 将t[i]加1, 回溯, 恢复木棍数量
            if ( sum == 0 || sum + i == target ) // 如果sum等于0或sum+i等于target, 则跳
出循环, 即如果当前木棍未被使用, 或者拼接完成, 提前结束循环
                break;
        }
    }
    return;
}

int main() {
    cin>>n;                                 // 输入木棍数量n
    minn = N ;                              // 初始化最小木棍长度minn为N（最大值）
    int temp;
    while( n -- ) {                         // 循环n次, 即输入木棍数据并统计信息
        cin>>temp;                          // 输入单根木棍的长度temp
        if( temp <= 50 ) {                  // 忽略长度超过50的木棍
            cnt ++;                         // 有效木棍数量加1
            t[ temp ] ++;                   // 记录该长度木棍的数量
            tot += temp;                    // 更新总长度
            maxn = maxn > temp ? maxn : temp ;// 更新maxn为maxn和temp中的较大值, 即更新最
大木棍长度
            minn = minn < temp ? minn : temp ;// 更新minn为minn和temp中的较小值, 即更新最
小木棍长度
        }
    }
```

```
temp = tot >> 1; // 计算tot的一半并赋值给temp (计算总长度的一半，用于限制大木棍的长度范围)
for( int i = maxn ; i <= temp ; i ++ ) {  // 从maxn到temp遍历数组t，枚举可能的目标长度
    if( tot % i == 0 ) {  // 如果tot能被i整除（即如果总长度能被目标长度整除）
        dfs( tot / i , 0 , i , maxn );            // 调用dfs()函数（尝试用目标长度拼接）
    }
}

cout<<tot; // 输出tot（如果没有找到可行解，则输出总长度（特殊情况）
return 0;
}
```

第 6 章

动态规划

动态规划是一种解决计数问题、优化问题和搜索问题的方法，它通过将复杂问题分解为更小的子问题，并存储子问题的解以避免重复计算，从而实现对原问题的高效求解。

本章将详细介绍动态规划的核心概念、基本思想以及适用场景，并结合典型例题深入剖析动态规划的强大之处。通过学习本章内容，你将获得分析和解决复杂问题的新视角，并能在算法竞赛或实际编程问题中灵活运用动态规划。

6.1　动态规划基础

动态规划（Dynamic Programming，DP）是运筹学的一个重要分支，主要用于求解决策过程中的最优化问题。20世纪50年代初，美国数学家理查德·贝尔曼（Richard Bellman）等人在研究多阶段决策过程的优化问题时，提出了著名的最优化原理，为动态规划奠定了理论基础。

通俗地说，动态规划的核心思想是利用已知信息逐步推导未知信息，通常以逐步递推的方式实现。例如，最简单的动态规划问题是斐波那契数列：$f[i]=f[i-1]+f[i-2]$，其中$f[i-1]$和$f[i-2]$是已知的信息，而$f[i]$是我们待求的未知信息。

在动态规划的实现过程中，我们一般围绕一个数组或表格进行操作，重点解决以下几个关键问题。

- 状态的定义：明确dp[i]表示的含义，例如问题的某个阶段或子问题的解。
- 状态的初始化：确定初始状态dp[i]的值，以及从哪里开始推导。
- 状态的转移：定义如何通过若干已知状态推导出新的未知状态。
- 最终状态的表示：明确最终答案如何由状态表示，是否符合问题的要求。

要成功运用动态规划解决问题，需要满足以下条件：

- 符合最优化原理：全局问题的最优解可通过子问题的最优解逐步更新得到。
- 具有重叠子问题：子问题之间存在大量重叠信息，相互关联且共享解答。与分治法大不同，动态规划要求子问题有重叠，而分治法要求子问题彼此独立。

动态规划的本质在于：利用已知信息，在相同状态定义的框架下，推导出仅参数不同的未知信息，同时避免无意义的重复计算，以实现效率的提升。

6.1.1　状态的定义

状态的定义需要满足无后效性，即一旦当前状态被计算出来，它的值不会再受到后续状态的影响，而后续状态只能通过当前状态进行转移。这个性质可能较为抽象，但在算法竞赛中，动态规划的状态定义通常遵循一些常见的套路，这样往往能够正确求解问题。

在进行状态定义时，常见的套路有：

- $dp[i]$ 表示从起点到 i 为止（终点为 i）的 x 的最大值或方案数。
- $dp[i][j]$ 表示从起点到 i 为止，当期状态为 j 的 x 的最大值或方案数。
- $dp[i][j][k]$ 表示从起点到 i 为止，使用了 j 个 x 和 k 个 x 的最大值或方案数。

在这些定义中，"到 i 为止"体现了重叠子问题，而"最大值或方案数"体现了最优化原理。

例如，假设小明在 0 级台阶开始，他每次可以向上走 1 级或 2 级，请问走到 n 级台阶的方案数有多少种？

对于这个问题，我们可以定义状态 $dp[i]$，即小明从 0 级台阶走到 i 级台阶的方案数。

6.1.2　状态转移方程

继续上一小节的问题。我们思考一下状态如何转移，假如我们要计算 $dp[i]$，那么小明可以从哪些台阶走过来呢？应该是从 $i-1$ 级或 $i-2$ 级台阶走过来，并且每种情况的方案数均为 1 种。因此，状态转移方程为：$dp[i]=dp[i-1]+dp[i-2]$。

起始条件为 $dp[0]=1$、$dp[1]=1$。

到这里我们不难发现，这正是斐波那契数列的递推公式。没错，这确实是个巧合。

这个状态转移公式也体现了无后效性，可以看出，i 的状态仅由 $i-1$ 和 $i-2$ 的状态决定，而我们的递推顺序是从小到大的。也就是说，在计算 $dp[i]$ 时，已经计算出了 $dp[i-1]$ 和 $dp[i-2]$，因此可以直接计算 $dp[i]$。当 $dp[i]$ 确定后，在后续计算中它的值不会再发生改变。相当于 $dp[i]$ 已经成为一个子问题的最优解，已经确定了。

一般来说，状态转移方程的选取有一定的套路，通常涉及将历史信息进行求和、取最大值、最小值，或者在此基础上加上一些新的信息，根据不同条件加不同的信息。在进行求和或求最值时，往往需要结合一些数据结构来优化复杂度，例如结合前缀和、树状数组、线段树（这些内容在进阶数据结构部分会进一步讨论）。

状态转移方程的选取是动态规划中的关键问题，也是读者通过不断刷题提升熟练度的一个重要方面。

6.1.3 注意边界条件

在进行状态转移时，尤其需要注意的是，是否可能从一些非法状态转移过来。具体而言，要注意"下标是否可能变为负数"，因为一般情况下，动态规划数组（dp数组）的下标是非负的。

同时，还需要考虑转移的条件，结合实际问题的约束。例如，背包容量不能为负数、人数不能为负数，也不能是半个；还有一些题目中给定的限制条件，例如"至少取多少个""至多取多少个"等。

6.1.4 做题的基本步骤

在解决动态规划问题时，通常可以按照以下步骤进行：

步骤 **01** 确定状态定义。

步骤 **02** 确定状态转移方程。

步骤 **03** 确定初始状态。

步骤 **04** 确定答案所求的状态。

6.2 背包 DP

背包问题是一类经典的组合优化问题。在该问题中，给定一组物品，每个物品具有特定的重量和价值。在总重量受限的情况下，需要选择若干物品，使得总价值达到最大。

6.2.1 01 背包

问题描述：有 n 件物品和一个容量为 m 的背包，给出 i 件物品的重量和价值value，求解让装入背包物品的总重量不超过背包容量 m，如何选择物品，使背包内物品的总价值 V 最大。

这是最简单的背包问题，它的特点是每件物品只能选择"放入"或"不放入"两种状态，因此也成为"0-1背包"问题。

在0-1背包问题中，核心在于计算两个状态：对于第 i 个物品，选择"放入"或"不放入"。

【例】StarryCoding P74 采药问题

辰辰是一个极具潜力、天资聪颖的孩子，梦想成为世界上最伟大的医师。为了实现这个梦想，他决定拜附近最有威望的医师为师。为了考察他的资质，这位医师给辰辰出了一道难题。医师把辰辰带到一个遍布草药的山洞，对他说："孩子，这个山洞里有一些不同种类的草药，采摘每一株草药需要一定的时间，而每一株草药也有其独特的价值。我会给你一段固定的时间，在这段时间内，你可以尽量采集草药。如果你是一个聪明的孩子，应该能够使采集到的草药的总价值最大。"

如果你是辰辰，能完成这个任务吗？

输入格式

输入的第一行包含两个整数 T（$1 \leqslant T \leqslant 1000$）和 M（$1 \leqslant M \leqslant 100$），$T$ 代表总共能够用来采药的时间，M 代表山洞中草药的种类数。

接下来的 M 行中，每行包括两个 1~100（包括 1 和 100）的整数，分别表示采摘某株草药所需的时间和该株草药的价值。

输出格式

可能有多组测试数据，对于每组数据：输出只包括一行，这一行只包含一个整数，表示在规定的时间内可以采到的草药的最大总价值。

样例输入

```
42 6
1 35
25 70
59 79
65 63
46 6
28 82
962 6
43 96
37 28
5 92
54 3
83 93
17 22
0 0
```

样例输出

```
117
334
```

解题思路

定义状态 dp[i][j] 表示采到第 i 株草药为止，在总时间不超过 j 的情况下，草药的最大总价值。

需要注意的是，状态定义中的"不超过"意味着 dp[n][m] 包括总时间为 1,2,$\cdots$,n 的所有情况。如果要求时间严格为 j，则需要将 dp 数组初始化为负无穷。

以下代码中用 f 表示动态规划数组 dp。

```cpp
#include<bits/stdc++.h>
using namespace std;

int n, m;          // 定义物品数量n和背包容量m
```

```
int t[101], v[101];  // 定义草药的采摘时间t和价值数组v
int f[101][1001];      // 定义动态规划数组f，f[i][j]表示前i种草药在时间j内的最大价值

int main(){
    cin >> m >> n;                    // 输入总时间和草药数量
    for(int i = 1; i <= n; i++)       // 输入每株草药的采摘时间和价值
        cin >> t[i] >> v[i];
    for(int i = 1; i <= n; i++){      // 遍历每株草药
        for(int j = 0; j <= m; j++){  // 遍历可用时间
            if(j - t[i] >= 0)         // 如果可以采摘当前草药
                f[i][j] = max(f[i - 1][j], f[i - 1][j - t[i]] + v[i]); // 选择采摘或不
采摘的最大价值
            else
                f[i][j] = f[i - 1][j];    // 否则只能选择采摘
        }
    }

    cout << f[n][m];                  // 输出最大总价值
    return 0;
}
```

其中，状态转移方程为$f[i][j]=\max(f[i-1][j], f[i-1][j-t[i]]+v[i])$。

图6-1中的列代表空间，行代表物品，有一个背包容量为9，有4件物品，占用体积分别是2、3、6、5，对应的价值为6、3、5、4。

	0	1	2	3	4	5	6	7	8	9
0	0	0	0	0	0	0	0	0	0	0
1	0	0	6	6	6	6	6	6	6	6
2	0	0	6	6	6	9	9	9	9	9
3	0	0	6	6	6	9	9	9	11	11
4	0	0	6	6	6	9	9	10	11	11

图 6-1

由于动态规划中每次状态转移至依赖于上一行的状态，因此时间复杂度已不能再优化了，但空间复杂度仍可以再优化，这里我们采用滚动数组优化。

滚动数组优化的代码如下：

```
#include <bits/stdc++.h>
using namespace std;

const int N = 1010;  // 定义数组最大长度
```

```
int n, m;                    // 定义整数n和m, 分别表示物品数量和背包容量
int v[N], w[N]; // 定义整数数组v和w, 分别表示物品的价值和重量(对应采摘草药的价值和所需时间)
int f[N];                    // 定义滚动数组f, 用于存储动态规划的结果(即最大总价值)

int main()
{
    cin >> m >> n;                           // 输入时间和草药种类数

    for (int i = 1; i <= n; i ++ ) cin >> v[i] >> w[i]; // 输入采摘价值和时间

    for (int i = 1; i <= n; i ++ )          // 遍历所有草药
        for (int j = m; j >= v[i]; j -- )   // 从大到小(逆序)遍历时间
            f[j] = max(f[j], f[j - v[i]] + w[i]); // 更新f[j]为不放入或放入第i个草药的最大
总价值

    cout << f[m];                            // 输出最大总价值

    return 0;
}
```

我们注意到，内层循环是从大到小枚举空间的。从正确性的角度来看，这种方式是必需的。原因在于，我们需要在给定容量 j 下，决定是否放入当前物品 i。当枚举到 j 时，数组 $f[1]$~$f[j-1]$ 仍保留上一层的状态，而 $f[j+1]$~$f[m]$ 都已经是当前层的状态更新结果。由于当前状态只能从上一层状态转移而来，并且 $f[j]$ 的更新状态由 $f[j-v[i]]$ 转移过来，因此枚举顺序必须从右到左，才能保证"新状态的左侧是旧状态，新状态从旧状态转移过来"。同样的道理，如果状态从右侧转移过来，那就只能从左到右枚举。

当然，对于这道题，还可以考虑采用搜索的方法进行求解。以下提供一段参考代码。

```
#include<bits/stdc++.h>
using namespace std;
const int INF= 0x3f3f;
int n, t;
int c[103], v[103];
int mem[103][1003];

int dfs(int pos, int l) {
  if (mem[pos][l] != -1)
    return mem[pos][l];          // 已经访问过的状态, 直接返回之前记录的值
  if (pos == n + 1) return mem[pos][l] = 0;
  int dfs1, dfs2 = -INF;
  dfs1 = dfs(pos + 1, l);
  if (l >= c[pos])
    dfs2 = dfs(pos + 1, l - c[pos]) + v[pos];   // 状态转移
  return mem[pos][l] = max(dfs1, dfs2);          // 最后将当前状态的值存下来
}

int main() {
  memset(mem, -1, sizeof(mem));
```

```
    cin >> t >> n;
    for (int i = 1; i <= n; i++) cin >> c[i] >> v[i];
    cout << dfs(1, t) << endl;
    return 0;
}
```

6.2.2 完全背包

完全背包问题与基本背包问题的主要区别在于，它允许每种物品有无限个。这意味着，对于每种物品，只要总重量不超过背包的容量，可以无限制地放入任意数量。

在状态转移方程中，这通常意味着，对于每个物品i，我们计算$f[j]=\max(f[j],f[j-v[i]]+w[i])$，其中$j$从$v[i]$枚举到$m$（背包的最大容量）。

因为不限制物品的数量，所以状态转移可以在当前层进行，并且必须从前往后遍历。以下是其对应的代码实现。

```
#include<bits/stdc++.h>
using namespace std;
using ll = long long;            // 定义长整型别名ll
const int N = 1e4 + 5, M = 1e7 + 5;    // 定义常量N和M，分别表示物品数量上限和背包容量上限

ll n, m, w[N], v[N], f[M]; // 定义变量n、m、w[]、v[]和f[]，分别表示物品数量、背包容量、物品
重量、物品价值和动态规划数组

int main() {
    cin >> m >> n; // 输入背包容量和物品数量
    for (int i = 1; i <= n; i++) cin >> w[i] >> v[i]; // 输入每个物品的重量和价值
    for (int i = 1; i <= n; i++)
        for (int j = w[i]; j <= m; j++)
            f[j] = max(f[j], f[j - w[i]] + v[i]); // 更新f[j]为不放入或放入第i个物品的最大
总价值
    cout << f[m]; // 输出最大总价值
    return 0;
}
```

我们可以看到，完全背包问题与0-1背包问题的最大区别在于内层循环的顺序。在完全背包问题中，内层循环从小到大遍历，确保在当前物品数量允许重复使用的情况下，动态规划数组能够正确更新。

6.2.3 多重背包

多重背包问题是背包问题的一种变体，允许每种物品有多个单位可以选择，但每种物品都有一个数量上限，即最多只能选取该物品的指定数量。

0-1背包问题：每种物品只有一件。完全背包问题：每种物品可以选取无限件。多重背包问题：每种物品可以选取有限件。

以下是多重背包问题的示例程序代码。

```cpp
#include <bits/stdc++.h>
using namespace std;
const int N = 1e5+5;                    // 定义常量N，表示数组的最大长度
int a[N],b[N],t=0,n,m,dp[N],w,v,s;      // 定义变量a、b、t、n、m、dp、w、v、s
int main()
{
    cin>>n>>m;              // 输入物品数量和背包容量
    while(n--)              // 遍历每件物品
    {
        cin>>v>>w>>s;       // 输入物品的价值、重量和数量
        while(s--)          // 将多重背包拆成0-1背包
        {
            a[++t]=v;       // 记录物品的价值
            b[t]=w;         // 记录物品的重量
        }
    }
    for(int i=1;i<=t;i++) // 遍历所有物品
    for(int j=m;j>=a[i];j--)           // 从背包容量到物品重量逆序遍历
    dp[j]=max(dp[j-a[i]]+b[i],dp[j]);  // 更新dp数组，套用0-1背包问题的动态规划转移方程
    cout<<dp[m]<<endl;      // 输出最大总价值
    return 0;
}
```

多重背包问题的上述动态规划解法由于需要对所有物品（数量为k）进行逐一遍历，导致时间复杂度较高。在实际应用中，可以通过二进制优化来减少状态数量，从而提高算法效率。

二进制优化的实现代码如下：

```cpp
#include<bits/stdc++.h>
using namespace std;
const int N = 12010, M = 2010;      // 定义常量 N 和 M，分别表示物品总数量和背包容量
int n, m;               // 物品数量和背包容量
int v[N], w[N];         // 定义物品体积和价值
int f[M];               // 定义动态规划数组

int main()
{
    cin >> n >> m;      // 输入物品数量和背包容量
    int cnt = 0;        // 用于记录分组数量
    for(int i = 1;i <= n;i ++)
    {
        int a,b,s;
        cin >> a >> b >> s;     // 输入物品的体积、价值和数量上限
        int k = 1;              // 初始化二进制拆分因子
        while(k<=s)
        {
            cnt ++ ;            // 增加组别计数
            v[cnt] = a * k ;    // 计算组别总体积
            w[cnt] = b * k;     // 计算组别总价值
            s -= k;             // 剩余物品数量减少
            k *= 2;             // 二进制拆分因子翻倍
```

```
        }
        // 处理剩余物品
        if(s>0)
        {
            cnt ++ ;
            v[cnt] = a*s;
            w[cnt] = b*s;
        }
    }

    n = cnt ;        // 更新总组数为分组后的组别数量
    // 转换为0-1背包问题
    for(int i = 1;i <= n ;i ++)
        for(int j = m ;j >= v[i];j --)
            f[j] = max(f[j],f[j-v[i]] + w[i]);    // 更新动态规划数组

    cout << f[m] << endl;        // 输出最大总价值
    return 0;
}
```

通过二进制拆分，可以有效减少物品的状态数，从而降低时间复杂度。值得注意的是，多重背包问题还可以通过单调队列进行优化，相关内容将在第8章讲解。

6.2.4   例题讲解

【例 1】StarryCoding P47 无穷背包

小e的背包容量为m，现在商店里有n种商品。由于在梦境中，他可以零元购，商店里的每种商品都有无穷件，每件商品的价值为w_i、体积为v_i。问小e最多可以带走多少价值的商品？

输入格式

第一行包含两个整数m和n（$1 \leq m \leq 10^5$，$1 \leq n \leq 500$）。

接下来n行，每行包含两个整数w_i和v_i（$1 \leq w_i \leq 10^9, 1 \leq v_i \leq m$）。

输出格式

一行一个整数，表示可以获得的最大价值。

样例输入

```
10 3
2 1
5 3
10 4
```

样例输出

```
24
```

样例说明

拿两件物品3，再拿两件物品1，获得的最大价值为24。

解题思路

本题是一个典型的完全背包问题，程序代码非常简单。每种商品的数量无限，可以直接套用完全背包的动态规划算法。以下是代码实现：

```cpp
#include <bits/stdc++.h>
using namespace std;

// 定义长整型别名ll
using ll = long long;
// 定义常量N，表示动态规划数组的最大长度
const int N = 1e5 + 9;
// 定义动态规划数组dp
ll dp[N];

int main()
{
    // 输入背包容量m和物品数量n
    int m, n; cin >> m >> n;
    // 遍历每件物品
    for(int i = 1;i <= n; ++ i)
    {
        // 输入物品的体积w和价值v
        ll w, v; cin >> w >> v;
        // 完全背包，从价值v开始遍历到背包容量m
        for(int j = v; j <= m; ++ j)
        {
            // 更新dp数组，取当前位置的最大值或当前位置减去物品价值的前一个位置加上物品体积
            dp[j] = max(dp[j], dp[j - v] + w);
        }
    }
    // 输出背包容量为m时的最大价值
    cout << dp[m] << '\n';
    return 0;
}
```

【例 2】StarryCodingP315 樱花

题目描述

爱与愁大神的后院里有 n 棵樱花树，每棵树都有美学值 C_i（$0 \leqslant C_i \leqslant 200$）。每天上学前，爱与愁大神都会来赏花。作为生物学霸，他懂得如何合理地欣赏樱花：一种樱花树最多观赏 P_i（$0 \leqslant P_i \leqslant 100$）次。如果 $P_i = 0$，则表示可以无限次观赏。但是，每棵樱花树都有一定的观赏时间 T_i（$0 \leqslant T_i \leqslant 100$）。现在，爱与愁大神上学前的时间有限。求解应该选择哪些樱花树进行观赏，以使美学值最高且能让爱与愁准时（或提早）去上学。

输入格式

共 $n+1$ 行。

第1行：当前时间为T_s（时:分），上学时间为T_e（时:分），爱与愁大神院子里樱花树的数量为n。这里的T_s和T_e的格式为：hh:mm，其中$0 \leqslant hh \leqslant 23$、$0 \leqslant mm \leqslant 59$，且$hh$、$mm$和$n$都是正整数。

第2行到第$n+1$行，每行包含3个正整数：观赏第i棵树所需的时间为T_i，第i棵树的美学值为C_i，以及观赏第i棵树的次数为P_i（若$P_i=0$，表示可无限次观赏；若P_i为其他数字，则表示最多可观赏的次数）。

输出格式

只有一个整数，表示最大美学值。

样例输入

```
6:50 7:00 3
2 1 0
3 3 1
4 5 4
```

样例输出

```
11
```

提示

$T_e - T_s \leqslant 1000$（即开始时间距离结束时间不超过1000分钟），$n \leqslant 10000$。保证T_e和T_s为同一天内的时间。

样例说明

观赏第一棵樱花树一次，观赏第三棵樱花树两次，总美学值为11。

解题思路

本题是多重背包问题，由于单次观赏时间较短，但观赏次数可能较多，我们可以用二进制拆分优化动态规划的过程。实现代码如下：

```cpp
#include<bits/stdc++.h>
using namespace std;
typedef long long ll;
const int N = 1e5+10;
ll t[N], c[N], p[N];              // 每棵樱花树的观赏时间、美学值、观赏次数（0表示无限次）
ll dp[N];                          // 动态规划数组
ll st, et, hh, mm, n;              // 开始时间，结束时间，樱花树数量
ll cnt, w[100000], v[100000];      // 二进制拆分后的物品数量、耗时和美学价值

// 二进制拆分函数
inline void init(){
    for(int i=1; i<=n; i++){
        int k = 1;                 // 当前物品重量（耗时）的倍数
        while(p[i] > 0){           // 当物品尚未被分完时
            cnt++;                 // 分出一件物品
            w[cnt] = k*t[i];       // 重量（耗时）
            v[cnt] = k*c[i];       // 价值（美学值）
```

```
                p[i] -= k; k *= 2;          // 次数减少k，下次分割的倍数加倍
                if(p[i] < k){               // 如果剩下的不能再拆成上一份的两倍，就直接放在一起
                    cnt++;
                    w[cnt] = t[i] * p[i];    // 剩下观赏时间
                    v[cnt] = c[i] * p[i];    // 剩下美学值
                    break;
                }
            }
        }
    }
}

int main(){
    ios::sync_with_stdio(false);
    cin.tie(0); cout.tie(0);

    // 输入时间和樱花树数量
    scanf("%lld:%lld", &st, &et);
    scanf("%lld:%lld", &hh, &mm);
    scanf("%lld", &n);
    ll time1 = st*60 + et;              // 开始时间（分钟）
    ll time2 = hh*60 + mm;              // 结束时间（分钟）
    ll time = time2 - time1;            // 剩余观察时间

    // 输入樱花树数量
    for(int i=1; i<=n; i++){
        scanf("%lld %lld %lld", &t[i],&c[i],&p[i]);
        if(p[i] == 0) p[i] = 999999;    // 无限次观赏处理
    }

    init();         // 二进制拆分
    // 0-1背包动态规划
    for(int i=1; i<=cnt; i++){
        for(int j=time; j>=w[i]; j--){
            dp[j] = max(dp[j], dp[j-w[i]] + v[i]);
        }
    }
    cout << dp[time] << endl;           // 输出结果
}
```

6.3　区间 DP

区间动态规划（Interval Dynamic Programming，区间DP）解决的问题是通过小区间的计算逐步拓展到大区间，最后得出指定区间的最优解。

在区间DP中，状态转移的方向是从小区间到大区间。因此，最外层的循环通常枚举区间长度，以确保转移方向的正确性。

因为区间DP需要枚举所有区间，所以它的时间复杂度一般较高。读者可以根据题目的数据范

围推测是否适合使用区间DP来解决问题。

6.3.1 石子合并

石子合并是区间DP中的经典问题之一。

给定n堆石子，每堆石子的质量为a_i，每次可以选择两堆相邻的石子进行合并，合并的代价为两堆石子的质量之和。问将n堆石子合并为1堆所需的最小代价是多少（StarryCoding P114石子合并）？

动态规划的解题步骤：

步骤 01 确定状态定义。设 dp[i][j]表示区间[i,j]的石子合并为一堆的最小代价。

步骤 02 确定状态转移。dp[i][j]可以由 dp[i][k]与 dp[k+1][j]两部分的合并结果转移而来，转移方程为：dp[i][j]=min(dp[i][j],dp[i][k]+dp[k+1][j]+$\sum_{t=i}^{j}a[t]$)。

步骤 03 确定初始状态。单个石子的合并代价为零：dp[i][i]=0。注意，因为状态转移方程中取的是最小值，所以 dp[i][j]初始值应设为正无穷，也可以直接取一个合法的值。

步骤 04 确定答案所求状态。合并所有石子的最小代价为：ans=dp[1][n]。

有了这些分析，代码就很容易编写了，这里需要注意在状态转移时，右端点不要超过n。

```cpp
#include <bits/stdc++.h>
using namespace std;

const int N = 305;              // 定义常量N，表示数组的最大长度
using ll = long long;           // 定义长整型别名ll

ll a[N], prefix[N], dp[N][N];// 定义数组a、prefix和二维数组dp

int main()
{
    ios::sync_with_stdio(0), cin.tie(0), cout.tie(0); // 优化输入/输出流
    int n;cin >> n;             // 输入石碓数量n
    for(int i = 1;i <= n; ++ i)cin >> a[i];       // 输入每堆石子的质量
    for(int i = 1;i <= n; ++ i)prefix[i] = prefix[i - 1] + a[i]; // 计算前缀和数组prefix
    for(int i = 1;i <= n; ++ i)dp[i][i] = 0;     // 单个石子的合并代价为0
    for(int len = 2;len <= n; ++ len)            // 枚举区间长度
    {
        for(int i = 1;i + len - 1 <= n; ++ i)    // 枚举区间的起点
        {
            int j = i + len - 1;                 // 计算区间的终点
            ll sum = prefix[j] - prefix[i - 1];  // 计算区间[1,j]的石子总质量
            dp[i][j] = dp[i][i] + dp[i + 1][j] + sum;    // 初始化dp数组的值
            // k=i的情况已经考虑过了
            for(int k = i + 1;k < j; ++ k)                       // 遍历所有可能的分割点
            {
                dp[i][j] = min(dp[i][j], dp[i][k] + dp[k+1][j]+sum);// 更新dp数组的值
            }
```

```
        }
    }

    cout << dp[1][n] << '\n'; // 输出合并的最小代价
    return 0;
}
```

不难发现，朴素版的区间DP时间复杂度较高（为$O(n^3)$）。通过利用四边形不等式，可以将时间复杂度优化至$O(n^2)$。这一技巧较为高级，读者可自行深入研究相关内容。

6.3.2　例题讲解

【例】StarryCoding P282 括号序列

给定一个字符串s，求出字符串s中最长的合法子序列的长度。
字符串仅包含圆括号和方括号。

输入格式

注意：本题有多组测试样例。
第一行包含一个整数T，表示测试用例的数量（$1 \leqslant T \leqslant 10$）。
对于每组测试用例：
输入一个字符串s（$1 \leqslant |s| \leqslant 100$），字符串仅由圆括号和方括号组成。

输出格式

对于每组测试用例，输出一个整数，表示最长合法子序列的长度。

样例输入

```
5
((()))
()()()
([])
)[)(
([][][)
```

样例输出

```
6
6
4
0
6
```

解题思路

观察数据范围，使用时间复杂度为$O(n^3)$的算法是可行的。因此，我们可以放心使用区间DP方法。本题需要注意子序列可以不连续。

状态定义dp[*i*][*j*]表示区间[*i*,*j*]中最长合法括号子序列的长度。

我们能够想到两个状态转移：

- 当*s*[*i*]、*s*[*j*]匹配时，有dp[*i*][*j*]=max(dp[*i*][*j*],dp[*i*+1][*j*−1]+2)。
- 对于所有情况，有dp[*i*][*j*]=max(dp[*i*][*j*],dp[*i*][*k*]+dp[*k*+1][*j*]),$k \in [i,j)$。

通过进行区间DP即可得到结果，最后答案为dp[1][*n*]。

AC代码

```cpp
#include <bits/stdc++.h>
using namespace std;
typedef long long ll;
const int N = 105;

ll dp[N][N];                    // 定义二维数组dp，用于存储子问题的解
char s[N];                      // 定义字符数组s，用于存储输入的字符串

void solve()
{
    cin >> s + 1;               // 读取字符串，从下标1开始存储
    int n = strlen(s + 1);      // 计算字符串的长度
    for (int i = 1; i <= n; ++i)
        for (int j = i; j <= n; ++j)
            dp[i][j] = 0;       // 初始化dp数组为0
    for (int len = 1; len <= n; ++len)
    {
        for (int i = 1; i + len - 1 <= n; ++i)
        {
            // [i, i + len - 1]表示当前考虑的子串范围
            int j = i + len - 1;
            if ((s[i] == '(' && s[j] == ')') || (s[i] == '[' && s[j] == ']'))
            {
                dp[i][j] = max(dp[i][j], dp[i + 1][j - 1] + 2); // 如果当前子串是一个合法
的括号对，则更新dp值
            }
            for (int k = i; k < j; ++k)
            {
                dp[i][j] = max(dp[i][j], dp[i][k] + dp[k + 1][j]); // 枚举所有可能的分割
点，更新dp值
            }
        }
    }
    cout << dp[1][n] << '\n'; // 输出最长合法括号序列的长度
}

int main()
{
    ios::sync_with_stdio(0), cin.tie(0), cout.tie(0); // 优化输入/输出流
    int _;
```

```
cin >> _;                    // 读取测试用例的数量
while (_--)
    solve();                 // 处理每个测试用例
return 0;
}
```

洛谷P1063能量项链

```cpp
#include<bits/stdc++.h>
using namespace std;
const int N = 210;
int n, a[N], f[N][N];

int main() {
    ios::sync_with_stdio(false); // 关闭同步流
    cin.tie(0);
    cin >> n;
    for(int i = 1; i <= n; ++i) {
        cin >> a[i];
        a[i+n] = a[i]; // 复制珠子序列模拟环形结构
    }
    // 区间DP（区间动态规划）
    for(int len = 3; len <= n+1; ++len) { // 从小到大枚举区间长度
        for(int i = 1; i+len-1 <= 2*n; ++i) {
            int j = i+len-1;
            for(int k = i+1; k < j; ++k) {
                // 状态转移方程
                f[i][j] = max(f[i][j], f[i][k] + f[k][j] + a[i]*a[k]*a[j]);
            }
        }
    }
    int ans = 0;
    for(int i = 1; i <= n; ++i) { // 枚举每个起点，求最大能量
        ans = max(ans, f[i][i+n]);
    }
    cout << ans << endl;
    return 0;
}
```

在环形问题中，可以选择$(i+1)\%n$的方式，但也可以将n个元素复制一遍，变成$2n$个元素。为了简化代码，本题采用的是复制一份元素的方法。

6.4　存在性 DP

存在性DP实际上是线性DP的一种变体，尽管在许多资料中它并未被单独列为一种DP类型，但其独特的特点使其值得单独讲解。

6.4.1   什么是存在性 DP

存在性DP的状态定义一般为：dp[i][j]表示到第i个位置，是否存在元素j，实际上是维护了一个值域较小的集合。其状态一般用bool数组来描述。在状态转移过程中，dp[i]一般从dp[i-1]转移过来。

6.4.2   例题讲解

【例】StarryCoding P39 数的种类

题目描述

给定n个整数，问由这些整数通过"加法"运算，可以组成多少种数字？

输入格式

第一行包含一个整数n（$1 \leqslant n \leqslant 5 \times 10^3$）。

第二行包含n个整数（$1 \leqslant a_i \leqslant 100$）。

输出格式

一个整数，表示答案。

样例输入

```
3
1 1 5
```

样例输出

```
6
```

解释

可以组成0, 1, 2, 5, 6, 7共6种数字。

解题思路

设状态dp[i][j]表示到第i个数字为止，是否可以构成数字j，容易发现状态转移方程：

$$dp[i][j]=dp[i-1][j] \mid dp[i-1][j-a[i]]$$

即j可以由dp[i-1][j]直接转移过来，也可以通过dp[i-1][j-a[i]]加上a[i]转移过来。

根据背包问题的思想，我们可以将其优化成一维，即dp[j]表示到目前为止，是否存在元素j，状态转移方程为：

$$dp[j]=dp[j] \mid dp[j-a[i]]$$

但要注意，从后往前遍历。

其实，利用bitset可以进一步优化，降低复杂度，使得代码更加简洁，具体实现请参见代码，原理是相同的。总时间复杂度为$O(n \times (5 \times 10^3/64))$。实现代码如下：

```cpp
#include<bits/stdc++.h>
using namespace std;
const int N = 5e5 + 9; // 定义常量N，表示数组的最大长度
int main()
{
    ios::sync_with_stdio(0), cin.tie(0); // 优化输入/输出流
    int n; cin >> n;        // 输入整数n
    bitset<N> dp;           // 定义一个大小为N的bitset，用于存储动态规划的状态
    dp[0] = true;           // 初始化dp的第0位为true，表示初始状态
    for(int i = 1; i <= n; ++i) // 遍历1~n
    {
        int x;
        cin >> x;           // 输入整数x
        dp |= dp << x;      // 将dp向左移动x位，并将结果与原dp进行“位或”运算，更新dp的状态
    }
    cout << dp.count() << '\n'; // 输出dp中值为true的位数，即满足条件的数的个数
    return 0;
}
```

6.5　状压 DP

状压DP全称为状态压缩动态规划，它通过将若干“状态”压缩为一个二进制数（从而可以作为下标）来进行动态规划求解，通常与“位运算”相结合。

6.5.1　状态压缩的方法

我们知道，在计算机中，数据是通过二进制表示的，数字也是如此。例如，数字5的二进制表示为$(101)_2$，而二进制本身可以很好地表达“选或不选”“有或没有”等信息。因此，我们可以根据题目的需求，利用二进制的特性来设计DP状态。

对于按位压缩的题目，状态定义的常见套路是：$dp[i][j]$表示已选集为i，且最后一个选的是j的最大/最小的价值/代价。例如，$dp[5][2]$表示已经选了第0个和第2个元素，且最后一个选择的是第2个的最大/最小价值/代价。

需要注意的是，可能存在一些不合法的状态，例如$dp[6][0]$。在已选集$(6)_{10}=(110)_2$中，第0位不是1，也就是说第0个元素没有被选上，因此不可能将第0个元素作为“最后一个选择的”。

6.5.2　例题讲解

【例】StarryCoding P263　吃桃子

小e在一个二维平面的位置$(0,0)$上，他要吃n个桃子，第i个桃子的位置是(x_i, y_i)，请问他吃完所有桃子至少需要走多少距离？

结果保留两位小数。

输入格式

本题有多组测试用例。

第一行包含一个整数T，表示测试用例的数量（$1 \leq T \leq 10$）。

对于每组测试用例：

第一行包含一个整数n（$1 \leq n \leq 15$）。

接下来n行，每行包含两个整数x_i和y_i（$1 \leq x_i, y_i \leq 10^6$），表示第$i$个桃子的位置。

输出格式

对于每组测试用例，输出一个浮点数表示走的距离。

样例输入

```
2
2
3 6
1 4
3
10 7
8 7
6 5
```

样例输出

```
6.95
12.64
```

解题思路

定义状态dp[i][j]表示已选集为i，且最后一个选择是j的最小代价。那么有状态转移方程：

$$dp[i][j] = \min(dp[i][j], dp[i \oplus 2^j][k] + dist(k,j))$$

最后的结果是$\max(dp[2^n-1][i]), i \in [0,n)$。

注意初始化和特判处理只吃一个桃子的情况。

AC代码

```cpp
#include <bits/stdc++.h>
using namespace std;
using ll = long long;
const ll inf = 2e18;
const int N = 20;

double x[N], y[N];

double dist(int a, int b)
{
    double dx = x[a] - x[b];
```

```
        double dy = y[a] - y[b];
        return sqrt(dx * dx + dy * dy);
}


// dp[i][j]表示已选集为i,且最后一个吃的是j的最小距离
double dp[(1 << 15) + 9][N];
// 由于最多15个桃子,因此需要15位来表示已选集

void solve()
{
    int n;
    cin >> n;
    for (int i = 0; i < n; ++i)
        cin >> x[i] >> y[i];
    // 初始化为无穷大
    for (int i = 1; i < (1 << n); ++i)
        for (int j = 0; j < n; ++j)
            dp[i][j] = inf;
    for (int i = 1; i < (1 << n); ++i)
    {
        for (int j = 0; j < n; ++j)
        {
            if (i >> j & 1)
            {
                if ((i ^ (1 << j)) == 0)
                {
                    // 即i中只有j这一位,特殊处理
                    dp[i][j] = sqrt(x[j] * x[j] + y[j] * y[j]);
                    continue;
                }
                // dp[i][j]需要从dp[i ^ (1 << j)][未知]转移过来
                for (int k = 0; k < n; ++k)
                {
                    // 下面这句话的意思是,从i中去除掉j后依然有k这一位
                    if ((i ^ (1 << j)) >> k & 1)
                    {
                        // 可以从dp[i ^ (1 << j)][k]转移过来
                        dp[i][j] = min(dp[i][j], dp[i ^ (1 << j)][k] + dist(k, j));
                    }
                }
            }
            // 若i中没有j,则无须处理,j不可能作为最后一个
        }
    }
    double ans = inf;
    for (int i = 0; i < n; ++i)
        ans = min(ans, dp[(1 << n) - 1][i]);
    cout << fixed << setprecision(2) << ans << '\n';
}
```

```
int main()
{
    ios::sync_with_stdio(0), cin.tie(0), cout.tie(0);
    int _;
    cin >> _;
    while (_--)
        solve();
    return 0;
}
```

6.6　期望 DP

期望DP（期望动态规划）的重点在于推导递推关系式，实现方法和线性DP类似。做期望DP需要选手具备一定的概率论基础。当然，大多数题目仅需具备高中阶段的概率知识即可。

6.6.1　期望的性质和转移

期望DP的状态定义有一定的套路，一般定义为：dp[i]表示从i到终点的代价或价值的期望或概率。我们的状态转移一般是倒推的，这与常见的线性DP不同，题目中通常有个规律：概率是正推的，而期望是逆推的。

期望DP一般通过找dp[i]与dp[$i-1$]（或dp[$i+1$]）之间的关系来推导转移式。

例如，考虑这样一个问题：从位置1出发，在位置i进行操作时，有p_i的概率走到下一个位置（即从i到$i+1$），有$1-p_i$的概率在原地不动。请问，走到n的期望操作次数是多少？

在这个问题中，我们设状态dp[i]表示从位置i到n所需的期望操作次数（这个定义就体现了倒推的过程），我们容易知道初始值dp[n]=0，因为从n无须任何操作即可到达终点（位置n）。我们的目标求解是dp[1]。

考虑在位置i进行了一次操作。这次操作后，有p_i的概率走到$i+1$，有$(1-p_i)$的概率依然留在位置i。换句话说，从i进行一次操作后，走到n的情况为两种：第一种是有p_i的概率走到$i+1$，然后再走dp[$i+1$]步才能到达终点；于是就有$p_i×$dp[$i+1$]，第二种是有$1-p_i$的概率留在i，于是有$(1-p_i)×$dp[i]，得到状态转移方程：

$$dp[i]=1+p_i×dp[i+1]+(1-p_i)×dp[i]$$

将dp[i]移到方程一边得到：

$$dp[i] = \frac{1 + p_i \times dp[i+1]}{p_i}$$

于是，从后往前一直推导到dp[1]即可。

如果非要正推，可以吗？

对于这道题也是可以的，但在这里我们需要引入期望的前缀和性质，假设我们定义状态dp[i]

表示从1走到i的期望步数，那么从i走到j（$i<j$）的期望步数就是$dp[j]-dp[i]$。

继续分析，考虑从$i-1$走到i，先走出一步，有p_{i-1}的概率可以走到i，然后花0步到i；还有$1-p_{i-1}$的概率留在$i-1$，然后花$dp[i]-dp[i-1]$的期望步数到达i。因此，状态转移方程为：

$$dp[i]=dp[i-1]+1+(1-p_{i-1})(dp[i]-dp[i-1])$$

$$dp[i]=\frac{1+p_{i-1}\times dp[i-1]}{p_{i-1}}$$

细心的读者可能会发现，这个式子和逆推的式子计算出的结果是相同的，且形式上也极为相似。

当然，期望DP的题目可以出得很难，涉及的知识面也很广，本节的内容只作为入门介绍。

6.6.2　例题讲解

【例 1】StarryCoding P305 掷骰子

题目描述

有一个n面的骰子，每次投掷时等概率地投出任意一面。请问，每个面都投出至少一次的期望是多少？

输入格式

本题包含多组测试用例。

第一行包含一个整数T（$1 \leqslant T \leqslant 10^3$），表示样例数。

对于每组样例：

第一行包含一个整数n（$1 \leqslant n \leqslant 10^3$）。

输出格式

一行一个整数，表示答案，结果保留两位小数。

样例输入

```
2
1
12
```

样例输出

```
1.00
37.24
```

解题思路

我们定义状态$dp[i]$表示已经投出了i个不同的面，还需要$dp[i]$的期望次数，使得可以投出所有n个不同的面。

于是有初始状态dp[n]=0，毕竟已经投出n个不用的面时，无须再投掷，期望次数为0。

状态转移方程为：

$$\mathrm{dp}[i] = 1 + \frac{i}{n}\mathrm{dp}[i] + \frac{n-i}{n}\mathrm{dp}[i+1]$$

移项得：

$$\mathrm{dp}[i] = \frac{1 + \dfrac{n-i}{n}\mathrm{dp}[i+1]}{\dfrac{n-i}{n}} = \mathrm{dp}[i+1] + \frac{n}{n-i}$$

逆推解法的代码实现如下：

```cpp
#include <bits/stdc++.h>
using namespace std;
using ll = long long;
const int N = 1e5 + 9;

double dp[N];        // dp[i]表示已经投出i个面，要投出n个面还需要的期望次数

int main()
{
    ios::sync_with_stdio(0), cin.tie(0), cout.tie(0);     // 优化输入/输出流
    int _;cin >> _;        // 读取测试用例的数量
    while(_ --){           // 遍历每个测试用例
        int n;cin >> n;    // 读取投掷次数
        for(int i = 1;i <= n; ++ i)dp[i] = 0;                // 初始化dp数组
        dp[n] = 0;         // 当投掷次数等于目标次数时，期望次数为0
        for(int i = n - 1;i >= 0; -- i)
        {
            // 计算当前投掷次数的期望次数
            dp[i] = dp[i + 1] + 1.0 * n / (n - i);
        }
        // 输出结果，保留两位小数
        cout << fixed << setprecision(2) << dp[0] << '\n';
    }
    return 0;
}
```

如果想要正推也可以，同样可以解决此问题。我们重新定义状态dp[i]表示从0种面投出i个不同面所需的期望次数，此处直接给出递推式：

$$\mathrm{dp}[i] = \mathrm{dp}[i-1] + 1 + \frac{i-1}{n}(\mathrm{dp}[i] - \mathrm{dp}[i-1])$$

移项得：

$$dp[i] = \frac{n}{n-i+1} + dp[i-1]$$

正推解法的代码实现如下：

```cpp
#include <bits/stdc++.h>
using namespace std;
using ll = long long;
const int N = 1e5 + 9;

double dp[N]; // dp[i]表示从0投到i个面的期望次数

int main()
{
    ios::sync_with_stdio(0), cin.tie(0), cout.tie(0);   // 优化输入/输出流
    int _;cin >> _;          // 读取测试用例的数量
    while(_ --){              // 遍历每个测试用例
        int n;cin >> n;      // 读取投掷次数
        for(int i = 1;i <= n; ++ i)dp[i] = 0;            // 初始化dp数组
        dp[0] = 0;           // 当投掷次数为0时，期望为0
        for(int i = 1;i <= n; ++ i)
        {
            // 计算当前投掷次数的期望值
            dp[i] = dp[i - 1] + 1.0 * n / (n - i + 1);
        }
        // 输出结果，保留两位小数
        cout << fixed << setprecision(2) << dp[n] << '\n';
    }
    return 0;
}
```

【例 2】StarryCoding P143 小 e 跳 房 子

小e最近迷上了"跳房子"的游戏。游戏场景是一条长度为n的横轴，起点为位置1，终点为位置n。

小e从起点开始，每次可以往右跳一格（即当前坐标加1）。但是，由于每个房子的摩擦系数μ不同，每次从房子i起跳时，有p_i的概率因为脚滑回到起点。请问小e跳到终点的期望次数是多少？最后的结果对10^9+7取模。

输入格式

第一行包含一个整数T，表示测试用例的数量（$1 \leqslant T \leqslant 1000$）。

对于每组测试用例：

一行一个整数n（$1 \leqslant \sum n \leqslant 10^6$）。

接下来$n-1$行，每行包含两个整数a_i和b_i（$0 \leqslant a_i < b_i \leqslant 10^9$，$p_i = \frac{a_i}{b_i}$）。

输出格式

对于每组测试用例，输出一个整数表示答案。

样例输入

```
2
3
1 2
3 4
5
1 8
2 7
3 5
1 9
```

样例输出

```
12
375000015
```

解题思路

本题需要用于"逆元"的知识。建议读者先阅读第10章对逆元的讲解，再来做本题。

定义状态dp[i]表示从房子i走到房子n的步数期望。初始时有dp[n]=0，考虑状态转移方程，从房子i出发有两种结果：第一种是以概率p_i滑回起点位置1，需要重新走dp[i]步；第二种是以概率$1-p_i$跳到$i+1$，需要走dp[$i+1$]。由此可得到状态转移方程（递推公式）：

$$dp[i] = 1 + p_i \times dp[1] + (1-p_i) \times dp[i+1]$$

在上述方程中，dp[1]的处理较为复杂，因此我们可以重新定义dp的状态：令dp[i]表示从起点1到达位置i的期望步数。初始条件为dp[1]=0。

考虑从位置$i-1$走到位置i的过程：

- 如果从$i-1$起跳时以概率p_{i-1}脚滑回到起点，则需要重新走dp[i]步。
- 如果以概率$1-p_{i-1}$成功跳到i，则无须额外步数。

基于上述分析，可以得出以下状态转移方程：

$$dp[i] = dp[i-1] + 1 + p_{i-1} \times dp[i] + (1-p_{i-1}) \times 0$$

$$dp[i] = \frac{1 + dp[i-1]}{1 - p_{i-1}}$$

通过依次递推即可计算得到最终结果：

```cpp
#include <bits/stdc++.h>
using namespace std;
using ll = long long;
const ll p = 1e9 + 7;          // 定义模数p
```

```cpp
// 快速幂取模函数，计算a^b mod p
ll qmi(ll a, ll b)
{
    ll res = 1;
    while (b)
    {
        if (b & 1)
            res = res * a % p;
        a = a * a % p, b >>= 1;
    }
    return res;
}

// 求逆元函数，计算x在模p意义下的逆元
ll inv(ll x)
{
    return qmi(x % p, p - 2);
}

// 对结果进行模p处理的函数
ll mo(ll x) { return (x % p + p) % p; }

const int N = 1e6 + 9;              // 定义数组大小N
ll P[N], dp[N];                     // 定义P数组和dp数组

// 解决问题的函数
void solve()
{
    int n;
    cin >> n;                       // 输入n
    for (int i = 1; i < n; ++i)
    {
        ll x, y;
        cin >> x >> y;              // 输入x和y
        P[i] = x * inv(y) % p;      // 计算P[i]的值
    }
    dp[1] = 0;                      // 初始化dp数组
    for (int i = 2; i <= n; ++i)
    {
        dp[i] = (dp[i - 1] + 1) % p * inv(mo(1 - P[i - 1])) % p; // 计算dp[i]的值
    }
    cout << dp[n] << '\n';          // 输出结果
}

int main()
{
    ios::sync_with_stdio(0), cin.tie(0), cout.tie(0); // 优化输入/输出流
    int _;
    cin >> _;                       // 输入测试用例的数量
```

```
    while (_--)
        solve();          // 循环处理每个测试用例
    return 0;
}
```

【例 3】StarryCoding P281 绿豆蛙的归宿

题目描述

给出一个包含 n 个点和 m 条边的有向无环图（Directed Acyclic Graph，DAG），起始顶点为1，终止顶点为 n。每条边都有一个长度，从起始顶点出发能够到达所有的顶点，所有的顶点也都能够到达终止顶点。

绿豆蛙从起始顶点出发，走向终止顶点。到达每一个顶点时，如果该顶点有 k 条出边，则绿豆蛙可以选择任意一条边离开该顶点，并且走向每条边的概率为 $\frac{1}{k}$。现在绿豆蛙想知道，从起始顶点走到终止顶点所经过的路径总长度的期望是多少？

输入格式

输入的第一行是两个整数 n 和 m，分别代表图的顶点数和边数。

接下来的 m 行（第2到第 $(m+1)$ 行），每行有三个整数 u、v 和 w，代表存在一条从 u 指向 v、长度为 w 的有向边。

输出格式

一行输出一个实数代表答案，四舍五入保留两位小数。

样例输入

```
4 4
1 2 1
1 3 2
2 3 3
3 4 4
```

样例输出

```
7.00
```

提示

对于100%的数据，保证 $1 \leqslant n \leqslant 10^5$，$1 \leqslant m \leqslant 2 \times n$，$1 \leqslant u$，$v \leqslant n$，$1 \leqslant w \leqslant 10^\wedge$，题目给出的图无重边和自环。

解题思路

本题有一定难度，建议读者熟悉这两个知识点：（1）拓扑排序（可参考图论相关内容）；（2）DAG动态规划（DAG-DP，同样参考图论相关内容）。

定义状态dp[i]表示从顶点 i 到终止顶点 n 的路径长度期望。状态转移，对于一条边 $x \rightarrow y$，从 x 出发走一步，有 $1/k$ 的概率到达顶点 y。于是状态转移方程为：$dp[x]=1+\dfrac{1}{k}\sum dp[y]$，其中，$k$ 为 x 的出边数。

上述状态转移需要记忆化搜索，但时间复杂度较高。通过反向建图并结合拓扑排序，可以用 y 来更新 x 的贡献，从而加速计算。

最后输出的 $dp[1]$ 即为答案。

AC代码

```cpp
#include <bits/stdc++.h>
using namespace std;
using ll = long long;
const int N = 2e5 + 9;      // 定义数组大小
struct Edge{
    ll x, w;                // x表示起始顶点，w表示边的权重
};
ll n, m, ind[N], sz[N];     // 入度和出边计数
vector<Edge> g[N];          // 反向图

double dp[N];               // dp[i]表示从i到n的路径长度期望

int main()
{
    ios::sync_with_stdio(0), cin.tie(0), cout.tie(0);
    int n, m; cin >> n >> m;          // 输入顶点数和边数
    for(int i = 1;i <= m; ++ i)
    {
        ll u, v, w; cin >> u >> v >> w;     // 输入边信息
        g[v].push_back({u, w});             // 反向建图：从v到u
        ind[u] ++;   // 记录顶点u的入度
        sz[u] ++;    // 记录顶点u的出边数
    }

    queue<int> q;
    q.push(n);            // 反向拓扑排序，从终止顶点n开始
    while(q.size())
    {
        int x = q.front();q.pop();
        for(const auto &[y, w] : g[x])
        {
            dp[y] += (dp[x] + w) / sz[y];   // 更新顶点y的期望
            if(-- ind[y] == 0) q.push(y);   // 入度为0的顶点入队
        }
    }
    cout << fixed << setprecision(2) << dp[1] << '\n';   // 输出答案

    return 0;
}
```

6.7 树形 DP

树形动态规划（简称树形DP）是一种动态规划方法，主要用于解决树形结构上的问题。

6.7.1 树形动态规划介绍

在树形动态规划中，我们通常通过深度优先搜索（DFS）遍历树，并使用数组或哈希表存储子问题的解，从而避免重复计算并提高算法的效率。

常见的树形动态规划类型有自下而上树形动态规划（也称为自底向上树形动态规划）和自上而下树形动态规划（也称为自顶向下树形动态规划），它们的区别在于转移的方向不同。

6.7.2 自下而上树形动态规划

顾名思义，自下而上树形动态规划是通过子结点的状态计算父结点的状态，转移方向是从下往上。

树形动态规划的基本思想如下：

- 状态定义：定义DP数组，通常dp[u]表示在以结点u为根的子树中，满足某种条件的最优解。
- 状态转移：根据树的结构特点，从子结点向父结点进行状态转移。对于结点u的每个子结点v，根据dp[v]更新dp[u]。
- 边界条件：叶子结点通常作为边界条件，因为它们没有子结点，所以若结点u为叶子结点，dp[u]可以根据问题的具体要求直接计算。
- 遍历方式：树形动态规划通常使用深度优先搜索进行遍历。

树形动态规划的一般步骤如下：

步骤 01 初始化：初始化 DP 数组，通常将所有值设置为某个初始值（如 0 或无穷大等）。

步骤 02 DFS 遍历：从根结点开始，进行深度优先搜索。

步骤 03 状态转移：在深度优先搜索过程中，递归处理所有子结点，然后根据子结点的 DP 值更新当前结点的 DP 值。

一些常见的信息都可以通过树形动态规划计算出来，例如子树大小、结点深度等。

例如，想求出所有子树的大小，那么定义sz[i]表示以结点i为根的子树的大小，我们知道这棵树的大小就是它所有儿子的子树大小再加上自身的大小，于是得到状态转移方程：

$$dp[x] = 1 + \sum_{i=1}^{k} dp[y_i]$$

其中，x的儿子结点分别为$y_1, y_2, \cdots, y_k$。

自下而上的树形动态规划状态转移一般发生在子结点全部计算完毕后（第一类转移），或计算过程中（第二类转移，此时dp[x]的信息并不完全，表示的应该是x与若干子结点的信息，而不是

*x*整个子树的信息），后者的题目比前者难一些，也更难理解。

```
void dfs(int x, int fa)
{
    for(const auto &y : g[x])
    {
        if(y == fa)continue;        // 保证不往回走
        dfs(y, x);
        // 第二类转移的位置，此时dp[x]表示的信息是x与若干子结点的信息
    }
        // 第一类转移的位置
}
```

1. 第一类转移

第一类转移就是完全通过子结点来更新父结点，且要求子结点之间互相不影响。

例如求子树大小，就可以将所有子结点的子树大小加起来再加1得到当前子树的大小。

求最大深度，就是将所有子结点的子树最大深度加1。

如图6-2所示，为了得到结点6的信息，分别用结点5、8、9的信息更新结点6。

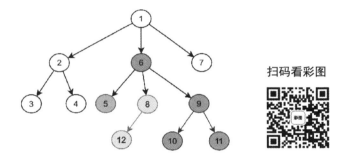

图 6-2 树的子结点的更新

2. 第二类转移

在第二类转移中，子结点之间互相影响，如果继续采用第一类转移的方式，时间复杂度较高，转移的复杂度可能会上升到$O(n^2)$，n为子结点个数。

例如，要求以x为根的子树中经过根的最长链的长度，此时需要选择两个不同的子结点来计算结果。如果在计算完所有子结点信息后，暴力枚举子结点的话，时间复杂度很高。

于是我们可以考虑，在这个过程中（dp[x]信息不完全，表示的是x与部分子结点的信息）进行转移，这和我们解决一些数组上的动态规划问题优化思路很像。经过这个操作，可以让转移的时间复杂度降低到$O(n)$。

如图6-3所示，我们每次都结合绿色部分信息和红色部分信息来更新红色部分信息，使得红色部分信息（即dp[x]）的范围不断变大，直到覆盖整棵x子树。

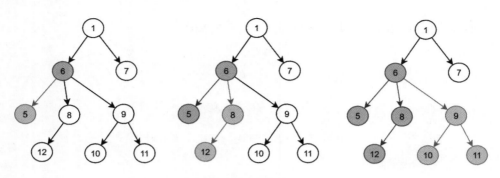

图 6-3   更新树结点的信息

6.7.3   换根动态规划

换根动态规划（简称换根DP）的状态转移方向是从父结点 $x{\rightarrow}y$（即从父结点向子结点转移），最常见的应用是求结点深度（即到根的距离）。

它的基本思路为：

步骤 01 定义状态数组：根据题意定义 dp 数组。

步骤 02 初始信息计算：通过一次深度优先搜索（DFS），求出一些基本信息，例如子树大小、结点深度、子树高度等。

步骤 03 计算根结点状态：利用已知的基本信息，计算初始根结点 dp[root]。

步骤 04 进行状态转移：从根结点 root 开始进行第二次 DFS，自上而下逐个转移，直到所有结点的 dp 信息都计算完毕。

这里哪里体现了换根？在自上而下的状态转移过程中，可以理解为将根从 x 转移到 y（虽然实际上并未真正改变根结点，但换根的概念有助于理解状态转移）。树上的任何一个点都可以视为根，因此这种"换根"的思路更便于分析和计算。

1. 结点最短距离之和

举个简单的例子。在一棵 n 个结点、边的权重均为1的树上，选一个结点使所有结点到该结点的距离之和最小，问最小距离是多少？

其实这个问题可以转换为："从树上选一个点作为根，使得所有结点的深度之和最小"。

定义状态dp[i]表示结点i为根时，所有结点到根的深度之和（即树上所有结点到i的距离之和）。

不妨设根结点编号为1，通过第一次DFS计算所有结点的深度，将这些深度求和，即为dp[1]。

再从根结点1开始执行第二次DFS，分析状态转移过程，如图6-4所示。

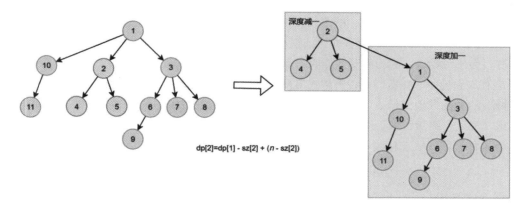

图 6-4　求结点最短距离之和

从图6-5可以直观地看出，在状态转移$x \rightarrow y$的过程中，y的子树整体向上移动一层，而其余结点则向下移动一层，由此得到状态转移方程：

$$dp[y] = dp[x] - sz[y] + (n - sz[y]), x \rightarrow y$$

注意，由于这是一个自上而下的过程，因此必须在执行dfs(y)前完成dp[y]的更新。

最终，遍历所有结点的dp值，取其中的最小值即可。

2. 结点最远距离最小

从n个结点、边的权重均为1的树上，选一个结点，使所有结点到该点的距离的最大值最小。

实际上，这个问题可以转换为：选一个结点作为根结点，使得以该点为根的树的高度（即最大结点深度）最小。

于是定义dp[i]表示以i为根的子树的高度（即子树的最大结点深度）。

通过图6-5可以发现，在$x \rightarrow y$转移的过程中，转移涉及这些变化：子树的高度可能发生变化；父结点的其他子树会对状态产生影响。

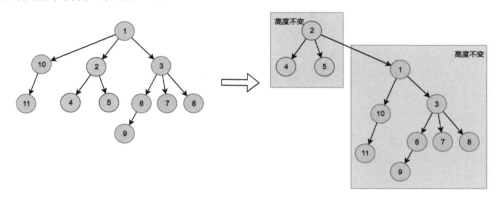

图 6-5　结点状态转移示意图

在这里我们遇到了一个难题：结点2的状态无法直接从结点1转移过来。原因在于结点1的状态包含结点2的信息，无法将其解耦（即无法直接使用$h[1]$进行转移）。如果强行转移，当结点2的高度较大时，会出现错误，因为高度增加的这部分信息超出了$h[1]$的表示范围。

可能有人会想到一种看似可行的解决方法（其实是错误的想法）：通过结点1的兄弟结点（即结点1除结点2外的其他子结点）进行状态转移。这些兄弟结点的信息可以存储在一个multiset中，方便实现"插入、删除、求最值"等操作。

按照这种思路，状态转移方程可以写成（其中z是y的兄弟结点）：

$$dp[y] = \max(h[y], \max(h[z] + 2)), x \rightarrow y, z$$

然而，这种方法真的正确吗？虽然它看起来似乎合理，但只要仔细检查状态转移方程，就会发现问题所在。这种方法假设一个结点的状态只由它自己和它的兄弟结点决定，这与换根动态规划的基本前提不符。在换根动态规划中，每次状态转移都必须从当前的根结点开始。例如，在图6-6中，结点2的状态转移应该从结点1开始，而不是直接依赖其兄弟结点的状态。

为了说明这种方法的错误，可以轻松举出一个反例。例如在图6-6中，按照上述转移方程计算得到dp[3]=1，显然结果是错误的。

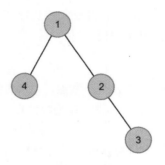

图 6-6　换根的反例

那么该怎么做呢？虽然上述这种方法是错误的，但它为我们提供了启发：我们可以用multiset表示一个结点的dp值。这样，在相对较低的时间复杂度内，可以剔除特定的信息，从而实现正确的转移。具体来说：

dp[x]存储的是x为根时，所有直接子结点（即树的第二层结点）到x的最远距离的集合。

在状态转移时，先将子结点y的信息从x中剔除，然后正确地从dp[x]转移到$dp[y]$。

具体代码请参考6.7.4节的例3。

是否还有复杂度更低的解决方案？回答是肯定的。通过特殊的树形动态规划或直接计算树的直径也可以计算出答案。这部分留给读者自行思考。

6.7.4　例题讲解

【例 1】StarryCoding P283 没有上司的舞会

某大学有 n 个职员，编号为 $1,\cdots,n$。

他们之间存在从属关系，其结构类似于一棵以校长为根的树，父结点是子结点的直接上司。

周年庆宴会即将举行，每邀请一位职员参加宴会，会增加一定的快乐指数 r_i。但是，如果某位职员的直接上司参加宴会，该职员则无论如何也不肯来参加。

请你编程计算：邀请哪些职员可以使总快乐指数最大？输出最大快乐指数。

输入格式

输入的第一行是一个整数 n。

第 2 到第 $(n+1)$ 行，每行一个整数，第 $(i+1)$ 行的整数表示第 i 号职员的快乐指数 r_i。

第 $(n+2)$ 到第 $2n$ 行，每行输入一对整数 l,k，代表 k 是 l 的直接上司。

输出格式

一行输出一个整数，表示最大的快乐指数。

样例输入

```
7
1
1
1
1
1
1
1
1 3
2 3
6 4
7 4
4 5
3 5
```

样例输出

```
5
```

数据规模与约定

对于 100% 的数据，保证 $1 \leqslant n \leqslant 6 \times 10^3$，$-128 \leqslant r_i \leqslant 127$，$1 \leqslant l$，$k \leqslant n$，且给出的关系是一棵树。

解题思路

定义状态 $dp[i][j]$ 表示在以结点 i 为根的子树中，且结点 i 被邀请了或未被邀请（$j=0$ 表示没选择，$j=1$ 表示选择了）时的最大快乐指数。

对于某个结点x，假设它有若干子结点$y_1, y_2, \cdots, y_k$，通过题意我们可知：如果邀请了x，则不能选择任意一个子结点；若邀请了任意一个子结点y_i，则不能选x。然而，需要特别注意的是：若不邀请x，其子结点是否被邀请没有任何限制，即子结点y_i可以被邀请，也可以不邀请y_i。

基于以上分析，可以得到如下状态转移方程：

$$\begin{cases} \mathrm{dp}[x][0] = \sum_{i-1}^{k} \max\big(\mathrm{dp}[y_i][0], \ \mathrm{dp}[y_i][1]\big) \\ \mathrm{dp}[x][1] = r[x] \ + \sum_{i-1}^{k} \mathrm{dp}[y_i][0] \end{cases}$$

需要注意的是，本题的根结点不一定是1，因此需要先找到根结点（即没有父结点的结点），然后从根结点开始执行深度优先搜索（DFS）。

AC代码

```cpp
#include <bits/stdc++.h>
using namespace std;
typedef long long ll;
const int N = 6e3 + 5;

ll dp[N][2], r[N], fa[N];        // dp数组表示状态，r存储快乐指数，fa存储父结点信息

vector<int> g[N];                // 邻接表存储树的结构

void dfs(int x)                  // 深度优先搜索函数
{
    for(const auto &y : g[x])    // 遍历结点 x 的所有子结点 y
    {
        // 自底向上计算子树的状态
        dfs(y);
        // 如果"邀请"了x，就不能"邀请"y
        dp[x][1] += dp[y][0];
        // 如果不"邀请" x，可以"邀请"或不"邀请"y，取最大值
        dp[x][0] += max(dp[y][0], dp[y][1]);
    }
    dp[x][1] += r[x];            // 加上结点 x 自身的快乐指数
}

void solve()        // 求解函数
{
    int n; cin >> n;  // 输入结点
    for(int i = 1;i <= n; ++ i)cin >> r[i];                 // 输入每个结点的快乐指数
    for(int i = 1;i <= n; ++ i)fa[i] = 0, g[i].clear();     // 初始化父结点和邻接表
    for(int i = 1;i < n; ++ i){
        int x, y; cin >> x >> y;        // 输入树的边
        g[y].push_back(x);              // 建树：x是y的子结点
        fa[x] = y;                      // 记录x的父结点为y
    }
```

```
    // 找到根结点（没有父结点的结点）
    int rt = 1;
    for(int i = 1;i <= n; ++ i)if(fa[i] == 0)rt = i;
    dfs(rt);        // 从根结点开始DFS
    cout << max(dp[rt][0], dp[rt][1]) << '\n';  // 输出最大快乐指数
}

int main()
{
    ios::sync_with_stdio(0), cin.tie(0), cout.tie(0);    // 快速输入/输出
    int _ = 1;                // 测试用例的数量（本题中默认为1）
    while(_ --)solve();
    return 0;
}
```

【例 2】StarryCoding P300 树上最远点对

题目描述

给定一个n点的树，求树上最远的两点的距离。

此处两点路径为简单路径，即路径上不存在任何重复经过的点。对于一个点对(x,y)来说，其简单路径是唯一的。

输入格式

第一行包含一个整数n（$1 \leq n \leq 10^5$），表示结点个数。

接下来$n-1$行，第i行表示p_{i+1}和w_{i+1}，即结点$i+1$的父结点编号以及到父结点的距离。

数据保证$1 \leq p_i \leq i-1$，$0 \leq w \leq 10^3$。

输出格式

一行输出一个整数，表示树上最远两点的距离。

样例输入

```
6
1 2
1 5
2 13
3 2
1 16
```

样例输出

```
31
```

解题思路

这是树形DP的经典题。

对于树上的所有点对的简单路径，一定存在一个最近公共祖先（Lowest Common Ancestor，LCA，

在图论中会有解释）。通过枚举每个结点x，可以快速求出以该点为LCA的所有简单路径的最大值，主要分为以下两类（假设当前点为x）：

- 一端为x的路径。
- 两端都在除根以外的子树上。

定义状态$dp[x]$表示在以x为根的子树中，到根结点的最远距离。对于第一类路径，最远距离是$\max(dp[y_i]+w_i))$，其中y_i为x的子结点，w_i为边$x\text{->}y_i$的权值。对于第二类路径，最远距离是所有$dp[y_i]+w_i$中最大的两个值之和。这里我们可以发现，只有当x只有一个儿子时，第一类路径才会比第二类路径远。

此外，也可以使用"在过程中转移"的方式解决问题，使代码更加简洁。

AC代码

```cpp
#include <bits/stdc++.h>
using namespace std;
const int N = 1e5 + 9;          // 常量定义
using ll = long long;           // 定义长整型别名
struct Node{
    ll x, w;                    // x为目标结点编号，w为权重
};
vector<Node> g[N];              // 邻接表表示的树

ll dp[N];          // dp[i]表示以结点i为根的子树中，到根的最远距离

ll ans = 0;        // 最终答案，存储树上两点的最大距离

// 方法一：基于深度优先搜索（DFS）的计算
void dfs(int x)
{
    vector<ll> v;      // 存储所有子树中距离当前结点最远的距离
    for(const auto &[y, w] : g[x])
    {
        dfs(y);          // 递归处理子结点
        v.push_back(dp[y] + w);      // 子树距离加上边的权重
    }
    if(v.empty())return;              // 如果没有子结点，直接返回
    sort(v.begin(), v.end());         // 对距离排序

    dp[x] = v.back();                // 当前结点到根的最远距离是最大值
    // x作为路径端点的情况
    if(v.size() == 1)ans = max(ans, v.back());
    // x作为LCA的情况，选取两个端点，但不关心具体是谁
    if(v.size() >= 2)ans = max(ans, v[v.size() - 1] + v[v.size() - 2]);
}

// 方法二：优化的DFS方法，直接在遍历过程中更新答案
// 定义一个深度优先搜索函数，用于计算最大权重路径
```

```cpp
void dfs2(int x)
{
    // 遍历当前结点x的所有子结点y及其权重w
    for(const auto &[y, w] : g[x])
    {
        // 递归调用dfs2处理子结点y
        dfs2(y);
        // 更新两棵子树间的最大权重路径ans的值
        ans = max(ans, dp[x] + dp[y] + w);
        // 更新当前结点x的最大权重路径值
        dp[x] = max(dp[x], dp[y] + w);
    }
}

int main()
{
    // 优化输入/输出流
    ios::sync_with_stdio(0), cin.tie(0);
    // 读取结点数量n
    int n; cin >> n;
    // 读取每个结点的父结点和权重，构建图g
    for(int i = 2;i <= n; ++ i)
    {
        ll fa, w; cin >> fa >> w;        // 父结点的编号和边的权重
        g[fa].push_back({i, w});
    }

    // 调用dfs()函数计算最大权重路径
    dfs(1);
    // 输出最大权重路径的值
    cout << ans << '\n';
    return 0;
}
```

【例 3】StarryCoding P321 公共厕所选址

在SC小镇有n个商场和$n-1$条道路，任意两个商场之间都可以通过道路互相到达。

然而，"SC苦无厕所久矣"，因此急需建立一个公共厕所。

镇长小e希望在某个商场修建公共厕所，并使得所有商场到该厕所的最大距离最小化。

请问，这个最大距离的最小化值是多少？

输入格式

第一行包含一个整数n（$1 \leq n \leq 10^5$）。

接下来$n-1$行，每行包含三个整数x、y、w（$1 \leq x$，$y \leq n$，$1 \leq w \leq 10^6$），表示一条连接商场x与y之间的边，边的权重为w。

输出格式

输出一个整数，表示所有商场到该厕所的最大距离的最小化值。

样例输入

```
6
2 1 10
2 3 9
1 4 1
5 1 3
4 6 2
```

样例输出

```
13
```

解题思路

用multiset表示dp数组的解法，体现了换根动态规划的思想。

```cpp
#include <bits/stdc++.h>
using namespace std;
using ll = long long;
const int N = 2e5 + 9;

struct Edge
{
    ll x, w;
};

vector<Edge> g[N];

ll h[N];                    // h[i]表示根为1的树中结点i的子树到i的最远距离，也可视为子树的高度
multiset<ll> dp[N];   // dp[i]表示以i为根的树中，根的直接子结点到根的最远距离的集合

void dfs1(int x, int fa)
{
    for (const auto &[y, w] : g[x])
    {
        if (y == fa)
            continue;
        dfs1(y, x);
        h[x] = max(h[x], h[y] + w);
    }
}

void dfs2(int x, int fa)
{
    // x为根，根据定义，dp[x]必然存在y的信息
    for (const auto &[y, w] : g[x])
    {
```

```
            if (y == fa)
                continue;
            dp[x].insert(h[y] + w);
        }
        for (const auto &[y, w] : g[x])
        {
            if (y == fa)
                continue;

            // 从dp[x]中剔除y的信息
            dp[x].erase(dp[x].find(h[y] + w));
            // 将x信息加入dp[y]
            dp[y].insert(*dp[x].rbegin() + w);

            dp[x].insert(h[y] + w);
            // dp[y]应该加上x的信息
            // 先计算出dp[y]再往下走，递归处理子结点
            dfs2(y, x);
        }
    }
}

int main()
{
    ios::sync_with_stdio(0), cin.tie(0), cout.tie(0);
    int n;
    cin >> n;
    for (int i = 2; i <= n; ++i)
    {
        ll x, y, w;
        cin >> x >> y >> w;
        g[x].push_back({y, w});
        g[y].push_back({x, w});
    }
    for (int i = 1; i <= n; ++i)
        dp[i].insert(0);
    // 第一次dfs计算子树高度
    dfs1(1, 0);
    // 第二次dfs进行换根动态规划
    dfs2(1, 0);
    ll ans = *dp[1].rbegin();
    for (int i = 1; i <= n; ++i)
        ans = min(ans, *dp[i].rbegin());
    cout << ans << '\n';
    return 0;
}
```

第 7 章

图　　论

在算法竞赛中，图论是一块重要的基石，为解决各种问题提供了强大的工具和系统化的框架。本章将深入探讨图的存储方法、图上的经典问题以及树结构相关的问题，旨在帮助读者深刻理解图论的基础概念，掌握一些关键的图算法，并熟练运用这些图论知识解决实际问题。

7.1　图的存储方法

图的存储方法主要包括邻接矩阵、邻接表、边集数组、邻接多重表等，具体选择哪种方法取决于图的类型（如有向图、无向图、带权图等）以及应用场景的需求。其中，最常用的两种方法为邻接矩阵和邻接表：邻接矩阵适用于稠密图，邻接表更适合稀疏图。

7.1.1　邻接矩阵

邻接矩阵是图论中一种常用的数据结构，用于表示图中的顶点之间的连接关系。它特别适合表示稠密图，即顶点之间连接关系较为密集的情况。

一个无向图的邻接矩阵是一个正方形矩阵，其大小等于顶点的数量（假设有n个顶点）。矩阵的行和列分别代表图中的顶点，而矩阵中的元素表示相应顶点之间的连接关系。

- 如果顶点i和顶点j之间有边相连，则矩阵中的第i行第j列和第j行第i列的元素将被标记为1（或者其他非零值，具体取决于表示边权重的方式）。
- 如果它们之间没有边相连，则相应的元素为0。

对于有向图，邻接矩阵的表示方式类似，但它不是对称的。也就是说，如果顶点i指向顶点j，则矩阵中第i行第j列的元素将被标记为1，而第j行第i列的元素将被标记为0。

以下是一个简单的C++代码示例，演示如何创建一个邻接矩阵并添加边：

```
#include <iostream>
using namespace std;
```

```cpp
const int MAXN = 105; // 最大顶点数
int adjMatrix[MAXN][MAXN];
int n, m;  // n: 顶点数, m: 边数

// 添加一条从u到v的边
void addEdge(int u, int v) {
    adjMatrix[u][v] = 1;       // 有向图
    // adjMatrix[v][u] = 1;    // 对于无向图，取消此行注释
}

int main() {
    cin >> n >> m;
    for (int i = 0; i < m; i++) {
        int u, v;
        cin >> u >> v;
        addEdge(u, v);
    }

    // 检查顶点1和顶点2之间是否有边
    if (adjMatrix[1][2]) {
        cout << "顶点1和顶点2之间有一条边" << endl;
    } else {
        cout << "顶点1和顶点2之间没有边" << endl;
    }

    return 0;
}
```

7.1.2　邻接表

邻接表是一种用于表示图的数据结构，相较于邻接矩阵，它更适合用于表示稀疏图，即顶点之间的连接关系较为稀疏的情况。

在邻接表中，图的顶点被表示为一个数组，每个顶点对应一个链表，链表中存储了与该顶点直接相连的所有顶点。换句话说，每个顶点的邻接表记录了所有与它相邻的顶点。

以下是一个简单的C++代码示例，演示如何创建一个邻接表并添加边：

```cpp
#include <iostream>
#include <vector>
using namespace std;

const int MAXN = 105;                // 最大顶点数
vector<int> adjList[MAXN];
int n, m;                            // n: 顶点数, m: 边数

// 添加一条从u到v的边
void addEdge(int u, int v) {
    adjList[u].push_back(v);         // 有向图
    // adjList[v].push_back(u);      // 对于无向图，取消此行注释
```

```
}

int main() {
    cin >> n >> m;
    for (int i = 0; i < m; i++) {
        int u, v;
        cin >> u >> v;
        addEdge(u, v);
    }
    cout << "与顶点1相邻的顶点有: ";
    for (int v : adjList[1]) {
        cout << v << " ";
    }
    cout << endl;

    return 0;
}
```

> **[竞赛笔记]** 在图论中，邻接矩阵和邻接表是两种基础且重要的数据结构，各自在存储和表示图的信息时扮演着关键角色。邻接矩阵和邻接表各有优势与局限，适用于不同的场景和需求。表7-1从多个维度对邻接矩阵和邻接表进行比较，包括定义、空间复杂度、查询复杂度、适用场景、结构灵活性以及权重表示。

表 7-1   邻接矩阵和邻接表的优势与局限

特性/属性	邻接矩阵	邻 接 表
定义	使用一个二维数组表示图	每个顶点有一个关联链表
空间复杂度	$O(n^2)$	$O(n + e)$
查询复杂度	$O(1)$	$O(n)$
适用场景	密集图	稀疏图
结构灵活性	较不灵活	较灵活
权重表示	直接在矩阵位置存储权重	链表结点存储权重信息

从表7-1中可见，邻接矩阵和邻接表各有千秋。

- 邻接矩阵：以其快速的查询能力著称，适用于需要频繁查询顶点间关系的密集图。
- 邻接表：在空间效率上占优，尤其适合表示顶点数量大但边相对稀疏的图。此外，邻接表的结构更为灵活，对于动态变化大的图（如顶点或边的频繁增减）更具适应性。

7.1.3   链式前向星

链式前向星是一种静态链表存储结构，它结合了边集数组和邻接表的特点，可以快速访问一个顶点的所有邻接点。在空间要求特别严苛的情况下，链式前向星是一种非常有效的数据结构。

以下是链式前向星的C++实现：

```cpp
#include<bits/stdc++.h>

using namespace std;

const int V = 100000; // 最大顶点数
const int E = 100000; // 最大边数

// 边结构体的定义
struct Edge {
int to;      // 表示这条边的另一个顶点
int next;    // 指向下一条边的数组下标，值为-1表示没有下一条边
};

int head[V];      // head[i] 表示顶点i的第一条边的数组下标，-1表示顶点i没有边
Edge edge[E];     // 边数组

// 增加边的方式
void add(int a, int b, int id) {
    edge[id].to = b;
    edge[id].next = head[a];   // 新增的边要成为顶点a的第一条边
    head[a] = id;
}

int main() {
    ios::sync_with_stdio(false);    // 关闭同步
    cin.tie(0);                     // 解除cin和cout的绑定

    // 链式前向星初始化
    memset(head, -1, sizeof(head));

    // 假设有边数和顶点数的输入
    int n, m;      // n是顶点数，m是边数
    cin >> n >> m;

    for (int i = 0; i < m; ++i) {
        int a, b;          // 读取边的两个顶点
        cin >> a >> b;
        add(a, b, i);      // 添加边
        // add(b, a, i);   // 对于无向图，取消此行注释以添加边
    }

    // 遍历顶点，示例：遍历顶点3的所有出边
    int a = 3; // 假设要遍历顶点3的出边
    for (int i = head[a]; i != -1; i = edge[i].next) {
        // edge[i] 就是当前遍历的边 a -> edge[i].to
        cout << "边: " << a << " -> " << edge[i].to << endl;
    }

    return 0;
}
```

7.2　图上问题

本节将介绍一些常见的图论问题，涵盖图的分类与特性、遍历技术、最短路径算法、匈牙利算法、Tarjan算法以及有向无环图上的动态规划（DAG-DP）等。掌握这些概念对于解决复杂的图论问题至关重要。

7.2.1　图的分类和性质

图可以按照多个不同的标准进行分类，以下是一些常见的分类标准。

1．有向与无向

标准：边的方向性。

描述：在有向图中，边具有方向性，从一个顶点指向另一个顶点；而在无向图中，边没有方向，允许在两个顶点之间双向移动。

2．有权与无权

标准：边的权重。

描述：有权图中的每条边都关联有一个权重或成本，表示从一个顶点到另一个顶点的距离或代价。在无权图中，所有边的权重相同（等权图），或者没有权重。

3．稠密与稀疏

标准：边的数量与可能的最大边数的比例。

描述：稠密图具有接近最大可能边数的边，大多数顶点间都有边相连。稀疏图则只有少量边连接顶点。

4．连通与非连通

标准：是否存在从一个顶点到另一个顶点的路径。

描述：在连通图中，任意两个顶点间至少存在一条路径。在非连通图中，至少有一对顶点间无路径相连。

5．树与森林

标准：是否为一个独立的连通图。

描述：树是一种特殊的无环连通图，其中只有一个顶点（称为根）没有父结点。森林是由多个独立的树组成的集合。

6．二分图与非二分图

标准：是否可以将顶点分为两个不相交的集合。

描述：二分图是一种特殊的图，可以将其顶点分为两个不相交的集合，使得每条边的两个顶点分别属于这两个集合。

7. 有环与无环

标准：是否包含环。

描述：有环图包含至少一个环，即可以沿着边走一圈回到起始顶点。无环图则不含任何环。

8. 有向无环图（DAG）与非DAG

标准：是否存在任何环。

描述：有向无环图（DAG）是一种特殊的有向图，其中不存在任何环，顶点间存在拓扑关系，适合进行动态规划。

这些分类标准有助于根据具体问题和应用选择合适的图类型。有时，一个图可能同时满足多个分类标准。

7.2.2 图的遍历方法

1. 深度优先搜索

深度优先搜索（DFS）从图的某个顶点开始，沿着一条路径直到不能继续为止，然后返回并尝试探索其他的路径。直观地感受一下此搜索：我们尽可能深地探索每个可能的路径，直到找到解决方案或确定没有解决方案。

具体步骤如下：

步骤01 从起始顶点开始，将其标记为已访问。

步骤02 选择一个未被访问的邻接顶点，将其标记为已访问，并递归地对它进行深度优先搜索。

步骤03 重复 **步骤02**，直到无法继续前进，然后回退到上一个顶点，继续探索未访问的顶点。

深度优先搜索的特点如下：

- 使用递归或栈来实现。
- 深度优先搜索会尽可能深地搜索当前路径上的顶点，直到无法继续为止，然后回退。

深度优先搜索适用于解决一些问题，如寻找路径、检查图的连通性等。

以下代码实现了一个基于邻接表的深度优先搜索算法，用于遍历无向图。

```
#include <iostream>
#include <vector>
using namespace std;

const int MAXN = 105;        // 最大顶点数
vector<int> adjList[MAXN];    // 邻接表
bool visited[MAXN];          // 访问标记
int n, m;                    // n: 顶点数，m: 边数
```

```
void dfs(int u) {
    visited[u] = true;      // 标记顶点u为已访问
    cout << u << " ";       // 处理顶点u
    for (int v : adjList[u]) {
        if (!visited[v]) {
            dfs(v);             // 递归访问相邻的未被访问的顶点
        }
    }
}

int main() {
    cin >> n >> m;
    for (int i = 0; i < m; i++) {
        int u, v;
        cin >> u >> v;
        adjList[u].push_back(v);
        adjList[v].push_back(u);  // 对于无向图
    }

    cout << "DFS遍历结果: ";
    dfs(1);  // 从顶点1开始DFS
    cout << endl;

    return 0;
}
```

代码说明：

- 定义了一个常量MAXN表示最大顶点数，并创建了一个邻接表adjList来存储图中的边信息。
- 访问标记数组visited记录每个顶点是否被访问过。接着定义了两个整数变量n和m分别表示顶点数和边数。
- 函数dfs()首先将当前顶点u标记为已访问，并输出该顶点。然后遍历与顶点u相邻的所有顶点v，如果v未被访问过，则递归调用dfs()函数继续遍历。

2. 广度优先搜索

广度优先搜索（BFS）从图的某个顶点开始，先访问其所有的邻接顶点，然后逐层访问下去。广度优先搜索就像是一波波水从起始顶点向外扩散，直到把终止顶点找到为止。

具体步骤如下：

步骤01 从起始顶点开始，将其标记为已访问，并将其加入队列。

步骤02 重复以下步骤直到队列为空：

① 出队列一个顶点，访问它。
② 将所有未被访问的邻接顶点加入队列，并标记为已访问。

广度优先搜索的特点如下：

- 使用队列来实现。
- 广度优先搜索会先访问起始顶点的所有邻接顶点，然后逐层访问下去。

广度优先搜索适用于解决一些问题，如寻找最短路径、检查图的连通性等。

以下代码实现了一个基于邻接表的广度优先搜索算法，用于遍历无向图。

```cpp
#include <iostream>
#include <vector>
#include <queue>
using namespace std;

const int MAXN = 105;
vector<int> adjList[MAXN];
bool visited[MAXN];
int n, m;

void bfs(int start) {
    queue<int> q;
    visited[start] = true;
    q.push(start);

    while (!q.empty()) {
        int u = q.front();
        q.pop();
        cout << u << " ";  // 处理顶点u
        for (int v : adjList[u]) {
            if (!visited[v]) {
                visited[v] = true;
                q.push(v);  // 将未被访问的相邻顶点加入队列
            }
        }
    }
}

int main() {
    cin >> n >> m;
    for (int i = 0; i < m; i++) {
        int u, v;
        cin >> u >> v;
        adjList[u].push_back(v);
        adjList[v].push_back(u);  // 对于无向图
    }

    cout << "BFS遍历结果: ";
    bfs(1);  // 从顶点1开始BFS
    cout << endl;

    return 0;
}
```

首先定义了一个常量MAXN，表示最大顶点数；然后创建了一个邻接表adjList来存储图中的边信息，并定义一个访问标记数组visited来记录每个顶点是否被访问过。接着，定义了两个整数变量n和m，分别表示顶点数和边数。

在bfs()函数中，使用一个队列q来存储待访问的顶点。首先，将起始顶点start标记为已访问并将它加入队列。然后进入一个循环，当队列不为空时，取出队首元素u并处理（输出）。接着，遍历与u相邻的所有顶点v，如果v未被访问过，则将其标记为已访问并加入队列。

选择DFS还是BFS：

- 如果需要搜索一个具体的路径，DFS可能是更好的选择。
- 如果需要寻找等权图中的最短路径，BFS通常更适合。
- 对于一些特定的问题，可能需要在DFS和BFS之间进行选择，或者结合两者的特点来解决。

7.2.3 Dijkstra 最短路径

1. Dijkstra算法

Dijkstra算法是一种用于解决不含负权环的单源最短路径问题的贪心算法。它可以在带权重的有向图或无向图中找到从一个起始顶点到所有其他顶点的最短路径。

Dijkstra算法的基本思想是通过逐步拓展当前已知的最短路径来逐步找到最终的最短路径。具体来说，该算法执行以下步骤。

步骤01 初始化：将起始顶点标记为已访问，并将距离设置为 0。将所有其他顶点的距离设置为无穷大（或一个足够大的数）。

步骤02 更新距离：对于起始顶点的所有邻接点，更新它们的距离。具体来说，如果通过访问起始顶点可以缩短到达某个邻居的距离，则更新该邻居的距离。

步骤03 选择下一个顶点：从尚未访问的顶点中选择一个具有最小距离的顶点。这样可以保证选择的顶点是当前已知距离最小的。

步骤04 标记为已访问：将选定的顶点标记为已访问，这样就不会再次访问它。

步骤05 重复：重复 **步骤02** 至 **步骤04**，直到所有顶点都被访问过或没有可访问的顶点为止。

步骤06 结束：算法结束后，每个顶点的最短路径都得到了计算。

Dijkstra算法是图论中最重要的算法之一，请务必牢记此算法。

接下来，我们将通过一个实例来深入理解Dijkstra算法。

【例 1】StarryCoding P70【模板】最短路径（2）

题目描述

给定一个包含n个顶点、m条边的有向图，要求计算出顶点1到顶点n的最短距离。可能存在重边和自环。

输入格式

第一行包含两个整数n和m（$1 \leqslant n$, $m \leqslant 2 \times 10^5$）。

接下来m行：每行三个整数u_i、v_i和w_i，表示存在一条从u_i到v_i、权值为w_i的有向边（$1 \leqslant u_i$, $v_i \leqslant n$, $1 \leqslant w_i \leqslant 10^6$）。可能存在重边和自环。

输出格式

一个整数，表示顶点1到顶点n的最短距离；若不存在从顶点1到顶点n的路径，则输出-1。

样例输入

```
3 3
1 2 5
2 3 2
1 3 10
```

样例输出

```
7
```

解题思路

```cpp
#include <bits/stdc++.h>
using namespace std;
using ll = long long;
const int N = 2e5 + 9;
const ll inf = 2e18;        // 注意inf不要开得非常大，要确保2*inf也不会溢出
int n, m;                   // 放在全局方便使用
struct Edge{
    // x为顶点编号，w为到该顶点的距离（权重）
    ll x, w;
    // 这样写，让w小的在堆顶
    bool operator < (const Edge &u)const{
        return w != u.w ? w > u.w : x < u.x;
    }
};
vector<Edge> g[N];
ll d[N];        // d[i]表示从顶点1到顶点i的最短距离
void dijkstra(int st){
    // 初始化d数组为无穷
    // 推荐大家直接写这种for循环写法，不容易出错
    for(int i = 1;i <= n; ++ i)d[i] = inf;
    priority_queue<Edge> pq;    // 堆中的排序规则由Edge小于号决定
    bitset<N> vis;      // vis[i] == true表示已经拓展过i，即得到了顶点1到顶点i的最短距离
    pq.push({st, d[st] = 0});
    while(pq.size())
    {
        int x = pq.top().x; pq.pop();
        if(vis[x])continue;     // 如果已经拓展过，则直接跳过
        vis[x] = true;
        for(const auto &[y, w] : g[x]){
```

```
            if(d[x] + w < d[y]){
                // 若1->…->x->y这条路比1->…->y更好
                // 则更新d[y],并将其作为拓展的候选顶点
                d[y] = d[x] + w;
                pq.push({y, d[y]});
            }
        }
    }
}
int main()
{
    ios::sync_with_stdio(0), cin.tie(0), cout.tie(0);
    cin >> n >> m;
    for(int i = 1;i <= m; ++ i)
    {
        ll x, y, w; cin >> x >> y >> w;
        g[x].push_back({y, w});
    }
    dijkstra(1);        // 从顶点1出发求"单源最短路径",结果保存在d数组中
    cout << (d[n] == inf ? -1 : d[n]) << '\n';
    return 0;
}
```

2. 为什么Dijkstra算法无法处理负权图

Dijkstra算法的一个重要特性是它只能应用于没有负权边的图。这是因为在更新距离时,Dijkstra算法假设较短的路径是优先选择的。如果存在负权边,则可能会导致算法出现错误。

Dijkstra算法不能用于包含负权边的图的原因如下。

- 违背基本原理:Dijkstra算法的基本原理是"贪心",它每次选择当前距离最短的顶点,并假设该顶点的最短距离已经被确定,然后更新与该顶点相邻的顶点的距离。如果图中存在负权边,那么即使某个顶点的最短距离已经被确定,由于负权边的存在,后续仍有可能找到一条更短的路径到达该顶点,这违背了Dijkstra算法的基本原理。

- 可能导致无限循环:在包含负权环的图中,Dijkstra算法可能会陷入无限循环。因为每次经过负权环,都可以得到一个更短的路径,这意味着算法永远不会收敛。

- 不保证正确性:即使图中没有负权环,但只要存在负权边,Dijkstra算法也不能保证找到正确的最短路径。因为算法在确定某个顶点的最短距离时,并没有考虑到后续可能存在的负权边,这可能导致算法得到的结果是不正确的。

如果需要在包含负权边的图中找到最短路径,则可以使用其他算法,如Bellman-Ford算法,它可以处理负权边,而且能够检测图中是否存在负权环。但遗憾的是其时间复杂度较高。如果需要更好的时间复杂度,则可以考虑使用Johnson算法。

3. 建反图技巧

单源最短路径算法可以计算从单一起始顶点到所有其他顶点的最短路径,这是一种一对多的关系。如果题目要求计算从若干(假设为k个)不同起始顶点到同一个终止顶点的最短路径,按照

传统方法，我们需要独立地为每个起始顶点执行单源最短路径算法，这将导致时间复杂度显著增加。

在这种情况下，我们可以考虑一种优化策略：将图中的所有边的方向反转，然后从目标终点出发运行单源最短路径算法。这种方法得到的最短路径长度与在原始图中从各个起始顶点到终止顶点的最短路径长度是一致的。这个技巧的正确性是显而易见的，读者可以参考图7-1来进一步理解。

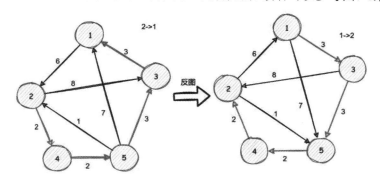

图 7-1 最短路径正图和反图求解图例

从该图中，我们可以发现，左图的从顶点2到顶点1的最短路径等于建立反图后的从顶点1到顶点2的最短路径。

【例2】StarryCoding P113 小鱼吃虾米

题目描述

"大鱼吃小鱼，小鱼吃虾米。"

但是，小鱼也有变成大鱼的梦想！

小鱼住在一个有 n 个区域的海底世界，区域编号从1到 n，海底世界中有 m 条单向通道，每条通道连接了其中两个区域。

区域1有海底世界中唯一的虾米群。

在区域2到 n 中，有 k 个区域可以作为出生点，即小鱼可以任意选择其中一个区域作为起始顶点，它将从该起始顶点出发，游到区域1，从而吃到虾米群，变成大鱼。

现在小鱼希望选择某个出生点，使得它从该出生点出发，到吃到虾米群的总距离最短。请你帮帮它。

输入格式

第一行用一个整数 T 表示测试案例的个数（$1 \leqslant T \leqslant 10$）。

对于每个测试案例：

第一行用三个整数 n、m、k 表示海底世界的区域个数、单向通道条数、出生点个数（$2 \leqslant n \leqslant 10^4$，$1 \leqslant m \leqslant 10^4$，$1 \leqslant k \leqslant n-1$）。

第二行用 k 个整数表示出生点的编号 v_i（$2 \leqslant v_i \leqslant n$）。

接下来m行，每行用三个整数a、b、c表示存在一条从区域a到区域b的长度为c的单向通道（$1\leqslant a$, $b\leqslant n$，$1\leqslant c\leqslant 10^5$）。

输出格式

共t行，每行一个整数，表示吃到虾米的最短距离，若无论取哪个出生点，都无法吃到虾米，则输出-1。

样例输入

```
2
5 4 3
2 3 5
2 1 10
4 1 1
3 4 2
5 4 3
3 1 1
3
2 1 10
```

样例输出

```
3
-1
```

提示

样例1：选择出生点为区域3，则最短距离的路径为3→4→1，距离为2+1=3。

样例2：仅有唯一的出生点区域3，而从区域3无法到达区域1，因此输出-1。

解题思路

本题求的是正权的有向图中从k个顶点到起始顶点1的最短路径的最小值。

我们可以将图反向建立，然后从起始顶点1跑Dijkstra单源最短路径即可，思路转换之后，问题就变得非常简单了。

```cpp
#include <bits/stdc++.h>
using namespace std;
using ll = long long;
const ll inf = 2e18;
const int N = 1e4 + 9;
struct Edge{
    ll x, d;      // 编号x，距离（权值）d
    bool operator < (const Edge &u)const{
        // 注意这里一定要判断一下相等情况，否则可能导致排序不正确
        return d == u.d ? x < u.x : d > u.d;
    }
};
ll n, m, k;
```

```
vector<Edge> g[N];
ll d[N];
void dijkstra(int st){
    // 初始化
    for(int i = 1;i <= n; ++ i)d[i] = inf;
    priority_queue<Edge> pq;           // 小根堆
    bitset<N> vis;                     // 表示某个顶点是否拓展过（即已经得到最短路径）
    pq.push({st, d[st] = 0});
    while(pq.size())
    {
        int x = pq.top().x;pq.pop();
        if(vis[x])continue;
        vis[x] = true;                 // 此时说明d[x]已经确定
        for(const auto &[y, w] : g[x]){
            if(d[x] + w < d[y]){
                d[y] = d[x] + w;
                pq.push({y, d[y]});
            }
        }
    }
}

void solve()
{
    cin >> n >> m >> k;
    // 多组样例，记得清空数据
    for(int i = 1;i <= n; ++ i)g[i].clear();
    vector<int> v;                      // 存储虾米群的编号
    for(int i = 1;i <= k; ++ i){
        ll x; cin >> x;
        v.push_back(x);
    }
    while(m --)
    {
        ll x, y, w; cin >> x >> y >> w;
        g[y].push_back({x, w});         // 这里是关键，反向图
    }
    dijkstra(1);         // 从顶点1开始跑单源最短路径
    ll ans = inf;
    for(const auto &x : v){
        // x是原题中的一个起始顶点，即反图中的终点（即终止顶点）
        ans = min(ans, d[x]);
    }
    cout << (ans == inf ? -1 : ans) << '\n';
}

int main()
{
    ios::sync_with_stdio(0), cin.tie(0), cout.tie(0);
```

```
    int _;cin >> _;
    while(_ --)solve();
    return 0;
}
```

4. 虚拟源点技巧

还是上面这道题，因为最终需要求解"多条最短路径中的最短距离"，我们可以使用"建立虚拟源点"的技巧，将多个起始顶点统一映射到一个虚拟源点（假设为顶点0）。将顶点0指向 k 个起始顶点，权值为0，最后只需计算顶点0到目标顶点1的最短路径即可。

在实现过程中，需要注意初始化顶点0的边：

```cpp
#include <bits/stdc++.h>
using namespace std;
using ll = long long;
const ll inf = 2e18;
const int N = 1e4 + 9;
struct Edge{
    ll x, d;            // 顶点编号x，距离（权值）d
    bool operator < (const Edge &u)const{
        // 优先队列中按照边权升序排列，若边权相等，则按顶点编号升序
        return d == u.d ? x < u.x : d > u.d;
    }
};
ll n, m, k;

vector<Edge> g[N];          // 邻接表
ll d[N];                    // 存储最短路径长度

void dijkstra(int st){      // Dijkstra算法求单源最短路径
    // 初始化最短路径
    for(int i = 1;i <= n; ++ i)d[i] = inf;
    priority_queue<Edge> pq;          // 小根堆
    bitset<N> vis;          // 标记某个顶点是否拓展过（即已得到最短路径）
    pq.push({st, d[st] = 0});
    while(pq.size())
    {
        int x = pq.top().x;pq.pop();
        if(vis[x])continue;           // 如果已拓展过，则跳过
        vis[x] = true;                // 标记当前顶点的最短路径已确定
        for(const auto &[y, w] : g[x]){
            if(d[x] + w < d[y]){
                d[y] = d[x] + w;
                pq.push({y, d[y]});
            }
        }
    }
}

void solve()
```

```
{
    cin >> n >> m >> k;
    //   初始化图结构
    for(int i = 0;i <= n; ++ i)g[i].clear();
    vector<int> v;      // 存储多个起始顶点的编号
    for(int i = 1;i <= k; ++ i){
        ll x; cin >> x;
        v.push_back(x);
        // 添加虚拟边
        g[0].push_back({x, 0});
    }
    while(m --)
    {
        ll x, y, w; cin >> x >> y >> w;
        g[x].push_back({y, w});        // 这里是关键，构建反向图
    }
    dijkstra(0);          // 从虚拟源点0开始运行Dijkstra
    cout << (d[1] == inf ? -1 : d[1]) << '\n';
}

int main()
{
    ios::sync_with_stdio(0), cin.tie(0), cout.tie(0);
    int _;cin >> _;
    while(_ --)solve();
    return 0;
}
```

7.2.4　Bellman-Ford 最短路径

1. Bellman-Ford算法

Bellman-Ford最短路径算法可以求解带有负权的图的单源最短路径问题，但图中不能有负权环，因为一旦存在负权环，就会导致负无穷大的最短路径，求解就失去实际意义。

此外，Bellman-Ford算法可以用来判断图中是否存在负权环。如果检测到负权环，算法会返回一个特殊值或报错，表示图中存在负权环。若图中不存在负权环，Bellman-Ford算法可以求解从某个指定起始顶点到图中所有其他顶点的最短路径。

该算法的核心在于"松弛"操作：图论中的"松弛"一词源于绳子的拉直与松弛，表示利用更短的路径更新某条边的权值。假设单源最短路径的起始顶点为st，一旦某条边松弛了，则说明这条边在以st为起始顶点的最短路径中失去了意义，即它不能作为最短路径的边，一定存在更短的替代路径。

在图7-2中，边1-2被边3-2松弛了，经过顶点2的最短路径会选择走3-2那条边，而非1-2这条边，于是1-2这条边就被完全抛弃了。

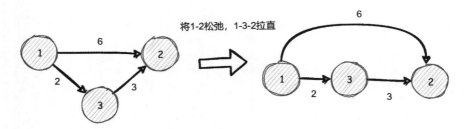

图 7-2   松弛的示例

由这一概念可知，如果存在一条最短路径，则这条最短路径上的每条边都是"拉直"的。基于此，我们就可以轻松理解BellmanFord算法的原理：

（1）每次松弛操作使得最短路径上增加一个顶点（或等价地增加一条边）。

（2）最短路径最多包含n个顶点（$n-1$条边）。

假设以顶点1为起始顶点，最短路径一开始只有1这一个顶点，每次松弛增加一个顶点，于是最多松弛次数不会超过$n-1$次。

至于怎么松弛，直接采用暴力枚举方法即可。

（1）枚举所有中间顶点x，再枚举x的所有出点y（权值为w），检查能否用1–x–y这条路径来松弛1–y。

（2）检查判断条件$d[x]+w<d[y]$是否成立，若成立，则更新$d[y]=d[x]+w$）。

（3）重复上述步骤$n-1$次（即$n-1$轮次循环）。

如何判断是否存在负权环呢？也很简单，如果$n-1$次松弛之后还能够进行松弛，就说明存在负权环，因为如果没有负权环，在$n-1$次松弛后，最短路径上所有边都已经被"拉直"了，不可能再松弛。

【例】StarryCoding P97【模板】Bellman-Ford 算法

本题是Bellman-Ford算法的模板题，按照本小节讲解的思路实现即可。

```
#include<bits/stdc++.h>
using namespace std;
using ll = long long;
const int N = 1e4 + 9;
const ll inf = 2e18;
struct Edge
{
    ll x, d;
};
vector<Edge> g[N];
ll n, m, d[N];

int main()
{
```

```
cin>>n>>m;
for(int i=1; i<=m; i++)
{
    ll x, y, w; cin>> x >> y >> w;
    g[x].push_back({y, w});
}
for(int i = 2;i <= n; ++ i)d[i] = inf; // 初始化除源点外的其他点的距离为无穷大
bool circle = false;
for(int i = 1;i <= n; ++ i)
{
    // 前n-1轮次循环用于求最短路径，最后1轮循环用来判断负权环
    circle = false;
    // 这里看似双重循环复杂度很高，实际上就是枚举了所有的边
    for(int x = 1;x <= n; ++ x){
        for(const auto &[y, w] : g[x])
        {
            if(d[x] + w < d[y]){
                d[y] = d[x] + w;
                circle = true;   // 进行了松弛
            }
        }
    }
}
// 如果最后一轮次仍发生松弛，则存在负权环
if(circle)cout << -1 << '\n';
else{
    for(int i = 1;i <= n; ++ i)cout << d[i] << ' ';
    cout << '\n'; // 别忘记换行
}
return 0;
}
```

2. SPFA算法（Bellman-Ford队列优化）

关于SPFA算法，或许你已有所耳闻。它以其卓越的性能著称，通过对Bellman-Ford算法进行队列优化，实现了低于$O(nm)$的时间复杂度，显著优于传统的Bellman-Ford算法，成为Bellman-Ford算法有效的替代方案。

尽管网络上流传着"SPFA已死"的说法，这实际上是指在某些特定情况下，单独使用SPFA算法可能不适用于需要Dijkstra算法解决的问题。然而，在替换Bellman-Ford算法以提高计算效率的场合，SPFA算法无疑是理想的选择。

值得注意的是，在特殊情况下，SPFA算法的时间复杂度可能退化至$O(nm)$，这使得一些人质疑其实用性。然而，SPFA算法的核心思想在于：只有在上一轮松弛过程中被更新的顶点所连接的边，才可能参与下一轮次的松弛过程。这意味着在每一轮次的松弛过程中，利用队列优化，SPFA可以有效避免一些无意义的枚举操作。

如何判断图中是否存在负权环？我们可以通过一个数组来记录每个顶点到源点的路径长度

（经过的边数）来判断。当某个顶点的路径长度超过$n-1$时，可以断定图中存在负权环。这一判断方法为SPFA算法的正确性和有效性提供了有力支持。

以下是SPFA算法的代码实现：

```
ll d[N], cnt[N];        // d[i]表示从源点到i的最短距离，cnt[i]记录到i的路径边数
// 返回是否存在单源最短路径，true表示存在（无负权环），false表示不存在（有负权环）
bool spfa(int st){
    for(int i = 1;i <= n; ++ i)d[i] = inf, cnt[i] = 0;
    queue<int> q;       // 队列用于存储等待松弛的顶点
    bitset<N> inq;      // 标记顶点是否在队列中
    d[st] = 0;
    q.push(st);
    while(q.size())
    {
        int x = q.front();
        q.pop();inq[x] = false;
        for(const auto &[y, w] : g[x]){
            if(d[x] + w < d[y]){
                d[y] = d[x] + w;
                cnt[y] = cnt[x] + 1;
                if(cnt[y] >= n)return false;        // 如果路径长度超过n-1，说明存在负权环
                if(!inq[y])q.push(y), inq[y] = true;  // 如果结点不在队列中，加入队列
            }
        }
    }
    return true;
}
```

7.2.5　Johnson 最短路径

在学习本节内容之前，请确保已掌握Dijkstra和Bellman-Ford算法（使用SPFA算法也行，且性能更优）。

Johnson算法用于解决存在负权边的全源最短路径问题，时间复杂度为$O(nm\log n)$。相比于对每个顶点运行一遍Bellman-Ford算法（总时间复杂度为$O(n^2m)$），Johnson算法更高效，同时能够判断负权环的存在。

本节分为三个部分讲解Johnson算法：算法的实现流程（重新调整权重）、算法的运行过程以及原理解释。

题目背景是求解如图7-3所示的稀疏图的全源最短路径。图中顶点数$n \leqslant 10^3$，边数$m \leqslant 2 \times 10^3$，是典型的稀疏图。

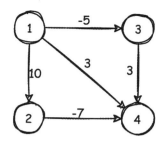

图 7-3 典型的稀疏图

1. 重新调整权重

对一个图，首先添加一个超级源点（记为顶点0），并将其与所有其他顶点相连，边的权重为0，如图7-4所示。

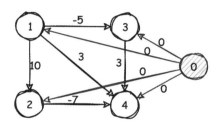

图 7-4 建立一个超级源点

接下来，使用Bellman-Ford算法计算超级源点的单源最短路径，同时可以检测是否存在负权环。

```cpp
ll h[N];              // h[x]表示源点0到x的最短距离，通过Bellman-Ford计算
bool Bellman_Ford()
{
    // 初始化h[]为无穷
    for(int i = 1;i <= n; ++ i)h[i] = inf;

    // 松弛n-1次，i仅用于计数
    for(int i = 1;i < n; ++ i)
        {
            // 枚举所有边，尝试用当前边来松弛顶点x
            for(const auto &[x, y, w] : es)
                {
                    if(h[x] == inf)continue;
                    // 如果可以通过这条边，则可以松弛
                    if(h[x] + w < h[y])
                    {
                        h[y] = h[x] + w;
                    }
                }
        }
```

```
        // 判断是否存在负权环
        for(const auto &[x, y, w] : es)
            {
                if(h[x] == inf)continue;
                // 如果还有边可以松弛，那么说明存在负权环，返回false
                if(h[x] + w < h[y])return false;
            }
        // 不存在负权环，返回true
        return true;
    }
```

假如不存在负权环，可以得到一个数组$h[]$，然后通过以下公式重新调整每条边的权重：$w'(u,v)=w(u,v)+h[u]-h[v]$。

这样的变换可以确保所有边的权重均为正权（非负）。因为h是最短路径，满足$h[u]+w(u,v)\geqslant h[v]$（这是松弛过程的特性决定的），因此$w'(u,v)=w(u,v)+h[u]-h[v]\geqslant 0$。

2. 求解Dijkstra单源最短路径

在调整权重后，对图中的每个顶点执行一遍Dijkstra算法即可求得该顶点到其他所有顶点的单源最短路径。需要注意的是，计算得到的距离$d(u,v)$是经过权值偏移后的距离。要还原为真实的距离，需使用以下公式：$f(u,v)=d(u,v)-h[u]+h[v]$，这里$f(u,v)$表示顶点u和v之间的真实最短距离。

下面是Dijkstra算法的实现代码：

```
void dijkstra(int st)
{
    static ll d[N];          // d[i]表示从起始顶点st到顶点i的距离

    for(int i = 1;i <= n; ++ i)d[i] = inf; // 初始化所有顶点的距离为无穷
    bitset<N> vis;           // 记录访问状态

    priority_queue<Node> pq;  // 优先队列用于优化松弛过程
    pq.push({st, d[st] = 0});

    while(pq.size())         // 主循环
        {
            int x = pq.top().x;pq.pop();
            if(vis[x])continue;    // 跳过已访问顶点
            vis[x] = true;

            for(const auto &[y, w] : g[x])   // 遍历所有邻接顶点
                {
                    if(d[x] + w < d[y])
                    {
                        d[y] = d[x] + w;       // 更新距离
                        pq.push({y, d[y]});    // 加入优先队列
                    }
                }
```

```
                }

            for(int i = 1;i <= n; ++ i)dis[st][i] = d[i];    // 将结果存储到全局数组dis中
    }
```

3. 原理解释

在Johnson算法中，我们首次求解得到的数组（即$h[]$），为什么不直接用d（距离）来表示呢？因为h在物理中的含义是"高度"，与"势能"有关。下面我们将该物理含义挪用到信息学中，可以形象地解释这个数组的含义。

可以发现，如果存在一条路径：$u \to x1 \to x2 \to \cdots \to xk \to v$，那么有：

$$d(u,v) = [w(u,x_1) + h[u] - h[x_1]] + [w(x_1,x_2) + h[x_1] - h[x_2]] + \cdots + [w(x_k,v) + h[x_k] - h[x_v]]$$

稍微做个变换可得：

$$d(u,v) = \left[w(u,x_1) + w(x_1,x_2) \right] + \cdots + w(x_k,v)] + (h[u] - h[x_1] + h[x_1] - h[x_2] + \cdots + h[x_k] - h[v])$$

$$d(u,v) = \left[w(u,x_1) + w(x_1,x_2) \right] + \cdots + w(x_k,v)] + h[u] - h[v]$$

$$d(u,v) = f(u,v) + h[u] - h[v]$$

其中，$f(u,v)$为顶点u和v之间的真实距离。

因此，真实距离是我们计算得到的$f(u,v)=d(u,v)-h[u]+h[v]$，注意这个真实距离可能是负数，这是由于Johnson算法的偏移特性导致的，需根据上下文合理解释其物理意义。应通过$d(u,v)$是否为无穷大来判断路径是否存在，而非使用$f(u,v)$。这一逻辑与Dijkstra算法中对不可达路径的处理方式一致。

【例】StarryCoding P100【模板】Johnson 全源最短路径

```cpp
#include <bits/stdc++.h>
using namespace std;
using ll = long long;
const int N = 3e3 + 9;
const ll inf = 2e18;
ll n, m;           // n 表示顶点数, m 表示边数
struct Edge
{
    ll x, y, w;   // 起始顶点、终止顶点和权重
};
vector<Edge> es;       // 存储所有的边，供Bellman-Ford算法使用
struct Node        // 顶点定义，用于优先队列
{
    ll x, w;       // 顶点编号和当前距离
    bool operator < (const Node &u)const
    {
        return w == u.w ? x < u.x : w > u.w;
    }
};
vector<Node> g[N];            // 邻接表存储图
```

```
ll h[N];                           // h[x]表示从源点0到顶点x的最短距离，通过Bellman-Ford算法计算
ll dis[N][N];                      // dis[x][y]表示顶点x到顶点y的最短距离

bool Bellman_Ford()        // Bellman-Ford 算法：计算势能数组 h[]，并检测负权环
{
    // 初始化h[]为无穷大
    for(int i = 1;i <= n; ++ i)h[i] = inf;

    // h[0]=0这个可以忽略

    // 一共有(n+1)个顶点，所以松弛n次，i用于计数
    for(int i = 1;i <= n; ++ i)
        {
            // 枚举所有边，尝试用这条边来松弛顶点x
            for(const auto &[x, y, w] : es)
                {
                    if(h[x] == inf)continue;
                    // 如果可以通过这条边，则可以松弛
                    if(h[x] + w < h[y])
                    {
                        h[y] = h[x] + w;   // 松弛操作
                    }
                }
        }

    // 检测是否存在负权环
    for(const auto &[x, y, w] : es)
        {
            if(h[x] == inf)continue;
            // 如果还有边可以松弛，那么说明存在负权环，返回false
            if(h[x] + w < h[y])return false; // 发现负权环
        }
    // 无负权环，返回true
    return true;
}

void dijkstra(int st)              // Dijkstra 算法：单源最短路径
{
    static ll d[N];                // 存储从起始顶点到其他顶点的距离
    for(int i = 1;i <= n; ++ i)d[i] = inf;
    bitset<N> vis;                 // 标记顶点是否已访问
    priority_queue<Node> pq;
    pq.push({st, d[st] = 0});
    while(pq.size())
    {
        int x = pq.top().x;pq.pop();
        if(vis[x])continue;
        vis[x] = true;

        for(const auto &[y, w] : g[x])
```

```
            {
                if(d[x] + w < d[y])
                {
                    d[y] = d[x] + w;          // 松弛操作
                    pq.push({y, d[y]});
                }
            }
        }
    // 注意这里要通过d[]数组判断是否不存在通路，即Dijkstra的传统判断方法
    // 这里我们不能用-1来表示不存在通路，因为实际距离有可能是负数
    // 于是我们采用inf来表示不存在通路
    for(int i = 1;i <= n; ++ i) dis[st][i] = (d[i] == inf ? inf : d[i] - h[st] + h[i]);
}

void solve()
{
    cin >> n >> m;
    for(int i = 1;i <= m; ++ i)
    {
        ll u, v, w; cin >> u >> v >> w;
        g[u].push_back({v, w});
        es.push_back({u, v, w});
    }
    // 添加虚拟源点 0，并连接到所有顶点
    for(int i = 1;i <= n; ++ i)es.push_back({0, i, 0});
    if(!Bellman_Ford())
    {
        // 存在负权环，无法求解最短路径
        cout << "starrycoding" << '\n';          // 存在负权环
        return;
    }
    // 求出h[]数组后，0号顶点已经没用了
    // 1. 重新计算权重
    for(int x = 1;x <= n; ++ x)
            for(auto &[y, w] : g[x])
                    w = w + h[x] - h[y];
    // 2. 对每个顶点执行单源最短路径算法（Dijkstra）
    for(int x = 1;x <= n; ++ x) dijkstra(x);
    // 3. 回答询问
    int q; cin >> q;
    while(q --)
    {
        int x, y; cin >> x >> y;
        if(dis[x][y] == inf)cout << "noway" << '\n';
        else cout << dis[x][y] << '\n';
    }

}

int main()
```

```
{
    ios::sync_with_stdio(0), cin.tie(0), cout.tie(0);
    int _ = 1;
    while(_ --)solve();
    return 0;
}
```

7.2.6   Floyd 最短路径

Floyd算法是一种经典的动态规划算法，用于解决所有顶点对之间的最短路径问题。它允许图中有负权边，但不允许有负权环。

该算法的时间复杂度为$O(V^3)$，其中V是顶点的数量。由于它的时间复杂度较高，通常适用于较小数据范围的问题。

算法步骤

Floyd算法解决图所有顶点对之间的最短路径问题时，可按以下步骤操作：

步骤 01 初始化距离矩阵：创建一个二维矩阵 dist，其中$d[i][j]$表示从顶点i到顶点j的最短路径长度。

- 如果i和j相等，则$d[i][j]$初始化为0（自己到自己的距离为0）。
- 如果i和j相邻（有边相连），则$d[i][j]$初始化为它们之间的边的权重。
- 如果i和j不相邻，则$d[i][j]$初始化为一个足够大的值（表示无穷大）。

```
// 初始化d矩阵
for(int i = 1;i <= n; ++ i)
    for(int j = 1;j <= n; ++ j)
        d[i][j] = i == j ? 0 : inf;
// 读取边的信息并更新距离矩阵
for (int i = 0; i < m; ++i) {
    ll u, v, w;
    cin >> u >> v >> w;
    d[u][v] = min(d[u][v], w); // 处理重边的情况
}
```

步骤 02 更新路径：对于每一对顶点i和j，检查是否存在一个顶点k，使得从顶点i到顶点k再到顶点j的路径比直接从顶点i到顶点j的路径更短。如果是，则更新$d[i][j]$为更小的值。

```
// Floyd算法计算所有顶点对之间的最短路径
for(int k = 1;k <= n; ++ k)
{
    // 注意最外面一层k一定是枚举中转顶点的
    for(int i = 1;i <= n; ++ i)
        for(int j = 1;j <= n; ++ j)
            d[i][j] = min(d[i][j], d[i][k] + d[k][j]);
}
```

在上述嵌套循环中，i、j、k分别代表所有的顶点。$d[i][k]$表示从顶点i到顶点k的最短路径长度，$d[k][j]$表示从顶点k到顶点j的最短路径长度。如果通过顶点k能够得到一个更短的路径，则更新$d[i][j]$。

步骤03 遍历所有顶点：对于每一个顶点k，重复上述步骤，以找到所有顶点对之间的最短路径。

步骤04 寻找最短路径：通过查看 dist 矩阵，可以找到所有顶点对之间的最短路径。

最终，$d[i][j]$将包含从顶点i到顶点j的最短路径长度。如果$d[i][j]$仍然是无穷大，则表示从顶点i到顶点j之间没有直接的路径相连。

Floyd算法的优点在于可以同时解决所有顶点对之间的最短路径问题，而无须逐对计算，同时支持处理负权边。缺点是在处理大型图时可能会占用较多内存空间。

Floyd算法与Dijkstra算法的比较见表7-2。

表 7-2 Floyd 算法与 Dijkstra 算法的比较

算 法	Floyd 算法	Dijkstra 算法
基本描述	动态规划算法，计算全源最短路径	贪心算法，计算单源最短路径
时间复杂度	$O(n^3)$	$O(n\log n+m)$
空间复杂度	$O(n^2)$	$O(n+m)$
适用场景	当需要计算所有顶点对的最短路径时	当只需要计算从一个源点到所有其他顶点的最短路径时
能否处理负权边	能，但不能处理存在负权环的图	不能，因为可能导致错误的结果
输 出	一个矩阵，表示所有顶点对之间的最短路径长度	一个数组，表示从源点到每个顶点的最短路径长度
算法思想	通过中间顶点逐步优化所有顶点对之间的路径	从源点开始，逐步选择"当前"最短路径的顶点，然后更新其邻居的距离

【例】StarryCoding P71【模板】最短路径（3）

题目描述

给定一个具有n个顶点、m条边的有向图。

再给出q次询问，每个询问为两个整数u_i和v_i，你需要回答从u_i到v_i的最短距离。

输入格式

第一行：三个整数n、m和q（$1 \leq n \leq 300$，$1 \leq m$，$q \leq 10^5$）。

接下来m行：每行三个整数u_i、v_i和w_i，表示存在一条从u_i到v_i、权值为w_i的有向边（$1 \leq u_i$，$v_i \leq n$，$0 \leq w_i \leq 10^6$）。

可能存在重边和自环。

再接下来q行，每行包含两个整数u_i和v，表示查询从u_i到v_i的最短距离。

输出格式

输出共 q 行：每行一个整数，表示查询的最短距离；若不存在路径，则输出-1。

样例输入

```
3 3 2
1 2 5
2 3 2
1 3 10
1 3
3 1
```

样例输出

```
7
-1
```

解题思路

使用 Floyd-Warshall 算法计算所有顶点对之间的最短路径，实现代码如下。

```cpp
#include <bits/stdc++.h>
using ll = long long;
using namespace std;
const ll inf = 1e9;    // 用一个较大的数表示无穷大
const int N = 305;     // 最大顶点数
ll d[N][N];            // d[x][y]表示从顶点x到顶点y的最短距离

int main() {
    ios::sync_with_stdio(false),cin.tie(0),cout .tie (0);
    int n, m, q;
    cin >> n >> m >> q;
    // 初始化d矩阵
    for(int i = 1;i <= n; ++ i)
        for(int j = 1;j <= n; ++ j)
            d[i][j] = i == j ? 0 : inf;
    // 读取边的信息并更新距离矩阵
    for (int i = 0; i < m; ++i) {
        ll u, v, w;
        cin >> u >> v >> w;
        d[u][v] = min(d[u][v], w); // 处理重边的情况
    }

    // Floyd-Warshall算法计算所有顶点对之间的最短路径
    for(int k = 1;k <= n; ++ k)
    {
        // 注意最外面一层k一定是枚举中转顶点的
        for(int i = 1;i <= n; ++ i)
            for(int j = 1;j <= n; ++ j)
                d[i][j] = min(d[i][j], d[i][k] + d[k][j]);
    }
```

```
// 处理每个查询
for (int i = 0; i < q; ++i) {
    int u, v;
    cin >> u >> v;
    cout << (d[u][v] == inf ? -1 : d[u][v]) << '\n';
}

return 0;
}
```

7.2.7 匈牙利算法

二分图（Bi-partite Graph）是图论中的一个基本概念。在二分图中，所有的顶点可以被分为两个互不相交的集合，使得每一条边的两个端点分别属于这两个不同的集合，即没有边是连接同一个集合内的两个顶点。

二分图通常是一个无向图，如图7-5所示。

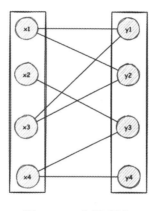

图 7-5　二分图示例

匈牙利算法主要用于解决两个问题：求二分图的最大匹配数和最小点覆盖数（根据König定理，这两个数应该是相等的，因此只需解决其中一个问题即可）。

1. 概念解释

二分图定义：一个图是二分图，当且仅当它不包含奇数长度的环。可以使用两种颜色（通常为黑和白）对二分图的顶点进行染色，使得任意一条边的两个端点的颜色不同。二分图的定义是：当且仅当它不包含任何奇数长度的环。这意味着图中的所有环的长度均为偶数。此外，二分图的一个显著特性是可以使用两种颜色（通常选择黑色和白色）对图中的顶点进行染色，以确保任意一条边连接的两个顶点颜色不同。

最大匹配数：从图中选出尽可能多的边，使得每条边连接的两个顶点都只被选中一次，即选出最大匹配的边数（即对数）。

最小点覆盖数：选出尽可能少的顶点，使得每条边的两个顶点中至少有一个顶点被选中。

König定理：二分图中，最大匹配数等于这个图中的最小点覆盖数。本书直接引用该结论，不提供证明。

 许多资料中使用"交替路""增广路"的概念解释匈牙利算法。为了降低初学者的学习负担，本书采用更直观的方法帮助理解。

2. 二分图判定

二分图判定可以采用染色法，通过深度优先搜索（DFS）或广度优先搜索（BFS）实现。染色时，颜色只有两种，分别用0和1表示。

根据二分图的定义，二分图中任意一条边的两个顶点的颜色都不同。因此，在DFS或BFS过程中，只需要判断当前顶点的邻接点是否"已被染色且颜色相同"。如果存在这样的邻接点，则说明这个无向图不是二分图；如果不存在，则说明该图是二分图。

需要注意的是，二分图不一定是连通图，因此需要遍历每一个顶点，以确保所有连通块都被正确判定。

该算法的时间复杂度为$O(n+m)$，其中n表示顶点数，m表示边数。

```cpp
#include <bits/stdc++.h>
using namespace std;
typedef long long ll;

const int N = 2e5 + 9;      // 最大顶点数
const ll inf = 1e9;         // 无穷大，用于表示未初始化的值

vector<int> g[N];           // 邻接表表示的图

int col[N];                 // 颜色数组，用于染色法，0 和 1 表示不同颜色，-1 表示未染色

bool dfs(int x)             // 深度优先搜索（DFS）函数，用于染色并判定二分图
{
    for(const auto &y : g[x])
    {
        // 如果邻接点y的颜色与当前顶点x相同，说明发生冲突，不是二分图
        if(col[y] == col[x])return false;

        // 如果邻接点y没有冲突且已染色，跳过当前顶点
        if(col[y] != -1)continue;

        // 为邻接点y染上与当前顶点x相反的颜色
        col[y] = col[x] ^ 1;

        // 递归搜索，如果返回false，则直接退出
        If (!dfs(y)) return false;
    }
```

```
        return true;
    }

int main()
{
    ios::sync_with_stdio(0), cin.tie(0), cout.tie(0);
    int n, m; cin >> n >> m;              // 输入顶点数和边数
    for(int i = 1;i <= m; ++ i)
    {
        int x, y; cin >> x >> y;
        g[x].push_back(y);                // 添加边 x -> y
        g[y].push_back(x);                // 添加边 y -> x (无向图)
    }
    // 初始化颜色数组, -1 表示未染色
    for(int i = 1;i <= n; ++ i)col[i] = -1;

    bool ans = true;        // 标志是不是二分图
    for(int i = 1;i <= n; ++ i)
        if(col[i] == -1)  // 如果当前顶点未染色, 则尝试以该顶点点为起点进行染色
        {
            // 先染色
            col[i] = 0;  // 初始染色为 0
            // 只要dfs中存在false, ans就为false
            ans &= dfs(i);
        }
    cout << (ans ? "YES" : "NO") << '\n';   // 输出结果
    return 0;
}
```

3. 匈牙利算法

为了让这个算法更加有趣, 我们可以用这样一个比喻, 如图7-6所示, 将左边的顶点看作男生, 右边的顶点看作女生, 然后中间的边表示存在某种朦胧的关系。我们的目标是选出尽可能多的情侣, 即求解最大匹配数, 其中一位男生只能匹配一位女生（反之亦然）, 问题是, 该怎么选？

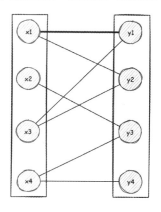

扫码看彩图

图 7-6　左边为男生, 右边为女生

我们从男生的角度出发，枚举每位男生，寻找所有和他有朦胧关系的女生。

匈牙利算法是一种比较"粗暴"的算法，其遵循的主旨是"尝试将原主赶走，自己占上，如果赶不走就换一个"。

我们从$x1$开始，他找到$y1$后发现$y1$没有对象，于是自己顺理成章地和她匹配了。如图7-7所示，粗线表示匹配成功。

既然$x1$已经找到了他的另一半，咱们继续往下看$x2$，很显然$x2$可以直接和$y3$匹配。$x1$和$x2$匹配的结果如图7-8所示。

再往下走，$x3$开始找对象，他找到的第一个人是$y1$，但是此时$y1$已经名花有主了，那么$x3$将尝试赶走$x1$，方法就是让$x1$重新寻找其他女生。幸运的是，$x1$放弃$y1$找到了$y2$，于是匹配关系调整为：$x1-y2$，$x3-y1$。皆大欢喜。

最后来看男生$x4$，他首先找到$y3$，但$y3$已与$x2$匹配成功了。于是$x3$尝试让$x2$寻找其他女生，但$x2$除$y3$外没有其他选择了，于是赶不走$x2$，从而不能拆散$x2-y3$这一对，$x4$只好继续往下走，找到$y4$，于是$x4-y4$匹配成功。

至此，所有顶点匹配的结果如图7-9所示。

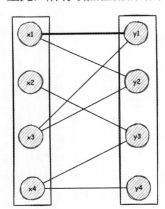 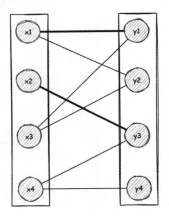 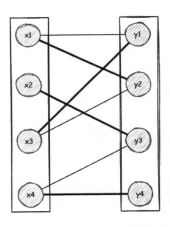

图7-7　$x1$匹配的结果　　　　图7-8　$x1$和$x2$匹配的结果　　　　图7-9　所有顶点匹配的结果

所有顶点的匹配完成，算法求解得到了最大匹配数为4。

以下为实现匈牙利算法的具体代码：

```
const int N = 509;
vector<int> g[N];          // 邻接表表示的图

int pr[N];        // pr[i]表示与女生i匹配的男生编号

int vis[N];       // vis[i] = st 表示女生i在第st轮中已被访问过

bool dfs(int x, int st)          // 深度优先搜索（DFS），尝试匹配
{
```

```
for(auto &y : g[x])
{
    // 如果女生 y 在当前轮次未被访问
    if(vis[y] != st)
    {
        vis[y] = st;        // 标记女生 y 被访问过
        // 如果女生y没有伴侣，或者能让她的现任伴侣重新匹配成功
        if(!pr[y] || dfs(pr[y], st))
            return pr[y] = x, true;        // 男生 x 与女生 y 匹配
    }
}
return false;        // 当前男生无法成功匹配
}
```

4. 例题参考

（1）StarryCoding P108【模板】二分图判定

（2）StarryCoding P107 情人节

7.2.8 Tarjan 算法

Tarjan算法可用于求解强连通分量以及无向图中的割点和割边（又称桥）。

读者只需掌握Tarjan算法的基本用法并能加以应用即可。本书仅对算法的使用和操作流程进行说明，不对其原理进行深入讲解。

1. 什么是强连通分量

在图论中，强连通分量是指一个最大的连通块，其中任意两个顶点之间都存在双向路径，即两个顶点互相可达。

强连通分量不仅存在于有向图中，也可以用于描述无向图，如图7-10所示。

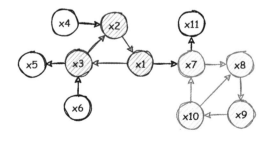

图 7-10　强连通分量

在图7-10中，存在两个大小大于1的强连通分量，分别是{$x1,x2,x3$}和{$x7,x8,x9,x10$}，还有4个大小为1的强连通分量，分别是{$x4$}、{$x5$}、{$x6$}和{$x11$}。注意，强连通分量必须是"最大的连通块"。例如，图中的{$x8, x9, x10$}虽然满足"任意两点都可以到达"的条件，但并不是最大的连通块，因此不单独作为强连通分量。

2. 什么是割点和割边

需要注意的是，割点和割边仅存在于无向图中。有向图中不涉及割点和割边的概念。

● 割点：一个点若是割点，则在删除这个点以及与之相连的边后，图不再连通。

● 割边：一个点若是割边，则在删除这条边之后，图不再连通。

如图7-11所示。

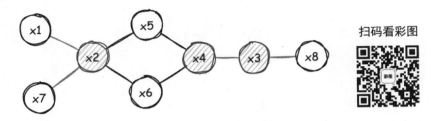

图 7-11   割点和割边

在图7-11中，红色的点是割点，绿色的边是割边。

3. Tarjan算法求解强连通分量（缩点）

在了解了强连通分量、割点和割边的概念后，我们开始学习如何使用Tarjan算法求解强连通分量。接下来以有向图为例进行讲解，而无向图中的强连通分量在求割点和割边时会讲到。

为了表示若干点属于同一个强连通分量，我们使用颜色标记法，即颜色相同的点属于同一个强连通分量。

Tarjan算法的本质是一个DFS算法，所以在执行过程中会生成一棵搜索树。注意：按照离散数学的习惯，树结构中的点通常被称为结点，图结构中的点通常被称为顶点。本题涉及树结构和图结构，所以要注意其中关于结点和顶点的表述。

准备变量

dfn[]：存储顶点的遍历时间戳，表示顶点被遍历的顺序。强连通分量中时间戳（dfn）最小的点通常被认为是生成树的根结点。

low[]：存储顶点能到达回点（一个走过的顶点）的最小时间戳，用于标记强连通关系。

idx：全局时间戳，随着每次遍历（即访问）递增。

stk[]：栈，用于存储已遍历但尚未染色的顶点（也就是尚未确定强连通分量的顶点）。

col[]：存储顶点的颜色标记，用于表示顶点所属的强连通分量。

tot：当前的颜色总数，即强连通分量的数量。

算法流程

步骤 01 走到一个顶点时，记录时间戳，更新 dfn[] 和 low[]，初始时设置 low[x]=dfn[x]=++idx，

并将该顶点入栈。

步骤02 向下递归遍历顶点的所有儿子顶点 y，判断 y 是否为回点。如果 y 是回点（即 dfn[y] 不为 0 且在栈中），就直接用回点的 dfn[y] 更新当前顶点的 low[x]=min(low[x],dfn[y])；如果 y 不是回点，继续递归回溯更新 low[x]=min(low[x],low[y])。

步骤03 判断当前点是否为强连通分量的根（即 low[x]==dfn[x]）。如果是，则将栈中所有属于该强连通分量的顶点逐个出栈并染色，直到将当前顶点染完色。

如图7-12所示。

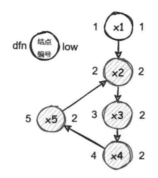

图 7-12   Tarjan 算法示意图

注意，Tarjan算法生成的搜索树并不包含所有的边。例如，在图7-12中，$x5 \rightarrow x2$这条边不会加入搜索树中，因此不能认为$x2$是$x5$的子结点。这一点在后面求割点和割边时尤为重要。

代码模板

```cpp
#include <bits/stdc++.h>
using namespace std;
using ll = long long;

const int N = 1e4 + 9;
const ll inf = 2e12;

int a[N], idx;
int stk[N], ins[N], top;
int dfn[N], low[N], col[N], tot;
vector<int> g[N];

// Tarjan 算法的核心是深度优先搜索（DFS）
void tarjan(int x)
{
    // 记录时间戳
    dfn[x] = low[x] = ++ idx;
    // 将当前顶点x存入栈中
    stk[++ top] = x;
    ins[x] = true;
```

```
        for(const auto &y : g[x])
        {
            // 如果顶点y未被访问，则递归处理，并更新low[x]
            if(!dfn[y])
            {
                tarjan(y);
                low[x] = min(low[x], low[y]);
            }// 如果y在栈中，则更新low[x]，但不递归
            else if(ins[y])
            {
                low[x] = min(low[x], dfn[y]);
            }
            // 如果y不在栈中，则说明y不是回点
            // 已经被分配了颜色，是其他强连通分量中的顶点
        }

        // 如果low[x] == dfn[x]，说明顶点x是这个搜索树的根
        if(low[x] == dfn[x])
        {
            // 产生了一个新的强连通分量，我们将其标记为一种新颜色
            tot ++;
            // 将栈中的顶点取出，直到将当前顶点取出
            while(stk[top + 1] != x)
            {
                // 打上颜色
                col[stk[top]] = tot;
                // 标记不在栈中
                ins[stk[top --]] = false;           // 标记顶点出栈
            }
        }
    }


int main()
{
    // n表示顶点的个数，m表示边的条数
    int n, m; cin >> n >> m;
    for(int i = 1;i <= m; ++ i)
    {
        int x, y; cin >> x >> y;
        g[x].push_back(y);
    }
    // 注意题目给的图不一定是连通图，需要对每个顶点进行判断
    // 如果没遍历过，就跑一遍Tarjan
    for(int i = 1;i <= n; ++ i)if(!dfn[i])tarjan(i);
    // 输出每个顶点的颜色
    for(int i = 1;i <= n; ++ i)cout << col[i] << ' ';
    return 0;
}
```

疑惑解答

（1）为什么判断回点时，需要判断是否在栈中？

回答：当某个顶点 y 已遍历过，但不在栈中时，说明 y 已经属于其他强连通分量，无法回溯当前分量的根结点。因此，我们需要通过 if (ins[y]) 判断 y 是否在栈中。

如图7-13所示，当出现下述情况时，我们不能将low[$x6$]更新为min(low[$x6$],dfn[$x4$])。因为 $x4$ 已被分配到其他强连通分量。

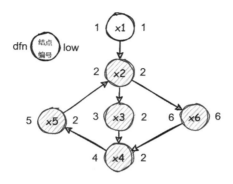

图 7-13 判断回点

（2）为什么low[x]==dfn[x]时，这个顶点就是一个强连通分量的根？

回答：当low[x]==dfn[x]时，说明顶点 x 无法回溯到一个比它自身更早访问的时间戳（即dfn值）的顶点，只能回溯自身顶点。这意味着 x 是当前搜索树的根结点。因此，从栈中弹出所有属于该强连通分量的顶点，并为其打上颜色标记。

4．Tarjan算法求割点

首先，我们需要明确，割点仅存在于无向图中，并且在无向图中判断强连通分量是没有意义的（因为任意一个无向的连通块一定是强连通分量）。因此，我们不需要col[],stk[]，也不需要tot、top。

在这里，我们先定义一个概念："不回儿子 y"。所谓"不回儿子"，意思是对于结点 y 为根的子搜索树，不存在任何一个点可以回到 x 的父亲链上。

接下来，我们思考一下，在什么情况下，一个点将会是割点呢？

分为两种情况：

- 如果结点 x 是此次Tarjan搜索的根，那么 x 只要存在两个及以上的"不回儿子" y，就可以说明 x 是一个割点。
- 如果结点 x 不是此次Tarjan搜索的根，那么 x 只需要存在一个不回儿子（可以想象其父亲所在的连通块构成了一个不回儿子），就可以说明 x 是一个割点。

需要注意的是，在Tarjan算法的执行过程中，会生成一棵搜索树。只有满足!dfn[y]的儿子 y 才能被称为"儿子"，也就有资格判断是不是"不回儿子"。

```cpp
#include <bits/stdc++.h>
using namespace std;
using ll = long long;

const int N = 1e4 + 9;
const ll inf = 2e12;

int a[N], idx;
int dfn[N], low[N];
int cut[N];         // 标记割点

vector<int> g[N];

// Tarjan算法的本质是深度优先搜索（dfs）
void tarjan(int x, bool isroot)
{
    // 记录时间戳
    dfn[x] = low[x] = ++ idx;
    int child = 0;     // 记录x的子结点数
    for(const auto &y : g[x])
    {
        // 如果没走过，就往下走，并更新low
        if(!dfn[y])
        {
            tarjan(y, false);                // 如果结点y未被访问，则递归处理
            low[x] = min(low[x], low[y]);    // 判断是否为"不回儿子"
            if(low[y] >= dfn[x])child ++;
        }
        else
        {
            // 回点不能被视为儿子
            // 自然不能判断不回儿子
            // 由于dfn[y] <= low[x]，更新low[x]
            low[x] = min(low[x], dfn[y]);
        }
    }

    // 判断割点的条件
    if((isroot && child >= 2) ||
        (!isroot && child >= 1))cut[x] = true;  // 标记为割点
}

int main()
{
    int n, m; cin >> n >> m;
    for(int i = 1;i <= m; ++ i)     // 读入图的边
    {
        int x, y; cin >> x >> y;
```

```
            g[x].push_back(y);
            g[y].push_back(x);            // 无向图
        }

        // 对每个未访问的结点执行 Tarjan 算法
        for(int i = 1;i <= n; ++ i)if(!dfn[i])tarjan(i, true);

        // 输出所有割点
        for(int i = 1;i <= n; ++ i)if(cut[i])cout << i << '\n';
        return 0;
    }
```

5. Tarjan算法求割边

求割边的过程非常简单。只需要在Tarjan算法的执行过程中，避免走父顶点的回边，然后判断子顶点是否为一个"连自身都回不到的儿子"（即子结点内部形成了一个与自身及父链无关的强连通分量，等价于$low[y]>dfn[x]$）即可。

注意：以下代码仅适用于不存在重边与自环的情况。如果存在重边与自环，则需要额外添加逻辑来避免重复计算，这部分留给读者自行思考。

```cpp
#include <bits/stdc++.h>
using namespace std;
using ll = long long;

const int N = 1e4 + 9;
const ll inf = 2e12;

int a[N], idx;
int dfn[N], low[N];
vector<pair<int, int> > ans;  // 用于存储割边

vector<int> g[N];

// Tarjan算法的本质是深度优先搜索（DFS）
void tarjan(int x, int fa)
{
    // 记录时间戳
    dfn[x] = low[x] = ++ idx;
    for(const auto &y : g[x])
    {
        // 不走父亲边
        if(y == fa)continue;

        // 如果顶点y未被遍历，递归处理
        if(!dfn[y])
        {
            tarjan(y, x);
            low[x] = min(low[x], low[y]);
            // 判断是否为割边
```

```
            if(low[y] > dfn[x])
            {
                ans.push_back({min(x, y), max(x, y)});
            }
        }
        else
        {
            // 回到一个已遍历的顶点
            // 必然有dfn[y] <= low[x]，更新low[x]
            low[x] = min(low[x], dfn[y]);
        }
    }

}

int main()
{
    int n, m; cin >> n >> m;
    for(int i = 1;i <= m; ++ i)     // 读入图的边
    {
        int x, y; cin >> x >> y;
        g[x].push_back(y);
        g[y].push_back(x);       // 无向图
    }

    // 对每个未遍历的顶点执行Tarjan算法
    for(int i = 1;i <= n; ++ i)if(!dfn[i])tarjan(i, 0);
    sort(ans.begin(), ans.end());

    // 输出所有割边
    for(const auto &[x, y] : ans)cout << x << ' ' << y << '\n';
    return 0;
}
```

7.2.9　DAG-DP

　　DAG-DP是一种在有向无环图（DAG）上应用动态规划的方法。这种方法利用了DAG的拓扑排序特性，允许我们按照结点的依赖关系顺序逐步计算和更新状态。通过这种方式，我们可以系统地处理每个结点，最终计算出目标状态的最优解。

　　下面使用简单步骤来说明在DAG上如何进行DP：

　　步骤01 拓扑排序：首先，对 DAG 进行拓扑排序，或者采用具有拓扑性质的遍历方式。这保证了我们在计算某个结点的状态时，其依赖的所有前置结点都已经被计算。

　　步骤02 初始化：初始化图中所有顶点的状态。例如，如果我们想知道从起始顶点到每个顶点的最短路径，可以初始化起始顶点的距离为 0，其他顶点的距离为正无穷。

　　步骤03 状态转移：按照拓扑序列，逐个顶点地更新其状态。如果某个顶点可以从前一个顶点到达，那么我们可以根据前一个顶点的状态来更新当前顶点的状态。

步骤 04 得到结果：遍历所有顶点，得到我们想要的结果。

对于一个有向无环图，我们可以很容易地发现它具有一定的层次关系，如图7-14所示。

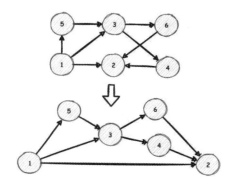

图 7-14 有向图的层次关系

如图7-14所示，只要是有向无环图，都可以通过变换，变为一种"边具有趋向性"的图，从而加深我们对DAG-DP的理解。

这里有一个简单的例子。

问题描述

给定一个有向无环图，每条边都有一个权重。问从顶点1到顶点n的最短路径长度是多少？

解决方法

（1）对DAG进行拓扑排序。

（2）初始化距离数组，令dist[1]=0，其他顶点的dist值为正无穷。

（3）遍历拓扑序列中的每一个顶点u，然后对于每一个从u出发的边(u,v)，更新dist[v]=min(dist[v],dist[u]+weight(u,v))，其中weight(u,v)是从u到v的边的权重。

最后，dist[n]即为答案。

DAG上的DP问题的特点如下：

- 无环性质：由于图是有向无环图，因此不存在从一个顶点回到自身的路径。这使得我们可以对图的顶点进行拓扑排序。

- 有序的状态转移：利用拓扑排序，可以保证当我们处理一个顶点时，已经处理了所有指向该顶点的顶点。这为DP提供了明确的、有序的状态转移方向。

- 子问题的重复性：与传统的DP问题一样，DAG上的DP问题也涉及子问题的重复性和最优子结构的性质。

解决此类问题的通用步骤如下。

步骤01 图的建立：根据问题描述，建立一个 DAG。可能需要从原始输入转换或处理数据来建立此图。

步骤02 拓扑排序：对 DAG 进行拓扑排序。这步确保了每当我们想要处理一个顶点时，已经得到了指向它的所有前驱顶点的解决方案。

步骤03 初始化 DP 数组：根据问题描述，为源顶点或其他特定顶点初始化 DP 值。

步骤04 状态转移：按照拓扑排序的顺序，遍历每个顶点。使用该顶点的前驱顶点的 DP 值来更新该顶点的 DP 值。

步骤05 输出结果：对于某些问题，结果可能是某个特定顶点的 DP 值，或者是所有顶点的 DP 值中的某个最大值/最小值。

在实际问题中，我们遇到的往往不是非常标准的DAG，需要通过Tarjan缩点，将其转变为DAG，再进行DP求解。

例题

洛谷P3386缩点

```cpp
#include <iostream>
#include<vector>
using namespace std;

const int maxn = 1e4 + 5;
const int maxm = 1e5 + 5;

// 原图、转置图、强连通分量图
vector<int> G[maxn], GT[maxn], scc[maxn];
// dfn数组用于记录每个顶点的深度优先搜索顺序，low数组用于记录每个顶点能够到达的最小深度优先搜索顺序
int dfn[maxn], low[maxn], st[maxn], belong[maxn], dp[maxn], weight[maxn], sum[maxn];
// instack数组用于标记顶点是否在栈中
bool instack[maxn];
int n, m, scc_cnt, dfn_cnt, top;

// Tarjan算法求解强连通分量
void tarjan(int u) {
    dfn[u] = low[u] = ++dfn_cnt;
    st[++top] = u;
    instack[u] = true;
    for(int v : G[u]) {              // 遍历u的邻接结点v
        if(!dfn[v]) {               // 如果v没有被访问过
            tarjan(v);              // 递归访问v
            low[u] = min(low[u], low[v]);   // 更新u的low值
        } else if(instack[v]) {             // 如果v在栈中，说明存在回环
            low[u] = min(low[u], dfn[v]);   // 更新u的low值
        }
    }
    if(dfn[u] == low[u]) {          // 如果u是强连通分量的根结点
        scc_cnt++;                  // 强连通分量计数加1
        int v;
```

```
        do {
            v = st[top--];        // 出栈
            instack[v] = false;          // 标记v不在栈中
            belong[v] = scc_cnt;         // 将v标记为属于当前强连通分量
            sum[scc_cnt] += weight[v];   // 累加当前强连通分量的权重
        } while(u != v);         // 直到回到根结点u
    }
}

// 动态规划求解最大权值和
int dfs(int u) {
    if(dp[u]) return dp[u];             // 如果dp[u]已计算，直接返回结果
    dp[u] = sum[u];                     // 初始化dp[u]为当前强连通分量的权重和
    for(int v : scc[u]) {               // 遍历当前强连通分量的所有邻接分量
        dp[u] = max(dp[u], dfs(v) + sum[u]);    // 递归计算并更新dp[u]
    }
    return dp[u];        // 返回当前结点的最大权值和
}


int main() {
    cin >> n >> m;           // 输入顶点数n和边数m
    for(int i = 1; i <= n; i++) cin >> weight[i];    // 输入每个结点的权重
    for(int i = 1; i <= m; i++) {  // 输入每条边的信息
        int u, v;
        cin >> u >> v;
        G[u].push_back(v);       // 原图的边
        GT[v].push_back(u);      // 转置图的边
    }

    for(int i = 1; i <= n; i++) {  // 遍历所有结点，执行Tarjan算法
        if(!dfn[i]) tarjan(i);         // 如果结点i未被访问，调用Tarjan算法
    }

    for(int u = 1; u <= n; u++) {  // 构建强连通分量之间的DAG
        for(int v : G[u]) {            // 遍历结点u的邻接顶点v
            if(belong[u] != belong[v]) {     // 如果u和v不在同一个强连通分量
                scc[belong[u]].push_back(belong[v]);  // 在强连通分量图中添加边
            }
        }
    }

    int ans = 0;
    for(int i = 1; i <= scc_cnt; i++) {      // 遍历所有强连通分量
        ans = max(ans, dfs(i));
    }
    cout << ans << endl;

    return 0;
}
```

7.3 树上问题

树是计算机科学中一种基础且强大的数据结构，它模拟了一种分层关系，其中每个结点（除根结点外）都有一个父结点，并且不存在循环。

本节将深入探讨与树结构相关的一系列重要问题，包括树的基本性质、最小生成树问题、倍增LCA（最近公共祖先）技术等。此外，将通过具体的例题讲解，展示如何实际应用这些概念来解决具体问题。

7.3.1 树的概念

1. 树的性质

树是图论中的一个重要概念，具有以下性质。

- 无环性：树中没有环，即从任何一个顶点出发，不可能返回这个顶点而不重复经过其他顶点。
- 连通性：在无向树中，任意两个顶点都是连通的（在大多数情况下，允许你选择一个点作为根），也就是说，存在一条从一个顶点到另一个顶点的路径。在有向树中，存在一个顶点（称为根），从这个顶点可以到达树中的任何其他顶点。
- 边的数量：一个包含n个顶点的树恰好有$n-1$条边。
- 唯一路径：树中任意两个顶点之间存在唯一的简单路径。

删除树中的任何一条边都会导致树变得不连通，而在树的任意两个非邻接顶点之间添加一条边，将会形成一个环。

2. 度

- 叶子结点：度为1的结点称为叶子结点（或叶子）。
- 内部结点：除根结点和叶子结点外的结点称为内部结点。
- 根结点：在有向树中，入度为0的结点是根结点。

3. 深度、高度和子树

- 深度：从根结点到给定结点的唯一路径上的边的数量。
- 高度：树中所有结点的最大深度。对于非根结点，高度也可以定义为该结点到任何叶结点的最长路径的长度。
- 子树：任何结点n和从n出发可以到达的所有结点及其之间的边组成的子图被称为n的子树。

解决有向无环图（DAG）上的动态规划（DP）问题通常遵循一定的模式。我们先简述这些问题的通用特点，再探讨其一般解决方法。

4. 有根树和无根树

- 有根树：有一个特定的结点被视为树的根，每个结点（除根结点外）都有一个父结点。
- 无根树：没有明确定义的根，通常可以选择任何结点作为根来形成有根树。

5. 基环树

基环树的名字看起来很玄乎，实际上就是一个n点n边连通无向图，此时相当于在一棵树上再加一条边，可以使得图中至多有一个环。

这些基本性质定义了树的结构和特点。

7.3.2 最小生成树

最小生成树（Minimum Spanning Tree，MST）是一个无向连通图中的一棵包含图中所有顶点的树，且具有最小总权重（或成本）。最小生成树在许多实际场景中都有重要应用，比如在网络设计、电力传输、通信网络等领域。

最小生成树的基本思想是通过贪心算法逐步构建一棵树，使得每一步所选择的边都是当前情况下权重最小的边，同时保证所构建的树保持连通。

1. Prim算法与Kruskal算法

Prim算法是一种常用于寻找最小生成树的贪心算法，其工作原理如下。

步骤01 选择一个起始结点：任选一个顶点作为起始结点。

步骤02 初始化：将起始结点加入最小生成树中，然后初始化一个边集合，包含所有与起始结点相邻的边。

步骤03 重复以下步骤，直到最小生成树包含所有顶点：

① 从边集合中选择一条权重最小的边，该边的一个顶点在最小生成树中，另一个顶点不在。

② 将该边的另一个顶点加入最小生成树中，将与该顶点相邻的边加入边集合中。

Kruskal算法也是一种寻找最小生成树的常用算法，其工作原理如下：

步骤01 初始化，将所有的边按照权重从小到大进行排序。

步骤02 创建一个并查集用于记录点的连通性。

步骤03 重复以下步骤，直到最小生成树包含所有顶点：从已排序的边中选择一条权重最小的边，如果该边的两个顶点不属于同一个集合，则将它们合并。

以上两种算法都能找到图的最小生成树，但它们的工作方式是不同的。

Prim算法从一个特定的起始顶点开始，然后逐渐增加边到最小生成树（MST）中，而Kruskal算法则是在所有边中选择最短的边，直到形成一个最小生成树。

我们可以说Prim算法是基于顶点的，而Kruskal算法是基于边的。

2. Prim算法的实现

该算法的优势：

- 适用于稠密图：对于边数较多的图，Prim算法可能更快速。
- 优先队列（最小堆）：在实现时使用优先队列（最小堆）来高效地选择最小权重的边，可以帮助用户减少编码工作量。

适用场景：

- 当比赛中的问题涉及稠密图时，可以优先考虑使用Prim算法。

实现代码如下：

```cpp
#include <iostream>
#include <vector>
#include <queue>
using namespace std;

const int MAXN = 105;
const int INF = 1e9;
vector<pair<int, int>> adjList[MAXN];   // 以{邻接结点，边的权重}的形式存储
bool inMST[MAXN];           // 用于标记每个结点是否已被加入最小生成树中
int n, m;                   // n表示结点数量，m表示边的数量

int prim(int start) {       // Prim算法实现，返回最小生成树的总权重
    int totalWeight = 0;    // 初始化最小生成树的总权重为0
    priority_queue<pair<int, int>, vector<pair<int, int>>, greater<pair<int, int>>> pq; // 以边的权重为优先的优先队列
    pq.push({0, start});    // 将起始顶点的边（权重为0）加入优先队列

    while (!pq.empty()) {
        int u = pq.top().second;    // 取出队列中权重最小的边对应的顶点
        int w = pq.top().first;     // 取出该边的权重
        pq.pop();                   // 弹出队列中的最小边

        if (inMST[u]) continue;     // 如果该顶点已经在最小生成树中，则跳过
        totalWeight += w;           // 将当前边的权重加到最小生成树的总权重中
        inMST[u] = true;            // 标记该顶点已加入最小生成树

        for (auto &edge : adjList[u]) {     // 遍历与顶点u相邻的所有边
            if (!inMST[edge.first]) {       // 如果邻接顶点没有被加入最小生成树
                pq.push(edge);              // 将该边加入优先队列
            }
        }
    }

    return totalWeight;             // 返回最小生成树的总权重
}
```

```
int main() {
    cin >> n >> m;                        // 输入顶点数量n和边数量m
    for (int i = 0; i < m; i++) {
        int u, v, w;
        cin >> u >> v >> w;               // 输入一条边的两个顶点u、v和边的权重w
        adjList[u].push_back({v, w});     // 将边加入u的邻接表中
        adjList[v].push_back({u, w});     // 因为是无向图，也要将边加入v的邻接表中
    }

    cout << "MST的总权值: " << prim(1) << endl;   // 输出最小生成树的总权重

    return 0;
}
```

3. Kruskal算法的实现

该算法的优势：

- 适用于稀疏图：对于边数较少的情况，Kruskal算法可能更高效。
- 实现相对简单：因为它不需要处理优先队列，只需对边进行排序即可。

适用场景：

- 当比赛中的问题涉及稀疏图时，可以优先考虑使用Kruskal算法。

> 如果是稠密图，考虑使用Prim算法。通常当边的数量m和结点数量n的关系为"m的数量级为n的平方"时，这个图被认为是稠密图。

实现代码如下：

```
#include <iostream>
#include <vector>
#include <queue>
using namespace std;

const int MAXN = 105;
const int INF = 1e9;
vector<pair<int, int>> adjList[MAXN];  // 使用邻接表存储图，形式为{邻接结点，边的权重}
bool inMST[MAXN];
int n, m;

int prim(int start) {                    // Prim算法实现，返回最小生成树的总权重
    int totalWeight = 0;                 // 初始化最小生成树的总权重为0
    priority_queue<pair<int, int>, vector<pair<int, int>>, greater<pair<int, int>>>
pq; // 以边的权重为优先的优先队列
    pq.push({0, start});                 // 将起始顶点的边（权重为0）加入优先队列

    while (!pq.empty()) {                // 当优先队列不为空时，继续选择最小权重边
        int u = pq.top().second;         // 获取当前最小权重边的目标结点u
        int w = pq.top().first;          // 获取当前最小权重边的权重w
        pq.pop();                        // 弹出当前最小权重边
```

```
            if (inMST[u]) continue;               // 如果该顶点已经在最小生成树中，跳过
            totalWeight += w;                      // 将当前边的权重w加入最小生成树的总权重中
            inMST[u] = true;                       // 标记顶点u已经加入最小生成树

            // 遍历与顶点u相邻的所有边
            for (auto &edge : adjList[u]) {
                if (!inMST[edge.first]) {          // 如果邻接顶点没有被加入最小生成树
                    pq.push(edge);                 // 将这条边加入优先队列
                }
            }
        }

        return totalWeight;                        // 返回最小生成树的总权重
    }

    int main() {
        cin >> n >> m;                             // 输入顶点数n和边数m
        for (int i = 0; i < m; i++) {              // 读取图的所有边
            int u, v, w;
            cin >> u >> v >> w;                    // 输入一条边的两个顶点u、v和边的权重w
            adjList[u].push_back({v, w});          // 将边(u, v)及其权重加入u的邻接表
            adjList[v].push_back({u, w});          // 因为是无向图，也要将边(v, u)及其权重加入v的邻接表
        }

        cout << "MST的总权值: " << prim(1) << endl;  // 输出最小生成树的总权重

        return 0;
    }
```

7.3.3 倍增LCA

LCA（Lowest Common Ancestor）称为最近公共祖先。在一棵树中，两个结点u和v的LCA是从根结点到u和v的路径上最深的公共结点，也是u和v之间唯一最短路径上的深度最小的结点。在某些场景下，LCA也可以用于描述两个结点在有向无环图（DAG）中的公共祖先。

例如，图7-15中结点3就是结点13和16的最近公共祖先，在图中还存在以下LCA关系：LCA(9,14)=4,LCA(6,15)=1,LCA(7,11)=7。

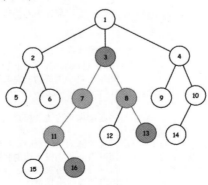

图7-15   最近公共祖先的示意图

1. 倍增法

倍增法是一种高效的预处理技术，其核心思想在于预先计算每个结点向上跳跃 2^k 步后所到达的结点。这种"倍增"策略使得我们能够迅速跨过任意数量的步骤，直达所需的结点。

倍增法求 LCA 的步骤：在倍增法求解 LCA（最近公共祖先）的过程中，我们构建一个二维数组 fa[N][20]，其中 20 表示可以追踪到每个结点向上最多跳跃 2^{20} 步的祖先。对于大多数图结构而言，这样的深度已经足够使用；若遇到特殊情况，则可以适当增大此值。

考虑一棵有根树，我们可以使用以下方法预处理每个结点的 2 的整数幂祖先：

步骤 01 使用 DFS 从根结点开始遍历整棵树。

步骤 02 对于树上的每个结点 u，其直接父结点是其距离为 $2^0=1$ 的祖先，假设 v 为 u 的父结点，则有 fa[u][0]=v。

步骤 03 使用先前计算的结果，结点 u 距离为 2^i 的祖先是结点 u 距离为 2^{i-1} 的祖先的距离为 2^{i-1} 的祖先，换句话说，就是先往上跳 2^{i-1} 步，再跳 2^{i-1} 步，相当于跳了 2^i 步。

步骤 04 如果往上跳 2^i 步不存在任何结点，怎么办？没关系，直接让这个祖先等于 0，表示不存在，并且有 fa[x][i]=0。即虚拟结点 0 的父结点指向自己，根结点的父结点是虚拟结点 0。

步骤 05 预处理完成后，给定任意两个结点 u 和 v，我们可以使用其预处理的祖先信息，结合贪心思想，在 $O(\log n)$ 时间内高效地找到它们的最近公共祖先 LCA。

预处理得到 fa[x][i] 后，假设我们要求 x、y 两点的 LCA，可按照以下步骤执行：

步骤 01 不妨设 dep[x] ≥ dep[y]，即结点 x 在结点 y 的下方，我们想办法让结点 x 和结点 y 达到相同的深度，方法是让结点 x 贪心地向上跳。每次结点 x 跳到 fa[x][i]，若 dep[fa[x][i]] ≥ dep[y] 则跳，i 从大到小枚举。这样一定能跳到与结点 y 同层的位置。为什么呢？因为 dep[x]−dep[y] 可以视为一个二进制数，从而一定能构造出跳跃方案。例如，相差为 5（对应的二进制数为 101），当 i 枚举到 2 时跳一次，枚举到 0 时跳一次，就能正好往上跳 5 个单位。

步骤 02 当 dep[x]==dep[y] 后，先检查结点 x 与结点 y 是否相等。若相等，则说明结点 x（或结点 y）就是最初的结点 x 和结点 y 的最近公共祖先（LCA）。

步骤 03 若不相等，让结点 x 和结点 y 一起向上跳，只要它们不会跳到相同的结点，就跳。这样最后一定会分别得到最近公共祖先的两个子结点的位置。

步骤 04 最后 fa[x][0] 或 fa[y][0] 就是最初结点 x 和结点 y 的最近公共祖先。

具体的实现代码请参考 7.3.4 节的例 3。

这只是倍增法的一个具体应用，该算法的高效率和灵活性使它成为解决许多算法问题的有力工具。

图 7-16 展示了 fa 数组的结构和关联关系。

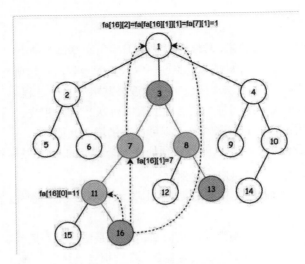

图 7-16   fa 数组的关系

2. 优点

倍增法的预处理时间复杂度为$O(n\log n)$，其中n为结点数量。

查询最近公共祖先（LCA）的时间复杂度同样为$O(\log n)$，且查询过程是在线进行的。相比之下，另一种求LCA的方法——Tarjan-LCA算法则是离线算法，需要配合并查集使用。由于本书不涉及该算法，感兴趣的读者可自行探索。

3. 倍增思想归纳

倍增法（Binary Lifting）是一种处理各种算法问题的有效方法，特别适用于与树结构和稀疏表相关的问题。以下是对倍增思想的归纳和总结。

1）定义

倍增法通过预处理每个元素或结点对应的各个2^i（2的整数幂）距离的结果，以加速后续的查询过程。

2）常见应用

- 最近公共祖先（LCA）查询：在预处理阶段，为树上的每个结点计算其距离为2^i的祖先，其中i的取值范围为0到某个最大整数。然后，给定两个结点，可以在$O(\log n)$时间内找到它们的最近公共祖先。
- 稀疏表（Sparse Table）结构：用于数组的范围查询，例如查询任意区间的最小值或最大值。

3）核心思想

利用之前计算的结果来推导当前结果。例如，若已知结点u到根结点的所有2^i级祖先，则可据此计算所有2^{i+1}级祖先的信息。这本质上是一种动态规划的应用。

4）效率

倍增法的预处理通常需要$O(n\log n)$时间，查询过程需要$O(\log n)$时间。

4. 实现技巧

倍增法通常使用二维数组实现，其中第一维表示结点或元素，第二维表示2^i指数部分。

7.3.4 例题讲解

【例 1】StarryCoding P72 【模板】最小生成树

给定一个具有n个顶点和m条边的无向带权图，图中可能存在重边和自环。

求该图的最小生成树的边权之和。若不存在最小生成树，则输出-1。

生成树：对于一个无向图，若它的一个子图是包含该无向图所有顶点且为树的结构，则该子图被称为该无向图的生成树。

最小生成树：当图的顶点之间的边有权重时，权重之和最小的生成树则为最小生成树。

输入格式

第一行：两个整数n和m（$1 \leq n \leq 10^5$，$1 \leq m \leq 10^5$）。

接下来m行：每行三个整数u_i、v_i和w_i，表示顶点u_i和顶点v_i之间存在一条权重为w_i的无向边（$1 \leq u_i, v_i \leq n$，$0 \leq w_i \leq 10^6$）。

输出格式

共一行：若存在最小生成树，则输出一个整数，表示最小生成树的边权之和；否则，输出-1。

样例输入

```
5 7
2 3 5
5 3 4
5 2 6
1 2 1
1 5 2
4 5 3
3 4 3
```

样例输出

```
9
```

解题思路

虽然图中可能有重边与自环，但这些并不影响我们求解最小生成树。具体的代码请参考7.3.2节的Prim算法和Kruskal算法。

【例 2】StarryCoding P92【模板】LCA

给定一个具有 n 个结点的树，以结点1为根，有 q 次询问，每次询问给出两个结点 u 和 v，求 $LCA(u,v)$。$LCA(u,v)$ 表示 u 和 v 的最近公共祖先。

输入格式

第一行包含一个整数 n，表示结点个数（$1 \leq n \leq 2 \times 10^5$）。

第二行包含 $n-1$ 个整数，表示 $2 \sim n$ 结点的父结点。

第三行包含一个整数 q，表示询问次数（$1 \leq q \leq 2 \times 10^5$）。

接下来 q 行，每行包含两个整数 u 和 v（$1 \leq u,v \leq n$）。

输出格式

对于每次询问，输出的每行都包含一个整数，表示最近公共祖先。

样例输入

```
5
1 1 2 3
3
1 2
2 4
1 5
```

样例输出

```
1
2
1
```

解题思路

可以采用倍增法求解LCA，也可以采用离线的Tarjan算法来求解LCA。Tarjan算法虽然在本书中没有讲解，但它实际上并不难，其核心思想结合了并查集和离线处理，理解这些概念的读者可以自行学习该算法。

```cpp
#include <bits/stdc++.h>
using namespace std;
const int N = 2e5 + 10;
int n, q;
vector<int> g[N];        // 建图
int fa[N][1 << 5];       // fa[x][j]记录x向上 2^j 的结点编号
int dep[N];              // 记录深度

// 深度优先搜索（DFS），计算得到dep和fa数组
void dfs(int x)
{
    for (int j = 1; j <= 20; ++ j)
```

```
            fa[x][j] = fa[fa[x][j - 1]][j - 1];  // 计算2^j祖先
        dep[x] = dep[fa[x][0]] + 1;              // 记录深度
        // 遍历子结点
        for (auto &y : g[x])
            dfs(y);
}


// 计算最近公共祖先
int lca(int x, int y)
{
    if (dep[x] < dep[y])
        swap(x, y);              // 确保结点x深度较大

    // 深度大的先跳至相同深度
    for (int j = 20; j >= 0; j--)
        // 若结点x向上跳2^j步依然在结点y的下面（或同层），就可以跳
        if (dep[fa[x][j]] >= dep[y])
            x = fa[x][j];

    // 判断 x,y 是否相等，若相等说明找到了最近公共祖先
    if (x == y)
        return y;

    // 不相同，则一起向上跳，直到找到最近公共祖先的父结点
    for (int j = 20; j >= 0; j--)
        if (fa[x][j] != fa[y][j])
            x = fa[x][j], y = fa[y][j];

    // 返回父结点，即为最近公共祖先
    return fa[x][0];
}


void solve()
{
    cin >> n;
    for (int i = 2; i <= n; i++)
    {
        cin >> fa[i][0];                // 输入 fa[i][0] 父结点
        g[fa[i][0]].push_back(i);       // 建图
    }
    dfs(1);          // 从根结点开始计算
    cin >> q;
    while (q--)
    {
        int x, y;
        cin >> x >> y;
        cout << lca(x, y) << '\n';
    }
}
```

```
int main()
{
    ios::sync_with_stdio(0), cin.tie(0), cout.tie(0);
    int T = 1;
    while (T--)
        solve();
    return 0;
}
```

第 8 章

进阶数据结构

　　本章将深入探讨一些高级的数据结构，这些数据结构在解决复杂算法问题时扮演着至关重要的角色，内容包括单调栈、单调队列、ST表、线段树、并查集和链表等，并通过例题讲解帮助读者深入理解这些数据结构及算法的原理与应用，从而提供应对各种算法挑战的能力。

8.1　单调栈

　　单调栈以其独特的魅力和高效的性能在算法问题求解中脱颖而出。本节将介绍单调栈的基本概念，并通过代码示例演示其应用。

8.1.1　单调栈介绍

　　单调栈是一种特殊的栈，具有栈的基本特性：先进后出。它的单调性体现在栈内元素始终保持某种顺序，例如单调递增、单调递减、不增或不减等。通过维护栈内元素的单调性，单调栈可以有效去除许多无效信息，从而显著降低算法的时间复杂度。

　　单调栈适用于查找数组中某个元素左侧（或右侧）最近比该元素大（或小）的元素的位置。

　　举个例子，给定数组a=[2,8,7,3,4,7,9]，下标从1开始，我们要找到位置6（即元素$a[6]$=7）左侧最近比它大的元素的位置。直接观察可知，答案是2（即元素$a[2]$=8>7=$a[6]$）。使用朴素方法是从位置6开始往左逐一遍历，直到找到符合条件的元素。然而，这种方法的时间复杂度较高，此时，单调栈可以大幅优化这一过程。

单调栈的实现

　　首先，定义一个栈stk，用于存放下标，并维护栈内元素的单调递减性。

　　接着，定义数组ans[i]存储元素$a[i]$左侧最近的比它大的元素的下标。

　　从左往右遍历，始终维护栈内元素为递减，且栈顶元素比当前元素更大，那么每次的栈顶元素就是答案，以下是该例子的处理流程：

初始状态：栈为空，开始从左到右遍历。

- $i=1$：此时栈为空（即stk[]），ans[1]=0（位置1左侧没有比$a[1]$更大的元素，将$i=1$入栈，栈内的情况为stk = [1]。

- $i=2$：此时stk=[1]，为了维护"栈顶元素比当前元素更大"，我们需要不断弹出栈顶直到满足条件。于是弹出栈顶，栈更新为stk=[]，于是ans[2]=0，将$i=2$入栈，栈内的情况为stk = [2]。

- $i=3$：此时stk=[2]，栈顶元素$a[2]=8$大于当前元素$a[3]=7$（即$a[2]=8 > a[3]=7$），满足条件。于是ans[3]=2，将$i=3$入栈，栈内的情况为stk = [2, 3]。

- $i=4$，此时stk=[2,3]，栈顶元素$a[3] = 7 > a[4] = 3$。ans[4]=3。将$i=4$入栈，stk = [2, 3, 4]。

- $i=5$，此时stk=[2,3,4]，由于$a[4]=3 \leqslant a[5]=4$，于是将4出栈，栈更新为 stk=[2,3]，ans[5]=3。将$i=5$入栈，栈内的情况为stk = [2, 3, 5]。

- $i=6$，此时stk=[2,3,5]，依次弹出栈内不满足条件的元素（$a[5]\leqslant a[6]$，且$a[3]\leqslant a[6]$），也就是将5，3出栈，栈更新为stk=[2]。ans[6]=2，将$i=6$入栈，栈内的情况为stk = [2, 6]。

- ……

从上面的步骤可知，维护"栈顶元素比当前元素大"是保持栈内元素单调递减的关键。因为我们寻找的是"左侧最近的比当前元素大的元素位置"，假如存在两个元素a_i和a_j满足$i<j$且$a_i<a_j$，那么i不再可能作为答案，因为j比i更靠右（于是一定比i更靠近右侧元素），且a_j还更大。

用一个不太恰当但直观的比喻：假如你的编号为i，而学院中来了一位编号为j（$i<j$）的新生，且他的算法能力比你强（$a_i<a_j$），那么你在竞争中就会被淘汰。

上面的例子讲述的是查找左侧最近更大的元素，其实只需略微调整条件，就能将该算法用于查找左侧最近更小的元素、右侧最近更大的元素或右侧最近更小的元素。

8.1.2   例题讲解

【例】StarryCoding P3 吸氧羊的 StarryCoding 之旅

吸氧羊终于注册了一个StarryCoding账号！（她很开心）

但她忘记了密码，于是想到你是计算机大师，便来请教你。

她虽然不记得密码了，却记得一个数组，而这个密码是这个数组中所有区间的最大值之和。

赶快帮她算出密码吧，她太想进去玩了！

输入格式

第一行包含一个整数n，表示数组a的长度（$1\leqslant n\leqslant 2\times10^5$）。

第二行包含n个整数，表示数组a中的元素（$1\leqslant a_i\leqslant 10^8$）。

输出格式

一行输出一个整数，表示结果。

样例输入

```
5
1 1 1 1 1
```

样例输出

```
15
```

解释

一共有15个区间，每个区间的最大值都是1，它们的和是15。

解题思路

朴素的想法是枚举所有区间，找出最大值并求和，但这样的时间复杂度显然非常高，仅枚举所有区间的时间复杂度就已经是$O(n^2)$了。

本题需转换思路，从"枚举所有区间"改为"枚举所有最大值"。当枚举a_i作为区间最大值时，需计算a_i在多少个区间中为最大值。通过观察发现，若a_i左侧最近比a_i大的位置为$l[i]$，右侧最近比a_i大或等于a_i的位置为$r[i]$（为了避免重漏计数，需加上等于a_i的条件），则a_i作为最大值的区间数量为$(i-l[i])\times(r[i]-i)$（即左端点取值个数乘上右端点取值个数）。

注意：在编程实现时，由于计算可能涉及较大数值，需使用long long类型存储这些计算结果。

AC代码

```cpp
#include <bits/stdc++.h>
using namespace std;
using ll = long long;
const int N = 2e5 + 9;
ll a[N], stk[N], l[N], r[N], top;

// 解决函数，计算结果并输出
void solve()
{
    int n;           // 输入数组的长度
    cin >> n;
    for(int i = 1; i <= n; i++) cin >> a[i];     // 输入数组元素

    // 计算左侧最近比当前元素大的位置
    for(int i = 1; i <= n; i++)
    {
        while(top && a[stk[top]] < a[i]) top--;
        l[i] = top ? stk[top] : 0;
        stk[++top] = i;
    }
    top = 0;

    // 计算右侧最近比当前元素大或等于该元素的位置
    for(int i = n; i > 0; --i)
    {
```

```
        while(top && a[stk[top]] <= a[i]) top--;
        r[i] = top ? stk[top] : n + 1;
        stk[++top] = i;
    }

    // 计算结果
    ll ans = 0;
    for(int i = 1; i <= n; i++) ans += (i - l[i]) * (r[i] - i) * a[i];
    cout << ans << '\n';
}

int main(void)
{
    ios::sync_with_stdio(0),cin.tie(0),cout.tie(0);
    int _ = 1;
    while(_--) solve();    // 调用解决函数
    return 0;
}
```

8.2   单调队列

本节讨论单调队列，它与单调栈类似，但具有不同的应用场景和优势。

8.2.1   单调队列介绍

单调队列是通过改造单调栈得到的，其经典应用是滑动窗口求区间最值。

单调队列使用双端队列（deque）来实现，我们可以把单调队列的右侧看作一个单调栈（例如单调递减），而队列左侧维护下标的合法性。

1. 单调队列求解滑动窗口问题

例如，给定长度为 n 的整数数组 a，求所有长度为 k 的区间最大值。

我们可以用一个单调队列（存放下标）来解决问题。枚举 i 为区间的右端点时，需维护队列的以下两个属性：

（1）右侧单调性：队伍内的元素保持单调不增（或递减），以确保最大值始终位于队列的左端。

（2）左侧合法性：队列中的下标始终限制在 $[i-k+1,i]$ 范围内（因为左侧的元素先入队，所以在队列中下标是自然升序的）。

每次可以通过 a[dq.front()]获取区间 $[i-k+1,i]$ 的最大值。由于队列始终满足单调性和合法性，因此最左侧的元素就是最大值（队列中所有元素的下标是合法）。

假如 a=[7,5,3,4,2]，k=3。以下是双端队列为 dq 的模拟操作过程：

- i=1, dq=[]，直接将1入队，得到dq=[1]。注意单调队列存放的是下标，但比较的是元素大小。

- $i=2$，dq=[1]，右侧维护队列单调不增，由于$a[1] \geqslant a[2]$，直接将2入队，得到dq=[1,2]。
- $i=3$，dq=[1,2]，再将$i=3$入队，得到dq=[1,2,3]。此时$i \geqslant k$，因此区间[1,3]的最大值为a[dq.front()]=7。
- $i=4$，dq=[1,2,3]。首先检查队列中下标的合法性：1超出范围[2,4]，从左侧出队，它已经不合法了，得到dq=[2,3]。接着维护队列的单调性：由于$a[4]>a[3]$，于是将3从右侧出队，将$i=4$入队，得到dq=[2,4]。此时区间[2,4]的最大值就是$a[2]=5$。
- $i=5$，dq=[2,4]。移除2（超出范围[3,5]），将5入队、得到dq=[4,5]。区间[3,5]的最大值为$a[4]=4$。

单调队列可以在$O(n)$的时间复杂度内完成滑动窗口最大值的计算，同时常用于动态规划的优化技巧。

2. 单调队列优化DP

当状态转移方程满足以下形式时，可以使用单调队列来优化时间复杂度。

$$dp[i]=\max(dp[j]+val_{i,j}), \quad L(i) \leqslant j < R(i)$$

其中，$val_{i,j}$表示一个仅与i和j相关的量，$L(i)$和$R(i)$用于限定j的范围。常见的范围形式为$i-k \leqslant j < i$。

下面是一个经典的单调队列优化动态规划（DP）的例子：多重背包问题。

假设有n种物品，背包容量为m。第i种物品的数量为s_i，每件物品的价值为w_i、体积为v_i。

如果你认真阅读了第6章，那么很容易想到状态定义和状态转移方程。

设$dp[i]$表示容量为i时的最大价值。状态转移方程为：

$$dp[i]=\max(dp[i-j \times v_i]+j \times w_i), \quad i-j \times v_i \geqslant 0, \quad j \leqslant s_i$$

在该式子中，变量i是我们喜欢的，但出现了$j \times v_i$，这使得公式不够简洁。如果把$j \times v_i$改为j，那么状态转移方程就正好符合单调队列优化的形式。

我们通过一些例子来分析如何改进。假设我们枚举到某个物品，其数量为$s=3$、价值为$w=4$、体积为$v=3$、背包容量为$m=13$。用i表示当前背包容量，转移过程如下：

- $i=6$，从[3,0]转移。
- $i=7$，从[4,1]转移。
- $i=8$，从[5,2]转移。
- $i=9$，从[6,3,0]转移。
- $i=10$，从[7,4,1]转移。
- $i=11$，从[8,5,2]转移。
- $i=12$，从[9,6,3]转移。
- $i=13$，从[10,7,4]转移过来。

我们称S_i为状态i的转移集合，即状态i从集合S_i中转移而来。通过观察可以发现，如果按照k对i进行同余分类（即取模），那么每个同余系中的S_i存在大量重复。重新分组后更为清晰：

余数为0的组：

- $i=6$（从[3,0]转移），$i=9$（从[6,3,0]转移过来），$i=12$（从[9,6,3]转移）。

余数为1的组：

- $i=7$（从[4,1]转移），$i=10$（从[7,4,1]转移过来），$i=13$（从[10,7,4]转移）。

余数为2的组：

- $i=8$（从[5,2]转移），$i=11$（从[8,5,2]转移过来）。

单调队列优化动态规划如图8-1所示。

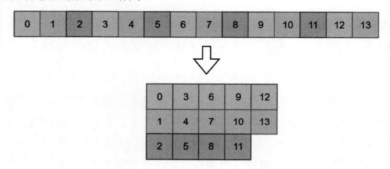

图 8-1　单调队列优化动态规化

状态转移方程按照体积v分组，并枚举每一组，对于余数为y的一组，转移关系表示为（这里i-j表示选择的物品数量，$j×v+y$枚举S_i中的元素）：

$$dp[i×v+y]=\max(dp[j×v+y]+(i-j)×w),\ \max(0,i-s)\leqslant j<i$$

进一步优化，我们将$i×w$从公式中提取出来，因为它与j无关，于是有：

$$dp[i×v+y]=i×w+\max(dp[j×v+y]-j×w),\ \max(0,i-s)\leqslant j<i$$

这时可以使用单调队列来维护$dp[j×v+y]-j×w$的最大值（当w和v确定时，这个量由j唯一确定，而与i无关），然后加上$i×w$就是i状态的最优解。对于每个余数不同的分组，都需要单独维护一个单调队列。

8.2.2　例题讲解

【例1】StarryCoding P61 滑动窗口

给定一个长度为n的数组a。

有一个大小为k的滑动窗口（在窗口中只能看到k个元素），它从数组的最左边开始，每次向右移动一个位置，直到移动到最右边。

你需要回答出滑动窗口在每个位置时，窗口中的最大值和最小值。

例如，对于数组{0,3,1,0,-5,2,1,8}，窗口大小为$k = 3$，滑动窗口在不同位置的情况如图8-2所示。

窗口位置	最大值	最小值
[0 3 1] 0 − 5 2 1 8	3	0
0 [3 1 0] − 5 2 1 8	3	0
0 3 [1 0 − 5] 2 1 8	1	−5
0 3 1 [0 − 5 2] 1 8	2	−5
0 3 1 0 [− 5 2 1] 8	2	−5
0 3 1 0 − 5 [2 1 8]	8	1

图 8-2　滑动窗口

输入格式

第一行：两个整数n和k（$1 \leqslant k \leqslant n \leqslant 2 \times 10^5$）。

第二行：n个整数，代表数组a（$-10^6 \leqslant a_i \leqslant 10^6$，$1 \leqslant i \leqslant n$）。

输出格式

第一行：从左到右，滑动窗口在每个位置的最大值。

第二行：从左到右，滑动窗口在每个位置的最小值。

样例输入

```
8 3
0 3 1 0 -5 2 1 8
```

样例输出

```
3 3 1 2 2 8
0 0 -5 -5 -5 1
```

解题思路

单调队列模板题，根据单调队列的原理求解滑动窗口的区间最值即可。

需要注意，在出队和获取队头、队尾时，一定要保证队列非空。

```
#include <bits/stdc++.h>
using namespace std;
using ll = long long;
const int N = 2e5 + 9;
ll a[N];


int main()
{
    ios::sync_with_stdio(0), cin.tie(0), cout.tie(0);    // 提高I/O效率
    int n, k; cin >> n >> k;
```

```
for(int i = 1;i <= n; ++ i)cin >> a[i];
deque<int> dq;          // 求最大值
for(int i = 1;i <= n; ++ i){
    // 维护队列下标合法性
    while(dq.size() && dq.front() < i - k + 1)dq.pop_front();
    // 维护最大值，队列右侧维护区间不增或递减
    // 注意一定要判断队列非空，否则会发生运行时错误（Runtime Error, RE）
    while(dq.size() && a[dq.back()] < a[i])dq.pop_back();
    dq.push_back(i);
    // 当窗口大小满足条件时输出最大值
    if(i >= k)cout << a[dq.front()] << ' ';
}
cout << '\n';

// 求最小值
dq.clear();
for(int i = 1;i <= n; ++ i){
    // 维护队列下标合法性
    while(dq.size() && dq.front() < i - k + 1)dq.pop_front();
    // 维护最大值，队列右侧维护区间不减或递增
    while(dq.size() && a[dq.back()] > a[i])dq.pop_back();
    dq.push_back(i);
    if(i >= k)cout << a[dq.front()] << ' ';
}
cout << '\n';
return 0;
}
```

【例 2】StarryCoding P304　吃夜宵

题目描述

小e非常喜欢华子公司的夜宵！

现在有n个人排队领取夜宵，第i个人的工时为a_i。夜宵领取的规则为：第i个人领取到的夜宵份量为其前面k个人的夜宵的最大值加上a_i。若不到k个人，则取到前面所有已有的人为止。

请问至少需要准备多少份量的夜宵？

输入格式

第一行包含两个整数n和k（$1 \leqslant n$, $k \leqslant 10^5$）。

第二行包含n个整数，表示a_i（$1 \leqslant a_i \leqslant 10^5$）。

输出格式

一行输出一个整数表示答案（即至少需要准备的夜宵份量）。

样例输入

```
5 3
1 2 3 4 5
```

样例输出

35

提示

对于第5个人，他的夜宵份量为第2、3、4三个人的夜宵份量的最大值加上5。

解题思路

定义状态dp[i]表示第i个人的夜宵份量。

状态转移方程为：dp[i]=max(dp[j])+a_i，$i-k{\leqslant}j{<}i$。

这个状态转移方程符合单调队列优化的形式，因此可以用单调队列维护[$i-k$, $i-1$]窗口的最值，每次可以做到$O(1)$的转移。

该题的解答中用双端队列实现单调队列，具体代码如下：

```cpp
#include <bits/stdc++.h>
using namespace std;
const int N = 1e5 + 9;
using ll = long long;

ll a[N], b[N], dp[N];

ll dq[N], hh = 1, tt = 0;

int main()
{
    ios::sync_with_stdio(0), cin.tie(0);
    int n, k; cin >> n >> k;
    for(int i = 1;i <= n; ++ i)cin >> a[i];

    // 单调队列
    for(int i = 1;i <= n; ++ i)
    {
        // 左侧维护下标合法性
        while(hh <= tt && dq[hh] < i - k)hh ++;
        // 当i=1时，队列中没有元素
        if(hh <= tt)
        {
            // 队列内存在元素时，可以转移
            dp[i] = max(dp[i], dp[dq[hh]] + a[i]);
        }else{
            // 队列内不存在元素时，领取的夜宵份量就是a[i]
            dp[i] = max(dp[i], a[i]);
        }
        // 右侧维护元素单调性
        while(hh <= tt && dp[i] >= dp[dq[tt]])tt --;
        dq[++ tt] = i;
    }
    ll ans = 0;
```

```
        for(int i = 1;i <= n; ++ i)ans += dp[i];
        cout << ans << '\n';
        return 0;
    }
```

【例 3】StarryCoding P76 多重背包问题

题目描述

小e的背包容量为m，现在商店里有n种商品。

由于在梦境中，他可以零元购，但商品的数量有限，第i种商品最多可以购买s_i件，每件商品的价值为w_i，体积为v_i。

请问小e最多可以带走多少价值的商品？

输入格式

第一行用两个整数m和n表示背包容量和商品种数（$1 \leqslant m, n \leqslant 2000$）。

接下来n行：每行三个整数s_i、w_i和v_i，分别表示第i种商品的最大件数、价值和体积（$0 \leqslant s_i, w_i, v_i \leqslant 20000$）。

输出格式

输出一个整数，表示小e能带走的最大价值（各商品的价值总和）。

样例输入

```
10 3
2 2 1
1 5 3
2 10 4
```

样例输出

```
24
```

提示

拿两件商品1和两件商品3，总价值为$2 \times 2 + 2 \times 10 = 24$。

解题思路

本题可使用单调队列优化的动态规划（DP）方法求解。需要特别注意，当 $v = 0$ 时，由于商品没有体积代价，可以直接全部拿走。以下是具体的实现代码：

```cpp
#include <bits/stdc++.h>
using namespace std;
using ll = long long;

const int N = 2009;

ll dp[N];    // dp[i]表示到当前的物品为止，用了i容量时的最大价值
```

```
int main()
{
    ios::sync_with_stdio(0), cin.tie(0), cout.tie(0);
    ll m, n; cin >> m >> n;

    for(int t = 1;t <= n; ++ t)
    {
        ll s, w, v;
        cin >> s >> w >> v;
        if(v == 0)
        {
            // 当商品没有体积时，直接增加价值
            for(int i = 0;i <= m; ++ i)dp[i] += s * w;
            continue;
        }

        // 分组y，即余数y，使用单调队列优化动态规划
        for(ll y = 0;y < v; ++ y)
        {
            deque<ll> dq;   // 单调队列，存储的是下标
            for(ll i = 0;i * v + y <= m; ++ i){
                // 确保队头下标合法，即范围为[i - s, i - 1]
                while(dq.size() && dq.front() < i - s)dq.pop_front();

                // 注意当i=0时，队列内为空，不可转移
                if(dq.size())
                {
                    // 可以转移
                    ll j = dq.front();
                    dp[i * v + y] = max(dp[i * v + y], i * w + dp[j * v + y] - j * w);
                }

                // 维护单调队尾的单调性
                while(dq.size() && dp[i * v + y] - i * w >= dp[dq.back() * v + y] - dq.back() * w)
                    dq.pop_back();
                dq.push_back(i);
            }
        }
    }
    cout << dp[m] << '\n';
    return 0;
}
```

8.3　ST 表

本节讨论ST表，这是一种静态字典结构，它在处理区间查询和更新问题时表现出色。

8.3.1 ST 表介绍

ST表（Sparse-Table，即稀疏表）是一种用于高效处理区间查询的数据结构，主要用于解决区间最大值或最小值的查询问题，即区间最值查询问题（Range Maximum/Minimum Question，RMQ）。

ST表适用于静态的区间最值查询，即只能对一个固定的数组进行预处理，然后进行区间最值查询。它有点像前缀和的概念，不能一边加入数据一边进行区间最值查询。一旦修改了数组，就需要重建ST表。

ST表本质上是一个动态规划结构，定义状态st[i][j]表示数组a在区间[$i,i+2^j-1$]中的最大值或最小值，也就是从i开始长度为2^j的区间的最大值/最小值，具体是最大值还是最小值取决于状态转移方程。

初始状态为dp[i][0]=a[i]。

状态转移方程也很简单，类似于区间动态规划dp，从小区间转移到大区间（以维护最大值为例）：

$$dp[i][j] = \max(dp[i][j-1], dp[i + 2^{j-1}][j-1])$$

转移方程中的2的幂可以用位运算快速实现，转移方程也有点像倍增法LCA，它们都运用了倍增法的思想。

求区间[i,j]的最值的方法如下：

步骤 01 先求最大的 k，满足 $2^k \leqslant j-i+1$，即 $k=\log_2(j-i+1)$。

步骤 02 再取最值：$f(i,j)=\max(dp[i][k],dp[j-2k+1][k])$。

例如，要求区间[3,8]的最值，就先找到$k=2$，于是有$f(3,8)=\max(dp[3][2],dp[5][2])$，如图8-3所示。

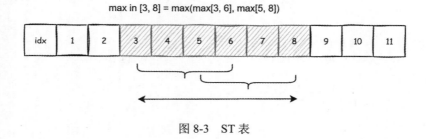

max in [3, 8] = max(max[3, 6], max[5, 8])

图 8-3 ST 表

8.3.2 例题讲解

【例】P252 【模板】ST 表

给定一个长度为n的数组a，有q次询问，每次询问区间[l,r]的最大值、最小值和最大公约数。

输入格式

注意：本题有多组测试样例。

第一行包含一个整数T，表示测试用例的数量（$1 \leqslant T \leqslant 10$）。

对于每组测试用例：

第一行包含两个整数n和q（$1 \leqslant n$，$q \leqslant 10^5$）。

第二行包含n个整数，分别表示a_i（$1 \leqslant a_i \leqslant 10^9$）。

数据保证：$\sum n, \sum q \leqslant 2 \times 10^5$。

输出格式

对于每次询问，输出三个整数，分别表示最大值、最小值和最小公约数。

样例输入

```
2
9 1
7 7 5 2 7 7 5 3 7
2 8
7 1
5 1 3 3 7 7 7
1 6
```

样例输出

```
7 2 1
7 1 1
```

解题思路

我们注意到最大值、最小值和最大公约数（Greatest Common Divisor，GCD）都满足结合律和"可重复贡献"的性质。可重复贡献指的是对于一个运算opt，若满足x opt $x = x$，则称运算opt满足"可重复贡献"，例如有$\max(x,x)=x$，$\min(x,x)=x$，$\gcd(x,x)=x$。因此，这种RMQ（区间最值问题）和区间GCD问题就满足这个性质，而区间和就不满足。如果用ST表来处理区间和，则会导致中间有重复贡献的部分。

于是可以用3个ST表分别维护区间最大值、最小值和最大公约数，按照原理编写即可，注意代码中的初始化动态规划部分和三个求解函数。

这里需要注意的是，st数组的尺寸。由于元素数量最多为10^5个，为了满足条件$2^k \leqslant 10^5$，第二维的大小至少需要是17。我们选择了18作为第二维的大小，实际上，将其拓展到20也是可行的，稍微增加一些额外的空间通常是无害的，因为题目通常不会对空间使用有严格的限制。

```cpp
#include <bits/stdc++.h>
using namespace std;
using ll = long long;
const int N = 1e5 + 9;
const ll inf = 2e18;
const int T = 18;
ll stMax[N][20], stMin[N][20], stGcd[N][20];    // 三个二维数组，分别存储区间最大值、最小
值和最大公约数
```

```
ll a[N];        // 数组a，用来存储输入的数列

ll getMax(int l, int r)        // 获取区间[l, r]的最大值
{
    int k = log(r - l + 1) / log(2);        // 计算区间长度的对数，用来确定ST表的跨度
    return max(stMax[l][k], stMax[r - (1 << k) + 1][k]);// 返回区间[l, r]的最大值
}
ll getMin(int l, int r)        // 获取区间[l, r]的最小值
{
    int k = log(r - l + 1) / log(2);        // 计算区间长度的对数，用来确定ST表的跨度
    return min(stMin[l][k], stMin[r - (1 << k) + 1][k]);// 返回区间[l, r]的最小值
}

ll getGcd(int l, int r)        // 获取区间[l, r]的最大公约数
{
    int k = log(r - l + 1) / log(2);        // 计算区间长度的对数，用来确定ST表的跨度
    return __gcd(stGcd[l][k], stGcd[r - (1 << k) + 1][k]);        // 返回区间[l, r]的最大公
约数
}

void solve()
{
    int n, q;
    cin >> n >> q;        // 输入数组长度n和询问次数q
    for (int i = 1; i <= n; ++i)
        cin >> a[i];        // 输入数组a

    // 初始化长度为1的情况，stMax、stMin和stGcd的0列
    for (int i = 1; i <= n; ++i)
        stMax[i][0] = stMin[i][0] = stGcd[i][0] = a[i];

    // 动态规划计算ST表的值
    for (int j = 1; j <= T; ++j)        // 对于每个区间的长度2^j
    {
        for (int i = 1; i + (1 << j) - 1 <= n; ++i)  // 对于每个区间的起始点i
        {
            // 计算区间最大值、最小值和最大公约数
            stMax[i][j] = max(stMax[i][j - 1], stMax[i + (1 << (j - 1))][j - 1]);
            stMin[i][j] = min(stMin[i][j - 1], stMin[i + (1 << (j - 1))][j - 1]);
            stGcd[i][j] = __gcd(stGcd[i][j - 1], stGcd[i + (1 << (j - 1))][j - 1]);
        }
    }

    // 处理查询
    while (q--)   // 对于每个查询
    {
        int l, r;
        cin >> l >> r;        // 输入查询区间[l, r]
        // 输出该区间的最大值、最小值和最大公约数
        cout << getMax(l, r) << ' ' << getMin(l, r) << ' ' << getGcd(l, r) << '\n';
```

```
    }
}

int main()
{
    ios::sync_with_stdio(0), cin.tie(0), cout.tie(0);    // 加速输入/输出
    int _;
    cin >> _;               // 输入测试用例的数量
    while (_--)             // 对每个测试用例调用solve函数
        solve();
    return 0;
}
```

8.4　树状数组

树状数组（其发明者命名为Fenwick Tree）虽然名字里带"树"，但本质上可以理解为一个"进行分段求和"的数组，且具备树的性质。树状数组可以高效地计算数列的区间和，并支持区间修改操作。

在学习树状数组之前，我们需要理解一个二进制操作：lowbit。

lowbit(x)表示x在二进制下仅保留最低位的1所表达的二进制数，例如：

- lowbit($(10010)_2$)=$(10)_2$
- lowbit($(1010010100)_2$)=$(100)_2$
- lowbit($(1010010100)_2$)=$(100)_2$

计算方法是：lowbit(x)=x&($-x$)。

8.4.1　单点修改型树状数组

题目背景：对于一个长度为n（$1 \leqslant n \leqslant 10^5$）的数组$a$（$1 \leqslant a_i \leqslant 10^9$），有两种操作：

（1）查询数组某一段区间的和。

（2）将某个元素a_i增加某个大小x（$1 \leqslant x \leqslant 10^9$）。

共进行q（$1 \leqslant q \leqslant 10^5$）次操作，输出每次操作1的结果。

因为这两种操作是混合进行的，而非分开执行，如果用前缀和来求解，每次查询都需要$O(n)$的时间复杂度来计算前缀和，总的时间复杂度为$O(nq)$，这显然不划算。

我们可以借助树状数组来解决该问题。创建一个大小为n的数组t（t采用1-index，即下标从1开始），定义$t_i = \sum_{j=i-\text{lowbit}(i)+1}^{i} a_i$，也就是说$t[i]$中存储的是$a[i-\text{lowbit}(i)+1] \sim a[i]$的和，我们也称$[i-\text{lowbit}(i)+1,i]$是结点$i$的管辖区间，如图8-4所示。

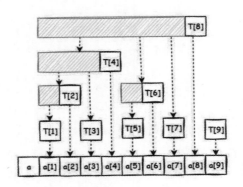

图 8-4   大小为 n 的树状数组 t

接下来，我们需要知道这么两个小操作：

（1）找到父结点。

如图8-4所示，父结点的关系是：结点1的父结点是结点2，结点2的父结点是结点4，结点4的父结点是结点8，结点3的父结点是结点4，结点7的父结点是结点8。

结点x的父结点是$x+\text{lowbit}(x)$，这是一个二进制规律，也是保证树状数组的时间复杂度为$O(\log n)$的关键。

（2）找到左边相邻的结点。

如图8-4所示，左边相邻结点的关系是：结点9的左边相邻结点是8，结点8的左边相邻结点是结点0（即不存在），结点7的左边相邻结点是6，结点6的左边相邻结点是4。

结点x的左边相邻结点是$x-\text{lowbit}(x)$，这同样是一个二进制规律。

1. 单点修改

如图8-5所示，假如我们将$a[3]$增加x，那么实际上包含$a[3]$信息的所有结点都要增加x，也就是$t[3]$、$t[4]$、$t[8]$都要增加x。我们如何找到这些结点呢？只需不断地找父结点，直到超过边界即可。

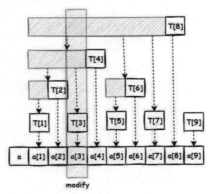

图 8-5   单点修改

代码实现非常简单：

```
// 给a[k]增加x，将信息更新到t数组上
void add(int k, ll x)
{
    for(int i = k; i <= n; i += lowbit(i))t[i] += x;
}
```

2. 区间查询

因为树状数组维护的是区间和，所以如果能够求出$a[1]\sim a[k]$的和，就能够求出任意区间的和。如图8-6所示，可以看出$\sum_{i=1}^{7}=t[7]+t[6]+t[4]$，如何找到这些结点呢？只需要不断地找左边相邻的结点，依次加起来即可。

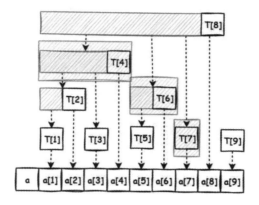

图 8-6　区间查询

假如我们要求区间$[1,k]$的和，只需要从$t[k]$出发，不断地找左边相邻的结点，依次加上它们，再继续向左走，直到遇到下标为0的结点为止。

代码实现也非常简单：

```
ll getsum(int k)
{
    ll res = 0;
    for(int i = k; i > 0;i -= lowbit(i))res += t[i];
    return res;
}
```

如果要求区间$[l,r]$的和，只需要稍加修改即可，利用前缀和的概念。由此可见，树状数组特别适用于具有前缀和性质的问题，如区间求和、区间异或和：

```
ll getsumLR(int l, int r)
{
    return getsum(r) - getsum(l - 1);
}
```

树状数组的区间查询和单点修改的时间复杂度均为$O(\log n)$，其中n为数组大小。

8.4.2 区间修改型树状数组

相信前面介绍的单点修改型树状数组对读者来说不难理解，但它只能进行单点修改，不能一次将某个区间都加上x。如果想要实现区间修改，则需要引入差分技术。

在单点修改型树状数组中，t数组维护的是原数组a的区间和。为了实现区间修改，我们可以令t数组维护a的差分数组d的区间和。

8.4.3 例题讲解

【例】StarryCoding P40 【模板】树状数组（单点修改）

题目描述

给定一个大小为n的数组a和q次操作。

每次操作有以下两种形式：

- "1 k v"：给a_k加上v。
- "2 l r"：查询区间$[l,r]$的和。

对于每次类型为2的操作，输出结果。

输入格式

第一行包含两个整数n和q（$1 \leqslant n$，$q \leqslant 2 \times 10^5$）。

第二行用n个整数，表示数组a（$-10^5 \leqslant a_i \leqslant 10^5$）。

接下来q行，每行一个操作，格式为"1 k v"或"2 l r"（$1 \leqslant l \leqslant r \leqslant n$，$-10^5 \leqslant v \leqslant 10^5$）。

输出格式

对于每次类型为"2"的操作，在一行内输出结果。

样例输入

```
5 4
1 2 3 4 5
1 1 1
2 1 2
1 4 2
2 3 4
```

样例输出1

```
4
9
```

解题思路

树状数组单点修改的例题，直接看实现代码：

```
#include <bits/stdc++.h>
```

```cpp
using namespace std;
using ll = long long;

const int N = 2e5 + 9;      // 定义常量N，表示数组的最大长度

ll t[N], n;          // 定义数组t和变量n

// 定义lowbit()函数，用于获取x的二进制表示中最低位的1所对应的值
int lowbit(int x){return x & -x;}

// 定义add()函数，用于将x加到数组t的第k个元素及其之后的元素上
void add(int k, ll x){
    for(int i = k; i <= n; i += lowbit(i))t[i] += x;
}

// 定义getsum()函数，用于计算数组t中前k个元素的和
ll getsum(int k){
    ll res = 0;
    for(int i = k; i > 0;i -= lowbit(i))res += t[i];
    return res;
}

int main()
{
    ios::sync_with_stdio(0), cin.tie(0), cout.tie(0); // 优化输入/输出流
    int q; cin >> n >> q;               // 输入n和q
    for(int i = 1;i <= n; ++ i){    // 初始化数组t
        int x; cin >> x;
        add(i, x);
    }

    while(q --){                 // 处理q次操作
        int op; cin >> op;
        if(op == 1)              // 如果操作类型为1，则执行以下操作
        {
            ll k, x; cin >> k >> x;      // 输入k和x
            add(k, x);           // 将x加到数组t的第k个元素及其之后的元素上
        }else                    // 如果操作类型不为1，则执行以下操作
        {
            ll l, r; cin >> l >> r;      // 输入l和r
            cout << getsum(r) - getsum(l - 1) << '\n'; // 输出数组t中第1个元素到第r个元素的和
        }
    }

    return 0;
}
```

8.5　线段树

线段树（Segment Tree）是一个非常重要的数据结构，利用分治法的思想，可以用于维护一些满足结合律的区间信息，例如区间元素之和或区间异或和。

线段树能以$O(\log n)$时间复杂度实现区间修改和区间查询。与树状数组相比，线段树更具有通用性，但常数因子略大。

线段树是算法竞赛中的难点之一，代码量大，容错率较低，同时也体现了分治法的思想。因此，读者需要花费更多时间深入学习和掌握。

8.5.1　线段树区间加法

给定一个长度为$n(1 \leqslant n \leqslant 10^5)$的数组$a(-10^9 \leqslant a \leqslant 10^9)$，可以进行以下两种操作共$q(1 \leqslant q \leqslant 10^5)$次：

（1）将区间$[l, r]$的元素都增加x。
（2）查询区间$[l, r]$的元素之和。

在8.4节中，我们介绍了使用树状数组来维护区间和，从而实现区间修改和区间查询。然而，树状数组常用于单点修改和区间查询，而线段树则更适用于区间修改。

在本小节中，我们以这个情景为例来学习线段树。

在线段树中，一个结点表示一个区间（也称为一条线段，故名"线段树"）。线段树是一棵二叉树，通常通过二叉树的编号方式来构建整棵树：编号为x的结点，左子树为$2x$，右子树为$2x+1$。因此，我们通常不需要显式记录左右子树和父结点。但这也意味着我们需要创建一个大小为$4n$的数组来存储整棵树。一般以1号结点作为根结点。

具体来说，如果当前结点所表示的区间为$[s,e]$：

- 如果当前区间的大小>1，我们可以计算区间的中间值$\text{mid} = \left\lfloor \dfrac{s+e}{2} \right\rfloor$，将左子树表示的区间设为$[s,\text{mid}]$，右子树表示的区间设为$[\text{mid}+1,e]$。
- 如果当前区间的大小=1，那么当前结点为叶子结点，没有子结点。

线段树的结构示意图如图8-7所示。

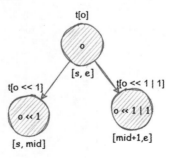

图 8-7　线段树的结构示意图

1. 准备变量

```
using ll = long long;    // 使用long long
```

```
const int N = 2e5 + 9;
ll a[N];                      // 原数组
int n;                        // 原数组大小
ll t[N << 2];                 // 开4倍空间，t[x]表示结点x所表示的区间的元素之和
```

就是这么简单，不再需要编写其他额外的变量了（懒标记将在后续补充）。

2. 上推操作

上推操作（pushup）是线段树所有操作都需要用到的工具函数，下面是它的实现。
写法非常简单，pushup就是用子结点的信息来更新当前结点的信息。

```
// 笔者习惯用o表示当前结点编号
void pushup(int o)
{
    // o << 1 等价于 o * 2（左子树的编号）
    // o << 1 | 1等价于o * 2 + 1（右子树的编号）
    t[o] = t[o << 1] + t[o << 1 | 1];
}
```

3. 构建树

构建树采用分治法的思想，分别建立左右子树，然后利用pushup来更新当前结点，从而建立当前的子树，类似于自下而上树形动态规划法的思想。

```
// 建树，递归
void buildTree(int s = 1, int e = n, int o = 1)
{
    if(s == e)
    {
        t[o] = a[s];
         return;
    }
    int mid = (s + e) >> 1;
    buildTree(s, mid, o << 1), buildTree(mid + 1, e, o << 1 | 1);
    pushup(o);
}
```

4. 懒标记

懒标记（lazytag）用于表示某个结点尚未更新给子结点的值。懒标记是保证线段树的区间修改和区间查询正确性的关键。
在这里，笔者使用lz数组来表示懒标记。

```
ll lz[N << 2];        // lz[o]表示：结点o还有lazy[o]这么大的一个数字，尚未加给左右子树
```

当lz[o]=0时，说明当前结点的左右子树都已更新过了，得到了正确的值。
使用懒标记后，必须配合下放操作。

5. 下推操作

pushdown（下推操作）需要3个参数，分别表示当前的操作区间（[s,e]）和结点编号（o）。

```
void pushdown(int s, int e, int o)
{
    // 如果lz[o] == 0，则无须下放
    if(!lz[o])return;

    // ls表示左子树的编号，rs表示右子树的编号
    int mid = (s + e) >> 1, ls = o << 1, rs = o << 1 | 1;

    // 注意此处的lazy传递是重点
    // lz[o]表示区间每个点都要加上lz[o]
    // 因此对于t（区间和）来说，要乘上一个区间长度
    t[ls] += lz[o] * (mid - s + 1);
    t[rs] += lz[o] * (e - mid);

    // 标记也要下推
    lz[ls] += lz[o], lz[rs] += lz[o];

    // 懒标记下推完毕
    lz[o] = 0;
}
```

6. 区间修改

将区间$[l,r]$中的数字都加上x，采用递归形式。当走到目标区间时，会修改对应的$t[o]$和$lz[o]$。本函数是线段树的精髓，请务必认真阅读并仔细理解。

```
// l、r、x在递归过程中是不变的
void add(int l, int r, ll x, int s = 1, int e = n, int o = 1)
{
    if(l <= s && e <= r)
    {
        // 当前操作区间已经完全进入目标区间
        // 当前结点信息应当直接被修改并打上lz标记，不再往下走
        t[o] += 1ll * (e - s + 1) * x;
        // 到当前结点时，t[o]为正确的值，lz[o]不一定为0
        // 所以lz[o]不能直接赋值，而应该加上x
        lz[o] += x;    // 打上标记
        return;
    }

    // 向下走之前，一定要下推
    pushdown(s, e, o);

    // 注意mid = (s + e) >> 1，而不是(l + r) >> 1
    int mid = (s + e) >> 1;

    // 判断是否需要向左走，如果左子树的区间[s, mid]和[l, r]有交集，就要走
    // 注意这里无须判断s <= r，因为这是必然的
    // 如果s > r，那么当前结点都进不来
    if(mid >= l)add(l, r, x, s, mid, o << 1);    // 无须返回值
    // 判断是否需要向右走，如果右子树的区间 [mid+1,e]和[l, r]有交集，就要走
```

```
        if(mid + 1 <= r)add(l, r, x, mid + 1, e, o << 1 | 1);

        // 递归回来时, 记得上推
        pushup(o);
}
```

7. 区间查询

区间查询与区间修改类似, 仅有一些简单的变化:

```
ll query(int l, int r, int s = 1, int e = n, int o = 1)
{
    if(l <= s && e <= r)
    {
        // 当前操作区间已完全进入目标区间
        // 到当前结点时, t[o]为正确的值
        return t[o];
    }

    ll res = 0;  // 记录结果

    // 向下走之前, 一定要下推
    pushdown(s, e, o);

    // 注意mid = (s + e) >> 1, 而不是(l + r) >> 1
    int mid = (s + e) >> 1;
    // 判断是否需要向左走, 如果左子树的区间[s, mid]和[l, r]有交集, 就要走
    if(mid >= l)res += query(l, r, s, mid, o << 1);       // 无须返回值
    // 判断是否需要向右走, 如果右子树的区间[mid+1,e]和[l, r]有交集, 就要走
    if(mid + 1 <= r)res += query(l, r, mid + 1, e, o << 1 | 1);
    // query没有进行修改, 所以可以不上推, 当然写上也不影响

    return res;
}
```

至此, 支持区间加法并维护区间和的线段树就构建完成了。

8.5.2　线段树的区间乘法、加法和赋值

在8.5.3节的例2中, 我们需要对一个数组进行区间乘法、区间加法和区间赋值, 这看起来比区间加法复杂许多, 因为存在三个不同的运算, 但实际上我们可以将这三个运算视为一个运算, 即人为定义的一种运算, 叫作"乘k加x"运算。

也就是说, 每次运算都先将区间中的所有元素乘以k, 再加上x, 于是可以将这三种运算统一表示为以下形式:

- 将区间$[l,r]$中的元素都增加x, 等价于将区间$[l,r]$中的元素都乘以1再加x。
- 将区间$[l,r]$中的元素都乘以x, 等价于将区间$[l,r]$中的元素都乘以x再加0。
- 将区间$[l,r]$中的元素都赋值为x, 等价于将区间$[l,r]$中的元素都乘以0再加x。

通过这个组合运算，我们发现只有加法和乘法这两种运算，巧妙地代替了赋值操作。因此，只需要加法标记（用add[o]表示）和乘法标记（用mul[o]表示）。接下来，我们思考如何处理这个组合运算的标记。

当我们要对一个结点o执行$\times k+x$的运算时，假设在运算前add[o]=u、mul[o]=v，设y为结点o的管辖区间中的某个元素（即叶子结点）。

在修改前，y实际表示的值应该是$y\times$mul[o]+add[o]（此时懒标记还未下推，不必纠结这个懒标记，应该先计算乘法还是先计算加法，统一运算的顺序是先乘后加）。再执行这一次的"$\times k+x$"运算，y的实际值将变为$(y\times$mul[o]+add[o]$)\times k+x=y\times($mul[o]$\times k)+($add[o]$\times k+x)$，于是我们就可以得出以下结论：

- mul[o]变为mul[o]$\times k$。
- add[o]变为add[o]$\times k+x$。
- $t[o]$变为$t[o]\times k+(e-s+1)\times x$。

1. update()函数

为了让结点的更新更方便，我们编写了一个update()工具函数。

```
// p是模数
// 管辖区间为[s, e]的结点o，乘k，加x
void update(int s, int e, int o, ll k, ll x){
    add[o] = (add[o] * k % p + x) % p;
    mul[o] = mul[o] * k % p;
    t[o] = (t[o] * k % p + x * (e - s + 1) % p) % p;
}
```

2. modify()函数

因为这里实现的不仅仅是加法运算，所以我们调用modify()函数来执行上面提到的组合运算（乘k加x）：

```
void modify(int l, int r, ll k, ll x, int s = 1, int e = n, int o = 1)
{
    // 当前操作区间（管辖区间）在目标区间内
    if(l <= s && e <= r)return update(s, e, o, k, x), void();

    int mid = (s + e) >> 1;
    pushdown(s, e, o);
    if(mid >= l)modify(l, r, k, x, s, mid, o << 1);
    if(mid + 1 <= r)modify(l, r, k, x, mid + 1, e, o << 1 | 1);
    pushup(o);
}
```

还有一些值得注意的细节：

- 在构建树时需要将mul标记初始化为1，add标记初始化为0。

- 取模运算要到位。

实际上，线段树还可以维护其他的运算或操作，比如异或和、最大值和最小值，但它们与我们讲的维护区间和的线段树大同小异，本书限于篇幅，留给读者自行思考。

8.5.3   例题讲解

【例 1】StarryCoding P84   【模板】异或线段树

题目描述

给定一个长度为n的数组，可以执行以下运算共q次：

- $1\ l\ r\ x$：将区间$[l,r]$的数字都异或x。
- $2\ l\ r$：求区间$[l,r]$的数字的异或和。

对于每次"2"的运算或操作，输出结果。

输入格式

第一行用两个整数表示n（$1 \leq n \leq 2 \times 10^5$）和$q$（$1 \leq q \leq 2 \times 10^5$）。

第二行用n个整数表示数组a（$-10^9 \leq a_i \leq 10^9$）。

接下来q行，每行一个运算（$1 \leq op \leq 2$，$1 \leq l$，$r \leq n$，$0 \leq x \leq 10^9$）。

输出格式

对于每次"2"的运算或操作，输出一行结果。

样例输入

```
5 3
1 2 3 4 5
1 1 3 2
2 1 3
2 4 5
```

样例输出

```
2
1
```

解题思路

线段树维护区间异或和，在更新时，若区间内的元素为奇数个，则异或x，若为偶数个，则不用变。

代码较长，需要读者慢慢编写和调试，熟练后就会很快。

```cpp
#include<iostream>
using namespace std;
using ll = long long;
```

```
int n, m;                // 定义全局变量n和m，分别表示数组长度和运算次数
const int N = 1e6;       // 定义常量N，表示数组的最大长度
ll t[N << 2], a[N], lz[N << 2];    // 定义线段树数组t、原数组a和懒惰标记数组lz

// 更新线段树的函数，参数l和r表示更新区间，o表示当前结点的编号，v表示要异或的值
void update(int l, int r, int o, ll v) {
    t[o] ^= ((r - l + 1) & 1) ? v : 0; // 如果区间长度为奇数，则异或v，否则异或0
    lz[o] ^= v;           // 更新懒标记
}

// 合并子结点的函数，参数o表示当前结点的编号
void pushup(int o) {
    t[o] = t[o << 1] ^ t[o << 1 | 1];   // 将左右子结点的值异或得到当前结点的值
}

// 下推懒标记的函数，参数s和e表示当前结点对应的区间，o表示当前结点的编号
void pushdown(int s, int e, int o) {
    if (!lz[o]) return;               // 如果当前结点没有懒标记，则直接返回
    int mid = s + e >> 1;             // 计算中间位置
    update(s, mid, o << 1, lz[o]); // 更新左子结点
    update(mid + 1, e, o << 1 | 1, lz[o]);        // 更新右子结点
    lz[o] = 0;            // 清空当前结点的懒标记
}

// 构建线段树的函数，参数s和e表示当前结点对应的区间，o表示当前结点编号
void build(int s = 1, int e = n, int o = 1) {
    if (s == e) {                     // 如果当前区间只有一个元素
        t[o] = a[s];                  // 直接赋值给当前结点
        return;
    }
    int mid = s + e >> 1;             // 计算中间位置
    build(s, mid, o << 1);            // 递归构建左子树
    build(mid + 1, e, o << 1 | 1); // 递归构建右子树
    pushup(o);           // 合并子结点的值
}

// 修改线段树的函数，参数l和r表示修改区间，v表示要异或的值，其他参数同上
void modify(int l, int r, ll v, int s = 1, int e = n, int o = 1) {
    if (l <= s && e <= r) {           // 如果当前结点对应的区间完全在修改区间内
        update(s, e, o, v);           // 直接更新当前结点及其子结点
        return;
    }
    int mid = s + e >> 1;             // 计算中间位置
    pushdown(s, e, o);                // 下推懒标记
    if (l <= mid) modify(l, r, v, s, mid, o << 1);   // 如果修改区间与左子树的区间有交集，
则递归修改左子树
    if (mid + 1 <= r) modify(l, r, v, mid + 1, e, o << 1 | 1);    // 如果修改区间与右
子树的区间有交集，则递归修改右子树
    pushup(o);           // 合并子结点的值
}
```

```
    // 查询线段树的函数，参数l和r表示查询区间，其他参数同上
    ll query(int l, int r, int s = 1, int e = n, int o = 1) {
        if (l <= s && e <= r) {                    // 如果当前结点对应的区间完全在查询区间内
            return t[o];                           // 直接返回当前结点的值
        }
        int mid = s + e >> 1;                      // 计算中间位置
        pushdown(s, e, o);                         // 下推懒标记
        ll res = 0;                                // 初始化结果为0
        if (l <= mid) res ^= query(l, r, s, mid, o << 1);     // 如果查询区间与左子树的区间有
交集，则递归查询左子树
        if (mid + 1 <= r) res ^= query(l, r, mid + 1, e, o << 1 | 1);     // 如果查询区间
与右子树的区间有交集，则递归查询右子树
        pushup(o);                                 // 合并子结点的值
        return res;                                // 返回查询结果
    }

    int main() {
        ios::sync_with_stdio(0), cin.tie(0), cout.tie(0);     // 优化输入/输出流
        std::cin >> n >> m;                        // 读入数组长度和运算次数
        for (int i = 1; i <= n; ++i) cin >> a[i];          // 读入原数组
        build();                                   // 构建线段树
        for (int i = 0; i < m; ++i) {              // 进行m次运算或操作
            int op;
            cin >> op;                             // 读入操作类型
            if (op == 1) {                         // 如果操作类型为1，则执行修改操作
                int l, r, x;
                cin >> l >> r >> x;                // 读入修改区间和要异或的值
                modify(l, r, x);                   // 调用修改函数
            }else{                                 // 如果操作类型为2，则执行查询操作
                int l, r;
                cin >> l >> r;                     // 读入查询区间
                cout << query(l, r) << '\n';// 调用查询函数并输出结果
            }
        }
        return 0;
    }
```

【例 2】StarryCoding P83【模板】线段树（进阶）

给定一个长度为n的数组，可以执行以下运算q次：

- $1\ l\ r\ x$：将区间$[l,r]$的数字都加上x。
- $2\ l\ r\ x$：将区间$[l,r]$的数字都乘以x。
- $3\ l\ r\ x$：将区间$[l,r]$的数字都赋值为x。
- $4\ l\ r$：求区间$[l,r]$的数字之和。

对于每次"4"的运算或操作，输出结果，而结果对998244353取模。

思路

请参考8.5.3节的线段树的区间乘法、加法和赋值。

代码

```cpp
#include <bits/stdc++.h>
using namespace std;
using ll = long long;
const int N = 2e5 + 9;
const ll p = 998244353;
ll a[N], n, t[N << 2], add[N << 2], mul[N << 2];

// 管辖区间为[s,e]的结点o，乘k，加x
void update(int s, int e, int o, ll k, ll x){
    add[o] = (add[o] * k % p + x) % p;
    mul[o] = mul[o] * k % p;
    t[o] = (t[o] * k % p + x * (e - s + 1) % p) % p;
}

// 合并左右子树的值
void pushup(int o){t[o] = (t[o << 1] + t[o << 1 | 1]) % p;} // 左右子树的和
void pushdown(int s, int e, int o)
{
    int mid = (s + e) >> 1;          // 计算当前区间的中点
    // 将当前结点的乘法和加法标记下推到子结点
    update(s, mid, o << 1, mul[o], add[o]);
    update(mid + 1,e , o << 1 | 1, mul[o], add[o]);
    add[o] = 0, mul[o] = 1;    // 清除当前结点的标记
}
void build(int s = 1, int e = n, int o = 1)
{
    add[o] = 0, mul[o] = 1;          // 初始化加法和乘法标记
    if(s == e)return t[o] = a[s], void();   // 如果是叶子结点，直接赋值
    int mid = (s + e) >> 1;
    build(s, mid, o << 1);           // 递归构建左子树
    build(mid + 1, e, o << 1 | 1);   // 递归构建右子树
    pushup(o);         // 合并左右子树的结果
}
void modify(int l, int r, ll k, ll x, int s = 1, int e = n, int o = 1)
{
    // 当前操作区间（管辖区间）在目标区间内
    if(l <= s && e <= r)return update(s, e, o, k, x), void();// 完全包含，直接更新

    int mid = (s + e) >> 1;
    pushdown(s, e, o);           // 下推标记
    if(mid >= l)modify(l, r, k, x, s, mid, o << 1);       // 更新左子树
    if(mid + 1 <= r)modify(l, r, k, x, mid + 1, e, o << 1 | 1);  // 更新右子树
    pushup(o);           // 更新当前结点的值
}
ll query(int l, int r, int s = 1, int e = n, int o = 1)
```

```
{
    // 当前操作区间（管辖区间）在目标区间内
    if(l <= s && e <= r)return t[o];    // 完全包含，直接返回结果
    int mid = (s + e) >> 1;
    pushdown(s, e, o);      // 下推标记
    ll res = 0;
    if(mid >= l)res = (res + query(l, r, s, mid, o << 1)) % p;    // 查询左子树
    // 查询左子树
    if(mid + 1 <= r)res = (res + query(l, r, mid + 1, e, o << 1 | 1)) % p;
    return res;        // 返回结果
}
void solve()
{
    ll q; cin >> n >> q;       // 输入数组大小和运算（或操作）次数
    for(int i = 1;i <= n; ++ i)cin >> a[i];
    build();           // 构建线段树
    while(q --)
    {
        int op; cin >> op;    // 输入运算或操作类型
        ll l, r, x;
        if(op == 1)
        {
            cin >> l >> r >> x;     // 输入区间[l, r]和加值x
            modify(l, r, 1, x);     // 区间乘法运算
        }else if(op == 2)
        {
            cin >> l >> r >> x;     // 输入区间[l, r]和乘值x
            modify(l, r, x, 0);     // 区间乘法运算
        }else if(op == 3)
        {
            cin >> l >> r >> x;     // 输入区间[l, r]和赋值x
            modify(l, r, 0, x);     // 区间赋值操作
        }else
        {
            int l, r; cin >> l >> r;              // 输入查询区间[l, r]
            cout << query(l, r) << '\n';      // 输出查询结果
        }
    }
}
int main()
{
    ios::sync_with_stdio(0), cin.tie(0), cout.tie(0);      // 加速输入/输出
    int _ = 1;
    while(_ --)solve();    // 调用解题函数
    return 0;
}
```

8.6 并查集

本节将讨论并查集。并查集是一个重要的数据结构，在解决不相交集合的问题时尤为强大。

8.6.1 朴素并查集

并查集是一个基础且重要的数据结构，主要用于实现结点之间的合并并查询操作（例如，判断两个结点是否属于同一个连通块）。每个结点有且仅有一个父结点（即每个结点指向另一个结点），通过这一特点可以分析出结点之间的关系。

并查集通常用于处理无向图，以描述结点之间的连通性（例如，是否属于同一类别或是否可以到达）。在初始化时，每个结点都指向自身，这种结点指向关系可以通过pre[]数组来表示。

如图8-8所示，当前共有3个集合，它们的根结点分别是1、2和8。

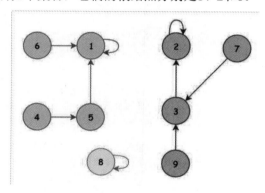

图 8-8   根结点分别为 1、2 和 8 的三个集合

1. 找根函数

为了找到某个结点的根，可以从该结点出发，通过pre[]一直向上查找，直到找到根结点。代码如下：

```
int root(int x){
    return pre[x] == x ? x : root(pre[x]);
}
```

2. 合并函数

如果需要将两个结点x和y所在的集合合并，只需将x的根结点指向y的根结点（反过来也可以）。代码如下：

```
void merge(int x, int y)
{
    pre[root(x)] = root(y);
}
```

注意，在并查集中，所有的操作都是基于根结点进行的。

3. 判断是否在同一个集合中

若两个结点的根结点相同，则说明它们属于同一个集合。代码如下：

```
bool isInSameSet(int x, int y){
    return root(x) == root(y);
}
```

8.6.2　并查集的路径压缩

设想这样一个场景：如果并查集的结点连接成一条长链，每次查找最后一个结点的根结点，查找根的函数时间复杂度退化为$O(n)$，这是非常低效的！

为了解决这一问题，我们可以在查找根结点时，将路径上的所有点都直接指向根结点。这样，再次查询这些结点时，可以在均摊$O(1)$的时间复杂度（最坏也不会超过$O(\log n)$）内完成。这种时间复杂度的证明较为复杂，感兴趣的读者可自行查阅相关资料，此处不再赘述。

通过修改找根函数即可实现路径压缩：

```
int root(int x){return pre[x] = (pre[x] == x ? x : root(pre[x]));}
```

这行代码非常巧妙！它在查找根结点的同时，通过路径压缩技术，使当前结点x直接指向其根结点。这样，下次查找时即可直接得到根结点。即使根结点发生了变化，由于路径压缩的效果，只需额外多走一步即可到达新的根结点。总体而言，这种优化显著降低了查找操作的时间复杂度。

如图8-9所示，在查找6号结点并进行路径压缩后，路径压缩后整条路径上的结点都直接指向根结点，形成的图形被称为"菊花图"。

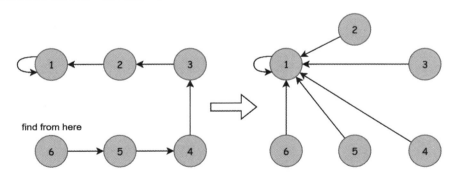

图 8-9　查找 6 号结点时使用路径压缩后的结果图

8.6.3　并查集的启发式合并

或许有同学听说过并查集的"按秩合并"，它的思想是在合并时将秩（rank）较小的根结点指向秩较大的根结点，而不是随意地合并。此处，秩指的是连通块的最大深度。

采用按秩合并后，就无须压缩路径，合并和查询（root函数）的时间复杂度均为$O(\log n)$。此外，按秩合并保持了更强的树结构性质，而不像路径压缩那样使树的结构变得随意。

不过，按秩合并的代码相对复杂，且复杂度与另一种"启发式合并"相同。本书选择讲解更易理解和实现的启发式合并。启发式合并的核心思想是：在合并时，将结点数量（size）较小的树连接到结点数量较大的树上，结点数量就是连通块的大小。

每次合并时，较小的并查集的大小至少翻倍，并且让较小的并查集中所有结点的深度都增加1，由于总结点数为n，并查集的整棵树的最大高度不会超过$\log n$。

下面讲解启发式合并。

1. 初始化

启发式合并增加了连通块的大小（声明为int siz[N]），因此在初始化时需将数组siz的所有元素初始化为1。

```
for(int i = 1;i <= n; ++ i)pre[i] = i, siz[i] = 1;
```

2. 找根函数

启发式合并中不需要路径压缩，为了保持树的结构，找根函数的实现代码如下：

```
int root(int x)
{
    return pre[x] == x ? x : root(pre[x]);
}
```

3. 合并函数

启发式合并通过比较连通块的大小来决定合并方向。

```
void merge(int x, int y)
{
    int rx = root(x), ry = root(y);
    if(rx == ry)return;    // 已连通，无须处理
    // 如果rx更大，则交换rx和ry，可以保证siz[rx] <= siz[ry]
    if(siz[rx] > siz[ry])swap(rx, ry);

    // 此时有siz[rx] <= siz[ry]，将rx合并到ry
    pre[rx] = ry;
    siz[ry] += siz[rx];

    // 操作完成后，rx不再是根结点，于是它的大小不再具有意义
}
```

具体的操作流程如图8-10所示。需要注意的是，图8-6中的$x1$对应上述代码中的ry（交换后），而$y1$对应上述代码中的rx（交换后）。

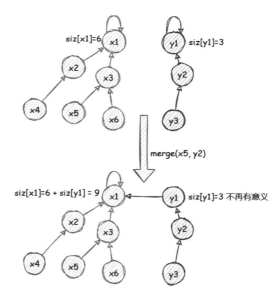

图 8-10 启发式合并过程

8.6.4 可撤销并查集

可撤销并查集是在启发式合并并查集上的改进，通过引入一个类型为pair<int, int>的栈，就足以维护并查集的历史状态。

但是，可撤销并查集无法快速回到任意一个历史状态，而是只能按顺序回退，这会改变当前状态。例如，经过5次合并操作后，我们称当前版本为5。如果想要回退到版本2，则需要依次撤销3次操作。每次撤销的时间复杂度为$O(1)$。如果之后希望回到版本5，则需要按照正确的顺序重新执行这3次合并操作。

1. 历史状态栈

历史状态栈记录每次合并时的{rx, ry}，即合并操作中涉及的两个根结点。通过该记录，可以在需要撤销时对合并操作进行逆向操作。图8-11展示了历史状态栈的结构。

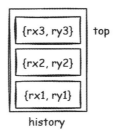

图 8-11 历史状态栈

```
pair<int, int> stk[N];
int top = 0;        // 表示栈顶，用数组来模拟栈
```

2. 合并函数的修改

为了记录历史状态，需要修改合并函数。具体而言，在确定根结点*rx*和*ry*后，将其记录在历史状态栈中。通常情况下，如果两个结点已经属于同一个连通块（即在同一个连通块），则无须合并，这样的操作也不需要记录。当然，如果竞赛题目有特殊需求，则可以进行特殊处理。

修改后的合并函数如下：

```
void merge(int x, int y)
{
    int rx = root(x), ry = root(y);
    if(rx == ry)return;          // 如果已经在一个连通块中，就不用操作
    // 如果rx更大，则交换rx和ry，可以保证siz[rx] <= siz[ry]
    if(siz[rx] > siz[ry])swap(rx, ry);

    // 在部分版本较低的编译器中这样写可能会报错，请自行改为make_pair(rx, ry);
    // 在这里记录下rx和ry即可
    his[++ top] = {rx, ry};

    // 执行合并操作（此时有siz[rx] <= siz[ry]），所以把rx合并到ry
    pre[rx] = ry;
    siz[ry] += siz[rx];

    // 合并完成后，rx不再是根结点，于是它的siz也不再有意义
}
```

3. 撤销函数

撤销函数很简单，只需从栈顶取出{*rx*,*ry*}，然后根据合并时的操作执行反向操作即可，撤销函数的实现代码如下：

```
void undo()
{
    if(!top)return;   // 栈为空时，说明此时并查集处于初始状态，无须撤销操作
    auto [x, y] = stk[top --];        // 取出栈顶的历史状态

    pre[x] = x;           // 恢复 x 为根结点
    siz[y] -= siz[x];     // 更新 y 的大小
}
```

在图8-10的基础上执行一次撤销操作，恢复回上一版，具体过程如图8-12所示。

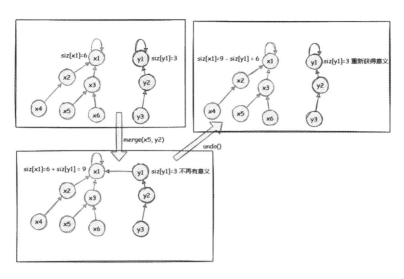

图 8-12　撤销过程

8.6.5　例题讲解

【例 1】StarryCoding P68 连通块问题

题目描述

给定一个无向图，包含 n 个点和 m 条边（没有重边和自环）。求图中所有连通块的大小。

输入格式

第一行：两个整数 n 和 m，表示顶点数和边数（$1 \leqslant n$，$m \leqslant 2 \times 10^5$）。

接下来 m 行：每行两个整数 u_i 和 v_i，表示在 u_i 和 v_i 之间存在一条无向边。

输出格式

从小到大输出所有连通块的大小。

样例输入

```
5 2
1 2
1 3
```

样例输出

```
1 1 3
```

提示

所有连通块为：{1,2,3}，{4}，{5}。

解题思路

这是一个并查集模板题，通过路径压缩即可高效解决。

```
#include <bits/stdc++.h>
using namespace std;

const int N = 2e5 + 9;        // 定义常量N，表示数组的最大长度
int pre[N], sz[N];            // 定义两个数组pre和sz，分别用于存储并查集的父结点和每个集合的大小

// 定义一个函数root，用于查找x的根结点
int root(int x){return pre[x] = (pre[x] == x ? x : root(pre[x]));}

int main(){
    ios::sync_with_stdio(0), cin.tie(0), cout.tie(0);    // 优化输入/输出流
    int n, m; cin >> n >> m;   // 输入n和m，分别表示结点数量和操作次数
    for(int i = 1;i <= n; ++ i)pre[i] = i; // 初始化并查集，每个结点的父结点都是自己
    while(m --)          // 进行m次操作
    {
        int x, y; cin >> x >> y; // 输入操作的两个结点
        pre[root(x)] = root(y); // 将x的根结点的父结点设置为y的根结点，实现合并操作
    }
    vector<int> v;       // 定义一个向量v，用于存储每个连通块的大小
    for(int i = 1;i <= n; ++ i)sz[root(i)] ++; // 统计每个连通块的大小
    for(int i = 1;i <= n; ++ i
        if(root(i) == i)v.push_back(sz[i]);        // 记录连通块的大小，添加到向量v中
    sort(v.begin(), v.end()); // 对向量v进行排序
    for(const auto &val : v)cout << val << ' '; // 输出排序后的向量v，即结果
    return 0;
}
```

【例2】StarryCoding P9 【模板】可撤销并查集

给定n个结点和q次询问。每次询问分为以下三类。

- 1 $x y$: 将结点x和y连通。如果已经连通，则不进行操作。
- 2: 撤销上一次的操作（若已全部撤销完，则不进行操作）。
- 3 $x y$: 查询结点x和y是否连通。如果是，则输出YES，否则输出NO。请注意都是大写字母，不包含引号。

输入格式

第一行：两个整数n（$1 \leqslant n \leqslant 10^6$）和$q$（$1 \leqslant q \leqslant 10^5$）分别表示结点数和询问次数。

接下来q行，每行一个询问op x y（$1 \leqslant op \leqslant 3$，$1 \leqslant x, y \leqslant n$）。当op=2时，不包含$x$和$y$。

输出格式

对于每一个"3"操作（询问），输出一个字符串（YES或NO）表示结果。

样例输入

```
4 5
1 1 2
1 1 3
3 2 3
2
3 2 3
```

样例输出

```
YES
NO
```

解题思路

这是一个可撤销并查集的经典模板题。

AC代码

```cpp
#include<bits/stdc++.h>
using namespace std;

// 定义一个pair类型，用于存储两个整数
#define pii pair<int, int>

// 定义常量N，表示数组的最大长度
const int N = 2e6 + 5;

// 定义并查集的父结点（数组pre），连通块（集合）的大小（数组sz），栈顶指针
int pre[N] = {0}, sz[N] = {0}, top = 0;
pii stk[N];          // 栈，用于记录操作历史

// 查找x的根结点
int find_root(int x)
{
    return pre[x] == x ? x : find_root(pre[x]);
}

// 合并x和y所在的集合
void merge(int x, int y)
{
    int rx = find_root(x), ry = find_root(y);
    if (rx == ry) return;                // 如果x和y已同一个连通块中，则直接返回
    if (sz[rx] > sz[ry]) swap(rx, ry);   // 将较小的连通块合并到较大的连通块中
    stk[++top] = {rx, ry};               // 将合并前的父结点信息压入栈中
    pre[rx] = ry;                        // 更新x的父结点为y
    sz[ry] += sz[rx];                    // 更新y连通块的大小
}

// 撤销上一次的合并操作
void undo()
```

```
{
    if (!top) return;              // 如果栈为空，则直接返回
    auto [x, y] = stk[top--];      // 弹出栈顶元素，即上一次合并的两个连通块的根结点
    pre[x] = x;                    // 恢复x的父结点为自己
    sz[y] -= sz[x];                // 恢复y连通块的大小
}

int main()
{
    ios::sync_with_stdio(0), cin.tie(0), cout.tie(0);
    int n, q; cin >> n >> q;       // 输入结点数量n和操作次数q

    for (int i = 1; i <= n; i++) pre[i] = i, sz[i] = 1; // 初始化并查集，每个结点都是自
己的父结点，大小为1

    for (int i = 0 ; i < q; i++)
    {
        int op; cin >> op;         // 输入操作类型
        if (op == 1)
        {
            int x, y; cin >> x >> y;// 输入要合并的两个结点
            merge(x, y);            // 合并这两个结点所在的连通块
        }
        else if (op == 2)
        {
            undo();                 // 撤销上一次合并操作
        }
        else if(op == 3)
        {
            int x, y; cin >> x >> y;// 输入要查询的两个结点
            cout << (find_root(x) == find_root(y) ? "YES" : "NO") << '\n'; // 输出这两
个结点是否在同一个连通块（集合）中
        }
    }
}
```

8.7　链表

　　本节将探讨链表这一基础但强大的数据结构，了解其在不同场景下的应用。在算法竞赛中，尽管链表的使用频率并不高，即便使用，也通常采用数组模拟的方式，而不会涉及指针操作。

8.7.1　数组实现双向链表

1. 链表的定义

　　链表是一种非连续、非顺序的线性表，由若干结点相连而成。链表通常分为以下单链表和双向链表两种：

（1）单链表（也叫单向链表）：每个结点记录当前结点的数据和下一个结点的地址。这种结构只允许单向遍历，即从第一个结点按顺序访问每个后续结点，如图8-13所示。

head
↓

node(1) --> node(2) --> node(3) --> ··· --> node(n) --> null

图 8-13　单链表的结构

- head是链表的头结点指针，指向链表的第一个结点。
- node(x)表示链表中的结点，其中x为结点中存储的数据。
- 每个结点包含数据部分和指向下一个结点的指针（在图8-13中用箭头表示）。
- 最后一个结点的指针域指向null，表示链表的末尾。

（2）双链表（也叫双向链表）：每个结点记录当前结点的数据和前后两个结点的地址。这种结构允许在链表中进行双向遍历，即可以从任一结点向前或向后访问其他结点，如图8-14所示。

head <--> node(1) <--> node(2) <--> node(3) <--> ··· <--> node(n) <--> tail

图 8-14　双链表的结构

- head是链表的头结点指针，指向链表的第一个结点。
- tail是链表的尾结点指针，指向链表的最后一个结点。
- node(x)表示链表中的结点，其中x为结点中存储的数据。
- 每个结点包含数据部分以及两个指针，一个指向前一个结点，另一个指向后一个结点（在图8-14中用双向箭头表示）。
- 第一个结点的前向指针指向null，最后一个结点的后向指针也指向null。

2. 链表与数组的区别

链表和数组都可用于存放数据，但它们各有特点：

- 由于链表链状结构的特性，可实现$O(1)$复杂度的插入和删除操作，但查找的时间复杂度为$O(n)$，只能从表头逐一遍历，直到找到目标结点。
- 数组提供随机访问功能，可通过下标直接访问元素，时间复杂度为$O(1)$，而插入和删除操作的时间复杂度为$O(n)$，因为需要移动右侧的元素（一个一个移动）。

3. 链表的操作

本节主要讲解用数组模拟双向链表（同样适用于单向链表）。在这种实现方式中：

- 用$e[i]$数组表示结点i的数据。
- 用$l[i]$数组表示结点i的前一个结点（左侧相邻结点）的编号。
- 用$r[i]$数组表示结点i的后一个结点的编号。

结点0表示头结点，结点−1表示空结点。在数组模拟时，用编号（即下标）来代替地址。变量dx表示当前已分配结点的最大编号，用于构建结点池。

链表的核心操作包括插入、删除和查找三个操作。

1）插入

假如我们要在结点x的右侧插入结点y，根据情况处理：

- 如果$r[x]=-1$，只需设置$r[x]=y$、$l[y]=x$、$r[y]=-1$即可，比较简单。
- 如果$r[x]=z$，则需要依次设置：$l[y]=x$、$r[y]=z$；$r[x]=y$、$l[z]=y$。

注意，需先修改结点y的前后结点l和r，再修改结点x和z的指针，否则会导致找不到左右结点（指针丢失）。

2）删除

假如要删除结点y，分类讨论。

因为链表中至少有一个头结点（不可删除），于是不可能存在$l[y]=0$的情况。

- 如果$l[y]=x$且$r[y]=-1$，只需设置$r[y]=-1$。
- 如果$l[y]=x$且$r[y]=z$，只需要设置$l[z]=x$和$r[x]=z$。

3）查找

与单链表一致，从头结点0开始遍历，逐一查找目标数据。

通过稍加改造，还可以实现环形链表等数据结构。由于链表在算法竞赛中并不常见，感兴趣的读者可自己研究实现。

8.7.2 例题讲解

【例】StarryCoding P280 【模板】链表

题目要求维护一个链表，支持以下5种操作，共q次询问。

- 1,x：向头部插入元素x。
- 2,x：向尾部插入元素x。
- 3：删除头部元素，若链表为空，则不进行操作。
- 4：删除尾部元素，若链表为空，则不进行操作。
- 5：从头到尾输出链表的所有数据。

输入格式

第一行包含一个整数q（$1 \leqslant q \leqslant 10^5$），表示询问次数。

接下来q行，每行一个操作op，x（op$\in[1,5]$，$1 \leqslant x \leqslant 10^9$）。

当op$\in[3,5]$时，没有x。保证操作5的次数不超过10次。

输出格式

对于每次"5"的操作，在一行内从头到尾输出链表的所有数据（作为答案）。

样例输入

```
7
1 1
1 2
1 3
4
2 4
3
5
```

样例输出

```
2 4
```

解题思路

用数组模拟双向链表，可以实现本题所需的所有操作。

当然，也可以使用STL中的deque或list容量，但推荐读者尝试手写链表代码，尽管实现过程相对烦琐，但有助于深入理解链表的原理。

AC代码

```cpp
#include <bits/stdc++.h>
using namespace std;
using ll = long long;

const int N = 1e5 + 9;                 // 最大结点数量
ll e[N], l[N], r[N], tail, idx;        // 数据数组、左指针、右指针、尾结点和当前索引
int main()
{
    ios::sync_with_stdio(0), cin.tie(0), cout.tie(0);   // 提高输入/输出效率
    int q;          // 询问次数
    cin >> q;       // 输入询问次数
    r[0] = -1;      // 初始化头结点的右指针为空
    while (q--)     // 循环处理每次操作
    {
        int op;     // 操作类型
        cin >> op;  // 输入操作类型
        if (op == 1)  // 操作类型 1：头插法
        {
            // 头插法
            int x;          // 要插入的值
            cin >> x;       // 输入插入的值
            e[++idx] = x;   // 将值存入数据数组，并更新当前索引

            r[idx] = r[0];     // 新结点的右指针指向原头结点
```

```
            l[idx] = 0;              // 新结点的左指针指向头结点
            if (r[0] == -1)          // 如果链表为空
                tail = idx;          // 更新尾结点为当前结点
            else                     // 否则
                l[r[0]] = idx;       // 原头结点的左指针指向新结点
            r[0] = idx;              // 头结点的右指针指向新结点
        }
        else if (op == 2)            // 操作类型 2：尾插法
        {
            // 尾插法
            int x;                   // 要插入的值
            cin >> x;                // 输入插入的值
            e[++idx] = x;            // 将值存入数据数组，并更新当前索引
            r[idx] = -1;             // 新结点的右指针为 -1，表示尾结点
            l[idx] = tail;           // 新结点的左指针指向当前尾结点
            r[tail] = idx;           // 当前尾结点的右指针指向新结点
            tail = idx;              // 更新尾结点为新结点
        }
        else if (op == 3)            // 操作类型 3：删除头结点
        {
            // 删除头
            if (r[0] != -1)          // 如果链表不为空
                r[0] = r[r[0]], l[r[0]] = 0; // 更新头结点的右指针为原头结点的下一个结点
                                     // 更新新头结点的左指针为 0

            // 更新tail
            if (r[0] == -1)          // 如果删除后链表为空
                tail = 0;            // 将尾结点更新为 0
        }
        else if (op == 4)            // 操作类型 4：删除尾结点
        {
            // 删除尾
            if (tail != 0)           // 如果链表不为空
            {
                tail = l[tail];      // 更新尾结点为当前尾结点的前一个结点
                r[tail] = -1;        // 更新新尾结点的右指针为 -1
            }
        }
        else if (op == 5)            // 操作类型 5：输出链表
        {
            // 输出链表
            for (int i = r[0]; i != -1; i = r[i])     // 从头结点开始遍历链表
            {
                cout << e[i] << ' ';        // 输出当前结点的值
            }
            cout << '\n';            // 换行
        }
    }
    return 0;                        // 程序结束
}
```

第 9 章

字 符 串

简单来说，字符串是由字符组成的有序集合。它可以包含字母、数字、标点符号甚至任何可打印的符号。

在计算机科学中，字符串处理是基础且关键的一部分。本章将介绍与字符串相关的算法和数据结构，旨在帮助读者加深对字符串操作的理解，并提升解决实际问题的能力。

9.1 字符串匹配

字符串匹配的过程主要是解决在主字符串（文本串）S中查找一个或多个模式字符串（模式串）T的问题。简单来说，这个过程就是在字符串S中搜索T出现的位置。模式串T通常也被称为pattern。在处理字符串问题时，我们可以选择不同的算法和技术，包括但不限于朴素的字符串匹配方法、KMP（Knuth-Morris-Pratt）算法、字符串哈希算法、有限自动机、Trie树、后缀数组和后缀树等。选择具体方法时，需要根据问题需求进行权衡，比如是否需要处理大量数据、是否需要快速响应、是否涉及特定的匹配模式等。

9.1.1 朴素的字符串匹配算法

假设文本串S的长度为n，模式串T的长度为m。

朴素的字符串匹配方法（也被称为暴力字符串匹配算法），通过从前往后枚举起点i，从文本串中提取子串$S[i,i+m-1]$，并将这个子串与模式串T逐字符比较（暴力匹配）：

- 如果全部字符相同，则认为在文本串S中找到了一个长度为m的子串与T完美匹配。如果需要继续找查找，则继续枚举下一个起点。

- 如果某一位置上字符不同，则认为当前子串和T匹配失败，那么就没有必要把终点向后移动了，仅需继续将起点往后移动即可。

通过分析可知，起点最坏情况下需要枚举到*n*，且将子串和*T*匹配最坏需要*m*次，因此暴力算法的时间复杂度为$O(nm)$。这种算法适用于两个字符串都较短的场景。

代码实现如下：

```cpp
#include<bits/stdc++.h>
using namespace std;

// 朴素字符串匹配函数
void search(string txt, string pat) {
    int m = pat.length();       // 模式串长度
    int n = txt.length();       // 文本串长度

    // 遍历主字符串
    for (int i = 0; i <= n - m; i++) {
        int j;
        // 对于当前位置i, 尝试匹配整个模式字符串
        for (j = 0; j < m; j++)
            if (txt[i + j] != pat[j])
                break;              // 如果不匹配，则退出当前匹配尝试
        // 如果成功匹配整个模式字符串
        if (j == m)
            cout << i << endl; // 输出匹配的起始位置
    }
}

int main() {
    string txt = "AABAACAADAABAAABAA";
    string pat = "AABA";
    search(txt, pat);
    return 0;
}
```

9.1.2 KMP 算法

1. KMP算法

KMP（Knuth-Morris-Pratt）算法是一种高效的字符串匹配算法，用于在文本字符串中查找模式字符串的位置。它的核心优势在于匹配失败时可以避免多余的字符比较，从而显著提高匹配效率。

KMP算法的核心思想是构建一个部分匹配表（通常称为next数组），也称为前缀表或失配表，用于指导模式字符串在匹配失败时的跳转行为。Next数组记录了模式字符串内部的重复结构信息，通过利用这一信息，算法能够快速调整匹配位置，而无须从头开始。

KMP算法的本质思想是：模式串自身包含的信息可以帮助确定下一个匹配的起点。这一特性使KMP算法避免了重新检查已经匹配的字符。掌握KMP算法有一定的门槛，读者在第一次学习KMP算法时建议只需记下模板且会使用即可，逐步深入理解它的理解。

为了方便理解，字符串下标采用1-index方式（即下标从1开始）。

2. next数组

next[*i*]表示在模式串的子串*T*[1,*i*]中，最长相等的真前缀和后缀的长度。注意，next[]数组仅与模式串*T*有关，真前缀和真后缀指的是长度小于整个字符串长度的前缀和后缀。

在匹配过程中，若模式串中的某个字符与主串不匹配，可以通过next数组直接跳转到模式串中的某个位置重新开始比较，而无须从模式串的起始位置重新开始。

next数组如图9-1所示。

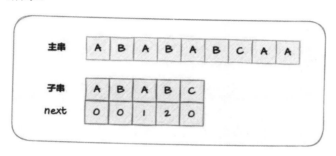

图 9-1　next 数组

3. KMP算法的实现

KMP算法分两步实现：

步骤01 构造 next 数组：根据模式串 *T* 计算出跳转信息。

步骤02 匹配过程：将文本串与模式串逐一比较，根据 next 数组指导跳转。

KMP算法之所以效率高，不仅在于其独特的失败处理机制，更在于其巧妙利用字符串的前缀和后缀特性，从而避免了重复的搜索过程。通过观察KMP算法的实现，我们可以发现，整个匹配过程仅需一次遍历，即通过一个单循环即可完成。这背后的原理是KMP算法具备一种"最优历史处理"能力。每当发生失配时，算法能够准确跳转到下一个最有可能匹配的位置，而无须回溯，从而大幅度提升匹配效率。

这一切的基础是KMP算法的核心理念——通过预处理输入字符串，充分利用已匹配部分的信息，以实现更高效的搜索。KMP算法的时间复杂度为$O(N+M)$，其中N为文本字符串的长度，M为模式字符串的长度。

StarryCoding P119【模板】KMP算法

```
#include <bits/stdc++.h>
using namespace std;
const int N = 1e6 + 9;
char s[N], t[N];
int nex[N];
```

```
int main()
{
    ios::sync_with_stdio(0), cin.tie(0), cout.tie(0);

    cin >> s + 1 >> t + 1;
    int n = strlen(s + 1), m = strlen(t + 1);

    // 将末尾的字符设置为不相等的特殊字符，可以让代码逻辑更简单
    s[n + 1] = '#', t[m + 1] = '$';

    // 1.构造next数组
    nex[1] = 0;
    for(int i = 2, j = 0;i <= m; ++ i)
    {
        // 检查t[1, j + 1]和t[i - j + 1, i]是否相等
        // j = nex[j]实际上是找到上一个与t[i - 1]相等的位置
        // 即有t[1, nex[j]] == t[i - nex[j], i - 1]
        while(j && t[i] != t[j + 1]) j = nex[j];

        if(t[i] == t[j + 1])j ++;

        // 此时有t[1, j] == t[i - j + 1, i]
        nex[i] = j;
    }

    // 2.匹配过程
    for(int i = 1, j = 0;i <= n; ++ i)
    {
        while(j && s[i] != t[j + 1])j = nex[j];
        if(s[i] == t[j + 1])j ++;

        // 此时有s[i - j + 1, i] == t[1, j]
        if(j == m)cout << i - j + 1 << ' ';
    }
    cout << '\n';
    for(int i = 1;i <= m; ++ i)cout << nex[i] << ' ';     // 输出next数组
    cout << '\n';

    return 0;
}
```

9.1.3　进制哈希

在计算机中，哈希（Hash）是一种常用的数据结构，用于将复杂的数据转换为一个数字标识。利用这一特性，科学家设计了哈希表（HashMap），可以实现数据的快速索引。此外，哈希还常用于快速判断两个数据是否相等。

哈希的核心思想在于将值域较大、难以比较的输入映射到一个值域较小、便于比较的范围。

进制哈希（也称为多项式哈希）是一种在字符串处理中广泛应用的哈希技术，尤其适用于字符串匹配和比较任务。它的核心思想是将字符串视为一个多项式，并通过固定的基数（base进制）和模数（p）计算其哈希值。

通过哈希，我们可以用一个大整数（通常为unsigned long long类型）表示一个字符串，从而将"判断两个字符串是否相等"的操作的时间复杂度从$O(n)$降低到$O(1)$，只需比较两个字符串的哈希值即可。

然而，用一个大整数表示一个字符串，可能会导致不同字符串映射到相同整数的情况（哈希冲突）。为尽量避免冲突，并结合字符串的"位置"信息，可以使用基于进制的哈希方法，该方法将字符串视为一个多项式，就像理解二进制表示法一样。

1. 选择模数和基数

我们规定一个字符串s，其长度为n，第i个字符为s_i。它的进制哈希值为：$\sum_{i=1}^{n} f(s_i) \times \text{base}^{n-i} \pmod{p}$。

其中，$f(x)$表示将字符x转换为一个整数。不难发现，字符串的前缀串$s[1:n]$的进制哈希可以通过其前缀串$s[1:n-1]$递推计算出来，因此可以采用类似求前缀和的方式求高效计算子串的进制哈希。

细心的读者可能已经注意到，这种方法实际上是在表示一个以base为底的进制数字。如果读者对二进制较为熟悉，那么理解这种方法将会更加容易。

在算法竞赛中，最常见的取模方法是利用自然溢出，即直接将数据类型设置为unsigned long long，让其自然对2^{64}取模。这种方法的优点是避免了显式的取模运算符，从而提升了代码的简洁性和运行效率。

对于基数（进制数），我们通常选择如31、61、101、103、131等质数作为基数（进制数）。具体选择哪个基数取决于应用场景和数据类型的需求。质数作为基数通常是较好的选择，因为它们可以帮助哈希表中的键值更均匀地分布。然而，没有一种"最佳"的基数适用于所有情况，因此在实际应用中需要根据数据的分布特性和性能要求选择合适的基数。

2. 字符串哈希初始化

在进行字符串哈希处理时，我们通常采用秦九韶算法的思想进行初始化，实现代码如下：

```
unsigned long long b[N], h[N];
void init(int n)
{
    // 先计算base[i] = base^i
    b[0] = 1;
    for(int i = 1;i <= n; ++ i)b[i] = b[i - 1] * base;
    for(int i = 1;i <= n; ++ i)h[i] = h[i - 1] * base + (int)s[i];
}
```

细心的读者可能已经注意到，这里我们计算了一个进制的幂（base^i）。它的作用是什么呢？

需要强调的是，*h*数组实际上是一个前缀哈希数组。通过初始化后存储的前缀哈希值，可以快速计算字符串*s*中任意子串的哈希值，大大提升了效率。

3. 求子串哈希

我们可以将一个字符串视为一个进制数。例如，字符串*abcdef*可以按照如图9-2所示的格式表示。

假如现在需要获取子串*cde*的哈希值，其表示格式如图9-3所示。

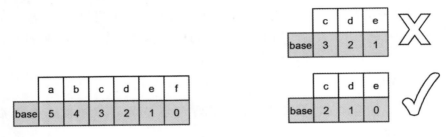

图 9-2　字符串的格式　　　　图 9-3　子串的哈希

需要特别注意的是，对于一个字符串，每个字符的权重必须从右往左、从0开始依次递增，这样才能形成标准的哈希表示。

求子串哈希的核心在于"删除"不需要的部分。例如，从*abcde*中移除前缀*ab*时，需要确保权重对应正确，具体方法如图9-4所示。

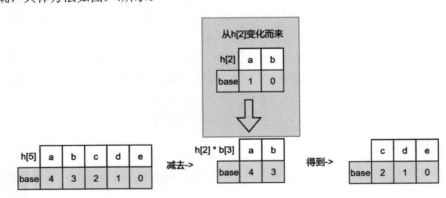

图 9-4　删除子串

由此，我们可以推导出用于计算子串哈希值的通用公式，代码如下：

```
unsigned long long getHash(int l, int r){
    return h[r] - h[l] * b[r - l + 1];
}
```

4. 判断子串是否相等

通过前面的铺垫，判断子串是否相等变得十分简单，即只需要比较两个子串的哈希值是否相等即可。

在此基础上，还可以利用反向字符串的哈希值，实现快速判断一个子串是否为回文串。这部分内容留给读者自行思考。

9.1.4 例题讲解

1. 字符串查找

题目描述

给定两个字符串text和pattern，判断pattern是否为text的一个子串。

C++代码实现：

```cpp
#include <iostream>
#include <vector>
#include <string>
using namespace std;

// 计算模式串的最长公共前后缀数组
vector<int> computeLPSArray(const string& pattern) {
    int M = pattern.length();
    vector<int> lps(M);     // 存储最长公共前后缀的长度
    int len = 0;            // 当前最长公共前后缀的长度
    lps[0] = 0;             // 第一个字符没有前缀和后缀, 设为0
    int i = 1;              // 从第二个字符开始遍历
    while (i < M) {
        if (pattern[i] == pattern[len]) {
            len++;          // 如果当前字符与最长公共前后缀的下一个字符相同, 则长度加1
            lps[i] = len;   // 更新当前位置的最长公共前后缀长度
            i++;            // 继续检查下一个字符
        } else {
            if (len != 0) {
                len = lps[len - 1];  // 如果不相同, 则回退到上一个最长公共前后缀的位置
            } else {
                lps[i] = 0;          // 如果回退到0, 则说明当前字符没有公共前后缀, 设为0
                i++;                 // 继续检查下一个字符
            }
        }
    }
    return lps;
}

// KMP算法: 搜索文本中是否存在模式串
bool KMPSearch(const string& text, const string& pattern) {
    int N = text.length();
    int M = pattern.length();
```

```
        vector<int> lps = computeLPSArray(pattern); // 计算模式串的最长公共前后缀数组
        int i = 0;          // 文本的索引
        int j = 0;          // 模式串的索引
        while (i < N) {
            if (pattern[j] == text[i]) {
                j++;         // 如果匹配成功，则两个索引都向前移动
                i++;
            }
            if (j == M) {
                return true;            // 如果模式串全部匹配成功，则返回true
                j = lps[j - 1];         // 回退到最长公共前后缀的位置
            } else if (i < N && pattern[j] != text[i]) {
                if (j != 0)
                    j = lps[j - 1];     // 如果当前字符不匹配，则回退到最长公共前后缀的位置
                else
                    i = i + 1;          // 如果回退到0，则文本索引向前移动一位
            }
        }
        return false;                   // 如果没有找到匹配的模式串，则返回false
}

int main() {
    string text = "ABABDABACDABABCABAB";
    string pattern = "ABABCABAB";
    if (KMPSearch(text, pattern))
        cout << "Pattern found in text" << endl;
    else
        cout << "Pattern not found in text" << endl;
    return 0;
}
```

这个代码实现了KMP算法，通过计算最长公共前后缀数组（LPS Array），实现了快速的模式匹配。

2. 最长重复子串

题目描述

给定一个字符串，找出它的最长重复子串。

C++代码实现：

```
#include <iostream>
#include <vector>
#include <string>
#include <unordered_map>        // 引入 unordered_map 头文件
using namespace std;

const int base = 31;
const int mod = 1e9 + 9;
```

```cpp
// 计算字符串的哈希值
long long computeHash(const string& s) {
    long long hash = 0;
    long long p_pow = 1;
    for (char c : s) {
        hash = (hash + (c - 'a' + 1) * p_pow) % mod;
        p_pow = (p_pow * base) % mod;
    }
    return hash;
}


// 寻找最长重复子串
string longestRepeatedSubstring(string s) {
    int n = s.length();
    int left = 1, right = n;
    string result = "";

    // 二分查找最长重复子串的长度
    while (left <= right) {
        int len = left + (right - left) / 2;
        bool found = false;

        unordered_map<long long, vector<int>> hashTable; // 哈希表存储每个长度为len的子串的哈希值及其起始位置

        // 遍历所有可能的子串，并计算其哈希值
        for (int i = 0; i <= n - len; i++) {
            long long currentHash = computeHash(s.substr(i, len));
            // 如果当前哈希值已存在于哈希表中，则检查是否有相同的子串
            if (hashTable.find(currentHash) != hashTable.end()) {
                for (int index : hashTable[currentHash]) {
                    if (s.substr(index, len) == s.substr(i, len)) {
                        found = true;
                        result = s.substr(i, len);
                        break;
                    }
                }
            }
            // 将当前子串的哈希值和起始位置加入哈希表
            hashTable[currentHash].push_back(i);
            if (found) break;
        }

        // 根据是否找到重复子串调整搜索范围
        if (found) left = len + 1;
        else right = len - 1;
    }

    return result;
}
```

```
int main() {
    string s = "banana";
    cout << "Longest Repeated Substring: " << longestRepeatedSubstring(s) << endl;
    return 0;
}
```

这段代码使用了进制哈希来快速比较子串，通过二分查找方法查找最长的重复子串。由于直接进行字符串比较的开销较大，因此采用哈希值进行比较。

【例】StarryCoding 120【模板】字符串哈希

给定一个长度为n的仅包含小写字母的字符串S，有q次询问，每次询问两个子串$S[l,r]$、$S[x,y]$是否相等。

输入格式

第一行包含一个整数n（$1 \leq n \leq 10^6$）。

第二行包含一个字符串表示S。

第三行包含一个整数q（$1 \leq q \leq 10^5$）。

接下来q行，每行包含4个整数，表示l、r、x和y（$1 \leq l \leq r \leq n$, $1 \leq x \leq y \leq n$）。

输出格式

对于每次询问，若相等，则输出YES，否则输出NO。

样例输入

```
6
abcabc
3
1 4 2 4
1 3 4 6
2 3 5 6
```

样例输出

```
NO
YES
YES
```

解题思路

```
#include <bits/stdc++.h>
using namespace std;
using ull = unsigned long long;
const ull N = 1e6 + 9, base = 131; // 定义常量N和base，分别表示字符串的最大长度和哈希基数
char s[N];          // 存储输入的字符串
ull b[N], h[N];   // b数组用于存储base的幂次方，h数组用于存储字符串的前缀哈希值

// 初始化函数，计算字符串的前缀哈希值
```

```
void init(int n)
{
    b[0] = 1;      // 初始化b[0]为1
    for(int i = 1;i <= n; ++ i)b[i] = b[i - 1] * base; // 计算base的幂次方
    for(int i = 1;i <= n; ++ i)h[i] = h[i - 1] * base + (int)s[i]; // 计算字符串的前缀
哈希值
}

// 获取字符串l~r位置的哈希值
ull getHash(int l, int r)
{
    return h[r] - h[l - 1] * b[r - l + 1];
}

int main()
{
    int n;cin >> n;    // 输入字符串长度
    cin >> s + 1;      // 输入字符串,从下标1开始存储
    init(n);           // 初始化前缀哈希值
    int q; cin >> q;   // 输入查询次数
    while(q --)
    {
        int l, r, x, y; cin >> l >> r >> x >> y; // 输入查询区间和待比较区间
        if(getHash(l, r) == getHash(x, y))cout << "YES" << '\n'; // 如果两个区间的哈希
值相等, 则输出YES
        else cout << "NO" << '\n'; // 否则输出NO
    }
    return 0;
}
```

9.2 回文串

本节将介绍回文串的概念、判断方法以及Manacher算法,并通过例题进行讲解。

9.2.1 回文串介绍

1. 定义

在算法竞赛中,回文串是一个常见且重要的概念。回文串指的是一个字符串正读和反读都相同的字符串,例如"madam"或"racecar"。处理回文串的问题有多种出现形式,从简单的检测一个字符串是否为回文,到更复杂的找出字符串中最长的回文子串或回文子序列。

回文串有以下基本属性。

- 对称性: 回文串在中心轴(可以是字符或字符之间的空隙)对称。

- 长度：回文串的长度可以是奇数，也可以是偶数。对于奇数长度的回文串，中心是一个字符；对于偶数长度的回文串，中心在两个字符之间。

2. 常见问题

在算法竞赛中，有关回文串的常见问题如下。

1）检测回文

- 最简单的问题是检测给定的字符串是否为回文。
- 可以通过双指针法从两端开始比较，直到中间位置。

2）最长回文子串

- 经典问题是找到字符串中的最长回文子串。
- 可以使用动态规划或Manacher算法。Manacher算法是专门为这个问题设计的，时间复杂度为$O(n)$。

3）回文子序列

- 另一个变种是找到最长的回文子序列。
- 通常使用动态规划来解决。

4）带有修改的回文问题

- 如最少添加多少字符使整个字符串成为回文。
- 这类问题可以用动态规划或后缀数组等高级数据结构来解决。

5）回文串计数

- 计算给定字符串中回文子串的数量。
- 可以使用Manacher算法高效计算。

3. 竞赛策略

- 理解问题类型：首先判断问题是关于回文子串还是回文子序列的，这将决定采用的算法策略。
- 选择合适的算法：对于大多数回文问题，动态规划、双指针法或Manacher算法足够应对。选择哪种取决于问题的具体要求。
- 优化时间复杂度：在竞赛中，时间复杂度往往是关键。例如，对于最长回文子串问题，Manacher算法优于动态规划。
- 注意边界情况：在回文问题中，尤其是在字符串的开头和结尾，常常会出现边界处理错误。
- 熟悉字符串操作：熟练掌握字符串的基本操作，如反转、子串提取等。

9.2.2 Manacher 算法

1. 算法原理与实现代码

Manacher是一种高效的算法，用于快速找到字符串中最长的回文子串。该算法的时间复杂度为$O(n)$，非常适合在需要处理大量数据的场景中使用。

Manacher算法的核心在于利用已经检测到的回文子串信息来加速后续的回文检测过程。该算法的关键步骤如下。

步骤01 预处理：在原始字符串的每两个字符之间插入一个特殊字符（通常是一个在字符串中不会出现的字符，如#），这样做的目的是将偶数长度的回文串转换为奇数长度（即$2n+1$），从而统一处理。

步骤02 回文半径数组：创建一个数组p来存储每个字符为中心的最大回文半径。当p处理完成后，对于每一个位置i，$[i-p[i]+1, i+p[i]-1]$是最长的以i为中心的回文串（添加了特殊字符后的字符串，即长度为$2n+1$的字符串）。而对于初始字符串，以i为中心的回文串长度最大为$p[i]-1$。

中心拓展：利用已知的回文信息来减少不必要的中心拓展操作。

以下是该算法的实现代码。

```cpp
#include <iostream>
#include <string>
#include <vector>

using namespace std;

// 预处理函数：在原始字符串的每两个字符之间插入一个特殊字符（#）
// 这样做的目的是将偶数长度的回文串转换为奇数长度（即2n+1），统一处理回文问题
string preprocess(const string& s) {
    string ret = "#";          // 初始时，在ret中加入一个#字符
    for (char c : s) {
        ret += c;              // 将原始字符串的字符逐个添加到ret中
        ret += '#';            // 在每个字符后添加#，使回文串长度为奇数
    }
    return ret;                // 返回处理过的字符串
}

// 主算法：通过Manacher算法找到字符串中最长的回文子串
string longestPalindrome(const string& s) {
    string T = preprocess(s);      // 预处理原始字符串，将其转换为新字符串T
    int n = T.length();            // 获取新字符串T的长度
    vector<int> P(n, 0);           // P数组用于存储每个字符为中心的回文半径
    int C = 0, R = 0;              // 中心C和右边界R

    // 遍历字符串中的每一个字符
    for (int i = 1; i < n - 1; i++) {
        int i_mirror = 2 * C - i;  // i关于C的对称点
        if (R > i) {
```

```
            P[i] = min(R - i, P[i_mirror]);// 根据对称点来初始化P[i]，减少不必要的回文拓展
        }

        // 尝试拓展以i为中心的回文
        while (T[i + 1 + P[i]] == T[i - 1 - P[i]]) {
            P[i]++;                // 拓展回文串，更新回文半径
        }

        // 更新C和R
        if (i + P[i] > R) {
            C = i;                 // 更新回文串的中心
            R = i + P[i];          // 更新回文串的右边界
        }
    }

    // 找到最大回文半径及其中心
    int max_length = 0;        // 存储最长回文串的长度
    int center_index = 0;      // 存储最长回文串的中心索引
    for (int i = 1; i < n - 1; i++) {
        if (P[i] > max_length) {
            max_length = P[i]; // 更新最长回文串的长度
            center_index = i;  // 更新最长回文串的中心索引
        }
    }

    // 从处理过的字符串中提取出原始字符串中的回文子串
    return s.substr((center_index - 1 - max_length) / 2, max_length);
}

int main() {
    string s = "abba";      // 测试字符串
    // 输出字符串中的最长回文子串
    cout << "Longest Palindromic Substring: " << longestPalindrome(s) << endl;
    return 0;
}
```

上述代码首先通过预处理函数将原始字符串转换为新的格式，然后使用Manacher算法找到最长的回文子串。P数组存储每个字符为中心的最长回文半径，而C和R分别代表当前找到的最长回文子串的中心和右边界。最后，算法找到最长的回文子串，并从处理过的字符串中提取出原始字符串中的对应子串。

2．注意事项

在算法竞赛中，对Manacher算法的深入理解和优化至关重要。该算法是处理最长回文子串问题中效率最高的方法之一。它的核心优势在于利用回文的对称性质来减少不必要的计算。但在使用时需注意以下事项。

（1）预处理优化：预处理是实现Manacher算法的关键，它确保了所有回文子串都具有奇数长

度，从而简化了算法的处理逻辑。预处理的要点如下：

- 在原始字符串的每两个字符之间插入一个分隔符（通常是一个在字符串中不出现的字符，如#）。
- 在字符串的开始和结束处也加上特殊字符（通常是不同的字符，如@和$），以防止在算法执行过程中越界。

通过这种预处理，每个原始字符都被转换为以分隔符为中心的奇数长度字符串，这样就可以统一处理原始字符串中的奇数长度和偶数长度回文。

（2）边界处理：在实际编码时，需要注意数组边界的处理，避免数组越界。

（3）性能：尽管Manacher算法的理论时间复杂度为$O(n)$，但由于预处理和一些实现细节，实际运行时间可能会略有不同。

（4）回文半径计算和对称性利用。

Manacher算法中的一个关键概念是回文半径。对于字符串中的每个字符，算法计算以该字符为中心的最长回文子串的半径。这里的"半径"指的是中心字符到回文子串边界的长度。

（5）对称性的利用。

- 算法维护一个当前最右回文右边界R和该回文的中心C。对于每个新字符i，首先检查它是否在当前已知的最大回文子串内。
- 如果是，那么可以利用回文的对称性：字符i关于C的对称点i'的回文半径已知，可以用来初始化i的回文半径。
- i'的回文半径可能延伸到当前最大回文子串之外，这时需要将i的回文半径限制在$R-i$内。

通过这种方式，Manacher算法避免了对每个字符都进行完全的回文检查，显著提高了效率。

我们看到，对Manacher算法的深入理解和合理优化，可以大大提高处理最长回文子串问题的效率，这在算法竞赛中尤为重要。通过减少不必要的计算和避免预处理中的越界问题，可以有效提升算法的性能和健壮性。

9.2.3 例题讲解

1. 标准最长回文子串问题

这是一个经典的使用Manacher算法的例子。实现代码如下：

```cpp
#include <iostream>
#include <vector>
#include <string>
using namespace std;

// 预处理字符串，将原字符串中的每个字符前后都加上一个特殊字符'#'，并在首尾分别加上'@'和'$'
string preprocess(const string& s) {
    string ret = "@";
```

```
        for (char c : s) {
            ret += "#" + string(1, c);
        }
        ret += "#$";
        return ret;
}

// 使用Manacher算法查找最长回文子串
string longestPalindrome(string s) {
    // 对原始字符串进行预处理
    string T = preprocess(s);
    int n = T.length();
    vector<int> P(n);        // 存储以i为中心的最长回文半径
    int C = 0, R = 0;        // 当前最长回文的中心和右边界

    // 遍历预处理后的字符串T
    for (int i = 1; i < n - 1; i++) {
        int mirr = 2 * C - i;            // 计算对称位置
        if (i < R) {
            P[i] = min(R - i, P[mirr]);  // 利用对称性质优化计算
        }

        // 尝试拓展以i为中心的回文半径
        while (T[i + (1 + P[i])] == T[i - (1 + P[i])]) {
            P[i]++;
        }

        // 更新中心和右边界
        if (i + P[i] > R) {
            C = i;
            R = i + P[i];
        }
    }

    // 寻找最长回文子串的中心索引和长度
    int maxLen = 0;
    int centerIndex = 0;
    for (int i = 1; i < n - 1; i++) {
        if (P[i] > maxLen) {
            maxLen = P[i];
            centerIndex = i;
        }
    }

    // 返回原始字符串中的最长回文子串
    return s.substr((centerIndex - 1 - maxLen) / 2, maxLen);
}

int main() {
    string s = "babad";
```

```
        cout << "Longest Palindromic Substring: " << longestPalindrome(s) << endl;
        return 0;
    }
```

上述代码中，首先对输入的字符串进行预处理，然后应用Manacher算法来找出最长的回文子串。请注意，预处理函数在原始字符串的每两个字符之间插入了一个特殊字符（在这个例子中是#），并且在开始和结束处添加了不同的特殊字符（@和$）。通过这种方式，原始字符串中的奇数长度和偶数长度回文都可以统一处理。

2. 计算一个字符串中回文子串的数量

对于这个问题，我们依然可以使用Manacher算法来高效地解决。实现代码如下：

```cpp
#include <iostream>
#include <vector>
#include <string>
using namespace std;

// 预处理字符串，将每个字符之间插入特殊字符#，并在字符串首尾添加特殊字符@和$
string preprocess(const string& s) {
    string ret = "@";          // 在字符串开头添加特殊字符@
    for (char c : s) {
        ret += "#" + string(1, c);      // 在每个字符之间插入#
    }
    ret += "#$";               // 在字符串结尾添加特殊字符#$
    return ret;
}


// 计算回文子串的数量
int countPalindromicSubstrings(string s) {
    string T = preprocess(s);      // 预处理字符串
    int n = T.length();            // 预处理后字符串的长度
    vector<int> P(n);              // P数组，用于存储每个位置的回文半径
    int C = 0, R = 0;              // 当前回文子串的中心C和右边界R
    int count = 0;                 // 记录回文子串的数量

    // 遍历预处理后的字符串
    for (int i = 1; i < n - 1; i++) {
        int mirr = 2 * C - i;      // 计算当前字符i的对称位置mirr
        if (i < R) {               // 如果i在当前已知的回文子串范围内
            P[i] = min(R - i, P[mirr]); // 利用对称性，初始化P[i]为min(R-i, P[mirr]) }
        }

        // 尝试拓展回文子串
        while (T[i + (1 + P[i])] == T[i - (1 + P[i])]) {
            P[i]++;                // 拓展回文半径
        }

        // 更新回文子串的中心C和右边界R
        if (i + P[i] > R) {
```

```
            C = i;                  // 更新中心C
            R = i + P[i];           // 更新右边界R
        }

        count += (P[i] + 1) / 2;    // 每个中心的回文子串数量（P[i]表示回文半径） }
    }

    return count;           // 返回回文子串的总数量
}

int main() {
    string s = "aaa";       // 测试字符串
    cout << "Number of Palindromic Substrings: " << countPalindromicSubstrings(s) <<
endl;
    return 0;
}
```

在这个例子中，我们使用了与最长回文子串问题类似的预处理步骤。然而，计数部分略有不同。对于每个可能的中心点，我们计算以该中心点为中心的回文子串数量，并将这些数量累加。由于我们同时计算了每个字符和字符之间的间隙所对应的回文子串数据，因此需要将结果除以2，以得到实际的回文子串数量。

9.3   Trie 树（字典树）

本节讨论Trie树，重点是字符Trie树和01Trie树的原理与代码实现。

9.3.1   Trie 树介绍

Trie树，也称为前缀树或字典树，是一种树形结构，常用于存储动态集合或关联数组，其中的键通常是字符串，而值一般是该前缀字符串出现的次数。

1. 基本特征

- 结点结构：Trie树的每个结点通常包含多个链接，每个链接对应字符集中的一个字符。例如，如果字符集是ASCII字符，那么每个结点将包含256个可能的链接。
- 根结点：根结点不包含字符，除根结点外的每个结点包含一个字符。
- 键与结点路径：在Trie树中，一个键是从根结点到某个特定结点的路径。路径上的结点依次连接起来，构成该键对应的字符串。
- 键的值：通常，Trie树的结点会有一个标记，表示该结点是否为键的结尾，以及该键对应的值或其他相关信息。

2. 主要操作

- 插入：在Trie树中插入一个字符串意味着从根结点开始，沿着字符串的字符创建路径。如果路径上的结点不存在，则创建新结点。到达字符串的末尾时，标记最后一个结点为结束结点。

- 搜索：搜索涉及沿着Trie树中的路径遍历。如果路径存在且最后一个字符的结点被标记为结束结点，则该字符串在Trie树中存在。
- 前缀搜索：与普通搜索类似，但无须到达结束结点，只需检查到前缀的最后一个字符即可。

3. 代码实现

以下是一个简单的Trie树实现示例：

```cpp
#include <iostream>
#include <vector>
using namespace std;

const int ALPHABET_SIZE = 26;       // 定义字母表大小（26个字母）

// Trie结点定义
struct TrieNode {
    struct TrieNode *children[ALPHABET_SIZE];    // 存储子结点的指针数组，大小为26
    bool isEndOfWord;               // 标记是否为一个单词的结尾
};

// 创建新的Trie结点
struct TrieNode *getNode(void) {
    struct TrieNode *pNode = new TrieNode;        // 创建新的结点
    pNode->isEndOfWord = false;     // 初始化时，当前结点不代表单词的结尾
    for (int i = 0; i < ALPHABET_SIZE; i++) {     // 初始化所有子结点为空
        pNode->children[i] = NULL;
    }
    return pNode;                   // 返回新创建的结点
}

// 插入字符串到Trie
void insert(struct TrieNode *root, string key) {
    struct TrieNode *pCrawl = root;               // 从根结点开始
    for (int i = 0; i < key.length(); i++) {      // 遍历字符串的每个字符
        int index = key[i] - 'a';   // 计算字符在字母表中的索引（假设小写字母）
        if (!pCrawl->children[index])             // 如果当前结点没有对应字符的子结点
            pCrawl->children[index] = getNode();  // 创建新结点
        pCrawl = pCrawl->children[index];         // 移动到下一个子结点
    }
    pCrawl->isEndOfWord = true;     // 标记当前结点为单词的结尾
}

// 在Trie中搜索字符串
bool search(struct TrieNode *root, string key) {
    struct TrieNode *pCrawl = root;               // 从根结点开始
    for (int i = 0; i < key.length(); i++) {      // 遍历字符串的每个字符
        int index = key[i] - 'a';                 // 计算字符在字母表中的索引
```

```
        if (!pCrawl->children[index])                // 如果当前结点没有对应字符的子结点
            return false;                            // 字符串不存在
        pCrawl = pCrawl->children[index];            // 移动到下一个子结点
    }
    return (pCrawl != NULL && pCrawl->isEndOfWord); // 如果最终结点不为空且标记为单词结
尾，返回true
}

int main() {
    // 定义一组测试字符串
    string keys[] = {"the", "a", "there", "answer", "any", "by", "bye", "their"};
    struct TrieNode *root = getNode();          // 创建Trie树的根结点
    for (string key : keys)                     // 遍历字符串数组
        insert(root, key);                      // 将每个字符串插入Trie树
    // 搜索并输出结果
    search(root, "the") ? cout << "Yes\n" : cout << "No\n";  // 搜索"the"是否存在
    search(root, "these") ? cout << "Yes\n" : cout << "No\n";// 搜索"these"是否存在
    return 0;
}
```

在这个实现中，TrieNode结构体代表Trie树的结点。每个结点包含一个布尔值isEndOfWord，用于标记当前结点是否某个单词的结束结点；此外，每个结点还包含一个指针数组children，用于存储指向子结点的指针。Insert()和search()函数分别用于向Trie树中插入新单词和搜索单词。

9.3.2 字符 Trie 树

在算法竞赛中，字符Trie树是一种常用的数据结构，适用于高效处理与字符串相关的问题。它的主要优点在于能快速插入和查找字符串，尤其在处理大量字符串或需要频繁查询的场景中表现突出。

1. 核心概念

- 结点结构：每个结点代表一个字符。从根结点到某个特定结点的路径表示一个字符串。
- 根结点：通常为空，不包含任何字符。
- 子结点：每个结点可能有多个子结点，每个子结点代表在该位置可能出现的不同字符。
- 终止标记：每个结点包含一个标记，用来指示是否有字符串在此结点结束。

2. 主要操作

1）插入（Insert）

- 遍历待插入字符串中的每个字符。
- 对于每个字符，如果相应的子结点不存在，则创建新结点。
- 在字符串的最后一个字符的结点上标记字符串结束。

2）搜索（Search）

- 遍历待搜索的字符串中的每个字符。
- 对于每个字符，检查相应的子结点是否存在。
- 如果所有字符都匹配且最后一个字符的结点标记为字符串结束，则搜索成功。

3. 实现代码

以下是一个字符Trie树的实现代码：

```cpp
#include <iostream>
#include <vector>
using namespace std;

const int ALPHABET_SIZE = 26;        // 字母表大小

// Trie结点
struct TrieNode {
    TrieNode *children[ALPHABET_SIZE];        // 孩子结点数组
    bool isEndOfWord;                         // 是不是单词的结尾

    TrieNode() {
        isEndOfWord = false;
        for (int i = 0; i < ALPHABET_SIZE; i++) // 初始化孩子结点为空
            children[i] = nullptr;
    }
};

// 插入字符串
void insert(TrieNode *root, const string &key) {
    TrieNode *pCrawl = root;
    for (int i = 0; i < key.length(); i++) {
        int index = key[i] - 'a';              // 获取当前字符对应的索引
        if (!pCrawl->children[index])
            // 如果该字符没有对应的子结点，则创建新结点
            pCrawl->children[index] = new TrieNode();
        pCrawl = pCrawl->children[index];      // 继续向下遍历
    }
    pCrawl->isEndOfWord = true;     // 设置单词结束标志
}

// 搜索字符串
bool search(TrieNode *root, const string &key) {
    TrieNode *pCrawl = root;
    for (int i = 0; i < key.length(); i++) {
        int index = key[i] - 'a';  // 获取当前字符对应的索引
        if (!pCrawl->children[index])
            return false;          // 如果没有找到匹配的子结点，则返回false
        pCrawl = pCrawl->children[index];   // 继续向下遍历
    }
```

```
        return (pCrawl != nullptr && pCrawl->isEndOfWord);  // 返回是不是有效的单词
}

int main() {
    string keys[] = {"the", "a", "there", "algorithm", "contest"};
    TrieNode *root = new TrieNode();   // 创建根结点

    for (const string &key : keys)      // 将每个单词插入Trie树
        insert(root, key);

    // 搜索并输出结果
    search(root, "the") ? cout << "Yes\n" : cout << "No\n";
    search(root, "these") ? cout << "Yes\n" : cout << "No\n";
    return 0;
}
```

在算法竞赛中，字符Trie树的一个关键优势是能够以线性时间复杂度处理字符串，这对于处理大量数据尤为重要。此外，与哈希表相比，Tier树在内存占用上更为高效，特别是在处理具有共同前缀的字符串集时，因为它能够共享前缀部分，从而节省存储空间。

9.3.3　01Trie 树

01Trie树是一种特殊的Trie树，通常用于处理二进制数的问题。在01Trie树中，每个结点通常只有两个子结点：一个代表0，另一个代表1。这种数据结构非常适合解决与二进制数有关的算法问题，如最大异或对、最大子数组异或和等。

01Trie树的基本特征包括：

- 二进制表示：01Trie树处理的数据（通常是整数）以其二进制形式表示。
- 结点结构：每个结点有两个子结点，分别对应二进制位0或1。
- 路径表示数值：从根结点到特定结点的路径表示一系列二进制位，这些位组合起来形成一个数值。

其主要应用场景包括：

- 最大异或和：在一系列数中找到两个数，使得它们的异或和最大。
- 最大子数组异或和：找到数组中的一个子数组，使得该子数组的异或和最大。
- 计数特定异或和对：计算有多少对数组中的数，它们的异或和等于某个特定值。

在使用01Trie树时，请注意以下几点：

- 01Trie树适用于处理与二进制数相关的问题。
- 实现时应确保树的深度与处理数的最大位数一致。
- 01Trie树能高效地解决许多与位运算相关的问题，但需要注意内存管理，避免内存泄露。

下面给出一个01Trie树的实现代码。

```cpp
#include <iostream>
#include <vector>
using namespace std;

const int MAX_BIT = 31;            // 假设我们处理的数最多有31位（二进制位数）

struct TrieNode {
    TrieNode* next[2];             // 二叉Trie树的两个子结点，表示0和1
    TrieNode() {
        next[0] = next[1] = nullptr;   // 初始化时，左右子结点均为空
    }
};

void insert(TrieNode* root, int num) {      // 将数字插入Trie树中
    TrieNode* node = root;
    for (int i = MAX_BIT; i >= 0; i--) {    // 从最高位到最低位处理数字的每一位
        int bit = (num >> i) & 1;           // 取出当前位（0或1）
        if (!node->next[bit]) {             // 如果当前位对应的子结点不存在，则创建新结点
            node->next[bit] = new TrieNode();
        }
        node = node->next[bit];             // 移动到当前位对应的子结点
    }
}

int findMaximumXOR(const vector<int>& nums) {   // 查找数组中两个数的最大异或值
    TrieNode* root = new TrieNode();        // 创建Trie树的根结点
    for (int num : nums) {                  // 将数组中的每个数字插入Trie树中
        insert(root, num);
    }

    int max_xor = 0;                        // 最大异或值初始化为0
    for (int num : nums) {                  // 遍历数组中的每个数字
        TrieNode* node = root;              // 从Trie树的根结点开始
        int current_xor = 0;                // 当前数字与Trie中的某数字的异或值
        for (int i = MAX_BIT; i >= 0; i--) {    // 从最高位到最低位计算异或值
            int bit = (num >> i) & 1;       // 取出当前数字的当前位
            if (node->next[!bit]) {         // 如果存在当前位的相反值（尽量让异或值为1）
                current_xor |= (1 << i);    // 将对应的位设置为1
                node = node->next[!bit];    // 移动到相反值的子结点
            } else {                        // 如果不存在相反值，只能选择当前值的子结点
                node = node->next[bit];
            }
        }
        max_xor = max(max_xor, current_xor);    // 更新最大异或值
    }
    return max_xor;         // 返回最大异或值
}

int main() {
    vector<int> nums = {3, 10, 5, 25, 2, 8};        // 返回最大异或值
```

```
        cout << "Maximum XOR: " << findMaximumXOR(nums) << endl; // 输出最大异或值
        return 0;
    }
```

本例中，首先构建了一棵01Trie树，用于存储给定数组中所有数字的二进制表示。然后，对于数组中的每个数，在Trie树中寻找一个能与其形成最大异或值的数字。遍历Trie树时，在每一位尽可能选择与当前位相反的路径，从而实现最大化异或值。

9.3.4　例题讲解

在算法竞赛中，01Trie树常用于解决与二进制数有关的问题，特别是涉及异或操作的问题。以下是一些经典的例题及其简要的解题思路。

1. 最大异或对

题目描述

给定一个整数数组，找到两个数，使得它们的异或值最大。

解题思路

步骤01 使用 01Trie 树存储数组中所有数字的二进制表示。

步骤02 对于数组中的每个数，从 01Trie 树中找到与其异或值最大的数字。

步骤03 遍历数组，更新最大异或值。

实现代码如下：

```cpp
#include <bits/stdc++.h>
using namespace std;

const int MAX_BITS = 31; // 定义最大位数为31位，因为int类型最多有32位（包括符号位）

// 定义Trie树结点结构体
struct TrieNode {
    TrieNode* child[2]; // 子结点数组，存储0和1两种情况

    // 构造函数，初始化子结点为nullptr
    TrieNode() {
        child[0] = child[1] = nullptr;
    }
};

// 插入数字到Trie树中
void insert(TrieNode* root, int number) {
    TrieNode* curr = root;           // 当前结点指针初始化为根结点
    for (int i = MAX_BITS; i >= 0; --i) {   // 从最高位开始遍历每一位
        int bit = (number >> i) & 1;    // 获取当前位的值（0或1）
        if (!curr->child[bit]) {            // 如果当前位的子结点不存在，则创建一个新的子结点
            curr->child[bit] = new TrieNode();
```

```
            }
            curr = curr->child[bit];           // 移动到当前位对应的子结点
        }
    }

    // 查找nums数组中所有数的最大异或值
    int findMaximumXOR(TrieNode* root, vector<int>& nums) {
        int maxXOR = 0;          // 初始化最大异或值为0
        for (int number : nums) {        // 遍历nums数组中的每个数
            TrieNode* curr = root;       // 将当前结点指针初始化为根结点
            int currXOR = 0;             // 初始化当前数的异或值为0
            for (int i = MAX_BITS; i >= 0; --i) {    // 从最高位开始遍历每一位
                int bit = (number >> i) & 1;         // 获取当前位的值（0或1）
                if (curr->child[1 - bit]) {          // 如果与当前位相反的子结点存在
                    currXOR |= (1 << i);             // 将当前位设置为1
                    curr = curr->child[1 - bit];     // 移动到与当前位相反的子结点
                } else {                             // 如果与当前位相反的子结点不存在
                    curr = curr->child[bit];         // 移动到与当前位相同的子结点
                }
            }
            maxXOR = max(maxXOR, currXOR);            // 更新最大异或值
        }
        return maxXOR;           // 返回最大异或值
    }

    int main() {
        vector<int> nums = {3, 10, 5, 25, 2, 8};     // 定义一个整数数组
        TrieNode* root = new TrieNode();             // 创建一个Trie树的根结点
        for (int number : nums) {                    // 遍历整数数组，将每个数插入Trie树中
            insert(root, number);
        }
        cout << findMaximumXOR(root, nums) << endl; // 输出最大异或值
        return 0;
    }
```

2. 最大异或和子数组

题目描述

给定一个整数数组，找到一个子数组，使得该子数组的异或值最大。

解题思路

步骤01 计算数组的前缀异或值。

步骤02 使用 01Trie 树存储所有前缀异或值的二进制表示。

步骤03 遍历前缀异或值数组，对于每个前缀异或值，找到以前的一个前缀异或值，使得两者的异或值最大。

步骤04 更新最大异或值。

代码

```cpp
#include <bits/stdc++.h>
using namespace std;

const int MAX_BITS = 31;        // 定义最大位数为31位，因为int类型最多有32位（包括符号位）

// 定义Trie树结点结构体
struct TrieNode {
    TrieNode* child[2];   // 子结点数组，存储0和1两种情况

    // 构造函数，初始化子结点为nullptr
    TrieNode() {
        child[0] = child[1] = nullptr;
    }
};

// 插入数字到Trie树中
void insert(TrieNode* root, int number) {
    TrieNode* curr = root;              // 当前结点指针初始化为根结点
    for (int i = MAX_BITS; i >= 0; --i) {   // 从最高位开始遍历每一位
        int bit = (number >> i) & 1;    // 获取当前位的值（0或1）
        if (!curr->child[bit]) {        // 如果当前位的子结点不存在，则创建一个新的子结点
            curr->child[bit] = new TrieNode();
        }
        curr = curr->child[bit];        // 移动到当前位对应的子结点
    }
}

// 查找nums数组中所有数的最大异或值
int findMaximumXORSubarray(TrieNode* root, vector<int>& nums) {
    int maxXOR = 0, prefixXOR = 0;
    insert(root, 0);                            // 插入0作为前缀，处理从头开始的情况
    for (int number : nums) {                   // 遍历数组中的每个数
        prefixXOR ^= number;                    // 计算前缀异或值
        insert(root, prefixXOR);                // 将前缀异或值插入Trie树

        TrieNode* curr = root;                  // 重置当前结点为根结点
        int currXOR = 0;                        // 初始化当前异或值为0
        for (int i = MAX_BITS; i >= 0; --i) {   // 从最高位开始遍历每一位
            int bit = (prefixXOR >> i) & 1;     // 获取当前位的值（0或1）
            if (curr->child[1 - bit]) {         // 如果与当前位相反的子结点存在
                currXOR |= (1 << i);            // 将当前位设置为1
                curr = curr->child[1 - bit];    // 移动到与当前位相反的子结点
            } else {                            // 如果与当前位相反的子结点不存在
                curr = curr->child[bit];        // 移动到与当前位相同的子结点
            }
        }
        maxXOR = max(maxXOR, currXOR);          // 更新最大异或值
    }
```

```
    return maxXOR;                              // 返回最大异或值
}

int main() {
    vector<int> nums = {8, 1, 2, 12, 7, 6};      // 定义一个整数数组
    TrieNode* root = new TrieNode();              // 创建一个Trie树的根结点
    cout << findMaximumXORSubarray(root, nums) << endl; // 输出最大异或值并换行
    return 0;
}
```

第 10 章

数　论

　　数论作为数学中的一个古老而迷人的分支，以其独特的魅力和深邃的理论深度，在算法竞赛中占据重要地位。本章将带领读者走进数论的神秘世界，从基础概念入手，逐步探讨数论在算法中的应用。每一节均配备精心挑选的例题与详细讲解，旨在通过实践帮助读者加深对理论的理解和掌握。通过学习本章的内容，读者将掌握数论的核心知识和实用技能，为在算法竞赛中解决相关问题奠定坚实的数学基础。

10.1　数论基础

　　本节将介绍数论的基础知识，旨在为后续学习打下坚实的理论基础。

10.1.1　数论的讨论范围

　　在竞赛中，数论的讨论范围通常为非负整数，即全体自然数。
　　若变量a是一个非负整数，则记作：$a \in N$。
　　在本节后续的介绍中，如果没有特殊说明，讨论范围均为全体自然数。

10.1.2　整数除法的性质

1. 向下取整和向上取整

　　在C++中，整数的除法规则默认为"向下取整"。例如13/5=2。如果需要得到余数，可以使用取模运算：13%5=3。用数学语言表达向下取整，即：

$$\left\lfloor \frac{13}{5} \right\rfloor = 2$$

　　如果要在C++中实现向上取整，则可以使用以下方法：

$$\left\lceil \frac{a}{b} \right\rceil = \left\lfloor \frac{a+b-1}{b} \right\rfloor$$

示例代码如下：

```
// 1. a/b向下取整
cout << a/b << '\n';
// 2. a/b向上取整
cout << (a + b - 1) / b << '\n';
```

2. 整除的性质

设$a \in Z$、$b \in Z$、$a \neq 0$、$k \in Z$，若$b=ak$，则称b可以被a整除，a是b的约数，记作$a \mid b$，读作a整除b，例如$3 \mid 12$、$7 \mid 21$、$4 \mid 16$。

整除具有以下性质：

- 符号无关性：$a \mid b \Leftrightarrow -a \mid b \Leftrightarrow a \mid -b \Leftrightarrow \mid a \mid \mid \mid b \mid$。
- 传递性：$a \mid b \wedge b \mid c \Leftrightarrow a \mid c$（其中$\wedge$表示"且"）。
- $a \mid b \wedge a \mid c \Leftrightarrow \forall x, y \in Z, a \mid (bx+cy)$。若$a$可以整除$b$和$c$，则$a$也可以整除$b$和$c$的线性组合。

对于一个正整数x，其约数个数是有限的，不超过$2\sqrt{x}$个，其质因数的个数更少，不超过$\log 2(x)$个。

当d遍历x的所有因子时，$\dfrac{x}{d}$也遍历x的所有因子，且其顺序正好相反。

例如，当$x=30$时，遍历结果如表10-1所示。

表 10-1　遍历结果

D	x/d
1	30
2	15
3	10
5	6
6	5
10	3
15	2
30	1

10.1.3　取模运算的性质

取模运算，也称为取余（数）运算，是一种数学运算。

当遇到除法除不尽时，整除剩下的部分就是余数。在数学中，求余数运算就是模运算，但模数不是余数，而是求余的除数。

设$k \in Z$，$r<a \le b$，则一定存在$b=ka+r$，其中的r是余数，a是模数，k为$\frac{b}{a}$的向下取整的商。

在分析数论问题时，经常使用以下等价代换：

$$b\%a=r \Longleftrightarrow b=a\lfloor \frac{b}{a} \rfloor+r$$

余数有以下性质：

● 整除的条件：$a \mid b \Longleftrightarrow b\%a=0$。
● 余数范围：设$r=b\%a$，则$r \in [0,a-1]$，共有a个取值。
● 余数的循环性：对于一系列连续整数b，对a取模后的余数r构成周期为a的循环序列。

举个简单的余数示例，如表10-2所示。

表 10-2　余数示例

b	6	7	8	9	10	11	12	13	14
b%5	1	2	3	4	0	1	2	3	4

10.2　唯一分解定理和约数定理

唯一分解定理和约数定理是数论中重要内容，也是许多定理和引理的基础。

10.2.1　唯一分解定理

定理：对于任意$N>1$，都可以唯一分解为若干质数的乘积，且分解方式唯一。
标准分解式为：

$$N = p_1^{a_1} \times p_2^{a_2} \times \cdots \times p_m^{a_m}$$

其中，p_i为互不相同的质数，a_i为质因子的指数，m为质因子的个数。

例如：

● $12=2^2 \times 3^1$。
● $4410=2^1 \times 3^2 \times 5^1 \times 7^2$。

10.2.2　约数定理

约数定理包括约数个数定理与约数和定理，这两个定理是数论入门中较难的部分，读者可以先了解基本思路，后续逐步深入学习。

1. 约数个数定理

根据唯一分解定理，可以推导出正约数的个数公式。设cnt(N)为N的正约数个数，则有：

$$\text{cnt}(N)=(1+a_1)\times(1+a_2)\times\cdots\times(1+a_m)$$

解释：对于第i个质因子p_i，其指数的取值可以为$0,1,2,\cdots,a_i$，共$(1+a_i)$种选法。而不同的选法必然产生不同的乘积。因此，根据组合数学中的乘法原理，得到正约数个数的公式。

2. 约数和定理

根据唯一分解定理，可以推导出正约数和定理。设sum(N)为N的正约数之和，则有：

$$\text{sum}(N)=\left(1+p_1+p_1^2+\cdots+p_1^{a_1}\right)\times\left(1+p_2+p_2^2+\cdots+p_2^{a_2}\right)\times\cdots\times\left(1+p_1+p_1^2+\cdots+p_m^{a_m}\right)$$

解释：与约数个数定理类似，对于第i个质因子p_i，其指数取值为$0,1,2,\cdots,a_i$，共$(1+a_i)$种选法。而选择j个p_i对总和的贡献为p_i^j。对于上述式子，利用乘法的分配律，可以不重不漏地计算出所有组合的总和。

在后续章节中，我们将介绍欧拉筛法（线性筛法），用于快速计算约数个数与约数和。

10.2.3　因数分解和质因数分解

因数分解和质因数分解是非常重要的数学基础，这两种算法的时间复杂度都是$O(\sqrt{n})$。

> 因数和因子、质因数和质因子是相同的概念，仅仅是表述不同。

1. 因数分解

例如，下述代码用来找出一个整数n的所有因子，并将它们存储在一个名为factors的vector容器中。

```cpp
vector<int> factors;       // 存储所有的因子
for(int i = 1;i <= n / i; ++ i)
{
    if(n % i)continue;     // 如果i不能整除n，直接跳过
    // 如果i可以整除n，则会产生i和n/i这两个因子
    factors.push_back(i);
    if(i != n / i) factors.push_back(n / i);      // 这个判断是为了避免重复
}
```

如果一个整数$n=a\times b$，且$a\leqslant b$，那么一定有$a\leqslant\sqrt{n}\leqslant b$，于是我们只需要枚举较小的$a$即可。

2. 质因数分解

例如，下面的代码用来找出一个整数n的所有质因子，并将它们存储在一个名为prime_factors的vector容器中。

```cpp
vector<int> prime_factors;          // 存储所有的质因子
```

```
for(int i = 2;i <= n / i; ++ i)        // 注意质因数是从2开始的
{
    if(n % i) continue;                // 如果i不能整除n,直接跳过
    // 如果i可以整除n,则会产生 i 和 n / i 这两个因子
    factors.push_back(i);
    while(n % i == 0)n /= i;           // 把i除干净
}
if(n > 1)
    prime_factors.push_back(n);        // 如果n>1,说明n是最大的那个质因子,其范围并不在根号n中
```

10.2.4 例题讲解

【例1】StarryCoding P17 【模板】求 n 的所有质因子

题目描述

给定一个数字n,请从小到大输出n的所有质因子。

输入格式

一个整数n($1 \leqslant n \leqslant 10^{12}$)。

输出格式

在一行从小到大输出n的所有质因子。

样例

输　　入	输　　出
12	23

提示

使用 $O\sqrt{n}$ 的算法。

解题思路

这是一个模板题,可以直接按照代码实现。

AC代码

```
#include <bits/stdc++.h>
using namespace std;

int main()
{
    int n; cin >> n;
    for(int i = 2;i <= n / i; ++ i)
    {
        if(n % i) continue;
        cout << i << ' ';
```

```
    // 下面这一步相当于将n中的因子i全部除尽，使得n和i脱离关系
    while(n % i == 0) n /= i;
}
// 循环结束后，n可能还剩下一个大于1的质因子
if(n > 1) cout << n << ' ';
return 0;
}
```

【例 2】StarryCoding P191　最大平方因子

题目描述

给定一个整数$x=a^2b$（a、b均为整数），请求出最大的a。

输入格式

注意本题有多组测试用例！

第一行包含一个整数T，表示测试用例的数量（$1 \leqslant T \leqslant 10$）。

对于每组测试用例：

一行包含一个整数x（$1 \leqslant x \leqslant 10^{18}$）。

输出格式

一个整数，表示结果。

样例

输　　入	输　　出
3	5
75	30
1800	1
1005	

解题思路

首先考虑一种简单直观的方法：直接枚举a的所有可能值，其范围是1~x。然而，这种方法在x非常大时会导致时间超限，因此并不可行。

如果读者熟悉Pollard rho大数因数分解算法，可以利用它来解决这个问题，但这里我们探索一种更为巧妙的枚举策略，以避免直接枚举a。

我们的优化策略是：转而枚举b，其取值范围同样设定为$[1,x]$。这看起来似乎使得问题变得更加复杂，因为我们实际上是在扩大枚举的范围。然而，通过适当选择b的上限，可以有效地减少计算量。例如，假设$x=10^{18}$，我们知道a的取值范围是$[1,10^9]$，如果我们将b的枚举范围设定为1~10^6，就可以覆盖$10^6 \leqslant a \leqslant 10^9$的所有情况。

接下来，我们需要补充枚举a在较小范围$[1,10^6]$的情况。

这种结合使用两种枚举范围的方法，总共只需要进行大约2×10^6次枚举，就能找出$a\in[1,10^9]$的所有可能值。

在本题的特定情况下，当b取到最小值时，相应的a会取到最大值。因此，我们可以采取从小到大的顺序枚举b，一旦找到可行的解，便可立即输出，因为此时的a即为最大解。在完成对b的枚举后，如有需要，还可以逆向枚举a，以验证找到的第一个可行解确实是a的最大解。

这种优化的枚举策略既有效减少了计算量，又保证了结果的准确性，是解决这类问题的一种高效方法。

AC代码

```cpp
#include <bits/stdc++.h>
using namespace std;
using ll = long long;

// 定义一个求解函数，用于找到满足条件的a和b
void solve()
{
    ll x;              // 输入的整数x
    cin >> x;
    for (ll b = 1; b <= 1e6; ++b)          // 枚举b的可能值，范围为[1, 10^6]
    {
        if (x % b)                         // 如果x不能被b整除，跳过循环的当前轮次
            continue;
        ll a2 = x / b, a = (ll)sqrt(a2);   // 计算a^2和a
        if (a * a == a2)                   // 如果a^2等于a2，说明找到了符合条件的a和b
        {
            cout << a << '\n';             // 输出a并换行
            return;
        }
    }
    for (ll a = 1e6; a >= 1; --a)  // 如果没有找到符合条件的a和b，从大到小枚举a的可能值
    {
        if (x % (a * a) == 0)      // 如果x能被a^2整除，说明找到了符合条件的a和b
        {
            cout << a << '\n';     // 输出a并换行
            return;
        }
    }
}

int main()
{
    ios::sync_with_stdio(0), cin.tie(0), cout.tie(0); // 优化输入/输出流

    int _;                         // 测试用例的数量
    cin >> _;                      // 对每个测试用例调用solve()函数
    while (_--)
        solve();
```

```
        return 0;
    }
```

10.3　最大公约数和最小公倍数

最大公约数（Greatest Common Divisor，GCD）和最小公倍数（Least Common Multiple，LCM）在数论中非常重要。其中，最大公约数的应用更为广泛。在处理最小公倍数相关问题时，通常需要将问题转换为最大公约数问题。因此，我们主要关注最大公约数的求解方法及其性质。

10.3.1　辗转相除法

辗转相除法（也称欧几里得算法）是求解最大公约数的最常用算法。本小节将从基础性质入手，介绍辗转相除法的原理。

辗转相除法利用以下定理（不妨设 $a \geqslant b \geqslant 0$）：

$$\gcd(a,b)=\gcd(a-b,b)$$

$$\gcd(a,0)=a$$

证明方法比较简单，只需证明 $\gcd(a,b)|\gcd(a-b,b)$ 且 $\gcd(a-b,b)|\gcd(a,b)$ 即可，即两者互为对方的约数。我们将这两个命题分别命名为命题一和命题二，进行简单证明。

● 命题一：$\gcd(a,b)|\gcd(a-b,b)$

证明：

设 $d=\gcd(a,b)$，于是有 $d|a$ 且 $d|b$。

因为 $a-b$ 是 a、b 的线性组合，所以 $d|a-b$。

又因为有 $d|b$ 且 $d|a-b$，可得 $d|\gcd(a-b,b)$，证毕。

● 命题二：$\gcd(a-b,b)|\gcd(a,b)$

证明：

设 $c=\gcd(a-b,b)$，于是有 $c|a-b$ 且 $c|b$。

因为 a 是 $a-b$ 和 b 的线性组合，所以有 $c|a$。

又因为 $c|a,c|b$，可得 $c|\gcd(a,b)$，证毕。

我们把这个定理推广一下（假设 $a \geqslant kb \geqslant 0$）：

$$\gcd(a,b)=\gcd(a-b,b)=\gcd(a-2b,a)=\cdots=\gcd(a-kb,b)$$

于是可得递推公式：

$$\gcd(a,b)=\gcd(a\%b,b)$$

这个推广定理也能用求证gcd(a,b)=gcd($a-b,b$)的方法求证。

我们把上式看作一次变换，在一次变换之后，a'=a%b,b'=b，此时有$0 \leqslant a < b$，为了能够继续进行变换，可以交换a和b的位置，从而又能满足形式上的第一个参数大于或等于第二个参数，从而向下递归。

$$gcd(a,b)=gcd(b,a\%b)$$

根据此公式，不断重复这个过程，a和b的值将逐步减小，最终可得gcd(x,0)的形式，此时最大公因数即为x。

可以证明，每次操作至少让数字减小一半，简单证明如下：

假设最开始a=A,b=B,$a \geqslant b \geqslant 0$：

- 若$b \leqslant \dfrac{a}{2}$，则有$a\%b < b \leqslant \dfrac{a}{2}$。

- 若$b > \dfrac{a}{2}$，则有$a\%b = a-b \leqslant \dfrac{a}{2}$。

因此，每次操作都会减少一半的规模。即使在最坏情况下，总操作次数也不过log2(A)次，实际运行效率通常更高。

代码编写起来也很简单：

```
using ll = long long;    // 使用ll来表示long long
ll gcd(ll a, ll b)
{
    // 只有b（第二个参数）发生变化，b可能变为0
    return b == 0 ? a : gcd(b, a % b);
}
```

> 如果读者暂时不能理解辗转相除法的原理，也没关系，可以先把代码背下来，会用即可，熟练使用后再慢慢理解，熟能生巧。其实，在算法竞赛中，并不是所有选手的数学功底都很好，能够从数学上证明这些算法，更多依赖熟记常用算法和经验来编写。

求解最小公倍数要简单得多，利用性质$a \times b$=gcd(a,b)×lcm(a,b)可以得到：

$$lcm(a,b)=a\ /\ gcd(a,b) \times b$$

此处先除后乘是为了避免整数溢出。因为gcd(a,b)一定是a的因子，可以整除，因而不用考虑除不尽的取整问题。

10.3.2 最大公约数和最小公倍数在唯一分解中的性质

对于任意两个整数a和b，我们可以对它们进行唯一分解。

设：

$$a = p_1^{k1} \times p_2^{k2} \times \cdots \times p_n^{kn}$$
$$b = p_1^{r1} \times p_2^{r2} \times \cdots \times p_n^{rn}$$

这里，p_1, p_2, $\cdots$, p_n 表示 a 和 b 的所有质因子的合集。如果某个质因子 p_i 不在 a 或 b 中，那么可以认为 p_i 的指数为0。

例如，当 a=12、b=42 时，它们的唯一分解形式为：

$$12 = 2^2 \times 3^1 \times 7^0$$
$$42 = 2^1 \times 3^1 \times 7^1$$

最大公约数 $\gcd(a,b)$ 是 a 和 b 唯一分解中，对应质因子的指数取最小值后的乘积，即：

$$\gcd(a,b) = p_1^{\min(k1,r1)} \times p_2^{\min(k2,r2)} \times \cdots \times p_n^{\min(kn,rn)}$$

而最小公倍数 $\operatorname{lcm}(a,b)$ 是 a 和 b 唯一分解中，对应质因子的指数取最大值后的乘积，即：

$$\operatorname{lcm}(a,b) = p_1^{\max(k1,r1)} \times p_2^{\max(k2,r2)} \times \cdots \times p_n^{\max(kn,rn)}$$

由此性质可以解释，为什么有如下等式成立：

$$a \times b = \gcd(a,b) \times \operatorname{lcm}(a,b)。$$

这一性质可以推广到多个整数的情况。例如，如果再增加一个整数 c（此时 p_1, p_2, $\cdots$, p_n 表示 a、b 和 c 的所有质因子的合集），则对应的唯一分解形式为：

$$c = p_1^{t1} \times p_2^{t2} \times \cdots \times p_n^{tn}$$

对于多个整数的最大公约数和最小公倍数，有以下性质：

$$\gcd(a,b,c) = p_1^{\min(k1,r1,t1)} \times p_2^{\min(k2,r2,t2)} \times \cdots \times p_n^{\min(kn,rn,tn)}$$
$$\operatorname{lcm}(a,b,c) = p_1^{\max(k1,r1,t1)} \times p_2^{\max(k2,r2,t2)} \times \cdots \times p_n^{\max(kn,rn,tn)}$$

值得注意的是，在计算多个整数的最大公约数或最小公倍数时，应避免使用不恰当的转换方法。例如，在2024年的蓝桥杯省赛B组中曾出现以下转换：

$$\frac{a \times b \times c \times \gcd(a,b,c)}{\gcd(a,b) \times \gcd(b,c) \times \gcd(a,c)} = \operatorname{lcm}(a,b,c) \neq \frac{a \times b \times c}{\gcd(a,b,c)}$$

这种方法是错误的，容易引起误解，应当避免。

10.3.3 例题讲解

【例】StarryCoding P116 LCM

题目描述

小e拿到了两个正整数 l 和 r。

他想知道[*l*,*r*]区间内所有整数的最小公倍数是多少。

由于结果可能非常大，因此他需要将答案对1e9+7取模。

输入格式

两个正整数*l*和*r*，满足1≤*l*≤*r*≤40000。

输出格式

一个整数，表示区间[*l*,*r*]所有整数的最小公倍数，答案对1e9+7取模。

样例

输　　入	输　　出
2 5	60

解题思路

从直观的角度来看，可以直接从*l*到*r*遍历所有数字，并依次求出最小公倍数（LCM）即可，但我们要考虑一个问题，最小公倍数的增长速度很快，我们不能一边求最小公倍数一边取模，所以必须利用"最大公约数和最小公倍数在唯一分解中的性质"，对*l*、*r*之间的所有数字进行质因数分解，求出每个质因子的最大指数值，再利用快速幂（详见后文）计算质因数的幂，并对结果取模，最后合并结果，将所有质因数的幂相乘，最终得到答案。

AC代码

```cpp
#include <bits/stdc++.h>
using namespace std;
using ll = long long;
const ll p = 1e9 + 7;           // 模数
const int N = 4e4 + 9;          // 数组大小
ll cnt[N];                      // 记录质因数的最大指数

ll qmi(ll a, ll b)    // 快速幂函数
{
    ll res = 1;       // 初始化结果
    while(b){
        if(b & 1)res = res * a % p;      // 如果当前位是1，累乘当前值
        a = a * a % p, b >>= 1;          // 基数平方，指数右移一位
    }
    return res;
}

int main()
{
    ll l, r; cin >> l >> r;
    for(int i = l; i <= r; ++ i)    // 枚举（或遍历）区间[l,r]的每个整数
    {
        // 记录当前数的质因数及其幂次（即指数）
```

```
map<ll, ll> mp;

ll x = i;
// 对x进行质因数分解
for(int j = 2;j <= x / j;++ j){
    if(x % j)continue;
    while(x % j == 0)x /= j, mp[j] ++;
}
if(x > 1)mp[x] ++;

// 更新每个质因子的最大指数（即幂次）
for(auto [p, w] : mp)cnt[p] = max(cnt[p], w);
}
ll ans = 1;          // 计算最终答案
for(int i = 2;i <= r; ++ i)
    if(cnt[i])ans = ans * qmi(i, cnt[i]) % p;
cout << ans << '\n';
return 0;
}
```

10.4 拓展欧几里得

拓展欧几里得算法通常用于求解形如 $ax+by=c$（其中 a、b、c 已知）不定方程的解集，进而找到 x（或 y）的最小非负整数解，或者判断是否存在解。

10.4.1 裴蜀定理

在数论中，裴蜀定理是关于最大公约数的一个基本定理，得名于法国数学家艾蒂安·裴蜀。这个定理的核心内容如下：

对于不定方程

$$ax+by=c$$

当且仅当 $\gcd(a,b) \mid c$（即 a 和 b 的最大公约数可以整除 c）时，x、y 有整数解；若此条件不满足，则无整数解。

读者可以自行尝试，例如 $6x+4y=3$，这里 $\gcd(6,4)=2$，但2不能够整除3，所以该不定方程无整数解。

对于 $6x+9y=12$ 这个不定方程，有 $\gcd(6,9) \mid 12$，所以一定有整数解，我们很容易看出一个解：$x=-1$，$y=2$。

有特殊情况（其实也不算太特殊），当 $c=1$，即不定方程为 $ax+by=1$ 时，此时要求 $\gcd(a,b)=1$，即 a、b 必须互质。

对于数论相关的题目，读者掌握上述结论即可，无须深入了解证明过程。

裴蜀定理的证明

裴蜀定理的证明可以分为两个命题：

命题（1）必要性：若有$ax+by=c$成立，则有$\gcd(a, b)\mid c$。

证明：设$d=\gcd(a,b)$，则有$d\mid a,d\mid b\Rightarrow d\mid ax,d\mid by\Rightarrow d\mid(ax+by)\Rightarrow d\mid c$，得证。

命题（2）充分性：若$\gcd(a,b)\mid c$，则有$ax+by=c$有解。

证明：设$ax+by$的最小正整数解为k（即对于a、b的所有线性组合，其正整数取值不能小于k）。假设当结果取到k时，有$ax_0+by_0=k$。

尝试将a进行分解：设为$a=pk+r$，其中r为余数，取值范围为$[0, k)$。

将它代入方程，得到：

$$a=p(ax_0+by_0)+r$$

移项得到：

$$r=a(1-px_0)+b(-y_0)$$

此时r也是a和b的线性组合，即说明r的值域一定包含于$ax+by$的值域。

假设k是最小正整数解，r的取值不可能是小于k的正整数（否则与最初的假设相违背）；同时，由于r是对k取模后的余数，其取值范围也不超过k。

于是$r=0$，即$k\mid a$。同理看得$k\mid b$。

综上所述，有$k\mid\gcd(a,b)$。结合命题（1）可知$\gcd(a,b)\mid k$。

因此可得$k=\gcd(a,b)$，即说明$ax+by=\gcd(a,b)$有解。

由此，对于$\gcd(a,b)\mid c$，将等式两边同时放大$c/\gcd(a,b)$倍，即可得到$ax+by=c$有解，得证。

10.4.2 拓展欧几里得算法

在前面的章节中，我们学习了欧几里得算法，该算法利用辗转相除的方法求解两个非负整数的最大公约数。

拓展欧几里得算法不仅可以求到最大公约数（GCD），还可以用于求解不定方程$ax+by=c$的解集。

在思考如何求解$ax+by=c$的解集之前，我们先思考如何求解$ax+by=\gcd(a,b)=d$的解集。只要能求出后者的解集，将其放大c/d倍即可得到前者的解集。

根据欧几里得算法，$\gcd(a,b)=\gcd(b,a\%b)$。当$b=0$时，有$d=a$（递归终止条件，此时有$ax+0y=d$）。因此，容易得出d的初始解：$x=1,y=0,d=\gcd(a,0)=a$。也就是说，$\gcd(a,b)$是由递归过程$\gcd(b,a\%b)$转移而来的。

假设当前需要求解x_1、y_1，通过递归可以得到上一层x_2、y_2的解，不同层解的递归关系可以表示为：

$$ax_1 + by_1 = \gcd(a,b) = \gcd(b, a\%b)$$

$$= bx_2 + (a\%b)y_2$$

$$= bx_2 + (a - \left\lfloor \frac{a}{b} \right\rfloor \times b)y_2$$

$$= ay_2 + b(x_2 - \left\lfloor \frac{a}{b} \right\rfloor \times y_2)$$

找一下对应关系可以得到:

$$x_1 = y_2, y_1 = x_2 - \left\lfloor \frac{a}{b} \right\rfloor \times y_2$$

d在递归过程中是不会变的,所以直接转移即可。

代码实现如下:

```
#include <bits/stdc++.h>
using namespace std;

using ll = long long;

ll exgcd(ll a, ll b, ll &x, ll &y)        // 拓展欧几里得算法
{
    if(!b)
    {
        // 递归出口
        x = 1, y = 0;
        return a;
    }
    // 递归求解,注意这里交换了x和y参数的位置
    // 那么得到的y就已经是下一层的x,而y也只需要减去a/b*x即可
    ll d = exgcd(b, a % b, y, x);
    y -= a / b * x;
    return d;
}
```

通过上述代码,我们可以求得不定方程$ax+by=d$的一个特解。然而,当不定方程有解时,解不仅仅只有一个,而是无穷多个解,那么如何表示这些解集呢?

解集的表示:对于解集,实际上有一个定理:对于不定方程$ax+by=d$,若有一个特解x_0, y_0,则有解集($k \in Z$):

$$\begin{cases} x = x_0 + k(\frac{b}{d}) \\ y = y_0 - k(\frac{a}{d}) \end{cases}$$

对于这个定理,虽然证明不需要过多深入,但可以简单验证:若$ax_0 + by_0 = d$成立,则显然$a(x_0 + b/d) + b(y_0 - a/d) = d$也成立。

这个定理引出了一个非常重要的结论：方程的最小非负整数解 x 一定是 $x_0 \% (b/d)$，为什么呢？

我们可以这么理解：x 的解集起始于特解 x_0，然后以步长 b/d 向左右拓展。这意味着必然存在且仅存在一个解位于区间 $[0, b/d)$ 中，而这个解必然是 $x \% (b/d)$。

假设 x 的最小非负整数解为 u，则有 $u = x_0 - k(b/d) \geqslant 0, k \leqslant \left\lfloor \dfrac{x_0}{b/d} \right\rfloor$，当 k 取最大值时，可得 $u = x_0 - \left\lfloor \dfrac{x_0}{b/d} \right\rfloor$ $\times (b/d) = x_0 \% (b/d)$。

总结：通过拓展欧几里得算法（exgcd），可以求解不定方程 $ax + by = \gcd(a,b)$ 的一个特解 x_0, y_0。然后，将该特解扩大 c/d 倍，可得到方程 $ax + by = c$ 的特解：

$$x_1 = x_0 \times (c/d)$$

再通过模运算：

$$x_2 = x_1 \% (b/d)$$

可以得到 x 的最小非负整数解。

形式化表达

假设 x 的最小非负整数解为 x_2，特解为 x_0，则：

$$x_2 = (x_0 \times c/d) \% (b/d), \quad y = (c - a \times x)/b。$$

10.4.3　例题讲解

【例】StarryCoding P22　这是可以拓展的吗

题目描述

给定 a、b、c，求解满足：$ax + by = c$ 的 x 的最小非负整数解，无解输出 -1。

输入格式

3 个整数 a、b 和 c（$-10^9 \leqslant a, b, c \leqslant 10^9$，$a \neq 0, b \neq 0$）。

输出格式

一个整数表示 x 的最小非负整数解，若无解，则输出 -1。

样例

输　　入	输　　出
-2 8 -2	1
3 9 7	-1

解题思路

注意本题的 a 和 b 可能是负数。我们先通过拓展欧几里得算法，求 $|a|x+|b|y=1$ 的解，并计算出 x、y 和 d，此时的 d 必定是正数。

接下来，修正 x 的符号：如果 a 是负数，则令 $x=-x$。

然后判断 $d|c$ 是否成立（即 c 是否能被 d 整除），如果不成立，则说明无解。

如果成立，则说明存在解 $x=x\times c/d$（注意这里的 c 不能取绝对值，否则会导致答案错误）。在得到真实解之后，将 x 对 b/d 取模即可。这里需要注意，因为 b 可能是负数，所以实际上是对 $|b|/d$ 取模，这个结果是正确的，因为 x 的步长是 b/d，可以通过加法或减法调整，与 b/d 的符号无关。

AC代码

```cpp
#include <bits/stdc++.h>
using namespace std;
using ll = long long;
ll exgcd(ll a, ll b, ll &x, ll &y){      // 拓展欧几里得算法，计算ax + by = gcd(a, b)的解
    if(!b) return x = 1, y = 0, a;
    ll d = exgcd(b, a % b, y, x);
    y -= a / b * x;
    return d;
}

// x对k取模
ll mo(ll x, ll k){return (x % k + k) % k;}

ll getabs(ll x){return x < 0 ? -x : x;}      // 求绝对值

int main()
{
    ll a、b, c; cin >> a >> b >> c;
    // 若a，b存在负数，则转换为a * (-x) + b * (-y) = c
    ll x, y, d = exgcd(getabs(a), getabs(b), x, y);
    //d = gcd(a, b)

    if(mo(c, d))cout << -1 << '\n';      // 判断是否存在解
    else {
        if(a < 0) x = -x;
        x = mo(x * c / d, getabs(b) / d);
        cout << x << '\n';
    }
    return 0;
}
```

10.5　快速幂

快速幂用于快速计算整数的整数幂，并支持取模，其算法思想是"倍增"。

10.5.1　为什么要用快速幂

先考虑这样一个问题：给定两个整数a和b，计算a^b。

一个直观的想法是通过循环来逐步累乘（朴素算法）：

```
int res = 1;
for(int i = 1;i <= b; ++ i)res *= a;
cout << res << '\n';
```

这个方法的正确性是显而易见，但它的时间复杂度非常高。为了计算一个幂耗费了$O(b)$的时间，倘若题目中给的b较大，比如10^9，这个算法就很慢了。况且很多时候我们需要计算的幂不止一个，可能会有几千甚至上万次的幂运算，在这种情况下朴素算法就不适用了。

我们可以使用快速幂算法，通过分解幂指数，将幂运算的时间复杂度从线性降低到对数级别。这样，对于较大的b值，我们仍然可以在合理的时间内完成计算。

10.5.2　快速幂的原理和模板

如本节开头所述，快速幂的算法思想是"倍增"，那么具体是如何倍增的呢？

只需要紧紧抓住以下两个等式即可：

- 当b为偶数时，$a^b=(a^2)^{\frac{b}{2}}$。
- 当b为奇数时，$a^b=(a^2)^{\left\lfloor\frac{b}{2}\right\rfloor}\times a$。

在这两个式子中，我们可以理解为每次运算使得底数变成平方，同时指数除以2（当指数为奇数时，要在计算结果中再多乘一个底数）。

这种运算能够使得指数逐步变为1，而当指数为1时，底数a就是我们想要的计算结果。粗略计算一下复杂度，指数每次都除以2，直到最后降为1，因此时间复杂度是$O(\log b)$，其中log是以2为底的对数。

如果题目要求取模，或者隐含需要取模的条件，就需要在底数平方及计算结果乘a的过程中取模。

图10-1形象地解释了计算3^9的过程。

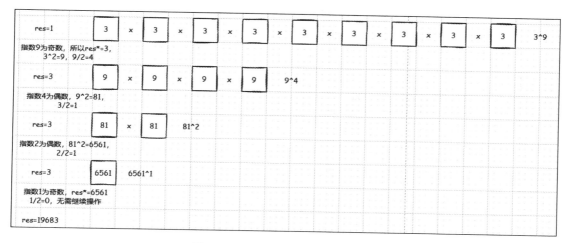

图 10-1 快速幂算法计算 3^9 的过程

算法模板：

```
// ll表示long long类型，qmi()函数计算a的b次方，计算结果对p取模
ll qmi(ll a, ll b, ll p)
{
    ll res = 1;
    while(b)
    {
        if(b & 1)res = res * a % p;
        a = a * a % p, b >>= 1;      // 右移一位，相当于除以2向下取整
    }
    return res;
}
```

从上述代码可以看出，循环枚举的其实是 b 的二进制位，因此也能从侧面说明时间复杂度为 $O(\log b)$，即 b 的二进制位数。当 $b=10^9$ 时，理论上快速幂算法的效率是朴素算法的 $3×10^7$ 倍（朴素算法运算 10^9 次，而快速幂算法只需运算30次左右）。

10.5.3 例题讲解

【例】StarryCoding P66 快速幂

题目描述

本题有 T 组测试样例。

给定3个整数 a、b 和 c，求 $a^b (\bmod c)$。

输入格式

第一行输入一个整数 T（$1 \leqslant T \leqslant 1000$）。

对于每组样例，一行给出3个整数 a、b 和 c（$1 \leqslant a,b,c \leqslant 10^9$）。

输出格式

一个整数表示答案。

样例

输 入	输 出
2	
3 4 100	81
5 2 20	5

解题思路

本题是经典的快速幂模板题。使用快速幂算法计算 $(a^b) \bmod c$ 即可。

```cpp
#include <bits/stdc++.h>
const int N = 2e5+5;        // 定义常量N，表示数组的最大长度
using namespace std;        // 使用标准命名空间
using ll = long long;       // 定义长整型别名ll

// 快速幂算法，计算a^b mod p的值
ll qmi(ll a, ll b, ll p) {
    ll res = 1;             // 初始化结果为1
    while (b) {             // 当b不为0时循环
        if (b & 1)res = res * a % p;        // 如果b是奇数，将res乘以a并对p取模
        a = a * a % p, b >>= 1;        // 更新a为a的平方对p取模，b右移一位（相当于除以2）
    }
    return res;             // 返回计算结果
}

int main()
{
    int t;                  // 定义存储测试用例数量的变量t
    cin >> t;               // 输入测试用例的数量
    while (t --) {          // 对于每个测试用例
        int a, b, c;                // 定义3个整数变量a、b和c
        cin >> a >> b >> c;         // 输入a、b和c的值
        cout << qmi(a, b, c)<<"";   // 输出a^b mod c的结果
    }

    return 0;
}
```

10.6 乘法逆元

在计算机科学中，经常需要进行分数运算，但由于计算机内部的限制，直接表示分数并不总是可行的。使用小数又会引入不可避免的误差。为了解决这一问题，引入了乘法逆元的概念。这是

一种在模运算中用于间接处理分数的技术，它允许在不直接表示分数的情况下进行分数运算。

10.6.1 乘法逆元如何表示除法

乘法逆元是离散数学中的概念。一个数乘以它的乘法逆元结果为幺元（幺元为1）。

x的乘法逆元就是它的倒数：$\frac{1}{x}$，但我们在计算机中无法直接表示分数。

假设我们要表示一个分数$\frac{4}{7}$对11取模的结果，可以将这个数表示为4/7%11。由于取模运算对除法并不封闭，我们需要将除法改为乘法，但是乘多少呢？注：在数学中，"封闭"是一个术语，指的是在一个运算下，某集合中的任意两个元素进行运算后，其结果仍然属于这个集合。这被称为运算的封闭性。

我们来拆解一下，假设结果为x，得到式子：

$$4/7 \equiv x \ (\mathrm{mod}\ 11)$$

$$4 \equiv 7x \ (\mathrm{mod}\ 11)$$

于是我们只需要找到一个数x，乘上7再对11取模等于4就行，也就是说：除以一个数，等于乘以它的逆元。

我们可以找出$x=32$使得$7x \equiv 4(\mathrm{mod}11)$，于是可以说明$1/7(\mathrm{mod}11) \equiv 8$，也就是说7在模11意义下的逆元为8。

但是，如何找出这个x呢？需要借助"费马小定理"来求解。

10.6.2 费马小定理求逆元

1. 费马小定理的定义

给定一个质数p和任意整数x，则有：

$$x^{p-1} \equiv 1(\mathrm{mod}\ p)$$

将等式两边同时除以x，可得：

$$x^{p-2} \equiv x^{-1} \ (\mathrm{mod}\ p)$$

因此，当模数p为质数时，则x的逆元是x的$p-2$次方，即：

$$x^{-1} \equiv x^{p-2} \ (\mathrm{mod}\ p)$$

一般来讲，需要用到乘法逆元的竞赛题所给出的模数都是质数。

费马小定理的证明请看本章节有关欧拉定理证明的部分。

2. 代码

要加快幂运算，就需要用到快速幂算法。因此，求逆元的过程通常与快速幂算法相结合。下面是具体实现的示例代码。

```
// 快速幂运算算法，计算a^b(mod p)的结果
ll qmi(ll a, ll b, ll p)
{
    ll res = 1;          // 初始化结果为1
    while(b)             // 当指数 b 不为0时循环
    {
        if(b & 1)res = res * a % p;    // 如果当前b的最低位为1，将当前结果与a相乘并取模
        a = a * a % p, b >>= 1;        // 求 a 的平方并取模，b 右移一位（相当于 b 除以2）
    }
    return res;          // 返回最终结果
}

// inv(x)返回x的逆元 (mod p)，前提条件：p是质数
ll inv(ll x, ll p)
{
    return qmi(x, p - 2, p);    // 根据费马小定理，x^(p-2) ≡ x^(-1) (mod p)
}
```

10.7   组合计数

组合计数是算法竞赛中的重要内容。本节将从基础开始，带领读者入门组合计数，理解常见的组合计数模型。

组合数学的基础是排列与组合。排列是指从特定数量的元素中选取指定数量的元素，并按照一定顺序排列；而组合则是从特定数量的元素中选取指定数量的元素，而不考虑顺序。排列与组合的核心在于探究满足特定条件时，可能产生的排列或组合的总数量。此外，排列与组合和古典概率论有着紧密的联系。

在组合计数中，我们最常用的函数是组合数$C(n,m)$，而排列数$A(n,m)$则很少直接使用，因为排列数可以通过组合数乘以排列元素个数的阶乘轻松计算得到。

10.7.1   分类加法和分步乘法

1. 分类加法

如果事件A可以被独立地划分为n类互不相交的子事件$B1,B2,\cdots,Bn$，那么事件A的总方案等于$B1,B2,\cdots,Bn$的方案数之和。示意图如图10-2所示。

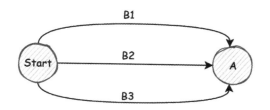

图 10-2 事件 A 分解为若干 B 事件

举个例子，在计算组合数 $C(n,m)$ 时，可以将"从 n 个互不相同的物品中选出 m 个物品"这一事件划分为两类："从 n 个互不相同的物品中选出 m 个且选了第一个物品"和"从 n 个物品中选出 m 个且没选第一个物品"，而它们正好可以进行转换：

- "从 n 个互不相同的物品中选出 m 个且选了第一个物品"等价于"从 n−1 个互不相同的物品中选出 m−1 个物品"，即 $C(n-1,m-1)$。
- "从 n 个互不相同的物品中选出 m 个且没选第一个"等价于"从 n−1 个互不相同的物品中选出 m 个物品"，即 $C(n-1,m)$。

因此，可以得到 $C(n,m)=C(n-1,m-1)+C(n-1,m)$，这也正好印证了杨辉三角的正确性。

2. 分步乘法

如果完成一个事件 A 需要依次进行 n 个步骤 $B1,B2,\cdots,Bn$，且每一步的选择方案数量分别为 $B1,B2,\cdots,Bn$，那么完成事件 A 的总方案就是这 n 个步骤方案数的乘积。示意图如图 10-3 所示。

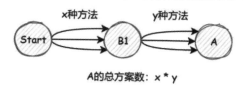

A 的总方案数：x * y

图 10-3 事件 A 的分步方案数

假设有一家奶茶店，有 n 种口味的奶茶，每种奶茶有大杯、中杯、小杯三种尺寸，并且每种尺寸的奶茶可以选择无糖、低糖、中糖或高糖这 4 种甜度。选择一杯奶茶的过程可以分为以下三步：口味→尺寸→甜度。根据分步乘法原理，奶茶的总选择方案数为：$n×3×4=12n$。

10.7.2 组合数

组合数具有许多优良性质，能够帮助我们推导出一些实用的公式。对于这些性质，只需具备感性的理解，无须深入证明，能够灵活应用即可。

组合数的基本性质

- 组合数 $C(n,m)$ 要求 $0 \leqslant m \leqslant n$，读作 n 选 m。常见写法包括 $(m\ n)$ 或 $C(n,m)$。部分文献中也写成

$C(m,n)$，在学习时需根据上下文自行辨别。

- 组合数计算公式：$C(n,m)=\dfrac{n!}{m!(n-m)!}$。
- 组合数递推公式：$C(n,m)=C(n-1,m-1)+C(n-1,m)$。
- 对称性：$C(n,m)=C(n,n-m)$，该公式表明，从n个物品中选出m个的方案数，与从n个物品中选出$n-m$个（即选出m个后丢掉其余物品）的方案数相同。
- 二进制的意义：$\sum_{i=0}^{n}C(n,i)=2^n$，组合数$C(n,i)$表示从n个二进制位中选出i个位置置为1的方案数。由此可得，所有组合数的方案总数是2^n。
- 二项式定理：$(x+y)^n=\sum_{i=0}^{n}C(n,i)x^iy^{n-i}$。
- 奇偶性分布：偶数项和奇数项的组合数之和相等：

$$C(n,0)+C(n,2)+C(n,4)+\cdots=C(n,1)+C(n,3)+C(n,5)+\cdots=2^{n-1}$$

此性质可通过递推公式推导验证。

- $\sum_{i=1}^{n}C(n,i)\times i=n\times 2^{n-1}$。
- $\sum_{i=1}^{n}C(n,i)\times i^2=n\times(n+1)\times 2^{n-2}$。
- $\sum_{i=1}^{n}C^2(n,i)=C(2n,n)$。

在后续的学习过程中，读者应不断积累组合数的性质，以便快速发现并分析数列的特征。

求解组合数的一般方法是通过预处理阶乘和阶乘的逆元，从而实现常数时间复杂度内（$O(1)$）的组合数计算。代码实现如下：

```
const ll p = 998244353;    // 模数
ll fac[N], invfac[N];       // 阶乘和阶乘逆元数组

ll qmi(ll a, ll b)        // 快速幂计算 a^b mod p
{
    ll res = 1;
    while (b)
    {
        if (b & 1)
            res = res * a % p;
        a = a * a % p, b >>= 1;
    }
    return res;
}

ll inv(ll x) { return qmi(x, p - 2); }       // 计算x的逆元

// 初始化阶乘和阶乘逆元
void init(int n)
{
    fac[0] = 1;        // 阶乘初始化
    for (int i = 1; i <= n; ++i)
        fac[i] = fac[i - 1] * i % p;
    invfac[n] = inv(fac[n]);           // 使用费马小定理求阶乘逆元
```

```
        for (int i = n - 1; i >= 0; --i)
            invfac[i] = invfac[i + 1] * (i + 1) % p;        // 递推计算逆元
    }


    // 计算组合数函数
    ll C(ll n, ll m)
    {
        if (n < 0 || m < 0 || n < m)
            return 0;                    // 非法情况处理
        return fac[n] * invfac[m] % p * invfac[n - m] % p;
    }
```

其中，$\mathrm{fac}[i] = i!$，$\mathrm{inv}\ \mathrm{fac}[i] = \dfrac{1}{i!}$，init函数的时间复杂度为$O(n+\log(n))$。这里的递推过程非常有趣。它不仅包括直接计算阶乘的部分，还涉及从逆向角度推导阶乘逆元的公式。该公式如下：

$$\frac{1}{i!} = \frac{1}{(i+1)!} \times (i+1)$$

于是，只需要使用费马小定理求一次inv fac[n]，之后的计算可以通过递推完成。

10.7.3 普通型生成函数

普通型生成函数（Ordinary Generating Function，OGF）是计数问题中的一种强有力工具，用于解决各种计数问题，它将一个数列与一个幂级数关联起来。在组合数学中，生成函数常用于研究不同类型序列（如数列、排列、组合等）的性质和模式。

1. 定义

生成函数通过一个系数数组表示，假如我们有一个长度为n的数组a。
普通型生成函数的定义为：

$$A(x) = a_0 + a_1 x + a_2 x^2 + \cdots = \sum_{i=0}^{\infty} a_i x^i$$

我们并不关心x的具体数值，只需要知道它是一个未知数，用于多项式的计算。

在这个无穷级数中，$a_i x^i$这一项表示状态为i的方案数有a_i种。

举个例子，假如现在有4个砝码，其重量分别为1、2、3、4，问题是能称出多少种重量，且每种重量有多少种可能的方案？

对于1克的砝码，其生成函数表示为1+x，意味着如果不使用1克的砝码，就会在状态（即重量）0上贡献一种方案；如果使用1克的砝码，则会在状态1上贡献一种方案。

其他砝码同理，对于i克的砝码，其生成函数为1+x^i。

把这些多项式相乘得到：

$$f(x) = (1+x^1)(1+x^2)(1+x^3)(1+x^4)$$
$$= 1+x^1+x^2+2x^3+2x^4+2x^5+2x^6+2x^7+x^8+x^9+x^{10}$$

最后的结果如表10-3所示。

表 10-3   多项式的结果

状态（指数）	方案数（系数）	解　　释
0	1	不放任何砝码
1	1	1
2	1	2
3	2	3, 1 + 2
4	2	4, 1 + 3
5	2	1 + 4, 2 + 3
6	2	2 + 4, 1 + 2 + 3
7	2	3 + 4, 1 + 2 + 4
8	1	1 + 3 + 4
9	1	2 + 3 + 4
10	1	1 + 2 + 3 + 4

也就是说，我们通过一个生成函数来表示一组状态和方案数的集合（构成一个多项式），并且这些多项式的乘法可以通过小学学过的多项式乘法规则进行计算。

在上述例子中，"4个砝码的多项式=砝码1的多项式×砝码2的多项式×砝码3的多项式×砝码4的多项式"。需要注意的是，这里的每一个多项式的选取方案需要满足相互独立、互不干扰的条件，不能出现例如"选了砝码1就不能选砝码2"这种限制。

2. 常见的生成函数

虽然从定义上来看，生成函数非常宽泛，但实际上在算法竞赛中，我们常常接触并使用的生成函数只有一个，即序列为$\{1,1,1,1,\cdots\}$的生成函数：$f(x)=1+x+x^2+x^3+\cdots$，利用这个生成函数，我们可以解决许多复杂的计数问题。

对高等数学较为熟悉的同学应该能够看出来，当$-1<x<1$时，这个无穷级数是收敛的，因此有$f(x)=1+x+x^2+x^3+\cdots=\dfrac{1}{1-x}$，因为$x$的取值范围并不重要，所以可以取$-1<x<1$作为实际范围。

简单证明：

设$f(x)=1+x+x^2+x^3+\cdots$，在基础情况下，设$x=0$，$f(x)=\dfrac{1-x^0}{1-x}=1$显然成立。根据等比数列求和公式可知：

$$f(x,n)=1+x+x^2+\cdots+x^n=\dfrac{1-x^n}{1-x}$$

于是，当 $n \rightarrow \infty$ 时，有 $f(x) = \dfrac{1}{1-x}$。

假如我们要表示 $g(x) = 1 + x + x^2 + \cdots + x^n = \sum_{i=0}^{n} x^i$，该怎么做呢？我们只需构造出 $x^{n+1} + x^{n+2} + \cdots$ 并将其减去即可：

$$g(x) = f(x) - f(x) \times x^{n+1} = \frac{1 - x^{n+1}}{1-x}$$

当然，直接通过等比数列求和也可以得到这个式子。通过乘以常数 k、平方、求导等方法，我们还可以构造出许多特殊的生成函数，在此不再赘述。这些方法本质上是函数的伸缩、平移等，感兴趣的读者可以自行研究。

接下来，可能有些读者会有疑问：虽然我知道如何用一个分式来表示生成函数，但这样做到底有什么实际用途呢？我能否利用它来计算 x^n 的系数，从而得到不同的方案数吗？

这就需要引入广义二项式定理。

3. 广义二项式定理

只需要记住一个等式：

$$\left(\frac{1}{1-x}\right)^n = \sum_{k=0}^{\infty} C_{n+k-1}^{k} x^k$$

下面进行一个简短的证明（前方高能）：

$$
\begin{aligned}
\left(\frac{1}{1-x}\right)^n &= \lceil 1 + (-x) \rceil^{-n} \\
&= \sum_{i=0}^{\infty} C_{-n}^{i} (-x)^i \\
&= \sum_{i=0}^{\infty} \frac{(-n)(-n-1)\cdots(-n-i+1)}{i!} (-x)^i \\
&= \sum_{i=0}^{\infty} (-1)^i \frac{(n)(n+1)\cdots(-n-i+1)}{i!} (-1)^i x^i \\
&= \sum_{i=0}^{\infty} \frac{(n)(n+1)\cdots(n+i-1)}{i!} x^i \\
&= \sum_{i=0}^{\infty} C_{n+i-1}^{i} x^i
\end{aligned}
$$

通过这一等式，我们可以知道左边分式中的 x^k 项的系数为 C_{n+k-1}^{n-1}。

那么，对于一些复合的式子，如何计算其 x^k 的系数呢？例如，我们之前得到的式子 $g(x) = \dfrac{1 - x^{n+1}}{1-x}$，如何计算其 x^k 的系数呢？

可以将其拆分，得到 $\dfrac{1}{1-x}-\dfrac{x^{n+1}}{1-x}$，因为我们知道，在做减法时，指数不会发生变化，所以，如果要对结果的 x^k 产生贡献，就只能由 $\dfrac{1}{1-x}$ 的 x^k 项 $\dfrac{x^{n+1}}{1-x}$ 和 x^k 项来得到。

我们知道：

$$\frac{1}{1-x}=\sum\nolimits_{k=0}^{\infty}x^k$$

$$\frac{x^{n+1}}{1-x}=x^{n+1}\sum\nolimits_{k=0}^{\infty}x^k$$

于是，两个级数中 x^k 的系数分别为1和0（当 $k<n+1$）或1（当 $k\geqslant n+1$）。也就是说，当 $k<n+1$ 时，$g(x)$ 中 x^k 的系数为1；当 $k\geqslant n+1$ 时，$g(x)$ 中 x^k 的系数为0。这与我们的定义完全一致。

至此，我们可以总结一下，为了求解一个级数中 x^k 的系数，应该先将若干多项式相乘得到一个新的多项式，再将这个新多项式转换为一个分式，接着分析这个分式，将 x^k 的系数表示为一些组合数，而组合数的计算方法我们已经比较熟悉了。

总的来说，生成函数的思想与数学中的其他方法相似：我们通过已知的工具将一个未知量 A 变换为另一个已知量 B，然后从 B 中得到未知量 A。

习题请参见10.7.5节的例1，更多经验可通过做题来积累。

10.7.4 Lucas 定理

Lucas定理用于求解组合数 $C(n,m)\bmod p$，其中 $p\in$ primes。一般来说，p 是一个较小的质数，常用于某些特殊情况下的组合数取模。其定义如下：

$$C_n^m\equiv C_{n/p}^{m/p}\times C_{n\bmod p}^{m\bmod p}(\bmod\ p)$$

要证明Lucas定理，需要用到两个简单的引理：

【引理1】若 $p\in$ primes，$i\in(0,p)$，则有 $C_p^i\equiv 0(\bmod\ p)$。

证明：$C_p^i\equiv\dfrac{p!}{i!(p-i)!}$，又因为 p 为质数，且组合数是一个整数，所以分子中的 p 不可能被除掉，从而使得 C_p^i 一定是 p 的倍数，于是对 p 取模后结果恒为0。当然，这个引理在 $i=0$ 或 p 时不成立，读者需要注意。

【引理2】对于整数 x 和质数 p，满足同余式：$(1+x)^p\equiv(1+x^p)\bmod p$。

证明：先进行二项式展开，然后利用引理1将展开式中的中间部分直接消去，留下首项和尾项即可。$(1+x)^p=C_p^0x^0+C_p^1x^1+\cdots+C_p^{p-1}x^{p-1}+C_p^px^p=C_p^0x^0+C_p^px^p=1+x^p$。

接下来，开始证明Lucas定理。

先将 n 和 m 表示为：$n=k_1\times p+r_1,m=k_2\times p+r_2(r_1,r_2<p)$。

于是，我们可以得到：

$$(1+x)^n = (1+x)^{k_1 p + r_1}$$
$$= (1+x)^{k_1 p}(1+x)^{r_1}$$
$$= (1+x^p)^{k_1}(1+x)^{r_1}$$
$$= \sum_{i=0}^{k_1} C_{k_1}^i x^{pi} \times \sum_{i=0}^{r_1} C_{r_1}^i x^i$$

在左侧，x^m 的系数为 C_n^m，而在右侧，x^m 的系数只有一种可能 $C_{k_1}^{k_2} \times C_{r_1}^{r_2}$（请回忆 $m=k_2 \times p + r_2$，且 $r_1, r_2 < p$）。于是，只有一种可能可以构造出 x^m，也就是说：

$$C_n^m = C_{k_1}^{k_2} \times C_{r_1}^{r_2}$$

又因为有 $k_1 = n/p$，$k_2 = m/p$，$r_1 = n \bmod p$，$r_2 = m \bmod p$，于是：

$$C_n^m = C_{n/p}^{m/p} \times C_{n \bmod p}^{m \bmod p} (\bmod p)$$

实现代码

Lucas 定理的代码非常简单，因为 p 较小，所以可以直接计算后半部分的组合数，前半部分通过递归进行计算。读者需要自己编码实现 $C()$ 函数，或者通过预处理方式实现。相信读者学到这里，应该能够理解并实现这个算法。

```
ll Lucas(ll n , ll m , ll p)
{
    if(m == 0)return 1;    // 需要进行判断，作为递归终结的出口
    return Lucas(n / p, m / p, p) * C(n % p, m % p, p) % p;
}
```

10.7.5　例题讲解

【例 1】StarryCoding P192 选小球

题目描述

有 n 个箱子，每个箱子里有 k 个完全相同的小球，请问选出 m 个小球，共有多少种选法？
例如 $n=3$、$k=2$、$m=3$ 时，有以下 7 种选法：[1,1,1][0,1,2][1,0,2][1,2,0][2,0,1][2,1,0][0,2,1]。
结果对 10^9+7 取模。

输入格式

注意本题有多组测试用例！
第一行包含一个整数 T，表示测试用例的数量（$1 \leqslant T \leqslant 10$）。
对于每组测试用例：一行包含 3 个整数 n、k 和 m（$1 \leqslant n, k, m \leqslant 10^6$）。

输出格式

一个整数，表示结果。

样例

输　　入	输　　出
3	
3 2 3	7
10 5 7	11340
1 1 1	1

解题思路

对于每个箱子，可以看作一个函数 $1+x+x^2+\cdots+x^k$，根据生成函数的理论，这个式子可以表达为 $f(x) = \dfrac{1}{1-x} - \dfrac{x^{k+1}}{1-x} = \left(1-x^{k+1}\right)\dfrac{1}{1-x}$，因为一共有 n 个箱子，于是对于总的方案数，可以表达为：

$$
\begin{aligned}
g(x) = f^n(x) &= \left[\left(1-x^{k+1}\right)\frac{1}{1-x}\right]^n \\
&= \left(1-x^{k+1}\right)^n \left(\frac{1}{1-x}\right)^n \\
&= \left(1-x^{k+1}\right)^n \sum_{i=0}^{\infty} C_{n+i-1}^i x^i
\end{aligned}
$$

最后的答案是 $g(x)$ 中 x^m 的系数，我们需要根据二项式定理从 0 到 n 枚举左侧的 x^{k+1} 这一项的个数，然后根据这个基础从右边选择一个组合数，从而得到结果。

举个例子，假如左边的这一项（即 $(1-x^{k+1})^n$）的选法是 n 个 1、0 个 x^{k+1}，那么说明右边必须产生 x^m，于是就会对结果产生 C_{n+m-1}^m 的贡献；如果左边选法是 $n-1$ 个 1、1 个 x^{k+1}，首先在指数上左边产生了一个 x^{k+1}，右边还需要产生 $x^{m-(k+1)}$ 才行，于是右边的 $i=m-(k+1)$，也就是说右边会对结果的系数产生 $C_{n+(m-k-1)-1}^{m-k-1}$ 的贡献，再乘以左边的 $C_n^1(-1)^1$，对结果的贡献是：$-C_n^1 C_{n+m-k-2}^{m-k-1}$；以此类推。

AC代码

```cpp
#include <bits/stdc++.h>
using namespace std;
using ll = long long;

// 定义常量，N为数组大小，p为取模的常数（1e9 + 7）
const int N = 2e6 + 9;
const ll p = 1e9 + 7;

ll fac[N], invfac[N];      // 定义阶乘数组fac和阶乘逆元数组invfac

ll qmi(ll a, ll b)
```

```
{
    ll res = 1;
    while (b)                    // 当b大于0时，不断平方a并累乘到res
    {
        if (b & 1)               // 如果b的最低位为1
            res = res * a % p;       // 将当前a乘到结果res
        a = a * a % p, b >>= 1;      // a平方，b右移一位
    }
    return res;
}

ll inv(ll x) { return qmi(x, p - 2); }

// 阶乘和阶乘逆元的初始化函数
void init(int n)
{
    fac[0] = 1;
    for (int i = 1; i <= n; ++i)         // 计算阶乘数组fac，fac[i]存储i的阶乘 % p
        fac[i] = fac[i - 1] * i % p;
    invfac[n] = inv(fac[n]);         // 计算阶乘逆元数组invfac，invfac[n]是fac[n]的模逆
    for (int i = n - 1; i >= 0; --i)     // 计算阶乘逆元invfac[i]，通过递推得到所有逆元
        invfac[i] = invfac[i + 1] * (i + 1) % p;
}
// 组合数函数，计算C(n, m) % p
ll C(ll n, ll m)
{
    if (n < 0 || m < 0 || n < m)         // 边界条件判断
        return 0;         // 如果不合法，返回0
    return fac[n] * invfac[m] % p * invfac[n - m] % p;
}
// 取模函数（，处理负数取模的情况
ll mo(ll x) { return x > 0 ? x % p : (x % p + p) % p; }

void solve()             // 求解每一组测试用例的函数
{
    ll n, k, m;
    cin >> n >> k >> m;
    ll ans = 0;
    for (ll i = 0; i <= n; ++i)      // 枚举所有可能的分配方法
    {
        ll j = m - i * (k + 1);      // 计算剩余需要选择的小球数
        if (j < 0)       // 如果剩余小球数为负，说明不可能再选择，跳出循环
            break;
        // 累加答案：根据组合数公式计算每种情况的贡献
        ans = mo(ans + mo(((i & 1) ? -1 : 1) * C(n, i)) * C(n + j - 1, j) % p);
    }
    cout << ans << '\n';         // 输出结果
}

int main()       // 主函数，读取输入并处理多组测试用例
```

```
{
    ios::sync_with_stdio(0), cin.tie(0), cout.tie(0);    // 提高IO效率
    init(2e6);    // 初始化阶乘和逆元
    int _;
    cin >> _;    // 读取测试用例的个数
    while (_--)    // 处理每一组测试用例
        solve();
    return 0;
}
```

【例2】StarryCoding P125 【模板】Lucas 定理

题目描述

给定3个整数n、m和p，求出$C(n+m,n) \bmod p$。

其中，p为一个质数。

输入格式

本题有多组测试用例！

第一行包含一个整数T，表示测试用例的数量（$1 \leqslant T \leqslant 10$）。

对于每个测试用例，输入一行包含3个整数n、m和p（$1 \leqslant n,m,p \leqslant 10^5$）。

输出格式

对于每组测试用例，输出一行包含一个整数，表示结果。

样例

输　　入	输　　出
4	
2 5 7	0
3 9 17	16
2 1 5	3
11 45 13	0

解题思路

这是一个经典的Lucas定理的模板题，直接使用模板代码即可。

```
#include <bits/stdc++.h>
using namespace std;
using ll = long long;
const int N = 1e5 + 9;

// 定义阶乘数组和阶乘的逆元数组
ll fac[N], invfac[N];

// 快速幂算法，计算a^b mod p的值
```

```
ll qmi(ll a, ll b, ll p)
{
    ll res = 1;
    while(b)
    {
        if(b & 1) res = res * a % p;       // 如果b是奇数，将res乘以a并对p取模
        a = a * a % p, b >>= 1; // 更新a为a的平方对p取模，b右移一位（相当于除以2）
    }
    return res;
}

// 计算x在模p意义下的逆元
ll inv(ll x, ll p) {
    return qmi(x, p - 2, p);
}

// 计算组合数C(n, m) mod p
ll C(ll n, ll m, ll p)
{
    if(n < m || n < 0 || m < 0) return 0;
    return fac[n] * invfac[n - m] * invfac[m] % p;
}

// 计算Lucas定理的值
ll lucas(ll n, ll m, ll p)
{
    if(m == 0) return 1;
    return lucas(n / p, m / p, p) * C(n % p, m % p, p) % p;
}

int main()
{
    ios::sync_with_stdio(0), cin.tie(0), cout.tie(0);
    int T; cin >> T;         // 输入测试用例数量

    while(T --)
    {
        ll n, m, p; cin >> n >> m >> p;          // 输入n、m、p的值

        // 预处理阶乘和阶乘逆元的数组
        fac[0] = 1;
        for(int i = 1; i < p; i ++)
            fac[i] = fac[i - 1] * i % p;
        invfac[p - 1] = inv(fac[p - 1], p);
        for(int i = p - 2; i >= 0; i --)
            invfac[i] = invfac[i + 1] * (i + 1) % p;

        // 输出Lucas定理的结果
        cout << lucas(n + m, n, p) % p << '\n';
    }
```

```
        return 0;
    }
```

10.8   关于质数的判断

质数（又称为素数）是指只有两个正因数（即1和它本身）的自然数，从2开始，质数为
2,3,5,7,11,13,17,19,23,…。

质数的判断是数论中的一个核心问题，具有广泛的应用，尤其在密码学、计算机科学、优化
算法等领域。在编程中，判断一个数是否为质数，或者生成一定范围内的所有质数，都是常见
的任务。

具体判断方法说明如下。

- 单点质数判断（试除法）：这是一种直接判断单个数是否为质数的方法。通常，通过检查
  该数是否能被小于其平方根的任何整数整除来判断。这种方法简单直接，但对于大数而言，
  效率不高。判断数字n是不是质数的时间复杂度为$O(\sqrt{n})$。
- 埃氏筛法（Sieve of Eratosthenes）：这是一种古老而高效的质数筛选算法。它从2开始，逐
  步标记所有质数的倍数为非质数，最终留下未被标记的自然数即为质数。这种方法适用于
  生成一定范围内的所有质数，具有较高的效率。生成区间$[1,n]$之间所有质数的时间复杂度
  为$O(n\log\log n)$，这一复杂度几乎接近$O(n)$。
- 欧拉筛法（Sieve of Euler）：欧拉筛法是埃氏筛法的优化版本。它确保每个合数只被其最
  小的质因子筛选，从而避免了重复标记。这种方法在生成质数时更加高效，特别是在处理
  大范围或大量数据时表现优异。生成区间$[1,n]$之间所有质数的时间复杂度为$O(n)$，比埃氏
  筛法更快，并且可以用于筛出积性函数，但代码实现相对复杂。

10.8.1   单点质数判断（试除法）

相信读者在学习C语言时，老师已经教过如何用试除法来判断一个自然数n是否为质数，并且
可能会介绍过多个版本。

- 在$[2,n-1]$的所有整数范围内枚举i，然后判断$n\%i{=}{=}0$，如果存在n的因子，那么n就不是质数。
- 在$[2,n/2]$的所有整数范围内枚举i，然后判断$n\%i{=}{=}0$，如果存在n的因子，那么n就不是质数。
- 在$[2,\sqrt{n}]$的所有整数范围内枚举i，然后判断$n\%i{=}{=}0$，如果存在n的因子，那么n就不是质数。

老师通过这个例子告诉学生程序运行效率的重要性，并且有可能简单地介绍复杂度的概念。
我们直接采用最终版本，为什么可以直接枚举到$\sqrt{n}$呢？因为一个整数n的因子是成对存在的，
一个小于或等于$\sqrt{n}$，另一个大于或等于$\sqrt{n}$，所以只需要判断是否存在这个小的因子即可。注意，
当$n{<}2$时，n一定不是质数。

代码

```
bool isprime(int x)
{
    if(x < 2)return false;       // 如果 x 小于 2，则不是质数，直接返回 false

    // 从 2 开始枚举到 x / i（等价于 sqrt(x)），逐一检查是否存在因子
    for(int i = 2;i <= x / i; ++ i)
        if(x % i == 0)return false;   // 如果 x 能被 i 整除，说明 x 不是质数，返回 false
    return true;              // 如果循环结束都没有找到因子，说明 x 是质数，返回 true
}
```

在代码中，$i \leqslant x/i$ 这个判断条件等价于 $i \leqslant \sqrt{x}$，因为直接使用 sqrt(x) 函数计算比较慢，且使用 $i*i \leqslant x$ 可能会导致溢出（爆 int），所以代码中的写法是一种较为安全的选择。

实际上，还有一种时间复杂度为 $O(k\log n)$ 的大数单点质数判断算法，称为 Miller-Rabin 素性检验，如果读者感兴趣，可以自行了解。该算法通常与 Pollard-Rho 大数质因数分解（时间复杂度为 $O(n^{\frac{1}{4}})$）一起使用。

10.8.2 埃氏筛法

埃氏筛法是由古希腊数学家埃拉托斯特尼提出的一种简单而高效的算法，用于在一个给定范围内确定所有质数。

1. 基本原理

埃氏筛法基于一个核心事实：一个合数必定有一个不大于其平方根的质因子。因此，我们可以从最小的质数 2 开始，逐步剔除其倍数，从而得到所有的质数。

实现埃氏筛法只需要一个布尔数组（也可以使用 bitset 代替）：vis[i] 表示数 i 是否已被标记（筛除）；若 vis[i]=false，则表示 i 没有被筛除，是一个质数。

埃氏筛法通常可以在 1 秒内筛选出不超过 2×10^6 的所有质数。对于更大的范围，可能会遇到性能瓶颈。

2. 算法步骤

步骤01 初始化：设置 vis[0]=vis[1]=true，表示 0 和 1 被剔除（它们不是质数），质数的筛选从 2 开始。

步骤02 筛选：从最小的质数 2 开始枚举所有数 i（枚举范围是 [2,n]）。对于每个未被标记的数 i，将其所有倍数标记为合数。然后继续枚举下一个未被标记的数（这一定是质数），并将其所有倍数标记为合数。重复这个过程，直到范围内所有数都被遍历。

步骤03 收集：所有未被标记的数即为质数。

3. 流程演示

假设我们要筛选[1,20]内的所有质数。

图10-4展示了前4次筛选操作的过程。可以发现，在后续筛选中，许多筛选操作是重复的。

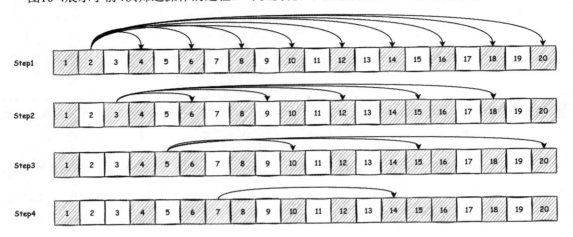

图 10-4   朴素的埃氏筛法

图中展示的是朴素的埃氏筛法。实际上，在枚举某个筛子（图中蓝色数字）的倍数时，不一定需要从 $2 \times i$ 开始，而可以从 i^2 开始。假设我们从 $j \times i$ 开始枚举，如果 $j < i$，那么 $j \times i$ 一定已经被 j 筛掉了，不需要再由 i 来筛。因此，i 的枚举范围变为 $[2, \sqrt{n}]$，从而进一步降低时间复杂度。

4. 实现代码

```
#include <bits/stdc++.h>
using namespace std;

const int N = 1e6 + 9;
// vis[i] = false 表示i为质数
bitset<N> vis;

void sieve(int n)
{
    // 初始化，将0和1筛掉
    vis[0] = vis[1] = true;
    for(int i = 2;i <= n / i; ++ i)
        // 将 i 的倍数标记为非质数，从 i^2 开始筛选
        if(!vis[i]) for(int j = i * i; j <= n; j += i)vis[j] = true;
}

int main()
{
    ios::sync_with_stdio(0), cin.tie(0), cout.tie(0);
    int n;cin >> n;
```

```
    sieve(n);
    for(int i = 1;i <= n; ++ i)
    {
        // 如果i没有被筛掉, 则说明是质数
        if(!vis[i])cout << i << ' ';
    }
    return 0;
}
```

5. 时间复杂度的理解

埃氏筛法的时间复杂度来源于解析数论的一个结论。选手无须深究, 只需记住其复杂度是 $O(n\log\log n)$ (即对 log 取两次, 非常接近 $O(1)$)。

筛除操作后的时间复杂度是 $O(1)$, 但该操作的总执行次数不超过 $\sum_{i=1}^{\sqrt{n}}\left\lfloor\dfrac{n}{i}\right\rfloor = n\sum_{i=1}^{\sqrt{n}}\left\lfloor\dfrac{1}{i}\right\rfloor \approx n\log(\sqrt{n}) = \dfrac{1}{2}n\log n$, 于是总标记次数约为 $n\log n$ 次, 但事实果真如此吗?

注意一个关键细节: 筛除操作只有当 i 为质数时才会执行, 而区间 $[1,n]$ 中的质数个数约为 $n/\log n$ 个 (这是一个数论结论)。因此, 筛除操作的总次数实际上接近 $\sum_{p\leq n\ \&\ p\in\text{prime}}\dfrac{1}{p}$。如果将它看作一个连续函数, 对其积分可以推导出总次数为 $n\times\ln(\ln(n))$。这一过程较为复杂, 感兴趣的读者可以自行研究。

为了更直观地感受 $y=\ln\ln x$ 和 $y=x$ 之间的差距, 可以参考图 10-5。

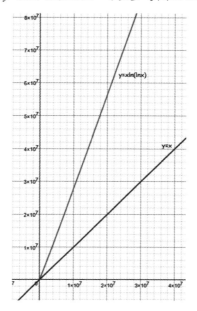

图 10-5 理解时间复杂度

10.8.3　欧拉筛法

欧拉筛法，也称为线性筛法，是一种高效的算法，用于找出一定范围内的所有质数。

该算法改进了埃拉托斯特尼筛法，通过避免重复筛选，将时间复杂度降低到$O(n)$，其中n是给定的范围。

此外，欧拉筛法还可以用于筛出积性函数（例如欧拉函数、莫比乌斯函数等，后者本书未涉及），在数论中具有重要的应用价值。

1. 基本原理

在埃氏筛法中，我们通过枚举每个素数并筛除其所有倍数来标记合数，其中存在一些冗余计算。例如，数字30会被2筛除，也会被3筛和5筛除。如果能够保证每个合数仅被筛除一次，便可以降低时间复杂度，从而优化算法。欧拉筛法通过让每个合数只被其最小质因子筛除，实现了这一目标，使得时间复杂度降低到$O(n)$。

对于一个合数x，我们可以对其进行唯一分解：

$$x = p_1^{k_1} \times p_2^{k_2} \times \cdots \times p_m^{k_m}$$

每个合数至少有一个"最小的质因子p_1"。如果我们让每个合数都"只被最小的质因子筛除"，就可以保证每个合数只被筛一次。于是，我们将x表示为$x=p_1 \times y$，这里必须保证y的最小质因子大于或等于p_1，否则p_1将不再是x的最小质因子。这是欧拉筛法枚举时的重要条件之一。

我们的枚举方式是，从小到大枚举y。对于每个y，依次枚举所有质数p_i（这些质数一定小于或等于y，且按照自然升序排列）。那么，什么时候停止呢？当y存在因子p_i时，就应完成一次筛除并停止枚举。这是因为再往后，p_i已经不再是$y \times p_i$的最小质因子了。

我们来简单理解一下。当$p_i \mid y$时，有$y=p_i \times k$。继续往后枚举时，得到$x=y \times p_{i+1}=p_i \times k \times p_{i+1}$。在这种情况下，$x$应该被$p_i$筛除，而不是被$p_{i+1}$筛除。换句话说，只有当$y$枚举到$y=k \times p_{i+1}$，并且$p$枚举到$p_i$时，$x=p_i \times y=p_i \times (k \times p_{i+1})$才会被$p_i$筛掉。

举个例子，假设此时$y=10$、$p_i=2$、$x=20$，此时x被筛掉了。如果继续往后走，得到$x=10 \times 3=30$，但我们知道30应该被其最小质因子2筛掉，而不是3。因此，应该停止筛除，等待y枚举到15时，得到$x=15 \times 2=30$，此时再被筛掉。换句话说，当$y=10$、$p_i=3$时，它知道30及以后的数字将在之后的过程中被筛掉，因此自己可以跳过这些筛除工作。

以下是算法流程：

步骤 01 对于每个数 i，我们检查它是否为质数（即未被筛掉），如果是，则将其加入质数列表。

步骤 02 通过枚举 primes，用 i 筛掉 i 的所有倍数 $i \times \text{primes}[j]$，但只有当 primes[$j$] 是这些倍数的最小质因子时，才进行筛除操作。一旦 primes[j] 不是某个倍数的最小质因子（即 $i\%\text{primes}[j]==0$，说明后续的 $i \times \text{primes}[j]$ 的最小质因子将在 i 中，而不是 primes[j]），则直接结束循环，不再枚举 primes，转而枚举下一个 i。

这样可以保证每个合数只会被筛除一次（即被自己的最小质因子筛除），从而避免了重复操作。

2. 代码

```cpp
#include <bits/stdc++.h>
using namespace std;

const int N = 1e6 + 9;
// vis[i] = 0表示i为质数, vis[i] = 1表示i已被筛除
bitset<N> vis;


void euler(int n)
{
    vector<int> primes;
    vis[0] = vis[1] = true;              // 0和1不是质数
    for(int i = 2;i <= n; ++ i)
    {
        // 如果i没有被筛除，则说明i是质数，存入vector向量中
        if(!vis[i])primes.push_back(i);
        // 注意枚举条件, i * primes[j] 表示要被筛除的数字（一定不是质数）
        for(int j = 0;j < primes.size() && i * primes[j] <= n; ++ j)
        {
            vis[i * primes[j]] = true;        // 标记倍数为合数
            if(i % primes[j] == 0)
            {
                // 说明往后的过程中primes[j]已经不是i * primes[j] 的最小质因子了
                break;
            }
        }
    }
}

int main()
{
    ios::sync_with_stdio(0), cin.tie(0), cout.tie(0);
    int n; cin >> n;                     // 输入范围n
    euler(n);                            // 运行欧拉筛法
    for(int i = 1;i <= n; ++ i)          // 输出所有质数
    {
        // 如果i没有被筛掉，则说明是质数
        if(!vis[i])cout << i << ' ';
    }
    return 0;
}
```

10.8.4 例题讲解

【例】StarryCoding P43 【模板】埃氏筛法

题目描述

给定一个整数n，求$[1,n]$区间的所有质数。

输入格式

一个整数n（$1\leqslant n\leqslant 2\times 10^6$）。

输出格式

按照从小到大的顺序输出所有质数。

样例

输　　入	输　　出
19	2 3 5 7 11 13 17 19

解题思路

本题可以使用埃氏筛法求解，也可以用欧拉筛法求解。当然，大多数情况下，欧拉筛法可以直接替换掉埃氏筛法，但埃氏筛法在编写时更为简单和快捷。

本题为模板题，具体的代码可参考前本节前文对埃氏筛法和欧拉筛法的讲解。

10.9　欧拉函数

欧拉函数的定义为：$\phi(n)$表示$[1,n]$中与n互质（即$\gcd(i,n)=1$）的数字个数，可以表达为：

$$\phi(n) = \sum_{i=1}^{n}\big[\gcd(i,n)==1\big]$$

注意，当n为质数时，有$\phi(n)=n-1$，这个性质使用频率很高。

然而，实际计算$\phi(n)$时，我们不能简单地从1到n枚举所有数字并计算它们与n的gcd。

欧拉函数还有另一个表达式：

$$\phi(n) = n\prod_{p|n\ \&\ p\in\text{prime}}\left(1-\frac{1}{p}\right) = n\prod_{p|n\ \&\ p\in\text{prime}}\frac{p-1}{p}$$

也就是说，只需要找出n的所有质因子就可以计算欧拉函数的值。

10.9.1　单点欧拉函数

单点欧拉函数只需要利用欧拉函数的计算式，枚举n的所有质因子，然后直接计算结果即可，其时间复杂度为$O(\sqrt{n})$。

```
#include <bits/stdc++.h>
using namespace std;

const int N = 1e6 + 9;
// vis[i] = 0表示i为质数，vis[i] = 1表示i为非质数
bitset<N> vis;
```

```cpp
int phi(int n)          // 计算欧拉函数phi(n)
{
    int res = n;        // 初始时，res等于n
    for(int i = 2;i <= n / i; ++ i)     // 枚举从2到sqrt(n)的所有整数
    {
        if(n % i) continue;         // 如果i不是n的因子，跳过
        res = res / i * (i - 1);    // 使用欧拉函数的公式，先除后乘，避免溢出
        // 将质因子除干净
        while(n % i == 0)n /= i;    // 将n中的i的因子完全除掉
    }
    // 如果n > 1，说明此时的n是最后剩下的那个质因子
    if(n > 1)res = res / n * (n - 1);   // 对最后一个质因子进行处理
    return res;         // 返回计算的欧拉函数值
}

int main()
{
    ios::sync_with_stdio(0), cin.tie(0), cout.tie(0);    // 优化输入/输出，提高效率
    int n;cin >> n;
    for(int i = 1;i <= n; ++ i)     // 枚举从1到n的所有整数
    {
        cout << "phi(" << i << ") = " << phi(i) << '\n';// 输出每个数的欧拉函数值
    }
    return 0;
}
```

10.9.2 筛法求欧拉函数

埃氏筛法和欧拉筛法都可以用来求解欧拉函数。埃氏筛法的时间复杂度为$O(n\log n)$，因为它只能使用朴素的埃氏筛法，而欧拉筛法可以优化到$O(n)$的时间复杂度。

使用埃氏筛法求欧拉函数可以快速地求出1到n的所有数字的欧拉函数。

1. 埃氏筛法求欧拉函数

实现代码如下：

```cpp
#include <bits/stdc++.h>
using namespace std;
const int N = 1e6 + 9;
int phi[N];

void sieve(int n)
{
    for(int i = 1;i <= n; ++ i)phi[i] = i;  // 初始化phi数组，初始时phi[i] = i

    // 注意这里的枚举范围：从2开始到n，目的是筛选出质数并更新欧拉函数
    for(int i = 2;i <= n; ++ i)
    {
        // 如果phi[i]等于i，说明i是质数
```

```
            if(phi[i] == i)
            {
                // 质数i的欧拉函数为i - 1，更新所有i的倍数的欧拉函数
                for(int j = i;j <= n; j += i)
                {
                    // 更新欧拉函数：将每个倍数j的欧拉函数乘以(1 - 1/i)
                    phi[j] = phi[j] / i * (i - 1);
                }
            }
        }
    }
}

int main()
{
    ios::sync_with_stdio(0), cin.tie(0), cout.tie(0);
    int n;cin >> n;
    sieve(n);                    // 调用sieve函数求解1到n的欧拉函数

    // 输出1到n的欧拉函数结果
    for(int i = 1;i <= n; ++ i)
    {
        cout << "phi(" << i << ") = " << phi[i] << '\n';        // 输出欧拉函数结果
    }
    return 0;
}
```

2. 欧拉筛法求欧拉函数

实现代码如下：

```
#include <bits/stdc++.h>
using namespace std;
const int N = 1e6 + 9;
int phi[N];

void euler(int n)
{
    bitset<N> vis;               // 用于标记已经处理的数，vis[i]为true表示i是合数
    vector<int> primes;          // 存储质数
    phi[1] = 1, vis[0] = vis[1] = true;       // 欧拉函数phi(1) = 1，标记0和1为已处理

    for(int i = 2;i <= n; ++ i)      // 枚举从2到n的每个数
    {
        // 如果i是质数，将i加入质数列表，质数的欧拉函数值为i - 1
        if(!vis[i])primes.push_back(i), phi[i] = i - 1;

        // 遍历质数列表，更新倍数的欧拉函数值
        for(int j = 0;j < primes.size() && i * primes[j] <= n; ++ j)
        {
            // 筛除合数，将i * primes[j]标记为合数
            vis[i * primes[j]] = true;
```

```
            if(i % primes[j] == 0)       // i与primes[j]不互质
            {
                // 如果i与primes[j]有公因子，更新phi[i * primes[j]]的值
                phi[i * primes[j]] = phi[i] * primes[j];
                break;    // 找到因子后就跳出循环
            }
            // 如果i与primes[j] 互质
            phi[i * primes[j]] = phi[i] * phi[primes[j]];    // 更新phi值
        }

    }
}

int main()
{
    ios::sync_with_stdio(0), cin.tie(0), cout.tie(0);
    int n;cin >> n;
    euler(n);            // 调用欧拉筛法计算欧拉函数值

    for(int i = 1;i <= n; ++ i)      // 输出1到n的欧拉函数值
    {
        cout << "phi(" << i << ") = " << phi[i] << '\n';
    }
    return 0;
}
```

欧拉筛法的转移式比较抽象，在这里详细解释一下（请务必认真阅读，非常重要）：

- 当$i\%\text{primes}[j]==0$时，说明i包含质因子$\text{primes}[j]$。因此，可以对比$\text{phi}[i\times\text{primes}[j]]$和$\text{phi}[i]$的计算式，得到：

$$\text{phi}\left[i\times\text{primes}\left[j\right]\right]=i\times\text{primes}\left[j\right]\times\prod_p\frac{p-1}{p}$$

$$\text{phi}[i]=i\times\prod_p\frac{p-1}{p}$$

上述两个p的取值完全相同，都是i的所有质因数。也就是说，后续累乘项（指代乘积中的每项）都是相同的，因此得到转移式：

$$\text{phi}[i\times\text{primes}[j]]=\text{phi}[i]\times\text{primes}[j]$$

- 当$i\%\text{primes}[j]\neq0$时，说明$\text{primes}[j]$是$i\times\text{primes}[j]$的最小质因子。同样，通过对比表达式（假设p的取值为i的质因数分解集合）：

$$\text{phi}\big[i \times \text{primes}\,[j]\big] = i \times \text{primes}\,[j] \times \prod_p \frac{p-1}{p} \times \frac{\text{primes}[j]-1}{\text{primes}[j]}$$

$$\text{phi}[i] = i \times \prod_p \frac{p-1}{p}$$

$$\text{phi}\big[\text{primes}\,[j]\big] = \text{primes}\,[j] \times \frac{\text{primes}[j]-1}{\text{primes}[j]}$$

可以发现它们三者之间的关系，因此得到转移式：

$$\text{phi}[i \times \text{primes}[j]] = \text{phi}[i] \times \text{phi}[\text{primes}[j]]$$

这个结果正好满足积性函数的定义（欧拉函数是一个积性函数）。既然提到了积性函数，简单提一下：若f为一个积性函数，且对于两个互质的非负整数x和y（即$\gcd(x,y)=1$），则有$f(xy)=f(x) \times f(y)$。

当$i\%\text{primes}[j] \neq 0$时，$i$和$\text{primes}[j]$互质，因此可以利用积性函数的定义得到上述转移式。

10.9.3 欧拉定理

在学习快速幂时，我们提到了费马小定理，实际上它是欧拉定理的一个特殊情况。在算法竞赛中，欧拉定理是数论模块的基础知识，读者记忆欧拉定理并不难，难点在于证明。然而，在竞赛中，通常并不需要深入理解证明过程。

1. 欧拉定理的定义

对于$a, n \in N$，当$\gcd(a,n)=1$时，有$a^{\phi(n)} \equiv 1 \pmod{n}$。

2. 欧拉定理证明

为了降低读者学习算法的认知负担，证明过程只需要了解即可。

设$X = \{x_1, x_2, \cdots, x_\phi(n)\}$是区间$[1,n]$中与$n$互质的所有数组成的数列。显然，这$\phi(n)$个数字都与$n$互质且两两不同。

设$A = \{ax_1, ax_2, \cdots, ax_{\phi(n)}\}$，由于$\gcd(a,n)=1$且$\gcd(x_i,n)=1$，因此有$\gcd(ax_i,n)=\gcd(ax_i\%n,n)=1$，有$A'=A \pmod{n}$中的所有数与$n$互质且两两不同。

由于A'中的数与n互质且两两不同，可以用反证法证明（实际上本身也是同余系的一个结论）：假设存在$x_i \neq x_j$使得$ax_i \equiv ax_i \pmod{n}$，即$m \mid a(x_i-x_j)$，因为有$\gcd(a,m)=1$，所以$m \mid (x_i-x_j)$）。因为$1 \leqslant x_i, x_j < n$，所以唯一可能的情况是$x_i=x_j$，这与假设$x_i \neq x_j$矛盾。

也就是说，A'与X实际上是一一对应的，于是有（在$\bmod\ n$下）：

$$a^{\phi(n)} \prod_{i=1}^{\phi(n)} x_i = \prod_{i=1}^{\phi(n)} ax_i = \prod_{i=1}^{\phi(n)} x_i$$

$$n \mid \prod_{i=1}^{\phi(n)} ax_i - \prod_{i=1}^{\phi(n)} x_i$$

$$n \mid (a^{\phi(n)}-1) \prod_{i=1}^{\phi(n)} x_i$$

因为gcd（*m*,*X*）=1，于是：

$$n \mid a^{\phi(n)} - 1$$
$$a^{\phi(n)} \equiv 1 (\bmod n)$$

证毕。

10.9.4　欧拉降幂

设想这样一个场景：计算$a^b \bmod c$，其中*b*非常大，可能有10^{10^5}（即十进制数字的长度为10^5），即便使用快速幂算法，其时间复杂度为$O(\log b)$，少说也要计算约10^5次，单次计算开销很大，且还需要引入高精度计算，非常麻烦。

由于最后结果是对*c*取模，实际上我们关心的只是$a^b \bmod c$的结果，因此可以通过欧拉降幂来求解。

1. 欧拉降幂的定义

$$a^b = \begin{cases} a^{b\%\phi(c)} & \gcd(a,c) = 1 \\ a^{b\%\phi(c)+\phi(c)} & \gcd(a,c) \neq 1, b \geqslant \phi(c) \\ a^b & \gcd(a,c) \neq 1, b < \phi(c) \end{cases}$$

2. 欧拉降幂证明

（1）第一种情况证明如下：

首先将*b*分解为$\left\lfloor \dfrac{b}{\phi(c)} \right\rfloor \times \phi(n) + b\%\phi(n)$。

由于根据欧拉定理$a^{\phi(c)} = 1$，因此有：$a^b = \left[a^{\phi(n)}\right]^{\left\lfloor \frac{b}{\phi(n)} \right\rfloor} a^{b\%\phi(n)} = a^{b\%\phi(n)}$。

（2）第二种情况非常复杂，感兴趣的读者可自行查阅相关资料。

（3）第三种情况很显然。

10.9.5　例题讲解

【例 1】StarryCoding P127 最小周期

给定两个整数*a*和*n*，请求出满足$a^k \equiv 1(\bmod n)$的最小正整数*k*的值。数据保证*a*和*n*互质。

输入格式

一行包含两个整数*a*和*n*（$2 \leqslant a$，$n \leqslant 10^{12}$）。

输出格式

一行一个整数，表示结果。

样例输入

```
10 101
```

样例输出

```
4
```

解题思路

由于有 a 和 n 互质，根据欧拉定理有 $a^{\phi(n)} \equiv 1 \bmod n$，也就是说 k 一定是 $\phi(n)$ 的因子。因此，首先求出 $\phi(n)$（即 phi(n)），然后枚举其所有因子，检查是否满足 $a^k \equiv 1 \bmod n$，并取最小符合条件的 k。

```cpp
#include<bits/stdc++.h>
using namespace std;
using ll = long long;
ll a, n;

ll qmi(ll a, ll b) {         // 快速幂函数：计算 a^b %
    ll res = 1;
    while(b){
        if(b & 1)res = res * a % n;// 如果 b 的最低位为 1, 更新结果: res = res * a % n
        a = a * a % n, b >>= 1;    // 更新 a 为 a^2 % n, b 右移一位, 相当于 b // 2
    }
    return res;
}
// 欧拉函数 phi(x)：计算 x 的欧拉函数值
ll phi(ll x) {
    ll res = x;
    for(int i = 2; i <= x / i; i++) {      // 从 2 开始枚举因子
        if(x % i) continue;                // 如果 i 不是 x 的因子, 跳过
        while(x % i == 0) x /= i;           // 如果 i 是 x 的因子, 除去所有 i
        res = res / i * (i - 1);            // 更新欧拉函数值: res = res / i * (i - 1)
    }
    if(x > 1) res = res / x * (x - 1);      // 如果 x 大于 1, 更新欧拉函数值
    return res;           // 返回欧拉函数值
}
int main() {
    cin >> a >> n;
    ll ph = phi(n), k = ph;              // 计算欧拉函数值 phi(n), 并初始化 k 为 phi(n)
    // 枚举 phi(n) 的所有因子
    for(ll i = 1; i <= n / i; i ++) {   // i 从 1 到 sqrt(n)
        if(ph % i) continue;             // 如果 i 不是 phi(n) 的因子, 跳过
        if(qmi(a, i) == 1) k = min(k, i);    // 如果 a^i % n == 1, 更新最小 k
        if(i * i != ph && qmi(a, ph / i) == 1)   // 如果 i 不是 phi(n) 的平方根
            k = min(k, ph / i);          // 如果 a^(phi(n)/i) % n == 1, 更新最小 k
    }
    cout << k << '\n';                // 输出最小 k
```

```
        return 0;
    }
```

【例 2】StarryCoding P128 快速幂秒了

本题非常简单，只需要求解a^b（$\mod p$）的结果即可。数据保证a和p互质。

输入格式

一行3个整数a、b和p（$1 \leqslant a, p \leqslant 10^9$，$1 \leqslant b \leqslant 10^{10^5}$）。

输出格式

一行一个整数，表示结果。

样例输入

```
114 514 191
```

样例输出

```
138
```

解题思路

本题可以使用欧拉降幂来求解，由于a和p互质，因此可以直接应用欧拉定理，公式为
$a^b = a^{b \% \phi(p)} \mod p$。

其中，$\phi(p)$是p的欧拉函数值。需要注意的是，题目中的b非常大，直接存储和计算不现实，因此我们可以将b作为字符串来处理，并用秦九韶算法（霍纳法则）计算$b \% \phi(p)$的值。

```cpp
#include<bits/stdc++.h>
using namespace std;
using ll = long long;
ll a, b, p;

// 快速幂函数：计算 a^b % p
ll qmi(ll a, ll b) {
    ll res = 1;
    while(b){              // 如果 b 的最低位为 1
        if(b & 1)res = res * a % p;
        a = a * a % p, b >>= 1;        // 更新 a 为 a^2 % p, b 右移一位, 相当于 b // 2
    }
    return res;
}
// 欧拉函数 phi(x)：计算 x 的欧拉函数值
ll phi(ll x) {
    ll res = x;
    for(int i=2; i <= x / i; i++) {
        if(x % i) continue;
        while(x % i == 0) x /= i;
        res = res / i * (i - 1);
    }
```

```
    if(x > 1) res = res / x * (x - 1); // 如果 x 大于 1，更新欧拉函数值
    return res;
}

int main() {
    string sb;
    cin >> a >> sb >> p;          // 输入 a, b (作为字符串 sb), p

    // 计算 p 的欧拉函数值 phi(p)
    ll ph = phi(p);

    for(int i = 0;i < sb.length(); ++ i)      // 使用秦九韶算法计算 b % phi(p)
        b = (b * 10 + sb[i] - '0') % ph;      // 逐位计算 b % phi(p)
    cout << qmi(a, b) << '\n';                 // 输出结果：a^b % p
    return 0;
}
```

10.10 异或线性基

本节介绍异或运算在构建线性基方面的应用。从基础概念到实际应用，详细阐述异或线性基的原理、性质及其在算法设计中的作用和价值。

10.10.1 异或线性基的原理和性质

异或线性基可以用于求解以下问题：求若干数字通过异或运算得到的第k大（或小）的数字；判断一个数字能否通过若干数字异或得到（并确定其排名）；计算一个数字由若干数字异或组成的方案数等。为方便书写，以下统一简称"线性基"。

1. 什么是张成

设集合$T \subseteq S$（即T为S的子集），则T的异或和构成的集合称为S的张成，记作$span(S)$，也就是从S中任选若干元素进行异或运算所构成的集合。

2. 什么是线性相关

在异或运算中，我们定义：对于集合S中的某个元素S_i，若将其删除后得到的新集合S'，且$S_i \in span(S')$，则称S是线性相关的（意味着S_i可以通过其他若干元素异或得到），反之则称S是线性无关的。

通俗地讲，如果某个元素可以由其他若干元素异或得到，那么这个集合（或者称为"向量"）就是线性相关的，反之则是线性无关的。

例如，集合$\{1,2,3\}$是线性相关的，因为存在$1 \oplus 2 = 3$。

3. 什么是线性基

线性基X是由若干数字组成的集合，可以通过原集合S生成，并具有以下性质：

- X中不存在异或和为0的非空子集(注意：异或和是通过对多个数依次进行异或运算得到的)。
- X中各个元素的二进制最高位互不相同。
- span(S)=span(X)，且对于span(S)中的任意元素，其在X中的表示方法是唯一的，即可以唯一地由X中的若干元素异或得到。
- 在满足以上性质的条件下，X中的元素数量最少。
- 一个集合的线性基并不唯一。

例如，给定集合$S=\{2,4,5,7\}$，为方便理解，将它改写成二进制形式$S=\{(010)_2,(100)_2,(101)_2,(111)_2\}$，其线性基为$X_1=\{(111)_2,(010)_2,(001)_2\}$，当然也可以是$X_2=\{(111)_2,(011)_2,(001)_2\}$。

可以发现，集合S的线性基X满足上述所有性质。

4. 如何构造线性基

构造线性基的方法主要有贪心法和高斯消元法。这里仅讲解贪心法，关于高斯消元法构造线性基的方法，读者可自行查阅相关资料。

为了便于理解，我们假设初始线性基集合X为空，然后逐个将元素插入线性基中，从而构造出集合S的线性基。下面具体说明在将元素x插入集合X时，应该执行哪些操作。

因为线性基集合X中各个元素的二进制最高位互不相同，所以X中最多包含63个元素（假设数据范围在long long类型的值域内，不包含负数）。于是，我们可以用一个数组d来表示线性基，其中$d[i]$表示最高位为i的元素。

假设现在需要向X中插入一个元素x，采用从高位到低位的扫描方式，即令i从63到0遍历数组d，若x的第i位为1，则检查$d[i]$是否为0：

- 若$d[i]=0$，则说明X中不存在最高位为i的元素，此时令$d[i]=x$，插入完毕。
- 若$d[i]\neq0$，则说明X中已存在最高位为i的元素，此时令$x=x\oplus d[i]$。这个操作不会破坏线性基的性质（具体证明读者可自行查阅香港文献），并会使得x的最高位小于i。之后继续向更低位检查。

代码如下：

```
ll d[65];                    // 用于存储线性基
bool insert(ll x)
{
    for(int i = 63;i >= 0; -- i)        // 从最高位开始遍历
    {
        if(x >> i & 1){                 // 检查第 i 位是否为 1
            if(d[i])x ^= d[i];          // 若 d[i] 非空，使用异或消去第 i 位的 1
            else{
                // 插入成功
```

```
            d[i] = x;          // 将 x 插入线性基
            return true;
        }
    }
}
// 插入失败
return false;
}
```

如何查询"异或和"排名为k的元素呢？

假设线性基X中有n个元素，那么一共可以产生2^n种不同的异或和（包括0），即对于线性基内的每一个元素可以选或不选，从而构造出新的异或和。因此，只要能求出第k小的异或和，就能求出最大、最小的异或和。

为了方便理解，k的取值范围设定为$[0,2^n)$。显然，第0小（即最小）的元素异或和为0，即空集产生的异或和。

依然用上面的例子，线性基$X=\{(111)_2,(010)_2,(001)_2\}$，对应数组表示为d[2]=111、d[1]=010、d[0]=001。

假设k=5，它的二进制表示为k=101。我们可以将二进制的每一位视为一个决策（是否选择异或d[i]）。若遇到0，则选择让结果偏小的决策；若遇到1，则选择让结果偏大的决策，这种思想与01Trie树相似，均基于贪心法策略。以下是具体的操作过程（均以二进制表示）：

- 若res=0、d[2]=111、k[2]=1，则选择让res偏大的决策，即res←res⊕d[2]=111。
- 若res=111、d[1]=010、k[1]=0，则选择让res偏小的决策，即res←res⊕d[1]=101。
- 若res=101、d[0]=001、k[0]=1，则选择让res偏大的决策，即不异或d[0]，保持res的当前值101，因为异或之后结果会变小。

最终，res=101即为该线性基中第5小的异或和（注意，这里的排名从0开始）。

代码如下：

```
ll getK(int k)
{
    vector<ll> v;       // 为方便处理，将离散的d数组合并成v
    for(int i = 0;i <= 63; ++ i)if(d[i])v.push_back();
    if(k >= (1ll << v.size()))return -1;   // 如果 k 超出范围，返回 -1 表示不存在
    ll res = 0;
    for(int i = (int)v.size() - 1;i >= 0; -- i)
    {
        if(k >> i & 1){
            // 偏大的决策
            if(res ^ v[i] > res)
                res ^= v[i];
        }else {
            // 偏小的决策
            if(res ^ v[i] < res)
                res ^= v[i];
```

```
            }
        }
        return res;
    }
```

当然，其他资料中可能会提到将d数组中的元素除最高位外全部清0的操作。这实际上类似于一种高斯消元方法，可以让获取第k小的代码更简洁。这部分内容并不复杂，留给读者自行研究和学习。

其实，如果你观察得足够仔细，会发现线性基就像是重新构建了一个计数系统（当然，这个表述并不完全准确）。在常用的二进制计数系统中，线性基的所有d均为非0。在这种情况下，从线性基中取第k小的异或和，可以视为将k的二进制映射到一个离散且相互独立的计数系统中，再通过累加对应位的贡献得到结果。

10.10.2 例题讲解

【例】StarryCoding P313 最大异或子集

给定一个长度为n的数组a，请求出其中"异或和"最大的子集，并输出这个子集的"异或和"（子集为空时"异或和"为0）。

输入格式

第一行输入一个整数n（$1 \leqslant n \leqslant 10^5$），表示数组大小。

第二行输入n个整数，表示数组a_i（$0 \leqslant a_i \leqslant 10^9$）。

输出格式

对于每组测试用例，输出一个整数表示答案。

样例输入1

```
3
2 2 4
```

样例输出1

```
6
```

样例输入2

```
11
60 5 96 18 59 88 48 98 99 55 80
```

样例输出2

```
127
```

解题思路

本题可以用异或线性基来解决，具体思路请参考线性基的讲解。

```cpp
#include <bits/stdc++.h>
using namespace std;
using ll = long long;
int d[35];          // 定义一个数组d，用于存储二进制位上的值

// 插入函数，将x插入数组d中
void insert(ll x)
{
    for (int i = 30; i >= 0; --i)  // 从高位到低位遍历
    {
        if (!(x >> i & 1))          // 如果当前位为0，则跳过
            continue;
        if (!d[i])                  // 如果当前位为1且数组d中的对应位置为空，则将x存入该位置并退出循环
        {
            d[i] = x;
            break;
        }
        x ^= d[i]; // 如果当前位为1且数组d中的对应位置不为空，则将x与该位置的值进行异或运算
    }
}


// 获取最大值函数，返回数组d中所有元素的异或最大值
ll getMax()
{
    ll res = 0;
    for (int i = 30; i >= 0; --i)         // 从高位到低位遍历数组d
        res = max(res, res ^ d[i]);       // 更新res为当前res与d[i]的异或最大值
    return res;
}


int main()
{
    ios::sync_with_stdio(0), cin.tie(0), cout.tie(0); // 优化输入/输出流
    int n;
    cin >> n;          // 输入整数n
    for (int i = 1; i <= n; ++i)            // 循环读取n个整数
    {
        int x;
        cin >> x;       // 输入整数x
        insert(x);       // 将x插入数组d中
    }
    cout << getMax() << '\n';               // 输出数组d中所有元素的异或最大值
    return 0;
}
```

第 11 章

博 弈 论

博弈论是算法竞赛中非常重要的一部分，在很多正式比赛中均有出现，并且难度较高。

尽管有很多博弈是特殊的、考验思维的，但也存在许多博弈有迹可循、可以通过思维方法解决的。在讨论博弈论时，我们需要建立一个前提，那就是博弈双方都"足够聪明"，即只要存在必胜策略，双方就一定会采用。

本节将"博弈"和"游戏"两个名词混合使用，两者表述均可，表示的是同一概念。

11.1 基础博弈类型

本节将介绍一些常见且基础的博弈类型，包括Bash博弈和Nim博弈。

11.1.1 Bash 博弈

Bash博弈是一种简单的博弈问题，其规则如下：

步骤01一堆数量为 N 的石子。

步骤02两个玩家轮流进行操作，每次可以从堆中取走不超过 M（$M \leqslant N$）个石子（必须至少取走一个）。

步骤03不能进行操作的玩家判负。

Bash博弈的关键在于，观察到当N为$M+1$的倍数时，先手必败，无论怎么选，后手总是可以让当前石子数量再变为$M+1$的倍数，并最终变为0，使得先手失败。

当N不是$M+1$的倍数时，先手可以通过一次合适的操作，使剩余的石子数变为$M+1$的倍数，从而获得必胜的位置，并把必败态抛给对手。Bash的博弈示意图如图11-1所示。

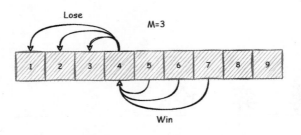

扫码看彩图

图 11-1　Bash 博弈示意图

图中的红色位置是必败态（0号必败点未标出），绿色位置是必胜态。

Bash博弈比较简单直观，这里不再赘述。

11.1.2　Nim 博弈

1. Nim博弈的规则

Nim博弈是最著名的博弈论问题之一。它的规则如下：

- 有若干堆石子，每堆石子的数量可以不同。
- 两个玩家轮流进行操作，每次操作可以从任意一堆石子中取走任意数量的石子（至少要取走一个，不能不取）。
- 最终无法进行操作的玩家判负，即取到最后一颗石子的人获胜。

2. Nim博弈的结论

Nim博弈的胜负策略通常依赖于尼姆和（Nim-sum），即所有堆石子数量的异或（XOR）值。如果游戏开始时的尼姆和为0，则先手必败；否则，先手必胜。

3. 结论的证明

这个证明过程非常重要，是理解Nim博弈以及后面的SG函数的关键，需要读者慢慢理解。

对于博弈中的结论，我们一般直接给出定义，并通过三个关键条件来证明：

（1）最终态的归属，属于必胜态还是必败态。

（2）必胜态存在至少一种方案转移到必败态（给对手）。

（3）必败态的所有方案都只能转移到必胜态（给对手）。

我们根据一个数组的异或和来设定以下两种状态：

- 必胜态：数组异或和非0。
- 必败态：数组异或和为0。

这里，最终态（全0的数组，异或和为0）是必败态。显然符合Nim游戏的定义。

现在只需证明两个命题："必胜态至少存在一种方案转移到必败态（使得对手必败，即自身必胜）"和"必败态无论如何只能转移给必胜态（对手必胜，于是自己必败）"。只要能证明这两个命题，就说明这两种状态的划分是正确的，如图11-2所示。

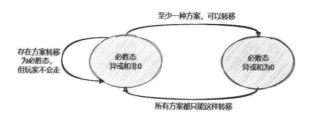

图 11-2　必胜态与必败态的转移

 博弈的基础是"玩家足够聪明，每次操作都会选择对自己最有利的"。如果玩家处于必胜态，只要存在"至少一种方案"转移到必败态，就不会把必胜态转移给对手。

【证明1】必败态转移为必胜态

这个比较容易。对于一个异或和为0的数组，将其中某一位减少一些（或变为0），必然使得整个数组异或和不为0。

举个例子，假如有数组$[a_1,a_2,a_3,a_4]$，其异或和为0，假设我们选中的数字是a_3，要将其变小一些（或变为0）。操作前有$a_1 \oplus a_2 \oplus a_4=a_3$，也就是说，如果要继续保持整个数组异或和为0，那么a_3就不能变化，但a_3又不得不变化，于是整个数组的异或和一定变为非0。

【证明2】必胜态转移为必败态

这个稍微复杂一些。假如现在有一个异或和非0的数组，有$a_1 \oplus a_2 \oplus \cdots \oplus a_n=x \neq 0$，并设$x$的最高位1所在位数为$k$，那么在$a_1 \sim a_n$中至少存在一个$a_i$的二进制第$k$位为1（若不存在，则$x$第$k$位的1就不能提供了）。

于是有$a_i > a_i \oplus x$（因为a_i和x的二进制最高位相同，异或之后最高位从1变为0，结果肯定小于a_i）。设$y=a_i-(a_i \oplus x)>0$，我们只需要让a_i减去y，即让a_i变为$a_i-y=a_i-(a_i-(a_i \oplus x))=a_i \oplus x$，使得数组异或和为0。

实际上，证明存在$a_i > a_i \oplus x$就可以直接让a_i变为$a_i \oplus x$。

即存在至少一种方案，可以从必胜态转移为必败态。当然，也存在必胜态转移为必胜态的方案，但玩家不会这么做。

11.1.3　例题讲解

【例 1】StarryCoding P176 【模板】巴什博弈

题目描述

小e和桶子在玩一款取石子的游戏，现在有n个石子，两人轮流从中取出$1,2,\cdots,m$个石子（不能不取），谁先把石子取完，谁就赢了。

小e先手，请问在双方足够聪明的情况下，他能否获胜？

输入格式

第一行包含一个整数T（$1 \leqslant T \leqslant 1000$），表示样例的数量。

对于每一个样例：

第一行包含两个整数n和m（$1 \leqslant n, m \leqslant 10^9$）。

输出格式

对于每组测试样例，若小e能获胜，则输出YES，否则输出NO（程序的实际输出不含引号）。

样例输入

```
2
8 3
7 3
```

样例输出

```
NO
YES
```

解题思路

根据巴什博弈的原理，如果n是$m+1$的倍数，则先手必败，因为无论先手玩家如何取石子，后手玩家都可以调整策略，使得剩下的石子数量保持为$m+1$的倍数，并最终使得石子数量变为0。如果n不是$m+1$的倍数，则先手玩家可以通过一次操作使剩下的石子数量变成$m+1$的倍数，从而将必败局面丢给对手，自己获得胜利。

```cpp
#include <iostream>
using namespace std;
int main() {
    int T; cin >> T;
    while(T --){
        int n, m;
        cin >> n >> m;
        // 判断是不是先手必胜的情况
        if (n % (m + 1) != 0) {
            cout << "YES" << endl;
        } else {
            cout << "NO" << endl;
        }
    }
    return 0;
}
```

【例2】StarryCoding P194 【模板】Nim 博弈

题目描述

小e和桶子在玩一款取石子的游戏，现在有n堆石子，第i堆石子中有a_i个石子。

两人轮流从某一堆中取出任意颗石子（可以一次把一堆取完，但不能不取），谁先把石子取完，谁就赢了。也就是说，谁先无法操作，谁就输了。

小 e 先手，请问在双方足够聪明的情况下，他能否获胜？

输入格式

第一行包含一个整数 T（$1 \leqslant T \leqslant 1000$），表示样例的数量。

对于每一个样例：

第一行包含一个整数 n（$1 \leqslant n \leqslant 10^5$）。

第二行包含 n 个整数，表示 a_i（$1 \leqslant a_i \leqslant 10^9$）。

数据保证 $\sum n \leqslant 2 \times 10^5$。

输出格式

对于每组测试样例，若小 e 能获胜，则输出 YES，否则输出 NO（程序的实际输出中不含引号）。

样例输入

```
2
3
1 2 3
3
1 2 2
```

样例输出

```
NO
YES
```

解题思路

本题是 Nim 博弈模板题，当数字的异或和为 0 时必败，反之必胜。

```cpp
#include <iostream>
using namespace std;

int main()
{
    // 读取测试用例的数量
    int T;
    cin >> T;
    // 遍历每个测试用例
    while (T--)
    {
        // 读取数组长度
        int n;
        cin >> n;
        // 初始化异或结果为0
        int ans = 0;
        // 遍历数组中的每个元素
```

```
            for (int i = 1; i <= n; ++i)
            {
                // 读取数组元素
                int x;
                cin >> x;
                // 对当前元素进行异或运算
                ans ^= x;
            }
            // 如果异或结果不为0, 则输出YES, 否则输出NO
            cout << (ans ? "YES" : "NO") << '\n';
    }
    return 0;
}
```

11.2   SG 函数

SG（Sprague-Grundy）函数是基于经典Nim博弈推广得到的。在Nim博弈中, 整个游戏（博弈）的结果是若干子游戏的异或和。当异或和为0时局面必败, 当异或和不为0时局面必胜。

SG函数使得"博弈局面的状态"从抽象变得具体, 从而更容易进行分析和处理。

11.2.1   mex 运算

在了解SG函数之前, 我们需要知道什么是mex运算。

$mex([x_1, x_2, \cdots, x_n])$表示在集合$[x_1, x_2, \cdots, x_n]$中未出现的最小自然数。

举几个例子就明白了：

```
mex(0,1,2,3)=4
mex(2,3,6)=0
mex(0,1,4,5)=2
mex(0,7,8)=1
```

11.2.2   SG 函数的定义和性质

$sg(x) = mex(\{sg(y) \mid x \to y\})$的意思是, 如果存在状态$x \to y$（可以理解为在图中存在一条$x \to y$的有向边）, 那么图中某个顶点的sg值是该顶点所有出点的sg的mex结果。容易发现, $sg(0)=0$, 因为它没有出边了。

举个例子, 假设有一堆石子, 共7个, Alice（先手）和Bob每次可以从中拿取1、3、4个, 谁先无法操作谁就输了。那么, Alice必胜还是必败？

在这个问题中, 首先可以定义一个状态：$sg(x)$表示当前还有x个石子的局面的sg。

然后通过题意可以知道转移的方式（即存在哪些边）, 从x可以转移到$x-1$、$x-3$、$x-4$, 于是有$sg(x) = mex(sg(x-1), sg(x-3), sg(x-4))$。当然, sg的参数不能为负数, 这个要记得判断一下。

必败态应该是$x=0$时, 因为此时就无法操作了, 在其他情况下至少可以移除一个元素。

画出这个状态转移图，如图11-3所示。

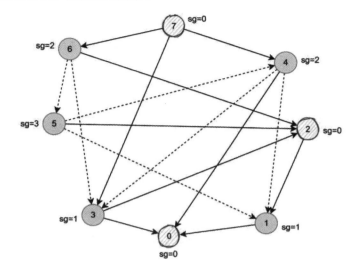

扫码看彩图

图 11-3　状态转移图

我们用红色（或阴影）标记必败态，绿色（即剩下的点）标记必胜态，虚线标出的是可以走但不会走的路线。观察sg状态转移图可以发现，从顶点7出发，任意一条到达顶点1的路径上，状态必然是"必败→必胜→必败→必胜→必败"这样交替出现的。

那么最终的答案就是sg(7)：若非0，则必胜；若是0，则必败。

如何计算SG函数呢？

因为SG函数的转移一般是从终点出发去找，并且可能有一部分SG函数是不会用到的，例如图11-3中的sg(5)（因为从7出发无法到达5）。一般我们会使用记忆化搜索的方式。

```cpp
using ll = long long;
map<ll,ll> sg;

ll getSG(ll x){
    // 一般情况下有sg(0)=0，这个需要根据实际情况设置
    if(x == 0)return 0;
    // 记忆化搜索
    if(sg.count(x))return sg[x];
    // 将出点的sg求mex得到当前点的sg
    unordered_set<ll> st;
    int d[] = {1, 3, 4};
    for(ll i = 0;i < 3; ++ i)
        if(x - d[i] >= 0) st.insert(getSG(x - d[i]));
    // 这个循环比较特殊，但实际上很快就会return掉
    for(ll i = 0;;++ i)
        if(!st.count(i)) return sg[x] = i;
}
```

11.2.3   子游戏的合并

对于一个博弈游戏，假如存在多个相互独立的子游戏，该如何处理？

例如，将11.2.2节的例子修改为：有n堆石子，每堆石子的数量分别为$a_1, a_2, \cdots, a_n$，每次只能从某一堆拿1、3或4个石子，谁先无法操作谁就输了。那么，请问先手是否必胜？

在这个问题中，可以将整个博弈游戏看作n个子游戏。每个子游戏都可以单独求出一个$sg(a_i)$，从而判断该子游戏的输赢状态。

这里直接给出结论：若存在n个子游戏，其SG函数分别为：$sg_1, sg_2, \cdots, sg_n$。若$sg_1 \oplus sg_2 \oplus \cdots \oplus sg_n = 0$，则当前局面必败，反之，必胜。

这个结论与Nim博弈非常相似。实际上，只要深入理解sg函数的定义，就会发现它和Nim博弈本质上是等价的。

通过mex的性质我们可以发现，$sg(x) = y$表示状态x可以走到$[0, 1, 2, \cdots, y-1]$这些状态。这种状态迁移的含义，实际上等价于一个Nim游戏中，一堆石子有x个，可以通过拿取若干变为$[0, 1, 2, \cdots, y-1]$个。

11.2.4   SG 函数打表

在许多博弈问题中，数据范围可能非常大，甚至达到10^{18}。直接计算SG函数往往不现实。然而，此时SG函数通常具有很强的规律性。读者可以通过在小范围内计算sg值来观察它的规律，从而可能找出直接计算SG函数的表达式，从而降低求解SG函数的时间复杂度。

以图11-4的例子为例，通过打表得到sg值。

sg	0	1	0	1	2	3	2	0	1	0	1	2	3	2	0	1	0	1	2	3	2
x	0	1	2	3	4	5	6	7	8	9	10	11	12	13	14	15	16	17	18	19	20

图 11-4   sg 表

通过观察可知：从0开始，这个游戏的sg值呈现出 $[0,1,0,1,2,3,2]$的循环规律。利用这一规律，我们可以快速计算任意状态的sg值，时间复杂度为$O(1)$。实现代码如下：

```
ll sg(ll x){
    ll arr[] = {0, 1, 0, 1, 2, 3, 2};
    return arr[x % 7];
}
```

11.2.5   例题讲解

【例】StarryCoding P187 爽吃生蚝

题目描述

小e和桶子来到了武汉最爽的自助餐店，他们要爽吃生蚝。不过，他们觉得单纯吃生蚝太没意思了，于是决定玩一个游戏。

桌上有n盘生蚝，第i盘中有a_i只生蚝，小e和桶子轮流吃，小e先吃。

每次"吃生蚝"的行动为：选择一盘生蚝，并吃质数个或一个，但不能不吃。

谁先无法继续吃，谁就输了！

请问小e能否必胜？如果必胜，则输出YES，否则输出NO。

输入格式

第一行包含一个整数T（$1 \leq T \leq 100$），表示测试样例的数量。

对于每一个样例：

第一行包含一个整数n（$1 \leq n \leq 10^5$），表示生蚝的盘数。

接下来n个整数，第i个整数表示第i盘生蚝的个数a_i（$1 \leq a_i \leq 10^{18}$）。

数据保证$1 \leq \sum n \leq 2 \times 10^5$。

输出格式

对于每组测试样例，如果小e必胜，则输出YES，否则输出NO（程序的实际输出中不含引号）。

样例

输　　入	输　　出
3	
3	
27 41 5	YES
7	
33 5 53 73 77 23 55	YES
9	
89 69 73 29 23 97 73 65 54	NO

解题思路

这是一个典型的组合型博弈问题，每一盘生蚝都可以视为一个独立的子游戏。我们先计算出每一个子游戏的sg值，然后通过异或运算合并所有子游戏的sg值，得到最终的结果。

通过打表发现，生蚝数量对应的sg值呈现[0,1,2,3]的循环规律。因此，$sg(x)=x\%4$，这样x再大也不用担心了。实现代码如下：

```
/ 计算某状态的 SG 函数值，根据观察得出的规律，SG 值循环为 [0, 1, 2, 3]
ll sg(ll x){
    return x % 4;    // SG 值等于 x 对 4 取模
}
void solve()
{
    int n;
```

```
    cin >> n;
    int ans = 0;
    for (int i = 1; i <= n; ++i)    // 遍历每一盘生蚝
    {
        ll x; cin >> x;      // 输入每盘生蚝的数量
        ans ^= sg(x);        // 计算 Nim 和：对当前状态的 SG 值进行异或运算
    }
    // 根据 Nim 和是否为 0 判断结果，0 表示后手必胜，非 0 表示先手必胜
    cout << (ans == 0 ? "NO" : "YES") << '\n';
}
```

11.3 反 Nim 博弈

前排提醒：反Nim出现的频率较低，且难度较高，读者可酌情进行学习与了解。

在反Nim博弈中，最后无法继续游戏的人获胜（即取到最后一颗石子的人失败），其他规则与Nim博弈完全相同。

反Nim博弈的规则：

- 有n堆石子，每堆石子数量为a_i个。
- 博弈双方轮流从某一堆石子中取出至少一颗石子。
- 无法继续游戏的人获胜，即取走最后一颗石子的人失败。

不难发现，最终的必胜态为：所有子游戏的sg值均为0，即无法进行任何操作了。同时，这也是必胜态（胜负判定的关键状态）。

请读者注意区分"游戏"与"子游戏"两者的概念，分别表示n堆石子的整体局面和某一堆石子的单一局面。

11.3.1 反 Nim 博弈结论

先给出必胜的结论，先手必胜的条件，当且仅当：

- 游戏的sg值不为0，且存在某个子游戏的sg>1。
- 游戏的sg值为0，且所有子游戏的sg≤1。

这个结论归纳如表11-1所示。

表 11-1 反 Nim 博弈结论

条　　件	游戏 sg=0	游戏 sg≠0
存在子游戏 sg>1	必败	必胜
所有子游戏 sg≤1	必胜	必败

11.3.2 结论的证明

首先，最终态属于必胜态。

先证明所有必败态必然转移到必胜态。

（1）情况1：游戏sg=0且存在子游戏sg>1。

证明：

因为游戏sg=0，根据SG函数的定义，游戏当前局面可以转移到任意一个子局面的sg值均不为0（否则游戏sg >0，与假设矛盾）。

因为存在子游戏sg>1，所以游戏当前局面中至少有两个子游戏的sg>1（若只有一个，则游戏sg值必然不是0，因为游戏sg是所有子游戏sg值的异或值）。

因为每次操作至多改变一个子游戏的sg值，所以改变后游戏的sg值必然不为0（相当于修改一个数字打破了整体异或运算结果为0的平衡），且仍然存在至少一个子游戏sg>1，从而转移到必胜态。

（2）情况2：游戏sg≠0且所有子游戏sg≤1。

证明：

在这种情况下，一定有奇数个子游戏的sg=1，其子游戏的sg=0。

因为所有子游戏sg≤1，且游戏SG≠0，故游戏sg只能为1。

在进行一次操作后，分两种情况：

- 将某个子游戏sg变为0，使得游戏sg变为0，且所有子游戏sg≤1依然成立，此时转移到了必胜态。
- 将某个子游戏的sg变为大于1，使得游戏sg≠0，且存在子游戏sg>1，此时也转移到了必胜态。

综上所述，所有必败态一定转移到必胜态。

接下来证明：所有必胜态至少存在一种方案转移到必败态。

（3）情况3：游戏sg≠0且存在子游戏sg>1。

证明：分为两种小情况，局面中只有一个子游戏sg>1或局面中至少存在两个子游戏sg>1。

- 局面中只有一个子游戏sg>1，令这个子游戏的sg变为0或1，从而使得游戏sg≠0且所有子游戏sg≤1，转移到必败态。
- 局面中存在至少两个子游戏sg>1，由于每次至多修改一个子游戏的sg值，后续状态中至少有一个游戏的sg>1。一定存在方案（即存在一种操作），修改某个子游戏sg值，使得游戏sg=0（参考普通Nim博弈的证明），从而转移到必败态。

（4）情况4：游戏sg=0且所有子游戏sg≤1。

证明：显然，局面中存在偶数个子游戏的sg= 1，其余子游戏的sg= 0。

- 若所有子游戏sg=0，则直接获胜。

- 若存在sg=1的子游戏，则只需将某一个子游戏的sg从1变为0，使得游戏的sg≠0且所有子游戏的SG≤1，从而转移到必败态。

证毕。

11.3.3　例题讲解

【例】StarryCoding P195　【模板】反 Nim 博弈

题目描述

小e和桶子在玩一款取石子的游戏，现在有n堆石子，第i堆石子中有a_i个石子。

两人轮流从某一堆中取出任意颗石子（可以一次把一堆取完，但不能不取），谁取到最后一颗石子，谁就输了；也就是说，先无法继续操作（即继续游戏）的人获胜。

小e先手，请问在双方足够聪明的情况下，他能否获胜？

输入格式

第一行包含一个整数T（$1 \leqslant T \leqslant 1000$），表示样例的数量。

对于每一个样例：

第一行包含一个整数n（$1 \leqslant n \leqslant 10^5$）。

第二行包含n个整数，表示a_i（$1 \leqslant a_i \leqslant 10^9$）。

数据保证$\sum n \leqslant 2 \times 10^5$。

输出格式

对于每组测试样例，若小e能获胜，则输出YES，否则输出NO（程序的实际输出中不含引号）。

样例输入

```
2
3
1 2 4
3
1 1 1
```

样例输出

```
YES
NO
```

解题思路

这是一个反Nim博弈的模板题。每一个子游戏的sg值就是石子数量a_i，求出整个游戏的sg值，判断是否满足必胜态即可。

```
#include <iostream>
```

```cpp
using namespace std;

int main()
{
    // 读取测试用例的数量
    int T;
    cin >> T;
    // 遍历每个测试用例
    while (T--)
    {
        // 读取数组长度
        int n;
        cin >> n;
        // 初始化异或结果为0
        int ans = 0;
        // 标记是否存在大于1的元素
        bool tag = false;
        // 遍历数组元素
        for (int i = 1; i <= n; ++i)
        {
            // 读取数组元素
            int x;
            cin >> x;
            // 计算异或结果
            ans ^= x;
            // 如果存在大于1的元素，则标记为true
            if (x > 1)
                tag = true;
        }
        // 满足条件则输出结果
        if ((!ans && !tag) || (ans && tag))
            cout << "YES" << '\n';
        else
            cout << "NO" << '\n';
    }
    return 0;
}
```

11.4　博弈杂题选讲

【例 1】StarryCoding P314　抓石子游戏

有 n 颗石子，小e和小t两人轮流抓，每次只能抓2的幂次颗石子，即1,2,4,8,…颗。
谁先无法继续操作谁就输了。换句话说，谁抓到最后一颗石子，谁就获胜。
请问在小e先手的情况下，他是否必胜？若是，则输出YES，否则输出NO。

输入格式

第一行表示样例的数量T（$1 \leqslant T \leqslant 1000$）。

对于每组样例，用一个整数表示n（$1 \leqslant n \leqslant 10^3$）。

输出格式

对于每组样例，输出结果YES或NO。

样例输入

```
3
6
7
10
```

样例输出

```
No
Yes
Yes
```

解题思路

这是经典的SG函数模板题。通过打表可以发现sg(x)=x mod 3。

```cpp
#include <bits/stdc++.h>
using namespace std;
using ll = long long;
const int N = 1e3 + 9;
ll SG[N];              // 存储每个数字的sg值

// 计算数字x的sg值
ll sg(ll x)
{
    if (x == 0)
        return 0;

    // 如果已计算过该数字的sg值，则直接返回
    if (SG[x] != -1)
        return SG[x];
    unordered_set<ll> st;      // 用于存储所有可能的sg值
    for (int i = 1; i <= x; i += i)      // 枚举所有 2 的幂次
        st.insert(sg(x - i));  // 递归计算子游戏的sg值并插入集合
    for (int i = 0;; ++i)
        if (!st.count(i))      // 找到不在集合中的最小非负整数作为当前数字的sg值
            return SG[x] = i;
}

int main()
{
    ios::sync_with_stdio(0), cin.tie(0), cout.tie(0);
```

```
    for (int i = 0; i <= 1000; ++i)
        SG[i] = -1;     // 初始化SG数组的所有元素值为-1，表示未计算
    int _;
    cin >> _;           // 输入测试用例的数量
    while (_--)
    {
        ll n;
        cin >> n;       // 输入待计算的数字
        cout << (sg(n) ? "Yes" : "No") << '\n'; // 输出结果，如果sg值为0，则输出No，否则
输出Yes
    }
    return 0;
}
```

【例 2】Codeforces 1747C.Swap Game

题目大意

给定一个长度为n的序列a，Alice和Bob轮流操作：

- 若a_i=0，则当前玩家输了。
- 否则，将a_1减少1，并与$a_2{\sim}a_n$的某个元素交换。

请问在先手的情况下，Alice是否必胜？

解题思路

首先思考最终态的一些性质，是否可能存在两个0吗？

不可能。如果存在两个0，说明在上一次操作时已经决出胜负。

进一步观察发现，最终态下a_1=0，且整个数组中不可能出现两个0。于是，a_1是数组中最小的值，这是分析问题的关键突破口。

假设必败态：a_1=$\min(a_1{\sim}a_n)$，反之为必胜态。

考虑必胜态时，只需要将$a_2{\sim}a_n$中的最小值换回a_1，即可把必败态抛给对手。

考虑必败态时，无论如何操作，最小值a_1一定被换进$a_2{\sim}a_n$中，于是a_1一定不是最小值，必然把必胜态抛给对手。

于是我们的假设成立。实现代码如下：

```
#include<bits/stdc++.h> // 引入常用的头文件
using namespace std;     // 使用标准命名空间
using ll = long long;    // 定义长整型别名
const int N = 1e5 + 9;   // 定义常量N，表示数组的最大长度
ll a[N];                 // 定义一个长整型数组a，用于存储输入的数据
int main()               // 主函数
{
    cin.tie(0); cout.tie(0); ios::sync_with_stdio(false); // 优化输入/输出流性能
    ll T=1;              // 定义变量T，表示测试用例的数量
    cin>>T;              // 从输入流中读取测试用例的数量
    while(T--)           // 循环处理每个测试用例
```

```
    {
        ll n;                    // 定义变量n，表示数组的长度
        cin>>n;                  // 从输入流中读取数组长度
        ll mi= 1e9;              // 定义变量mi，初始化为一个较大的数，用于记录数组中的最小值
        for(int i = 1;i <= n; i ++)        // 遍历数组
        {
            cin >> a[i];     // 从输入流中读取数组元素
            mi = min(mi, a[i]);                // 更新最小值
        }
        if(a[1] == mi) cout<<"Bob"<<endl;    // 如果第一个元素是最小值，则输出"Bob"
        else cout<<"Alice"<<endl;            // 否则输出"Alice"
    }
    return 0;
}
```

【例 3】Codeforces 1738C. Even Number Addicts

题目大意

给定一个长度为n的数组a，Alice和Bob轮流从中取出数字（取出后删除）。如果最后Alice取出的数字之和为偶数，则Alice获胜；反之则输了。

Alice先手，能否获胜？

解题思路

还是从最终态入手。我们知道Alice最终拿了$n - \left\lfloor \dfrac{n}{2} \right\rfloor$个元素，Bob拿了$\left\lfloor \dfrac{n}{2} \right\rfloor$个元素。因为我们只关心奇偶性，可以把数组中所有元素对2取模，又因为数组元素的顺序并不重要，于是最终和结果相关的因素只有0和1的个数，分别记作$c0$和$c1$。

还是老套路，我们观察几个特殊的情况：

- 如果数组中的元素全是0，那么先手必胜。
- 如果$c1=1$且n为偶数，那么这个1一定可以被后手拿走，先手必胜。
- 如果$c1=1$且n为奇数，那么Bob只需要复制Alice的操作，最终让1留给Alice，先手必败。
- 如果$c1=2$，Bob只需要复制操作即可获胜。
- 如果$c1=3$，只要Alice先取走一个1，接下来她只需复制Bob的操作即可获胜。
- 如果$c1=4$且$c0$为偶数，Alice可以先取走一个1，然后复制Bob的操作，就可以保证最终拿到偶数个1。若$c0$为奇数，那么Alice先取一个0，然后复制Bob的操作，最终Alice也是必胜。

从上述情况可以发现，后手如果足够聪明，通常只会进行一种操作：复制先手的操作，这样他才有获胜的可能。

因此，当$c1 \geq 4$时，可以归结为$0 \leq c1 \leq 3$的情况，即Alice和Bob分别拿掉两个1。

得出分类讨论的结论如下：

- 若$c1\%4=0$，则先手必胜。

- 若$c1\%4=1$，则n为偶数时先手必胜，n为奇数时先手必败。
- 若$c1\%4=2$，则先手必败。
- 若$c1\%4=3$，则先手必胜。

实现代码如下：

```cpp
#include <bits/stdc++.h>
using namespace std;
using ll = long long;

int main()
{
    ios::sync_with_stdio(0), cin.tie(0), cout.tie(0); // 优化输入/输出流性能
    int _;cin >> _;              // 读取测试用例的数量
    while(_ --)                  // 遍历每个测试用例
    {
        int n; cin >> n;         // 读取数组长度
        int c0 = 0, c1 = 0;      // 初始化计数器，分别记录偶数和奇数的数量
        for(int i = 1;i <= n; ++ i)  // 遍历数组
        {
            int x; cin >> x;     // 读取数组元素
            if(x & 1)c1 ++;      // 如果元素是奇数，增加奇数计数器
            else c0 ++;          // 如果元素是偶数，增加偶数计数器
        }
        // 根据奇数个数的模4结果来判断胜负
        if(c1 % 4 == 0 || c1 % 4 == 3)cout << "Alice" << '\n'; // 如果奇数个数模4等于0
或3，Alice赢
        else if(c1 % 4 == 2)cout << "Bob" << '\n'; // 如果奇数个数模4等于2，Bob赢
        else cout << ((n & 1) ? "Bob" : "Alice") << '\n'; // 其他情况，根据数组长度的奇
偶性判断胜负
    }

    return 0;
}
```

第 12 章

高级算法策略与技巧

在算法竞赛中，除基础的数据结构和算法外，还有一些高级技巧和策略。本章将介绍构造、分块思想、离散化、离线思想、莫队算法以及CDQ分治等概念。这些技巧在解决特定类型的问题时非常有效，能够帮助我们更高效地处理复杂问题。每节内容将通过例题讲解，帮助读者深入理解并掌握这些技巧的实际应用。

12.1 构造

构造题是比赛中常见的一类题型。从形式上来看，问题的答案往往具有某种规律性，使得即使问题规模迅速增大，依然有机会比较容易地得到答案。这要求解题时需要思考问题规模的增长对答案的影响，以及这种影响是否可以推广。

例如，在设计动态规划方法时，要考虑从一个状态到后继状态的转移会带来什么样的影响。

考虑问题时，我们往往从小规模情况入手，再构造更大的情况。有时，我们也会考虑特殊情况，并自定义条件来限制范围。

12.1.1 构造的常见思维

遇到构造题时，我们可以按照以下方法来思考。

- 微观分析法：首先对小规模问题实例进行详尽分析，以识别和验证潜在的规律性。这一步是寻找普适解法的基础。
- 归纳推广：在小规模问题中验证的规律性需要通过严格的归纳过程，以确保其在更广泛的情境中依然成立。
- 分解合并策略：将复杂问题划分为若干更小、更易于处理的子问题，独立解决后，再综合各子问题的解以构建原问题的解。
- 贪心算法：在每一步选择局部最优解，以期望达成全局最优。该方法在某些问题中能够提供接近最优的高效解。
- 图论应用：针对具有网络结构特征的问题，运用图论中的经典算法，如最短路径和最大流等，以寻找问题的最优解。

- **二分搜索与排序**：利用二分搜索在有序集合中定位解空间，或通过排序算法和离线等思想简化问题复杂度，为后续处理提供便利。

- **数学建模**：构建数学模型，通过解析方法或数值方法求解，适用于那些可以通过数学表达和推导来解决的问题。

- **边界与特殊情况考量**：对问题的边界条件和特殊情况进行详尽分析，以确保解法的完整性和正确性。

- **正难则反**：从预期结果出发，反向推理至问题的初始状态。这种方法在某些情况下可以简化解题过程，特别是在直接方法难以应用时。

 构造题和贪心题是最不容易"公式化、套路化"的题目，往往考验选手的思维能力，本书难以给出一种适用于所有构造题或思维题的通用方法，这需要在刷题过程中积累解题思路。读者可以前往Codeforces网站参加比赛，锻炼自己的思维能力。

12.1.2　例题讲解

【例 1】HDU 4781 Assignment For Princess

题意请前往HDU OJ查看。
参考代码：

```cpp
// HDU 4781
#include <bits/stdc++.h>
using namespace std;
const int maxn = 6500;        // 最大顶点数
int cnt[4];        // 记录模3系权值的出现次数
int f[maxn][4]; // f[i][j], 权值为j的边有哪些
int sum[maxn];   // 存储前缀和, 用于计算边的权值
int main()
{
    int T, ks = 0, n, m;
    scanf("%d", &T);                // 输入测试用例的数量
    while(T--){                     // 对每个测试用例进行处理
        scanf("%d%d", &n, &m);      // 输入n和m, 分别表示顶点的个数和边的个数
        printf("Case #%d:\n", ++ks); // 输出测试用例的编号
        memset(cnt, 0, sizeof(cnt)); // 初始化cnt数组为0
        memset(f, 0, sizeof(f));     // 初始化f数组为0

        // 先用n个顶点构成1个环
        for(int i = 1; i < n; i++){
            printf("%d %d %d\n", i, i + 1, i);   // 输出边: i -> i+1, 权值为i
            sum[i + 1] = sum[i] + i;      // 更新前缀和
        }

        // 构造权值为模3的边
```

```
        for(int i = n; i <= m; i++){
            int x = i%3;                    // 计算当前边的模3值
            f[++cnt[x]][x] = i;             // 将当前边的权值放入f数组
        }

        // 计算最后一条边的权值，确保整体权值和为3的倍数
        int lastedge = (3 - (sum[n] - sum[1]) % 3) % 3;
        printf("%d 1 %d\n", n, f[cnt[lastedge]--][lastedge]); // 输出最后一条边，连接顶
点n和结点1

        // 构造剩下的n - m条边
        for(int i = 1; i <= n - 2; i++){
            for(int j = i + 2; j <= n; j++){
                if(i == 1 && j == n) continue;     // 排除边1-n
                int curedge = (sum[j] - sum[i] + 3) % 3;    // 计算当前边的权值
                if(cnt[curedge]){      // 如果有权值为curedge的边
                    // 输出这条边
                    printf("%d %d %d\n", i, j, f[cnt[curedge]--][curedge]);
                }
            }
        }
    }
    return 0;
}
```

【例2】bzoj4971 记忆中的背包

经过一天辛苦的工作，小Q进入了梦乡。他脑海中浮现出刚进大学时学01背包的情景，那时还是大一萌新的小Q解决了一道简单的01背包问题。

这个问题是这样的：给定n件物品，每件物品的体积分别为$v_1,v_2,\cdots,v_n$，请计算从中选择一些物品（也可以不选），使得总体积恰好为w的组合数（或方案数）。

因为答案可能非常大，所以只需要输出答案对P取模的结果。因为长期熬夜刷题，他只看到样例输入中的w和P，以及样例输出是k，看不清到底有几件物品，也看不清每件物品的体积是多少。

直到梦醒，小Q也没有看清n和v，请编写一个程序，帮助小Q一起回忆曾经的样例输入。

输入格式

第一行包含一个正整数T（$1 \leq T \leq 100$），表示测试数据的组数。

接下来T行，每行三个整数w、P和k（$50 \leq w \leq 20000$，$1 \leq P \leq 2^{30}$，$0 \leq k \leq \min(20000, P-1)$），分别表示每组需要回忆的测试数据的相关参数。

输出格式

对于每组数据，第一行输出n（$1 \leq n \leq 40$）。

第二行输出n个正整数$v_1,v_2,\cdots,v_n$（$1 \leq v_i \leq 20000$），分别表示每件物品的体积。

若有多组可行解，则输出任意一组。输入数据保证对于每组数据至少存在一组可行解。

样例输入

```
4
50 1013 4
50 3 1
80 5 1
100 1000000007 13
```

样例输出

```
5
10 20 20 30 50
5
10 20 20 30 50
8
10 20 30 40 50 60 70 80
11
12 18 20 13 41 30 15 11 11 250 28
```

解题思路

这道题是自由度最高的构造题之一。这就导致没有头绪，难以入手。通过观察不难发现，模数是假的。由于我们自由构造数据，因此可以确保方案数不会超过模数。

实现代码如下：

```cpp
#include<bits/sdtc++.h>
using namespace std;
int C[25][25],F[25][20005],Pre[25][20005];

// 计算组合数C[i][j]，即从i件物品中选j个物品的组合数
void Pre_C(){
    for (int i=0; i<=20; i++) C[i][0]=1;// C[i][0] = 1，表示从i件物品中选0件的组合数
    for (int i=0; i<=20; i++)
        for (int j=1; j<=i; j++)    // 计算组合数C[i][j]
            C[i][j]=C[i-1][j]+C[i-1][j-1];    // 动态规划计算组合数
}
int main(){
    Pre_C();        // 预处理组合数C[i][j]

    // 初始化F数组和Pre数组
    for (int i=0; i<=20; i++){
        for (int j=1; j<=20000; j++) F[i][j]=1e9;    // F[i][j]初始化为一个很大的数，表
示当前最小的方案数
        for (int j=0; j<=20000; j++)
            for (int k=0; k<=i; k++)        // 遍历所有的物品组合
                if (j+C[i][k]<=20000 && F[i][j+C[i][k]]>F[i][j]+1){
                    F[i][j+C[i][k]]=F[i][j]+1;      // 更新F数组，记录最小的方案数
                    Pre[i][j+C[i][k]]=k;        // 记录该状态下的物品选择方案
                }
    }
    int T;
```

```
    scanf("%d",&T);           // 输入测试数据的组数
    while (T--){
        int w,P,k;
        scanf("%d%d%d",&w,&P,&k);      // 输入每组数据中的w，P，k
        for (int i=1; i<=20; i++)      // 遍历所有可能的物品数
            if (F[i][k]+i<=40){        // 如果组合数 + 物品数不超过40
                printf("%d\n",F[i][k]+i);   // 输出最小的组合数
                for (int j=1; j<=i; j++)
                    printf("%d ",1);        // 输出每件物品的体积（这里简化为1）
                while (k){                  // 回溯输出选择的物品体积
                    int K=Pre[i][k];        // 回溯获取当前状态下选择的物品数
                    k-=C[i][K];             // 更新剩余的目标值
                    printf("%d ",w-K);      // 输出调整后的物品体积
                }
                printf("\n");
                break;
            }
    }
    return 0;
}
```

【例 3】StarryCoding P316 音乐对决

在这场激动人心的音乐对决中，来自不同星球的两位顶尖歌手——星际歌手X和星际歌手Y将通过观众的点赞数来决定谁是最终的冠军。为了增加比赛的悬念，比赛组织者决定从点赞数的最后一位逐位向前比较，每一位的比较结果都将被记录下来。

例如，如果X的点赞数是37，而Y的点赞数是28，从最后一位比较起，第一轮Y领先（8>7），第二轮X领先（37>28），于是比较结果为YX。

你作为一名编程高手，虽然觉得这种比较方式相当不科学，但却对能否根据这种比较结果重构出可能的点赞数感兴趣。现在，给你这个比较结果字符串，需要构造出可能的点赞数或判断这样的点赞数是否存在。

输入格式

一行一个字符串（s），表示最后记录下的比较结果字符串。

输出格式

如果能够构造出满足条件的点赞数，则输出两行：

- 第一行：星际歌手X的点赞数。
- 第二行：星际歌手Y的点赞数。

如果无法构造，则输出"-1"表示无解。

样例输入1

```
XY
```

样例输出1

```
37
28
```

样例输入2

```
XYZ
```

样例输出2

```
137
047
```

参考代码

```cpp
#include<bits/stdc++.h>

using namespace std;
const int N =1000006;
string s;
int a[N],b[N];

bool check(string s){        // 判断字符串中是否出现了不符合条件的 'Z' 后跟非 'Z' 字符
    bool flag=0;
    for(int i=0;i<s.size();i++){
        if(s[i]=='Z') flag=1;
        if(flag==1 && s[i]!='Z') return 1; // 如果 'Z' 后出现非 'Z' 字符, 返回 1
    }
    return 0;
} // 逐个位判断Z

int main(){
    cin>>s;
    if(check(s)) return puts("-1"), 0; // 无解时输出-1
    // 根据字符 'X', 'Y', 'Z' 填充数组 a 和 b
    for(int i=0;i<s.size();i++)
        if(s[i]=='X') a[i]=1,b[i]=0;
        else if(s[i]=='Y') a[i]=0,b[i]=1;
        else if(s[i]=='Z') a[i]=1,b[i]=1;
    for(int i=0;i<s.size();i++) cout<<a[i]; cout<<endl; // 输出是有换行的
    for(int i=0;i<s.size();i++) cout<<b[i]; cout<<endl;
    return 0;
}
```

12.2 分块思想

　　分块思想是指在处理问题时, 将整个数据集切分成多个小块, 然后对每个小块进行预处理, 以便我们能更快地回答查询。相比直接暴力求解, 这种方法可以大幅度提高算法的效率。在分析时间复杂度时，关键在于如何切分这些块，也就是每个块的大小。通常我们可以通过数学方法（例如均值不等式）来找到最佳的块大小，从而优化算法的时间复杂度。

分块算法的灵活性较高，能够处理一些树状数组或线段树难以解决的问题，比树状数组或线段树更加通用。这也是分块算法的一大优点。当然，如果从理论上进行比较，分块算法的时间复杂度并不是最优的，尤其是与线段树和树状数组比。但是，从实际应用的角度来看，分块算法的实现相对简单，且能够解决大多数问题，因此在很多情况下，分块仍然是一个非常好的选择。

后文中的莫队算法就是分块思想的经典应用。

12.2.1　根号分块优化

分块技术的核心思想是通过对信息进行适当的划分和预处理，将处理后的信息存储起来，以空间换取时间的方式来实现时间和空间的平衡。实际上，分块方法是一种"朴素"的策略，虽然其效率通常不如树状数组和线段树，但由于它的通用性和易于实现的特点，使它更具吸引力。

在处理数组时，我们假定块的大小为sz（当块的大小 $sz = \sqrt{n}$ 时，可以达到较好的时间复杂度），然后将每个元素分配到对应的块中（第 i 个元素属于第 $\left\lfloor \dfrac{i}{sz} \right\rfloor$ 块）。同时，我们用bel[i]来记录元素 i 所属的块，并使用 $L[blo]$ 和 $R[blo]$ 来表示块的左右端点，如图12-1所示。

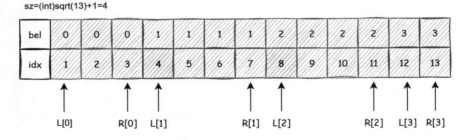

图 12-1　块的划分

代码实现比较简单易懂：

```
sz = sqrt(n) + 1;    // 确保块大小至少为1
for(int i = 1;i <= n; ++ i)
{
    bel[i] = i / sz;  // 将每个元素划分到对应的块中
    // 一些其他预处理
    if(i > 1 && bel[i] != bel[i - 1])L[bel[i]] = i, R[bel[i - 1]] = i - 1;
}
L[bel[1]] = 1, R[bel[n]] = n;
```

1. 分块区间加法求和

使用sum[blo]数组记录块blo的区间和，add[blo]数组记录块blo中的每个元素的增加量，确保sum

仅维护a_i的区间和，不包括add[bel[i]]的那一部分。

每次区间[l,r]更新时，将区间划分为三部分：

- 第一部分：[l,R[bel[l]]]，直接暴力计算，长度不超过sz。
- 第二部分：[L[bel[l] +1],R[bel[r]-1]]，对每一块进行处理，跳着走，块个数不超过sz。
- 第三部分：[L[bel[r]], r]，直接暴力计算，长度不超过sz。

如图12-2所示。

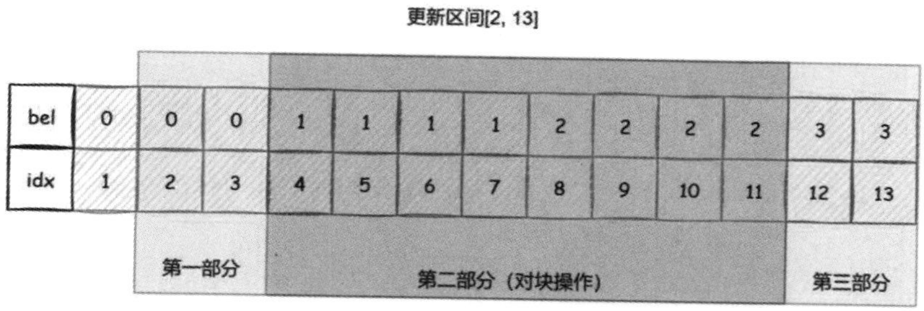

图 12-2　分块区间

当l和r属于同一块时，进行特殊处理，直接暴力计算即可。

代码如下：

```
void Add(int l, int r, ll x)
{
    if(bel[l] == bel[r])         // 如果l和r在同一个块内
    {
        for(int i = l; i <= r; ++ i){   // 对[l, r]范围内的每个元素进行加x操作
            a[i] += x;            // 增加元素a[i]的值
            sum[bel[i]] += x;     // 更新当前块bel[i]的区间和
        }
        return;          // 结束函数，跳过后续处理
    }
    // 第一部分：处理左端块的部分，直接暴力计算
    for(int i = l;i <= R[bel[l]]; ++ i)
    {
        a[i] += x;               // 增加元素a[i]的值
        sum[bel[i]] += x;        // 更新当前块bel[i]的区间和
    }

    // 第二部分：处理位于中间的完整块，跳过这些块，直接在add数组中进行更新
    for(int blo = bel[l] + 1;blo < bel[r]; ++ blo)
        add[blo] += x;           // 增加整个块的增加量

    // 第三部分：处理右端块的部分，直接暴力计算
    for(int i = L[bel[r]];i <= r; ++ i)
    {
        a[i] += x;               // 增加元素a[i]的值
```

```
        sum[bel[i]] += x;          // 更新当前块bel[i]的区间和
    }
}
```

区间查询的代码如下：

```
ll getsum(int l, int r){
    ll res = 0;
    if(bel[l] == bel[r])
    {
        for(int i = l;i <= r; ++ i)res += a[i] + add[bel[i]];
        return res;
    }
    //第一部分
    for(int i = l;i <= R[bel[l]]; ++ i)res += a[i] + add[bel[i]];
    //第二部分
    for(int blo = bel[l] + 1;blo < bel[r]; ++ blo)res += sum[blo] + add[blo] * (R[blo]
- L[blo] + 1);
    //第三部分
    for(int i = L[bel[r]];i <= r; ++ i)res += a[i] + add[bel[i]];
    return res;
}
```

当然，如果想让sum包含add这部分的值，也可以，对代码进行略微修改即可。将区间修改的第二部分改为：

```
//第二部分
for(int blo = bel[l] + 1;blo < bel[r]; ++ blo)
{
    sum[blo] += (R[blo] - L[blo] + 1) * x;
    add[blo] += x;
}
```

将区间查询的第二部分改为：

```
//第二部分
for(int blo = bel[l] + 1;blo < bel[r]; ++ blo)res += sum[blo];
```

区间加法求最值的做法与区间加法求区间和的做法类似，仅需将sum数组换为mx数组记录块中的最值即可，add数组依然保留，在此不再赘述。

2. 分块区间加法求比x小的元素个数

我们将第blo块的元素全部放入数组$v[blo]$中并进行排序，后续只需要维护这个数组即可。这个数组可以用vector来实现。查询时，对于第一部分和第三部分依然直接进行暴力计算，对于中间的每一块，只要$v[blo]$有序，用lower_bound就可以直接求到这个块中比x小的元素个数。

现在的问题是：如何在修改时保持$v[blo]$有序？

对于第二部分的修改，由于所有元素都加上一个整数，其有序性没有被破坏，因此我们不需要重新排序，只需给add[blo]加上变化量即可。

　　对于第一部分和第三部分，由于只修改了一个块中的一部分值，可能会破坏块的有序性，因此需要重新排序一次，这个操作称为resort，它的时间复杂度为$O(\sqrt{n}\log(\sqrt{n}))$。

　　需要注意的是，在对块进行查询时，我们需要做一些调整，因为add[blo]标记实际上是没有加到数组中的，所以查询时需要改写二分查找的规则，$a[i]+\text{add}[\text{blo}]\leqslant x$，即$a[i]\leqslant x-\text{add}[\text{blo}]$。因此，在查询时，我们查找的是每个块中小于或等于$x-\text{add}[\text{blo}]$的元素个数。

　　示例代码如下（参考例题StarryCoding P318数列分块（2））：

```cpp
void resort(int blo)        // resort函数：重新排序块blo中的元素
{
    v[blo].clear();         // 清空当前块blo的元素
    // 将块blo中从L[blo]到R[blo]的元素放入v[blo]中
    for (int i = L[blo]; i <= R[blo]; ++i)
        v[blo].push_back(a[i]);             // 对v[blo]中的元素进行稳定排序
    stable_sort(v[blo].begin(), v[blo].end());
}

void Add(int l, int r, ll x)        // Add函数：对区间[l, r]的所有元素加上x
{
    if (bel[l] == bel[r])           // 如果l和r属于同一个块
    {
        for (int i = l; i <= r; ++i)    // 遍历区间[l, r
            a[i] += x;          // 给每个元素加上x
        resort(bel[l]);         // 重新排序当前块
        return;
    }
    // 第一部分：处理区间[l, R[bel[l]]]，直接暴力计算
    for (int i = l; i <= R[bel[l]]; ++i)
        a[i] += x;              // 给每个元素加上x
    resort(bel[l]);             // 重新排序当前块

    // 第二部分：处理中间块，按块处理，跳着走
    for (int blo = bel[l] + 1; blo < bel[r]; ++blo)
    {
        add[blo] += x;          // 对每个块的add数组进行更新
    }
    // 第三部分：处理区间[L[bel[r]], r]，直接暴力计算
    for (int i = L[bel[r]]; i <= r; ++i)
        a[i] += x;              // 给每个元素加上x
    resort(bel[r]);             // 重新排序当前块
}

int f(int l, int r, ll x)// f函数：查询区间[l, r]中，a[i] + add[bel[i]] < x的元素个数
{

    int res = 0;                // 结果初始化为0

    if (bel[l] == bel[r]) // 如果l和r属于同一个块
    {
```

```
            for (int i = l; i <= r; ++i)
                res += (int)(a[i] + add[bel[i]] < x);        // 统计小于x的元素个数
            return res;
        }


        // 第一部分：处理区间[l, R[bel[l]]]，暴力计算
        for (int i = l; i <= R[bel[l]]; ++i)
            res += (int)(a[i] + add[bel[i]] < x);            // 统计小于x的元素个数


        // 第二部分：处理中间块，按块处理，使用lower_bound进行二分查找
        for (int blo = bel[l] + 1; blo < bel[r]; ++blo)
            // 在v[blo]中查找小于x - add[blo]的元素个数
            res += lower_bound(v[blo].begin(), v[blo].end(), x - add[blo]) -
v[blo].begin();


        // 第三部分：处理区间[L[bel[r]], r]，暴力计算
        for (int i = L[bel[r]]; i <= r; ++i)
            res += (int)(a[i] + add[bel[i]] < x);            // 统计小于x的元素个数
        return res;          // 返回结果
    }
```

3. 分块区间开方求和

要求每次操作将区间$[l, r]$内的元素全部开平方根，并查询区间$[l, r]$之和。

开方操作看似很麻烦，但实际上有一个很好的性质：一个整数最多开方约log次就会降到1，而1继续开方仍然是1。于是，我们可以用一个tag[blo]表示块blo内整体开方的次数。如果次数超过了log次（一般将其设置为一个常数），就直接跳过开方运算。这样可以保证时间复杂度保持在合理的范围内。

详细的思路可参考前面章节介绍的几种分块方法，此处不再赘述，代码如下：

```
void modify(int l, int r)
{
    for(int i = l; i <= r; ++ i)
    {
        sum[bel[i]] -= a[i];            // 从当前块的和中减去原值
        a[i] = sqrt(a[i]);              // 对当前元素开方
        sum[bel[i]] += a[i];            // 更新当前块的和
    }
}


void Sqrt(int l, int r)
{
    if(bel[l] == bel[r])               // 如果区间[l, r]在同一块内
    {
        // 直接处理同一块的区间
        modify(l, r);
        return;
    }
```

```
    // 第一部分：：处理左端的部分，直到块的右边界
modify(l, R[bel[l]]);

    // 第二部分：按块处理中间部分
for(int blo = bel[l] + 1;blo < bel[r]; ++ blo)
{
        if(tag[blo] >= 7)continue; // 如果当前块的开方次数已超过设定上限，跳过处理
        tag[blo] ++;                // 增加该块的开方次数
        modify(L[blo], R[blo]);     // 对该块中的所有元素开方
}
    //第三部分：处理右端的部分，从块的左边界到r
modify(L[bel[r]], r);
}
```

12.2.2 整除分块

问题描述

假设有如下问题：

【例】给定一个整数 n（$1 \leqslant n \leqslant 10^{12}$），求解 $\sum_{i=1}^{n} \left\lfloor \dfrac{n}{i} \right\rfloor (\bmod 10^9 + 7)$

如果直接遍历i，计算复杂度将非常高，容易超时。为了优化，我们先通过一个小例子分析具体规律。假设$n=17$，整数分块表如图12-3所示。

图 12-3 整数分块表

整数分块规律

从表中可以看出，$\left\lfloor \dfrac{n}{i} \right\rfloor$ 被划分为若干连续的段，每一段中的数字大小相等。我们称这样的连续段为一个"块"。

接下来，我们讨论 $\left\lfloor \dfrac{n}{i} \right\rfloor$ 至多会被划分为多少块呢？这个问题可以分为以下两种情况：

（1）当$1 \leqslant i \leqslant \sqrt{n}$ 时，显然 $\left\lfloor \dfrac{n}{i} \right\rfloor$ 至多有 $\sqrt{n}$ 种取值。

（2）当$\sqrt{n} \leqslant i \leqslant n$ 时，$\left\lfloor \dfrac{n}{i} \right\rfloor \leqslant \sqrt{n}$，那么$i$的取值个数等于"大小不超过 $\sqrt{n}$ 的正整数的个数"，

也就是有 $\sqrt{n}$ 个。

综上所述，$\left\lfloor \dfrac{n}{i} \right\rfloor$ 至多被划分为约 $2\sqrt{n}$ 块。在计算复杂度时，我们可以认为块数为 $\sqrt{n}$，向下取整和向上取整的分析过程类似，这里不再赘述。

解题思路

为了解决本节开头给出的问题，我们将第 i 块的左端点下标定义为 l_i，右端点下标定义为 r_i。现在我们需要解决的问题是：如何通过 l_i 和 n 计算 r_i，即已知左端点，如何快速地求到右端点。只要能解决这个问题，我们就可以在 $O(1)$ 的时间复杂度内计算一块的结果。

假设已知 i 和 n，设 $k = \left\lfloor \dfrac{n}{i} \right\rfloor$，那么有 $k = \left\lfloor \dfrac{n}{i} \right\rfloor \le \dfrac{n}{i}$，于是有 $i \times k \le n$，则 $i \le \dfrac{n}{k}$，可以得出

$r = i_{\max} = \left\lfloor \dfrac{n}{k} \right\rfloor = \left\lfloor \dfrac{n}{\left\lfloor \frac{n}{l} \right\rfloor} \right\rfloor$。具体枚举指标 l 的移动规律如图12-4所示。

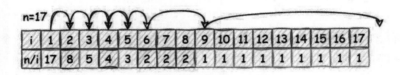

图 12-4   枚举指标 l 的移动规律

现在解决最后一个小问题：如何用 $O(1)$ 的时间复杂度计算一块的和？这可以通过将加法转换为乘法来快速解决。

本节例1的代码如下（结果对 10^9+7 取模）：

```cpp
#include <bits/stdc++.h>
using namespace std;

using ll = long long;
const ll p = 1e9 + 7;

ll mo(ll x){return (x % p + p) % p;}    // 模运算函数，确保结果为非负数

int main(){
    ll n;cin >> n;
    ll ans = 0;            // 用于存储结果的变量

    // 枚举左端点 l，每次从 r + 1 开始
    for(ll l = 1, r = 1;l <= n;l = r + 1){
        // 计算当前块的右端点 r
        // r = min(n, n / (n / l)),确保右端点不超过 n
```

```
        r = min(n, n / (n / l));

        // 计算当前块的贡献，并累加到 ans 中
        // 当前块的长度为 r - l + 1，块的值为 n / l
        // 使用模运算防止溢出
        ans = mo(ans + mo(r - l + 1) * mo(n / l) % p);
    }
    cout << ans << '\n';
    return 0;
}
```

在整除分块中，向下取整分块是最常见的。此外，还有向上取整分块、取模转换为整除、二维整除分块等多种类型。由于本书篇幅有限，这些内容留给读者自行探索。相关的例题可以参考 StarryCoding平台：

- StarryCoding P135【模板】整除分块（向下取整）。
- StarryCoding P138【模板】整除分块（向上取整）。
- StarryCoding P139【模板】整除分块（取模）。
- StarryCoding P140【模板】整除分块（二维）。

12.3　离散化

离散化是一种编程技巧，旨在将无限空间中的有限个体映射到有限空间中，以提高算法的时空效率。简单来说，离散化通过在不改变数据相对大小的前提下，缩小数据的表示范围。例如，将原数据{1, 999, 100000, 15}处理为{1, 3, 4, 2}。这种方法尤其适用于序列值域较大时，可以有效降低算法的复杂度，改进效率低下的算法，甚至使某些原本无法实现的算法变得可行。例如，在空间限制的条件下构建线段树时，离散化是必不可少的，如图12-5所示。

```
[10, 23, 35, 3, -40, 3]

[3,  4,  5,  2,  1,  2]
```

图 12-5　构造的线段树

可以看出，离散化后的数据，它们之间相对大小的关系保持不变。
下面是一个简单的离散化示例代码：

```
#include<bits/stdc++.h>
using namespace std;

const int MAXN = 200000+10; // 定义常量，表示数组最大长度
int a[MAXN]; // 存储输入的数组
int b[MAXN]; // 存储排序后的数组，用于离散化
```

```
int main() {

    int n;    // 数组长度
    cin >> n;
    for(int i = 0; i < n; ++i) {
        cin >> a[i];
        b[i] = a[i]; // 复制原数组，用于排序
    }

    // 离散化过程
    sort(b, b + n); // 对b数组进行排序
    int len = unique(b, b + n) - b; // 调用unique去重，并返回去重后数组的长度

    for(int i = 0; i < n; ++i) {
        // lower_bound返回第一个不小于a[i]的元素的迭代器位置
        // 迭代器减去b的起始地址得到的就是离散化后的值
        // 1 2 2 4 5 lower_bound (, , 2);
        a[i] = lower_bound(b, b + len, a[i]) - b;
        // a[i] = upper_bound(b, b + len, a[i]) - b;
        cout << a[i] << ' ';    // 输出离散化后的值
    }
    cout << '\n';

    return 0;
}
```

例题讲解

【例】StarryCoding P63 我的数组很长，你算一下

题目描述

小e有一个很长的数组，数组的下标范围为$[0,10^9]$，初始时每个元素均为0。

现在，他想进行n次操作，每次操作将某个下标i处的元素加上x。

然后，他给出了q次询问，每次询问的格式为l, r，你需要回答下标在区间$[l,r]$内所有元素的和。

输入格式

第一行：两个整数n和q（$1 \leqslant n$, $q \leqslant 10^5$）。

接下来n行：每行两个整数i和x（$0 \leqslant i \leqslant 10^9$, $0 \leqslant x \leqslant 10^4$）。

再接下来q行：每行两个整数l和r（$0 \leqslant l \leqslant r \leqslant 10^9$）。

输出格式

输出共q行，每行对应一个询问的答案，即区间$[l, r]$内所有元素的和。

样例输入

```
4 2
0 2
3 3
1 5
0 1
0 1
1 3
```

样例输出

```
8
8
```

解题思路

将所有操作中涉及的下标记录为关键点，忽略未被操作的下标。通过离散化处理，将这些关键点映射到一个连续的索引范围，从而将问题转化为一个简单的前缀和问题。

为了方便实现，我们使用vector动态数组来存储离散化后的数据。

```cpp
#include <bits/stdc++.h>
using namespace std;

const int N = 3e5 + 9;      // 定义数组最大长度，至多有 3e5 个关键点
using ll = long long;       // 简化长整型名称
vector<ll> X;               // 存储所有需要离散化的点

int bin(ll x){
    // lower_bound 找到 X 中第一个不小于 x 的位置，返回索引 +1
    return lower_bound(X.begin(), X.end(), x) - X.begin() + 1;
}

ll a[N], prefix[N];         // a 数组存储离散化后的点的值变化量，prefix 为前缀和数组

int main()
{
    // 加速输入/输出流，提高运行效率
    ios::sync_with_stdio(0), cin.tie(0), cout.tie(0);

    // 输入操作次数 n 和询问次数 q
    int n, q; cin >> n >> q;
    vector<pair<ll, ll> > add, que;     // add 存储增加操作，que 存储查询操作

    for(int i = 1;i <= n; ++ i){        // 处理 n 次增加操作
        ll x, y; cin >> x >> y;         // x 是下标，y 是增加的值
        add.push_back({x, y});          // 保存操作到 add 数组
        X.push_back(x);                 // 将下标 x 加入离散化数组 X
    }

    while(q --)             // 处理 q 次区间查询
```

```
{
    ll l, r; cin >> l >> r;          // l 和 r 是查询的区间范围
    que.push_back({l, r});           // 保存查询到 que 数组
    X.push_back(l), X.push_back(r);  // 将区间端点 l 和 r 加入离散化数组 X
}

// 离散化操作
sort(X.begin(), X.end());          // 对x排序
X.erase(unique(X.begin(), X.end()), X.end());// 去除重复元素，得到离散化后的关键点
// 处理增加操作

for(const auto &[x, y] : add)
    a[bin(x)] += y;      // 将 x 离散化为索引，并将值 y 加到对应位置

// 构建前缀和数组
for(int i = 1;i <= 3e5; ++ i)
    prefix[i] = prefix[i - 1] + a[i];// 前缀和：prefix[i] 表示 [1, i] 区间的累加值

// 处理查询操作
for(const auto &[l, r] : que){
    // 通过前缀和快速计算区间 [l, r] 的和
    cout << prefix[bin(r)] - prefix[bin(l) - 1] << '\n';
}
return 0;
}
```

12.4 离线思想

在算法竞赛中，"离线"和"在线"的概念与我们日常生活中的理解不同，它并不是指"是否联网"，而是指对于题目的询问，是否需要按顺序逐个回答，或者可以在获取所有询问后，重新排序并以特殊的顺序计算结果，最后统一输出答案。

离线处理是指将题目的所有询问保存下来，通过特定的方式分别计算答案，最后按照询问的原本顺序输出结果。采用离线处理的前提是，题目的各项询问相互独立。

与之相反，"强制在线"意味着在接收到一个新询问前，必须先算出当前询问的答案。

虽然大多数题目是在线的，但离线思想可以帮助我们优化时间复杂度，设计出更高效的算法。

简单的离线思想通常基于题目询问的单调性，即通过重新排列询问顺序，尽量复用计算过程，从而优化时间复杂度。接下来介绍的莫队算法和CDQ分治都是基于离线思想的经典算法。

12.5 莫队算法

莫队算法主要用于离线处理通常只包含查询、不涉及修改的区间问题。普通的莫队算法只能

处理查询操作，不支持动态修改。

　　基础的莫队算法是一种离线算法，常用于不修改只查询的一类区间问题，其时间复杂度为 $O(n\sqrt{n})$。虽然与在线算法（如线段树或树状数组）相比，性能稍逊，但莫队算法的实现相对简单，编码成本低。

　　简单概括它的核心思想就是：离线+暴力+分块。

12.5.1　莫队算法介绍

考虑以下两个问题：

　　（1）给定一个大小为 n 的序列，询问 m 次，每次询问区间 $[l,r]$ 有多少种不同的元素。
　　（2）给定一个大小为 n 的序列，询问 m 次，每次询问查询区间中每个数出现次数的平方和。

　　这些题目乍一看，似乎只能通过暴力方式解决？恭喜你，直觉是正确的，莫队算法正是基于分块思想的暴力解法。

1. 莫队算法的使用场景

　　（1）当我们知道 $ans[l,r]$ 时，可以在常数时间（或较低的时间复杂度）内获得 $ans[l\pm1,r],ns[l,r\pm1]$。
　　（2）数据范围约为 10^5。
　　（3）离线处理，即所有询问一次性给出。我们可以将所有询问保存一下，并根据一定的分块规则进行排序，回答时按询问顺序输出。

　　莫队算法的核心思想主要围绕 Add 与 Del 两个操作的实现。这两个操作需根据不同的题目要求进行定制。

2. 排序方法和时间复杂度

　　我们规定，对于两个询问区间 $[l_1,r_1]$ 和 $[l_2,r_2]$，若左端点属于同一块（即 $\left\lfloor\dfrac{l_1}{sz}\right\rfloor=\left\lfloor\dfrac{l_2}{sz}\right\rfloor$，其中 sz 取 $\sqrt{n}$，请参考根号分块优化），则忽略左端点，仅根据右端点进行排序；反之，根据左端点所在的块号排序。也就是说，我们将左端点的块号作为第一关键字、右端点的位置作为第二关键字进行升序排序。

　　这样，我们能够将所有询问分为约 $\sqrt{n}$ 块，并且在每个块内，两个端点的移动次数不超过 $\sqrt{n}$。因此，保证了从一个询问的状态迁移到下一个询问的状态时，所需的移动次数不超过 $\sqrt{n}$。

　　假设每次移动的时间开销为 k，则每个询问的时间复杂度为 $O(k\sqrt{n})$。这个算法在"蓝桥杯大赛"中尤其有效，因为该比赛只要通过测试点就能获得分数，因此莫队算法比普通暴力方法，可以拿到更多分数，甚至有时可以拿到满分。

3. 算法流程

　　步骤01 初始化状态集合（也称为管辖区间）$[L,R]$ 为一个空集，通常初始化为 $[1,0]$。

步骤 02 将所有询问区间根据"左端点的块号（根号分块）作为第一关键字，右端点作为第二关键字"排序（如果将第二关键字根据奇偶性升序或降序排序，可以进一步优化常数因子），并为每个询问标记编号，以便后续输出。

步骤 03 设计 Add 和 Del 函数（这些函数的实现需要根据题目要求来决定），用于将某个元素加入或移出当前集合[L,R]。

步骤 04 逐个遍历所有询问区间，并将当前集合[L,R]移动到目标区域。注意，移动时需要保证集合[L,R]按照"先增大，后减小"的顺序调整，这一点非常重要。

步骤 05 在每次处理完询问后，将当前的答案存入 ans[q[i].id]，即按照询问的顺序存储答案。

步骤 06 最后，遍历 ans 数组并输出答案。

12.5.2 例题讲解

【例 1】StarryCoding P301 神奇海螺

小e在上海的海滩边，发现了n个神奇的海螺，每个海螺有一个颜色c_i（一种颜色即为一种类型）。好奇的他询问了q次，每次询问区间[l,r]中有多少种颜色不同的海螺。

输入格式

第一行包含两个整数n和q（$1 \leqslant n, q \leqslant 10^5$）。

第二行n个整数c_i（$1 \leqslant c_i \leqslant 10^5$）。

接下来q行，每行包含两个整数l和r（$1 \leqslant l \leqslant r \leqslant n$），表示询问区间。

输出格式

对于每次询问，输出一个答案，回答完毕后换行。

样例输入

```
5 3
1 2 3 5 5
2 4
3 5
1 1
```

样例输出

```
3
2
1
```

解题思路

定义数组cnt[col]表示当前管辖区间内，颜色为col的海螺数量。

定义变量sum表示当前管辖区间内不同颜色的海螺数量。

在更新cnt时，及时更新sum的值。

AC代码

```cpp
#include <bits/stdc++.h>
using namespace std;
const int N = 1e5 + 9;              // 定义常量 N，表示最大数组长度
using ll = long long;

ll sz;          // 用于存储块的大小

// 定义查询结构体 Q
struct Q{
    int l, r, id;               // l 为查询区间左端点，r 为查询区间右端点，id 为查询的编号
    bool operator < (const Q& u)const{
        if(l / sz != u.l / sz)return l < u.l;      // 根据左端点的块号排序
        return r < u.r;      // 如果左端点在同一个块内，则根据右端点排序
    }
}q[N];
```

ll a[N], cnt[N], sum, ans[N];   //a 数组存储海螺颜色，cnt 数组记录每种颜色的数量，sum 记录当前不同颜色的海螺数量，ans 数组存储每个查询的结果

```cpp
void Add(int k)         // 添加函数，将第 k 个元素加入当前管辖区间
{
    // 如果颜色 a[k] 的数量变为 1，则说明该颜色是新加入的不同颜色，sum 增加
    if(++ cnt[a[k]] == 1)sum ++;
}

void Del(int k)         // 删除函数，将第 k 个元素从当前管辖区间删除
{
    // 如果颜色 a[k] 的数量变为 0，则说明该颜色被删除，sum 减少 }
    if(-- cnt[a[k]] == 0)sum --;
}

int main()
{
    ios::sync_with_stdio(0), cin.tie(0), cout.tie(0);     // 加速输入/输出
    int n, m; cin >> n >> m;         // 输入海螺的数量 n 和查询次数 m
    sz = sqrt(n);                    // 计算块的大小，通常取平方根
    for(int i = 1;i <= n; ++ i)cin >> a[i];               // 输入每个海螺的颜色
    for(int i = 1;i <= m; ++ i)
    {
        cin >> q[i].l >> q[i].r;     // 输入每个查询的区间
        q[i].id = i;                 // 标记查询的编号
    }
    stable_sort(q + 1, q + 1 + m); // 对所有查询按照块号和右端点排序

    int L = 1, R = 0;       // [L, R]为当前管辖区间，初始化空区间
    for(int i = 1;i <= m; ++ i)
    {
        int l = q[i].l, r = q[i].r;        // 获取当前查询的区间
```

```
        // [l, r]为当前询问区间
        // 区间变化必须遵循"先增大，后减小"
        while(l < L)Add(-- L);    // 如果左端点小于当前区间左端点，移动左端点并添加元素
        while(r > R)Add(++ R);    // 如果右端点大于当前区间右端点，移动右端点并添加元素
        while(l > L)Del(L ++);    // 如果左端点大于当前区间左端点，移动左端点并删除元素
        while(r < R)Del(R --);    // 如果右端点小于当前区间右端点，移动右端点并删除元素
        ans[q[i].id] = sum;       // 记录当前查询的结果
    }
    for(int i = 1;i <= m; ++ i)cout << ans[i] << '\n';  // 输出所有查询的结果
    return 0;
}
```

【例 2】StarryCoding P219 神奇海螺（第二轮）

小e在上海的海滩边，发现了n个神奇的海螺，每个海螺有一种颜色c_i（一种颜色即为一种类型）。好奇的他询问了q次，每次询问区间$[l,r]$中有多少种海螺的数量与其颜色编号相等。

举个例子，有5个海螺，颜色为：[2,3,2,3,3]，那么：

● 区间[1, 3]中有一种海螺（颜色为2）的数量与颜色编号相同。
● 区间[2, 4][2,4]中有一种海螺（颜色为3）的数量与颜色编号相等。
● 区间[1, 5]则有两种。

输入格式

第一行包含两个整数n和q（$1 \leq n, q \leq 10^5$）。

第二行n个整数c_i（$1 \leq c_i \leq 10^5$）。

接下来q行，每行两个整数l和r（$1 \leq l \leq r \leq n$），用于表示询问区间。

输出格式

对于每次询问，输出一个答案，每个答案输出后换行。

样例输入

```
10 5
2 3 2 3 2 2 1 2 1 1
6 8
1 3
10 10
6 6
1 3
```

样例输出

```
2
1
1
0
1
```

解题思路

定义数组cnt[col]表示当前管辖区间内，颜色为col的海螺的数量。

定义变量sum表示当前管辖区间内，颜色编号与数量相等的海螺的种类数，即满足col==cnt[col]的col种类数。

现在思考如何设计Add和Del函数：当增加某种颜色的海螺时，需要考虑它变化前和变化后的数量是否与其颜色编号相等。如果相等，就需要令sum发生变化。有了这个思路，代码就容易编写了。请参考AC代码。

AC代码

```cpp
#include <bits/stdc++.h>
using namespace std;
const int N = 1e5 + 9;
using ll = long long;
ll sz;

// 定义询问结构体Q
struct Q{
    int l, r, id;           // 左端点，右端点，查询编号
    bool operator < (const Q& u)const{      // 重载小于运算符，用于排序
        if(l / sz != u.l / sz)      // 如果左端点处于不同的块
            return l < u.l;         // 按照左端点分块排序
        return r < u.r;             // 否则按右端点排序
    }
}q[N];

ll a[N], cnt[N], sum, ans[N];      // a[]存储数组，cnt[]存储每个颜色出现的次数，sum记录符
合条件的海螺数量，ans[]存储查询结果

void Add(int k)        // 添加函数
{
    if(cnt[a[k]] == a[k])       // 如果当前颜色a[k]的数量等于其颜色编号
        sum --;                 // 减少符合条件的海螺数量
    cnt[a[k]] ++;               // 当前颜色的数量加一
    if(cnt[a[k]] == a[k])       // 如果当前颜色a[k]的数量等于其颜色编号
        sum ++;                 // 增加符合条件的海螺数量
}

void Del(int k)        // 删除函数
{
    if(cnt[a[k]] == a[k])       // 如果当前颜色a[k]的数量等于其颜色编号
        sum --;                 // 减少符合条件的海螺数量
    cnt[a[k]] --;               // 当前颜色的数量减一
    if(cnt[a[k]] == a[k])       // 如果当前颜色a[k]的数量等于其颜色编号
        sum ++;                 // 增加符合条件的海螺数量
}
```

```
int main()
{
    ios::sync_with_stdio(0), cin.tie(0), cout.tie(0);      // 设置快速输入/输出
    int n, m; cin >> n >> m;          // n为海螺数量，m为查询次数
    sz = sqrt(n);                     // 计算分块大小
    for(int i = 1;i <= n; ++ i)cin >> a[i];               // 输入海螺的颜色
    for(int i = 1;i <= m; ++ i)                           // 输入查询区间
    {
        cin >> q[i].l >> q[i].r;   // 左右端点
        q[i].id = i;                // 保存查询的编号
    }
    stable_sort(q + 1, q + 1 + m);// 对所有查询进行排序

    int L = 1, R = 0;                 // 初始化管理区间[L, R]
    for(int i = 1;i <= m; ++ i)
    {
        int l = q[i].l, r = q[i].r;// 当前查询区间[l, r]
        // 区间变化必须遵循"先增大，后减小"
        while(l < L)Add(-- L);        // 如果左端点小于L，移动L并更新答案
        while(R < r)Add(++ R);        // 如果右端点大于R，移动R并更新答案
        while(L < l)Del(L ++);        // 如果左端点大于L，移动L并删除相应元素
        while(r < R)Del(R --);        // 如果右端点小于R，移动R并删除相应元素
        ans[q[i].id] = sum;           // 记录当前查询的答案
    }
    for(int i = 1;i <= m; ++ i)cout << ans[i] << '\n';    // 输出所有查询的答案
    return 0;
}
```

【例 3】StarryCoding P302 [国家集训队] 小 Z 的袜子

```
#include<bits/stdc++.h>
using namespace std;

constexpr int N = 5e4 + 10;
int n, m, block;                // n为袜子数量，m为查询数量，block为分块大小
int c[N], cnt[N], cur = 0;      // c[]存储颜色，cnt[]记录每个颜色的出现次数，cur记录当前颜色
配对的数量
pair<int, int> ans[N];          // 存储每个查询的结果（分子、分母）

struct node {           // 定义查询结点结构体node
    int id, l, r;       // 查询编号id，查询区间的左右端点l, r

    // 重载小于运算符，用于排序
    bool operator<(const node &b) const {
        // 按照l / block进行分块排序，如果在同一个块内，按r的大小决定顺序
        if (l / block != b.l / block)
            return l < b.l;
        // 如果是偶数块，按r降序排列；如果是奇数块，按r升序排列
        return (l / block) % 2 ? r < b.r : r > b.r;
    }
};
```

```
node qu[N];          // 存储查询的数组

void add(int x) {          // 添加函数
    cur += cnt[x];          // 当前颜色x的袜子，累加已经配对的数量
    cnt[x]++;          // 颜色x的袜子数加1
}

void del(int x) {          // 删除函数
    cnt[x]--;          // 颜色x的袜子数减1
    cur -= cnt[x];          // 减去已经配对的数量
}

void solve() {          // 主解题函数
    cin >> n >> m;
    block = sqrt(n);          // 计算分块大小
    for (int i = 1; i <= n; i++)          // 输入所有袜子的颜色
        cin >> c[i];
    for (int i = 1; i <= m; i++) {          // 输入所有查询
        cin >> qu[i].l >> qu[i].r;
        qu[i].id = i;          // 保存查询的编号
        if (qu[i].l == qu[i].r) {          // 特殊情况：L == R时，无配对
            ans[qu[i].id] = {0, 1};          // 配对数为0，且分母为1
            continue;
        }
    }
    sort(qu + 1, qu + 1 + m);          // 对查询按照分块排序
    int l = 1, r = 0;          // 初始化左右端点为1和0
    for (int i = 1; i <= m; i++) {          // 处理每一个查询
        while (l > qu[i].l) add(c[--l]);          // 使区间左端点从l调整到qu[i].l
        while (r < qu[i].r) add(c[++r]);          // 使区间右端点从r调整到qu[i].r
        while (l < qu[i].l) del(c[l++]);          // 使区间左端点从l调整到qu[i].l
        while (r > qu[i].r) del(c[r--]);          // 使区间右端点从r调整到qu[i].r
        if (qu[i].l != qu[i].r)          // 确保查询区间不是特判情况
            // 计算当前配对数cur和区间长度的组合数，注意使用long long避免溢出
            ans[qu[i].id] = {cur, (long long)(r - l + 1) * (r - l) / 2};
    }
    for (int i = 1; i <= m; i++) {          // 输出每个查询的结果
        auto [a, b] = ans[i];          // 获取分子a和分母b
        if (a == 0)          // 如果配对数为0，分母设置为1
            b = 1;
        int g = __gcd(a, b);          // 调用__gcd 计算a和b的最大公约数
        cout << a / g << '/' << b / g << '\n';          // 输出最简分数
    }
}

int main() {
    ios::sync_with_stdio(false);          // 禁用同步，提升输入/输出效率
    cin.tie(nullptr);          // 解除cin和cout的绑定
```

```
    solve();          // 调用解题函数

    return 0;
}
```

【例 4】StarryCoding P303 小 Y 的询问

```cpp
#include<bits/stdc++.h>
using namespace std;

const int N = 50001;                    // 定义数组大小常量N
const int MAXK = 100010;                // 定义颜色的最大值常量MAXK
long long ans[N], sum = 0;              // ans数组存储每个查询的结果，sum记录当前的"平方和"

// arr存储数组，freq记录每个数的出现次数，n为数组大小，m为查询数量，k为额外参数，blkSize为块的
大小
int arr[N], freq[MAXK], n, m, k, blkSize;

// 定义查询结构体Query
struct Query {
    int l, r, id;             // 查询的左右端点l，r，查询的编号id

    // 重载小于运算符，用于排序查询
    bool operator<(const Query& other) const {
        // 按照块的编号（l / blkSize）排序，如果块编号相同，则按r排序
        if (l / blkSize != other.l / blkSize) return l < other.l;
        return r < other.r;          // 如果l在同一块内，按r的大小排序
    }
} q[N];

void add(int idx) {          // 增加元素的操作
    sum -= freq[arr[idx]] * freq[arr[idx]];      // 先减去当前arr[idx]的贡献
    freq[arr[idx]]++;        // 增加arr[idx]的频率
    sum += freq[arr[idx]] * freq[arr[idx]];      // 加上新的贡献
}

void remove(int idx) {       // 删除元素的操作
    sum -= freq[arr[idx]] * freq[arr[idx]];      // 先减去当前arr[idx]的贡献
    freq[arr[idx]]--;        // 减少arr[idx]的频率
    sum += freq[arr[idx]] * freq[arr[idx]];      // 加上新的贡献
}

void solve() {
    ios::sync_with_stdio(false);         // 禁用同步，提高I/O效率
    cin.tie(nullptr);                    // 解除cin和cout的绑定，进一步提高I/O效率
    cin >> n >> m >> k;
    blkSize = sqrt(n);                   // 计算块的大小，sqrt(n)通常是分块算法的合理选择
    for (int i = 1; i <= n; ++i) cin >> arr[i];        // 输入数组arr
    for (int i = 0; i < m; ++i) {  // 输入每个查询
        cin >> q[i].l >> q[i].r;
        q[i].id = i;                 // 保存查询编号
```

```
    }
    sort(q, q + m);              // 对所有查询按照分块排序
    int L = 1, R = 0;            // 初始化区间的左右端点
    for (int i = 0; i < m; ++i) {              // 处理每个查询
        while (L > q[i].l) add(--L);           // 拓展区间到查询的左端点L
        while (R < q[i].r) add(++R);           // 拓展区间到查询的右端点R
        while (L < q[i].l) remove(L++);        // 收缩区间到查询的左端点L
        while (R > q[i].r) remove(R--);        // 收缩区间到查询的右端点R
        ans[q[i].id] = sum;                    // 记录当前查询的答案
    }
    for (int i = 0; i < m; ++i) {              // 输出所有查询的结果
        cout << ans[i] << "\n";
    }
}

int main() {
    solve();       // 调用解题函数
    return 0;
}
```

12.6　CDQ 分治

CDQ分治的思想最早由IOI2008金牌得主陈丹琦在高中时整理并总结，因此得名。

其本质是一种思想而非具体的算法，可以用于解决多维偏序问题。最经典的应用包括归并排序求逆序对、求最大子段和，同时它经常用于处理与点对相关的问题，以及动态规划转移的优化。由于CDQ分治需要人为构造单调性等操作，因此经常会与树状数组等数据结构结合使用。

12.6.1　点对/区间相关问题

CDQ分治解决点对/区间相关问题的基本操作步骤如下：

步骤 01 将区间$[l,r]$分为两半$[l,\mathrm{mid}]$，$[\mathrm{mid}+1,r]$。

步骤 02 将$[l,r]$内所有区间划分为三类：

- 一类区间$[i,j]$：其中$l \leqslant i \leqslant j \leqslant \mathrm{mid}$。
- 二类区间$[i,j]$：其中$\mathrm{mid}+1 \leqslant i \leqslant j \leqslant r$。
- 三类区间$[i,j]$：其中$l \leqslant i \leqslant \mathrm{mid} < j \leqslant r$。

步骤 03 对一、二类区间进行左右递归求解，三类区间则在当前函数中处理。

例如，要求一个区间的最大子段和（要求子段长度至少为1），我们可以用贪心法解决，但也可以用CDQ分治法来解决。具体而言，三类区间的解决方法是：找到从中间往左走的最大子段和l_{max}，以及从中间往右走的最大子段和r_{max}。结果为$l_{max}+r_{max}$。

这样的总时间复杂度为$O(n\log n)$。

实现代码如下（StarryCoding P24最大子段和）：

```cpp
#include <bits/stdc++.h>
using namespace std;
using ll = long long;
const int N = 1e6 + 9;

ll a[N], n;

ll f(int l, int r)            // 计算区间[l, r]的最大子段和
{
    if(l == r)return a[l];           // 如果区间长度为1，则返回该元素的值

    int mid = (l + r) >> 1;          // 计算区间的中点
    ll res = max(f(l, mid), f(mid + 1, r));      // 分治求解左右两部分的最大子段和
    ll lmax = a[mid], rmax = a[mid + 1];             // 初始化从中点向左和向右拓展的最大子段和

    // 从中点向左拓展，计算最大的左侧子段和，更新左侧最大子段和
    for(ll i = mid, sum = 0;i >= l; -- i)sum += a[i], lmax = max(lmax, sum);

    // 从中点向右拓展，计算最大的右侧子段和，更新右侧最大子段和
    for(ll i = mid + 1, sum = 0;i <= r; ++ i)sum += a[i], rmax = max(rmax, sum);

    // 由于子段长度至少为1，因此需要分别计算左、右子段的最大和，并考虑跨越中点的情况
    res = max({res, lmax, rmax, lmax + rmax});  // 取最大值，包含跨越中点的子段和
    return res;          // 返回最终的最大子段和
}

int main(){
    ios::sync_with_stdio(0), cin.tie(0), cout.tie(0);

    cin >> n;           // 输入数组长度
    for(int i = 1;i <= n; ++ i)cin >> a[i];      // 输入数组元素
    cout << f(1, n) << '\n';             // 输出区间[1, n]的最大子段和
    return 0;
}
```

　　用同样的思想也可以解决逆序对问题，其实和用归并排序解决的思路是高度一致的，在此不再赘述。

12.6.2　三维偏序问题

　　三维偏序问题是CDQ分治的经典问题。给定一个长度为n的序列，每个元素有a_i、b_i和c_i三个属性，请问有多少点对(i,j)满足：$a_i \leqslant a_j$且$b_i \leqslant b_j$且$c_i \leqslant c_j$且$i \neq j$。

　　我们先考虑一个简单的二维偏序问题，假设没有属性c_i的情况下，我们将问题分为两部分：相同元素之间的贡献和不同元素之间的贡献。相同元素之间的贡献比较容易计算，假如有k个相同元素，那么对于每个元素的贡献都是$k-1$。

对于不同元素间的贡献呢？我们可以先将序列去重（只有属性完全相同才认为相同元素），再根据 a 升序（b 作为第二关键字）排序。然后，对于所有 $i<j$ 均有 $a_i \leq a_j$，且当 $a_i=a_j$ 时有 $b_i \leq b_j$。也就是说，此时对于元素 i，所有对它有贡献的元素都位于它的左侧。接着，可以使用树状数组或归并排序来解决。

回到三维偏序问题，其思路也差不多。一般的做法是"先去重并按照第一维升序"，然后进行 CDQ 分治：对于一个区间 $[l,r]$，将其划分为两部分 $[l,mid]$ 和 $[mid+1,r]$，然后分别递归计算左右两边的偏序关系。当 $l=r$ 时，递归结束并返回结果。当左右两部分计算完之后，剩下的部分是"左区间对右区间的贡献"，这是三维偏序问题的难点。

为了计算这一部分的贡献，我们可以将左右两边分别根据第二维度（即 b_i）进行升序排序（此时 a_i 已经不重要了，左区间的 a_i 必然比右区间的 a_i 小），那么问题就重新变为一个特殊的"仅考虑左区间对右区间贡献"的二维偏序问题，此时结合树状数组和归并排序的思路即可解决。

【例】StarryCoding P322　三维偏序问题

给定一个长度为 n 的序列，每个元素有 a_i、b_i 和 c_i 三个属性，请问有多少点对 (i,j) 满足：$a_i \leq a_j$ 且 $b_i \leq b_j$ 且 $c_i \leq c_j$ 且 $i=j$。

输入格式

第一行包含一个整数 n（$1 \leq n \leq 2 \times 10^5$）。

第二行包含 n 个整数，表示 a_i。

第三行包含 n 个整数，表示 b_i。

第 4 行包含 n 个整数，表示 c_i。

数据保证：$1 \leq a_i, b_i, c_i \leq 2 \times 10^5$。

输出格式

输出一个整数，表示满足条件的点对数量。

样例输入

```
5
3 5 4 1 5
4 5 1 1 2
2 5 5 1 3
```

样例输出

```
7
```

参考代码

```
#include <bits/stdc++.h>
using namespace std;
using ll = long long;
```

```
const int N = 2e5 + 9;
int n, m;

struct Node
{
    // a、b、c分别是结点的三个属性，sz表示相同元素的个数，sum用于存储计数结果
    ll a, b, c, sz, sum;
    bool operator!=(Node &u)    // 重载不等于操作符，用于结点的比较
    {
        return a != u.a || b != u.b || c != u.c;
    }
} a1[N], a2[N];

ll ans;        // 存储最终答案

// 树状数组部分
ll t[N];     // 树状数组，存储各位置的累加和
int lowbit(int x) { return x & -x; }          // 求低位1所代表的数字（x的最低有效位）
void add(int k, ll x)
{
    for (int i = k; i < N; i += lowbit(i)) // 更新树状数组
        t[i] += x;
}
ll getsum(ll k)
{
    ll res = 0;
    for (int i = k; i > 0; i -= lowbit(i)) // 查询树状数组的前缀和
        res += t[i];
    return res;
}

void cdq(int l, int r)
{
    if (l == r)          // 递归终止条件：区间长度为1时返回
        return;
    int mid = (l + r) >> 1;          // 计算重点
    cdq(l, mid), cdq(mid + 1, r); // 对左右区间分别进行递归处理

    // 计算左边区间对右边区间的影响
    // 排序，首先按照b升序，其次按照c升序，最后按照a升序
    sort(a2 + 1, a2 + mid + 1, [](const Node &u, const Node &v)
        {
        // 此处以b作为第一优先级，因为此时我们关心的是左边区间对右边区间的影响
        // 而左右两部分内部的a顺序已不重要了，我们需要让b都升序，而c的顺序其实也无所谓
        // 方便我们做双指针计数（类似于归并排序）
        if(u.b != v.b) return u.b < v.b;
        if(u.c != v.c) return u.c < v.c;
        return u.a < v.a; });
    sort(a2 + mid + 1, a2 + r + 1, [](const Node &u, const Node &v)
        {
```

```
        if(u.b != v.b)return u.b < v.b;
        if(u.c != v.c)return u.c < v.c;
        return u.a < v.a; });

    // 树状数组维护部分
    int i = 1, j = mid + 1;
    for (; j <= r; ++j) // j枚举右半边
    {
        // 将左半部分满足bi < bj的元素放入树状数组中
        // 注意由于进行了去重，因此放入时需要考虑个数
        while (i <= mid && a2[i].b <= a2[j].b)
            add(a2[i].c, a2[i].sz), i++;
        // 计数开始，此时树状数组中存储的是所有ai < aj且bi < bj的所有c
        // 注意这里必须用结构体中的成员变量来计数，不能用类似sum[j]这种数组
        // 因为后续a2的顺序可能继续发生变化
        a2[j].sum += getsum(a2[j].c); // 求所有<=cj的元素的个数
    }
    // 记得清空树状数组，移除左区间的贡献
    for (int k = 1; k < i; ++k)
        add(a2[k].c, -a2[k].sz);        // 从树状数组中减去左区间元素的贡献
}


int main()
{
    cin >> n;
    for (int i = 1; i <= n; ++i)
        cin >> a1[i].a;
    for (int i = 1; i <= n; ++i)
        cin >> a1[i].b;
    for (int i = 1; i <= n; ++i)
        cin >> a1[i].c;

    // 根据a升序排序，保证a[j]<=a[i]时，规则变为j<i
    stable_sort(a1 + 1, a1 + 1 + n, [](const Node &u, const Node &v)
        {
        // 注意这里排序规则必须写满，否则可能导致相同的元素不相邻，分块出错
        if(u.a != v.a)return u.a < v.a;
        if(u.b != v.b)return u.b < v.b;
        return u.c < v.c; });

    // m为去重后的数组大小
    // 去重，重复的元素会导致计数出错
    for (int i = 1, sz = 0; i <= n; ++i)
    {
        sz++;       // 统计相同元素的个数
        if (i == n || a1[i] != a1[i + 1])   // 如果遇到不同的元素，或者已经到达数组末尾
        {
            // 说明i是一块（相同元素）的右边界
            a2[++m] = a1[i];    // 将去重后的元素加入a2数组
            a2[m].sz = sz;      // 标记这一块相同元素的大小
```

```
        sz = 0;                  // 重置计数
    }
}
// 去重后，不可能出现满足aj<=ai、bj<=bi、cj<=ci但j>i的二元组
cdq(1, m);          // 执行CDQ分治
for (int i = 1; i <= m; ++i)    // 计算最终答案：相同元素的贡献加上树状数组计算的贡献
{
    // 这里要将相同元素的贡献计算进来，若有sz个相同元素，则会给每个元素都增加sz-1的贡献
    ans += a2[i].sz * (a2[i].sz - 1 + a2[i].sum);    // 统计每个元素的贡献
}
cout << ans << '\n';        // 输出结果
return 0;
}
```

12.7   本章小结

本章详细介绍了多种算法竞赛中的高级技巧，包括构造、分块思想、离散化、离线思想、莫队算法以及CDQ分治。每种技巧都通过具体的例题进行了详细讲解，不仅有助于读者理解这些技巧的原理，还能帮助读者学会如何在实际问题中应用它们。

- 构造：介绍了构造的常见思维模式，并通过例题展示了如何创造性地解决问题。
- 分块思想：详细讨论了根号分块优化和整除分块两种技术，提供了改善算法效率的新视角。
- 离散化：通过例题讲解了离散化的概念及其在处理序列相关问题上的应用。
- 离线思想：解释了离线思想的基本概念，并通过例题展示了其在实际问题中的应用。
- 莫队算法：介绍了莫队算法的基本思想和步骤，并通过例题加深对该算法的理解。
- CDQ分治：讲解了点对/区间相关问题和三维偏序问题的处理方法，展示了CDQ分治的强大能力。

通过学习本章的内容，读者应能够掌握这些高级技巧，并灵活运用它们来解决复杂的算法问题。这些技巧虽然归类于"杂项"，但在提高解题效率和拓展解题思路方面不可或缺。希望读者能够通过不断实践，提高对这些高级技巧的理解和应用水平。

第 13 章

真题选讲

本章选取了各类赛事的真题进行讲解，具体的题目读者可以通过网络搜索找到原题。不同的赛事的题目难度和风格各有不同。

13.1 XCPC 往年真题选讲

【2018 CCPC 桂林站】D. Bits Reverse

题目大意

给定两个整数 x 和 y，请问能否通过长度为 3 的二进制区间翻转的方式，使得 $x = y$。若能，则求出最小操作次数。

解题思路

首先，计算 x 和 y 二进制中 1 的个数。若个数不相等，显然不能成功，因为二进制区间的翻转操作不会改变 1 的数量。

接下来，观察翻转操作，会发现奇数位置只能被翻转到奇数位置，偶数位置也只能翻转到偶数位置。因此，奇偶位置对于二进制区间的翻转操作是独立的。我们可以分别考虑奇数位置和偶数位置，采用相同的方法进行计算。同时，存在解的条件也有所改变：需要保证 x、y 在奇数位置上的 1 个数相等，偶数位置上的 1 的个数也相等。

在奇数位置上，如果进行一次区间翻转，相当于把一个 1 移动到另一个位置，而且一次只能移动一个 1。显然，为了使得操作代价最小，需要让 x 和 y 上的每个 1 进行一一对应（即 x 的第一个 1 只能一步一步走到 y 的第一个 1 的位置，接下来第二个、第三个，以此类推，按照顺序依次对应）。这种移动方式显然是可行的，且一定存在移动方案。

实现代码如下：

```
#include <bits/stdc++.h>
using ll = long long;
using namespace std;
```

```
const int N = 105;

// a 和 b 数组用于存储 x 和 y 在不同二进制位上 1 的位置，pa 和 pb 为它们的大小
ll a[N], b[N], pa, pb;
ll kase;             // 记录测试用例的编号

ll getabs(ll x){return x < 0 ? -x : x;}    // getabs 函数：计算一个数的绝对值

void solve()         // solve 函数：解决每一个测试用例
{
    cout << "Case " << ++ kase << ": ";      // 输出当前测试用例的编号
    ll x, y;cin >> x >> y;                   // 读入两个整数 x 和 y
    pa = pb = 0;     // 初始化 pa 和 pb，表示 a 和 b 数组的当前索引
    ll ans = 0;      // 初始化答案为 0

    // 处理 x 和 y 的偶数位（0，2，4，…），检查它们二进制表示中 1 的位置
    for(int i = 0;i < 64; i += 2)         // 遍历 x 和 y 的偶数位
    {
        if(x >> i & 1)a[++ pa] = i;       // 如果 x 的第 i 位是 1，将 i 记录到 a 数组中
        if(y >> i & 1)b[++ pb] = i;       // 如果 y 的第 i 位是 1，将 i 记录到 b 数组中
    }
    if(pa != pb)     // 如果 x 和 y 在偶数位置上的 1 的个数不同，输出 -1，表示无法匹配
    {
        cout << -1 << '\n';
        return;      // 结束当前测试用例的处理
    }

    // 计算偶数位上 1 的位置差的总和
    // 计算所有对应位置上差值的绝对值，并除以 2 累加到 ans 中
    for(int i = 1;i <= pa; ++ i)ans += getabs(a[i] - b[i]) / 2;
    pa = pb = 0;     // 重置 pa 和 pb，用于处理奇数位上的 1 的位置

    // 处理 x 和 y 的奇数位（1，3，5，…），检查它们二进制表示中 1 的位置
    for(int i = 1;i < 64; i += 2)
    {
        if(x >> i & 1)a[++ pa] = i;       // 如果 x 的第 i 位是 1，将 i 记录到 a 数组中
        if(y >> i & 1)b[++ pb] = i;       // 如果 y 的第 i 位是 1，将 i 记录到 b 数组中
    }

    // 如果 x 和 y 在奇数位置上的 1 的个数不同，输出 -1，表示无法匹配
    if(pa != pb)
    {
        cout << -1 << '\n';              // 输出 -1
        return;                          // 结束当前测试用例的处理
    }

    // 计算奇数位上 1 的位置差的总和
    // 计算所有对应位置上差值的绝对值，并除以 2 累加到 ans 中
    for(int i = 1;i <= pa; ++ i)ans += getabs(a[i] - b[i]) / 2;
```

```
        cout << ans << '\n';          // 输出最小操作次数
}


signed main()            // 主函数：处理所有测试用例
{
    ios::sync_with_stdio(0), cin.tie(0), cout.tie(0);     // 提高输入/输出效率
    int _;cin >> _;                   // 读取测试用例的数量
    while(_ --)solve();               // 循环处理每个测试用例
    return 0;
}
```

【2022—2023 ACM-ICPC Latin American Regional】E. Empty Squares

题目大意

有一个大小为$1×n$的空间和n块大小分别为$1×1,1×2,\cdots,1×n$的瓷砖，且已经把$1×k$的瓷砖贴上去了，在左边留了e个位置的空余空间。请问，把剩下的瓷砖贴上去后，最少能剩下多少空位置？

解题思路

可以发现，本题的最终结果仅与左侧和右侧的空余位置个数有关（因为任何一种方案都可以等价于把两边的瓷砖往中间推移后的情况）。于是我们可以枚举左右两边放置的瓷砖数量l和r，并编写一个函数$f(l, k, r)$来判断左侧l个空位、中间k个已使用空间、右边r个空位的情况下，能否恰好填满。

我们对l、k和r分类讨论一下：

- 若$l=k=r$，则只需往左边放$1×l$、右边放$1×r$的瓷砖即可。
- 若$l=k=r$，则只需k存在至少两种分割方案即可，也就是$k \geq 5$，此时至少有$[1, 4]$、$[2, 5]$两种方案。
- 若$l=k=r$，则只需左边放$1×1$的瓷砖，右边至少存在一种切割方案，即$r \geq 3$即可。
- $l=k=r$，同上。
- $l=r=k$，可以进行小范围的枚举，若存在方案，则返回结果。

通过上述分析可以发现，对于任意一种情况，都可以进行小范围枚举。

其时间复杂度为$O(n^2)$。

实现代码如下：

```
#include <bits/stdc++.h>
using namespace std;
using ll = long long;

// 判断是否能够恰好填满瓷砖
bool f(int l, int k, int r)
{
    // 枚举放置的瓷砖数量 i (左边放瓷砖的数量) 和 j (右边放置瓷砖的数量)
```

```
        for(int i = 0;i <= 5 && i <= l; ++ i)
        {
            for(int j = 0;j <= 5 && j <= r; ++ j)
            {
                // 创建一个大小为1003的bitset，用于记录已经放置过的瓷砖位置
                bitset<1003> vis;
                vis[k] = true;        // 标记中间位置已被占用

                // 检查左侧瓷砖放置
                if(!i || !vis[i])vis[i] = true; // 若没有放置瓷砖或者位置尚未占用，则放置瓷砖
                else continue;                  // 若该位置已被占用，则跳过

                // 检查左侧剩余位置
                if(!(l - i) || !vis[l - i])
                    vis[l - i] = true;          // 若剩余位置未被占用，则放置瓷砖
                else continue;                  // 否则跳过

                // 检查右侧瓷砖放置
                if(!j || !vis[j])
                    vis[j] = true;              // 若没有放置瓷砖或者位置尚未占用，则放置瓷砖
                else continue;                  // 若该位置已被占用，则跳过

                // 检查右侧剩余位置
                if(!(r - j) || !vis[r - j]
                    vis[r - j] = true;          // 若剩余位置未被占用，则放置瓷砖
                else continue;                  // 否则跳过

                return true;                    // 若所有条件都满足，则返回成功
            }
        }
    return false;           // 若没有满足条件的情况，则返回失败
}

int main()
{
    ios::sync_with_stdio(0), cin.tie(0), cout.tie(0);    // 优化输入/输出
    int n, k, e; cin >> n >> k >> e;     // 输入瓷砖总数、已放置瓷砖数量、空余位置
    int ans = n - k;                     // 初始答案为剩余的瓷砖数量

    for(int i = 0;i <= e; ++ i)          // 枚举左右两边瓷砖的放置数量 i 和 j
    {
        for(int j = 0;j <= n - k - e; ++ j)
        {
            if(f(i, k, j))               // 调用函数 f 判断是否能恰好填满瓷砖
            {
                ans = min(ans, n - i - k - j);   // 更新最小空余位置数量
            }
        }
    }
    cout << ans << '\n';           // 输出最终结果
```

```
        return 0;
    }
```

【The 2022 ICPC Asia Hangzhou Regional Programming Contest】H. No Bug No Game

题目大意

在一个游戏中，有 n 件装备，每件装备有一个力量值 p_i，服务器会按照顺序依次扫描所有装备，令 $\text{sum}=\sum_{1\leqslant j<i} p_j$，表示已经扫描过的装备的力量之和，那么对于当前这个新装备 i，有：

- 若 $\text{sum}+p_i\leqslant k$，则该装备将提供 w_{i,p_i} 点额外力量值（注意，额外力量值不被算入 sum 中，但算入答案中）。
- 若 $\text{sum}>k$，则没有任何额外力量。
- 其他情况下，会提供 $w_{i,k\text{-sum}}$ 点额外力量。

请问如何排列所有装备，能使得最终力量值最大（基础力量值不计入答案）。

$$1\leqslant n\leqslant 3000,\ 0\leqslant k\leqslant 3000,\ 1\leqslant p_i\leqslant 10,1\leqslant w_{ij}\leqslant 10^5$$

解题思路

这是一道比较难的动态规划（DP）问题。我们可以发现所有的装备可以分为 3 类（假设 $k<\sum_{i=1}^{n} p_i$）：

- 第一类：提供了 w_{i,p_i} 额外力量的装备。
- 第二类：提供了 $w_{i,k\text{-sum}}$ 额外力量的装备，这种装备有且仅有一件（若恰好达到 k，则最后一个第一类装备可等价于第二类装备）。
- 第三类：没有提供额外力量的装备。

其中，第二类装备是本题的突破口。由于其仅有一件，因此我们可以枚举第二类装备和 $k\text{-sum}$ 的值，然后对剩余的装备应用 01 背包策略。

假设当前枚举到的第二类装备为 t，且 $k\text{-sum}=y$，我们需要从剩余的 $n-1$ 件装备中，选出 p_i 之和恰好为 $k-y$ 的若干件装备，并加上它们的额外力量值，这就是一个典型的 01 背包问题（背包容量为 k，每个物品的体积为 p_i，价值为 w_{i,p_i}）。所有装备的基础力量值 p_i 都会被加上。

关键点

需要注意的是，本题的 01 背包定义与常见的背包问题略有不同：动态规划数组 dp[i] 表示的是物品总体积严格为 i 时的最大价值，而不是物品总体积 $\leqslant i$ 时的最大价值。

直接实施 01 背包策略的时间复杂度较高，我们可以考虑用前缀与后缀背包来优化。

特殊情况

如果 $k<\sum_{i=1}^{n} p_i$ 的情况，即 k 小于所有装备的力量之和，需要进行特殊处理，此时不存在二类

装备（例如没有装备能使得sum小于或等于k），则这是一个标准的01背包问题。

实现代码如下：

```cpp
#include <bits/stdc++.h>
using namespace std;
using ll = long long;
const ll inf = 2e18;        // 定义一个非常大的值，用于初始化时表示无穷大
const int N = 3e3 + 9;      // 设置最大物品数N为3009（根据题目需求确定大小）

// dp1和dp2分别是前缀和后缀的动态规划数组，w存储每个装备的额外力量值，p存储每个装备的基础力量值
ll dp1[N][N], dp2[N][N], w[N][13], p[N];

int main()
{
    ios::sync_with_stdio(0), cin.tie(0), cout.tie(0);   // 加速输入/输出
    ll n, k; cin >> n >> k;         // 输入装备数量n和最大力量值k
    ll psum = 0;                    // 计算所有装备的总力量值
    for(int i = 1;i <= n; ++ i)
    {
        cin >> p[i];                // 输入第i件装备的基础力量值p[i]
        psum += p[i];               // 累加基础力量值

        // 输入第i件装备对应的额外力量值w[i][j]
        for(int j = 1;j <= p[i]; ++ j)cin >> w[i][j];
    }

    // 初始化dp数组为负无穷，保证在计算过程中可以正确选择
    for(int i = 0;i <= n + 1; ++ i)
        for(int j = 0;j <= k; ++ j)
            dp1[i][j] = dp2[i][j] = -inf;   // 初始化dp1和dp2为负无穷
    dp1[0][0] = dp2[n + 1][0] = 0;          // 基础状态：前后没有装备时，额外力量为0

    // 正向动态规划，dp1[i][j]表示前i件装备扫描过后，力量总和为j时，能得到的最大额外力量
    for(int i = 1;i <= n; ++ i)
    {
        for(int j = k; j >= 0; -- j)        // 从大到小遍历，防止重复计算
        {
            // 选当前装备
            if(j >= p[i])dp1[i][j] = max(dp1[i - 1][j], dp1[i - 1][j - p[i]] + w[i][p[i]]);
            else dp1[i][j] = dp1[i - 1][j];  // 不选当前装备
        }
    }

    // 反向动态规划，dp2[i][j]表示从第i件装备到第n件装备扫描时，力量总和为j时，能得到的最大额外力量
    for(int i = n; i >= 1; -- i)
    {
        for(int j = k;j >= 0; -- j)          // 从大到小遍历，防止重复计算
        {
            // 选当前装备
            if(j >= p[i])dp2[i][j] = max(dp2[i + 1][j], dp2[i + 1][j - p[i]] + w[i][p[i]]);
            else dp2[i][j] = dp2[i + 1][j];  // 不选当前装备
        }
    }
```

```
        }

        // 初始化答案，如果总力量值psum不超过k，直接计算dp1[n][psum]
        ll ans = psum <= k ? dp1[n][psum] : 0; // 如果psum小于或等于k，结果就是dp1[n][psum]，
否则为0

        // 枚举每个装备t，尝试从前面的装备选择若干物品和后面的装备组合，得到最大值 for(int t = 1; t
<= n; ++t) {
        for(int t = 1;t <= n; ++ t)
        {
            for(int y = 0;y <= p[t] && y <= k; ++ y)        // 枚举装备t的y个额外力量值
            {
                // 枚举[1 ~ t-1]物品中的重量i
                for(int i = 0;i <= k - y; ++ i)
                {
                    // 计算选择当前y个额外力量和前后部分组合的最大值
                    ans = max(ans, dp1[t - 1][i] + dp2[t + 1][k - y - i] + w[t][y]);
                }
            }
        }
        cout << ans << '\n';        // 输出最终的最大力量值
        return 0;
    }
```

【The 2018 ICPC Asia Qingdao Regional Programming Contest (The 1st Universal Cup, Stage 9: Qingdao)】J. Books

题目大意

书店里有 n 本书。因为小D很有钱，故小D会按如下策略买书。

按顺序从第1本到第 n 本考虑这 n 本书：

- 对于正在考虑的这本书，如果小D有足够的钱（不低于书的价格），就会买这本书，并且小D拥有的钱会减少这本书的价格。
- 如果小D有的钱低于这本书的价格，就会跳过这本书。

你只知道这 n 本书的价格和小D最终买到的书的数量 m，而你并不知道小D一开始拥有多少钱。

你想知道，在满足按照上述策略最终买到 m 本书的情况下，小D一开始最多有多少钱（一个非负整数）。

解题思路

本题容易有一个错觉：钱越多，买到的书越多（或相等）。实际上这是不对的，因为小D需要严格按照顺序买，并不会选择最优的方案。例如，书的价格分别为[1,5,2,2]时，5元可以买3本，而6元却只能买2本。

我们换个思路来解题，首先考虑特殊情况：

- 当$n=m$时，输出Richman。
- 所有价格为0的书一定可以拿。一旦遇到一本价格为0的书，相当于让m减小1。若$m<0$，则说明无论多少钱，拿的书都会比m多，输出"Impossible"。
- 否则，小D一定是拿前m本书（此时已经将价格为0的书去除），后面剩余的书一本都不能买。此时，可以再加上后面剩余部分的最小价格减去1。

参考代码

```cpp
#include <bits/stdc++.h>
#define int long long
using namespace std;

const int N = 2e5 + 9, inf = 8e18;        // 定义数组最大大小和无穷大的近似值
int a[N], b[N], bn, n, m;                  // 声明全局变量

void solve()
{
    cin >> n >> m;            // 读入 n（数组大小）和 m（目标值）
    for(int i = 1;i <= n; ++ i)cin >> a[i];        // 读入数组 a 中的 n 个元素

    if(n == m)
    {
        cout << "Richman" << '\n';        // 如果 n 等于 m，直接输出 "Richman" 并返回
        return;
    }

    // 此时必然有 m < n，因为程序运行到这里说明 n != m
    bn = 0;        // 初始化有效元素计数器
    for(int i = 1;i <= n; ++ i)
        if(a[i] == 0)m --;                // 如果当前元素为 0，减少 m 的值
        else b[++ bn] = a[i];             // 否则将该元素存入数组 b，并更新有效元素计数器

    // 到这里依然有 m < bn，因为零值元素会减少 m，b 数组的大小 bn 小于或等于 n
    if(m < 0)
    {
        cout << "Impossible" << '\n';  // 如果 m 已经小于 0，输出 "Impossible" 并返回
        return;
    }

    int ans = 0;        // 初始化答案
    for(int i = 1;i <= m; ++ i)ans += b[i];        // 取前 m 个有效元素求和
    int mi = b[m + 1];                      // 从第 m+1 个元素开始寻找最小值
    for(int i = m + 1;i <= bn; ++ i)mi = min(mi, b[i]);

    cout << ans + mi - 1 << '\n';        // 输出结果：总和加上找到的最小值减去 1
}

signed main()
{
```

```
    ios::sync_with_stdio(0), cin.tie(0), cout.tie(0);
    int _;cin >> _;          // 读入测试案例数
    while( _ --)solve();     // 循环处理每个测试案例
    return 0;
}
```

【The 2022 ICPC Asia Nanjing Regional Contest】F. Inscryption

题目大意

一开始你有一只鼹鼠，攻击力为1。

给定一个操作序列a，按顺序执行以下操作：

- 若$a_i=1$，则获得一只攻击力为1的鼹鼠。
- 若$a_i=-1$，则将两只鼹鼠合并为一只，且攻击力为两只鼹鼠攻击力的总和。
- 若$a_i=0$，则需选择执行以上两种操作中的一种。

问：最终所有鼹鼠攻击力的平均值最大是多少？

解题思路

可以发现，操作1会使得平均值降低（或不变），操作−1可以使得平均值升高。

因此，对于操作0（$a_i = 0$），我们需要尽量多执行操作−1，尽量少执行操作1（$a_i=1$），但当只有一只鼹鼠时，不得不执行操作1。

为此，可以利用"反悔贪心"的思想：在遇到操作0且条件允许时，优先执行操作1，同时记录操作1的次数。如果后续遇到操作−1（$a_i=-1$）且发现无法执行时，可将之前的某次操作0反悔，改为执行操作−1，以保证操作的合法性并尽量提高平均值。

```
#include <bits/stdc++.h>
#define int long long
using namespace std;

const int N = 1e6 + 9, inf = 2e18;            // 常量 N 表示数组大小，inf 表示无穷大
int a[N];                   // 用于存储输入操作序列的数组

// 计算最大公约数的函数，使用递归实现
int gcd(int a, int b){return b == 0 ? a : gcd(b, a % b);}

void solve()
{
    int n; cin >> n;        // 输入操作序列的长度
    for(int i = 1;i <= n; ++ i)cin >> a[i];       // 输入操作序列

    // 当前所有鼹鼠的总攻击力，当前鼹鼠的总数量
    int sum = 1, cnt = 1, c2 = 0;  // 遇到操作0时，记录执行了多少次可以反悔操作-1
    for(int i = 1;i <= n; ++ i)
    {
        if(a[i] == 1)        // 操作1：增加一只攻击力为 1 的鼹鼠
```

```
        {
            sum ++, cnt ++;
        }
        else if(a[i] == -1)              // 操作-1：将两只鼹鼠合并为一只
        {

            if(cnt == 1 && c2)
            {
                // 如果当前只有 1 只鼹鼠，且存在可反悔的操作，则执行反悔
                sum ++, cnt += 2; // 将一次操作-1反悔为操作1，鼹鼠数量增加 2
                c2 --;            // 可反悔操作的次数减少 1
            }

            if(cnt == 1)                  // 如果当前只有1只鼹鼠，无法进行操作-1，直接输出 -1
            {
                cout << -1 << '\n';
                return;
            }

            cnt --;                       // 执行操作-1，鼹鼠数量减少 1
        }else                             // 遇到操作0时，优先执行操作-1
        {
            if(cnt > 1)
            {
                cnt --, c2 ++;    // 表示执行了一次操作-1，并记录下来（此操作是可反悔的）
                                  // 鼹鼠数量减少 1
            }
            else sum ++, cnt ++;  // 如果只有1只鼹鼠，无法执行操作-1，则执行操作1
        }
    }

    // 计算最终平均攻击力的最简分数形式
    int g = gcd(sum, cnt);            // 计算 sum 和 cnt 的最大公约数
    sum /= g, cnt /= g;               // 分子化简，分母化简
    cout << sum << ' ' << cnt << '\n'; // 输出结果
}


signed main()
{
    ios::sync_with_stdio(0), cin.tie(0), cout.tie(0);   // 关闭同步，提高输入/输出效率
                                                        // 取消 cin 和 cout 的绑定

    int _; cin >> _;                  // 输入测试用例的数量
    while(_ --)solve();               // 逐个处理每个测试用例
    return 0;                         // 程序正常结束
}
```

13.2　NOI/NOIP 往年真题选讲

[JSOI2008]　最大数

题目描述

现在需要维护一个数列，要求提供以下两种操作。

1. 查询操作

语法：Q L。

功能：查询当前数列中末尾的 L 个数中的最大值，并输出该值。

限制：L 不超过当前数列的长度。

2. 插入操作

语法：A n。

功能：将 n 加上 t，其中 t 是最近一次查询操作的答案（如果尚未执行过查询操作，则 $t=0$），将结果对一个固定的常数 D 取模，然后把所得答案插入数列的末尾。

限制：n 是整数（可能为负数），并且在长整范围内。

注意：初始时数列是空，没有任何元素。

输入格式

第一行包含两个整数 M 和 D，其中 M 表示操作的个数，D 为题目中提到的固定常数。

接下来的 M 行，每行一个字符串，用于描述一个具体的操作，其语法如上文所述。

输出格式

对于每个查询操作，按照其出现的顺序依次输出结果，每个结果占一行。

样例输入

```
5 100
A 96
Q 1
A 97
Q 1
Q 2
```

样例输出

```
96
93
96
```

数据规模与约定

对于全部的测试点，要保证$1 \leqslant D \leqslant 2 \times 10^9$。

参考代码

```cpp
#include<bits/stdc++.h>
#define ll long long
using namespace std;
const int MAXN=200001;                    // 最大数组长度
ll a[MAXN], f[MAXN][21], t, D;            // a数组存储数列，f为稀疏表，t为最近查询结果，D为模数
int Logn[MAXN];                           // Logn数组存储每个数的对数值
int n, m;                                 // n为当前数列长度，m为操作数
bool flag;                                // 标志变量（未使用）

void pre()                                // 预处理函数，计算Logn数组
{
    Logn[1] = 0;                          // 1的对数值为0
    Logn[2] = 1;                          // 2的对数值为1
    for (int i = 3; i < MAXN; ++i)
    {
        Logn[i] = Logn[i / 2] + 1;  // 根据递推公式计算每个数的对数值
    }
}

void change(int u)                        // 更新稀疏表
{
    f[u][0] = a[u];
    for (int i = 1; u - (1 << i) >= 0; i++)
        f[u][i] = max(f[u][i - 1], f[u - (1 << (i - 1))][i - 1]);
}

ll find(int x, int y)                     // 查询区间最大值
{
    int K =Logn[y-x+1];                   // 计算区间长度的对数值
    return max(f[y][K], f[x + (1 << K) - 1][K]);       // 查询区间最大值
}

int main()                                // 主函数
{
    memset(f, 0, sizeof(f));              // 初始化稀疏表为0
    pre();                                // 调用预处理函数
    scanf("%d%lld", &m, &D);              // 输入操作数m和模数D
    for (int i = 1; i <= m; i++)          // 遍历每个操作
    {
        char c;
        cin >> c;                         // 输入操作类型
        ll x;
        if (c == 'A')                     // 插入操作
        {
            scanf("%lld", &x);            // 读取插入的数值x
```

```
        a[++n] = (x + t) % D;      // 计算新值并插入数列末尾
        change(n);                 // 更新稀疏表
    }
    Else                           // 查询操作
    {
        int L;
        scanf("%d", &L);           // 读取查询的区间长度L
        ll ans;
        if (L == 1)                // 特殊情况：查询最后一个元素
        {
            printf("%lld\n", a[n]); // 直接输出最后一个元素
            t = a[n];              // 更新最近查询结果
            continue;
        }
        ans = find(n - L + 1, n);  // 查询区间最大值
        printf("%lld\n", ans);     // 输出结果
        t = ans;                   // 更新最近查询结果
    }
    }
    return 0;
}
```

[JSOI2008] 星球大战

题目描述

很久以前，在一个遥远的星系，一个黑暗的帝国依靠它的超级武器统治着整个星系。

某一天，凭着一个偶然的机会，一支反抗军摧毁了帝国的超级武器，并攻占了星系中几乎所有的星球。这些星球通过特殊的以太隧道彼此直接或间接地连接。

然而，好景不长，帝国很快重建了超级武器，并开始有计划地摧毁反抗军占领的星球。随着星球不断被摧毁，两个星球之间的通信通道也逐渐失效，反抗军的力量岌岌可危。

现在，反抗军首领交给你一个重要任务：根据原来两个星球之间的以太隧道连通情况以及帝国摧毁星球的顺序，快速计算每一次打击后反抗军控制的星球连通块的个数（如果两个星球可以通过现存的以太通道直接或间接地连通，则这两个星球在同一个连通块中）。

输入格式

输入文件的第一行包含两个整数 n 和 m，分别表示星球的数量和以太隧道的数量。星球用 $0 \sim n-1$ 的整数编号。

接下来的 m 行，每行包括两个整数 x 和 y，表示星球 x 和星球 y 之间存在一条以太隧道，允许直接通信。

接下来的一行是一个整数 k，表示将遭受攻击的星球数量。

接下来的 k 行，每行一个整数，按照顺序列出了帝国军的攻击目标。这 k 个数互不相同，并且均在 $0 \sim n-1$ 范围内。

输出格式

第一行输出初始时反抗军控制的星球连通块的个数。接下来的 k 行，每行输出一个整数，表示该次打击后反抗军控制的星球连通块个数。

样例输入

```
8 13
0 1
1 6
6 5
5 0
0 6
1 2
2 3
3 4
4 5
7 1
7 2
7 6
3 6
5
1
6
3
5
7
```

样例输出

```
1
1
1
2
3
3
```

提示

初始时，所有星球和隧道均存在。当某个星球被摧毁后，该星球及与其相关的所有隧道将从星系中移除。对于 100% 的数据，保证 $1 \leqslant m \leqslant 2 \times 10^5$，$1 \leqslant n \leqslant 2m$，$x \neq y$。

[JSOI2008]

参考代码

```cpp
#include<bits/stdc++.h>
#define ll long long
using namespace std;
const ll N=4e5+10;
ll n,m,k,x,y;              // n 表示点的个数，m 表示边的个数，k 表示被移除的点的个数
ll h[N],from[N],to[N],ne[N],idx=1;    // 邻接表相关数组
ll p[N];                   // 并查集父结点数组
```

```
ll be[N];                // 标记数组，用于标记是否为被移除的点
ll tot=0;                // 记录当前的连通块数量
ll a[N];                 // 存储被移除的点
vector<ll> ans;          // 存储答案的数组

void start(ll n){        // 初始化并查集，每个点的父结点初始化为自身
    for(int i=0; i<n; i++){
        p[i]=i;
    }
}
void add(ll u,ll v){     // 添加一条边到邻接表
    from[idx++]=u, to[idx]=v;            // 记录边的起点和终点
    ne[idx]=h[u],h[u]=idx;               // 更新邻接表，h[u] 表示顶点 u 的边表头
    // idx++;
}
ll find(ll x){           // 并查集查找操作，带路径压缩
    return p[x]==x?x:p[x]=find(p[x]);    // 如果不是根结点，递归查找并压缩路径
}
void merge(ll i,ll j){   // 并查集合并操作，将 i 和 j 合并到同一集合
    p[find(i)]=find(j);  // 将 i 的根结点指向 j 的根结点
}
int main(){
    ios::sync_with_stdio(0);
    cin.tie(0);
    cout.tie(0);

    cin>>n>>m;           // 输入点数和边数
    start(n);            // 初始化并查集

    for(int i=1;i<=m;i++){        // 输入 m 条边，构建邻接表
        cin>>x>>y;
        add(x,y);        // 添加边 x->y
        add(y,x);        // 添加边 y->x
    }

    // cout<<idx<<endl;cout<<endl;
    cin>>k;              // 输入被移除的点数
    tot=n-k;             // 初始连通块数为 n 减去被移除的点数
    for(int i=1;i<=k;i++){
        cin>>a[i];       // 输入被移除的点
        be[a[i]]=1;      // 标记被移除的点
    }

    // 遍历所有边，将非被移除点的边进行合并
    for(int i=1;i<=2*m+1;i++){
        if(be[from[i]]==0&&be[to[i]]==0&&find(from[i])!=find(to[i])){
            merge(from[i],to[i]);        // 合并两个连通块
            tot--;       // 连通块数减 1
        }
    }

    ans.push_back(tot);          // 将初始的连通块数保存到答案中

    for(int i=k;i>=1;i--){       // 逆序处理被移除的点，逐步恢复点并更新连通块数
        tot++;                   // 每恢复一个点，连通块数加 1
```

```
        be[a[i]]=0;                    // 将当前点标记为恢复
        for(int j=h[a[i]];j;j=ne[j]){           // 遍历恢复点的所有邻接边
            if(be[to[j]]==0&&find(a[i])!=find(to[j])){
                // 如果邻接点未被移除且属于不同连通块，则合并
                merge(a[i],to[j]);
                tot--;           // 连通块数减 1
            }
        }
        ans.push_back(tot);    // 将当前的连通块数保存到答案中
    }
    reverse(ans.begin(), ans.end());           // 将答案数组反转以恢复正序
    for(int i=0;i<=k; i++) cout<<ans[i]<<endl;  // 输出每个阶段的连通块数
    return 0;
}
```

[NOIP2003 提高组] 侦探推理

题目描述

小明同学最近迷上了侦探漫画《柯南》，并沉醉于推理游戏之中，他召集了一群同学一起玩推理游戏。游戏规则如下：

- 小明的同学们商量由其中一个人扮演罪犯（在小明不知情的情况下）。
- 小明的任务是通过询问同学，推理出谁是真正的罪犯。
- 小明逐个询问每一个同学，被询问者可能会说：

证词内容	证词含义
I am guilty.	我是罪犯。
I am not guilty.	我不是罪犯。
XXX is guilty.	XXX 是罪犯。其中 XXX 表示某个同学的名字。
XXX is not guilty.	XXX 不是罪犯。
Today is XXX.	今天是 XXX。其中 XXX 表示某个星期的单词。星期只有可能是以下之一：Monday, Tuesday, Wednesday, Thursday, Friday, Saturday, Sunday。

I am guilty.I am not guilty.XXX is guilty.XXX is not guilty.Today is XXX.证词含义我是罪犯。我不是罪犯。XXX 是罪犯。其中 XXX 表示某个同学的名字。XXX 不是罪犯。今天是 XXX。其中 XXX 表示某个星期的单词。星期只有可能是以下之一：Monday, Tuesday, Wednesday, Thursday,Friday, Saturday, Sunday。

证词中的其他内容不列入逻辑推理的内容。

已知条件

1. 小明所知道的是，他的同学中有N个人始终说假话，其余的人始终说真话。
2. 请记住，只有一个人是罪犯。

现在，小明需要你的帮助，根据他同学的证词推断出谁是真正的罪犯。

输入格式

输入由若干行组成。

第一行有三个整数：M、N和P。M表示参加游戏的小明的同学人数，N表示其中始终说谎的同学人数，P表示证言的总数。

接下来M行，每行包含一位小明同学的名字（由英文字母组成，无空格，全为大写）。

往后有P行，每行开始是某位同学的名字，紧跟着一个冒号和一个空格，后面是一句证词，证词的格式符合前表中所列要求，每行长度不超过250个字符。

输入中不会出现连续的两个空格，且每行开头和结尾均无空格。

输出格式

如果你的程序能确定谁是罪犯，则输出他的名字；如果程序判断出不止一个人可能是罪犯，则输出Cannot Determine；如果程序判断出没有人可能是罪犯，则输出Impossible。

样例输入

```
3 1 5
MIKE
CHARLES
KATE
MIKE: I am guilty.
MIKE: Today is Sunday.
CHARLES: MIKE is guilty.
KATE: I am guilty.
KATE: How are you??
```

样例输出

```
MIKE
```

提示

对于100%的数据，满足$1 \leqslant M \leqslant 20$，$0 \leqslant N \leqslant M$，$1 \leqslant P \leqslant 100$。

题目来源

NOIP 2003提高组第二题

参考代码

```
#include<bits/stdc++.h>
```

```cpp
using namespace std;

string S[10]=       // 定义一周7天的字符串数组，用于匹配证词中提到的日期
{
    "Today is Sunday.",
    "Today is Monday.",
    "Today is Tuesday.",
    "Today is Wednesday.",
    "Today is Thursday.",
    "Today is Friday.",
    "Today is Saturday.",
};

int m,n,p;          // m: 总人数，n: 说假话人数，p: 证词总数
int T,F,ans;        // T: 说真话人数，F: 说假话人数，ans: 罪犯的编号
int TF[25];         // 保存每个人的真假状态，-1表示不确定
struct Sen          // 定义结构体存储证词
{
    int id;         // 说话人的编号
    string s;       // 证词内容
}sen[105];
map<string,int> ma;         // 用于将名字映射到编号

// 判断某人当前状态是否与假设冲突
bool judgeTF(int id,bool flag)
{
    if(TF[id]==-1)                  // 如果当前状态不确定
    {
        TF[id]=flag;               // 赋状真假状态
        if(flag)                   // 如果说真话
            ++T;                   // 说真话人数++
        else                       // 说假话
            ++F;                   // 说假话人数++
    }
    else
        return TF[id]!=flag;       // 如果与之前状态不一致，返回冲突（1）
    if(F>n||T>m-n)                 // 如果说假话人数超过n，或说真话人数超过m-n，返回冲突
        return 1;
    return 0;                       // 没有冲突
}

void solve(int id,string day)      // 核心推理逻辑
{
    memset(TF,-1,sizeof(TF));      // 初始化每个人的状态为不确定
    T=F=0;                         // 初始化说真话和假话的人数为0
    string tmp;

    for(int i=1;i<=p;++i)
    {
        int pos=sen[i].s.find("I am guilty.");  // 检查证词是否包含"I am guilty."
```

```
        if(~pos)            // 如果找到
        {
            // 如果当前假设罪犯不是id, 则说这句话的人在说假话
            if(judgeTF(sen[i].id,sen[i].id==id))
                return;   // 如果冲突, 直接返回
        }

        // 检查证词是否包含"I am not guilty."
        pos=sen[i].s.find("I am not guilty");
        if(~pos)
        {
            if(judgeTF(sen[i].id,sen[i].id!=id))
                return;
        }

        // 检查证词是否包含"[名字] is guilty."
        pos=sen[i].s.find(" is guilty.");
        if(~pos)
        {
            tmp=sen[i].s;
            tmp.erase(pos,11);             // 去掉 " is guilty."
            if(judgeTF(sen[i].id,ma[tmp]==id))
                return;
        }

        // 检查证词是否包含"[名字] is not guilty."
        pos=sen[i].s.find(" is not guilty.");
        if(~pos)
        {
            tmp=sen[i].s;
            tmp.erase(pos,15);             // 去掉 " is not guilty."
            if(judgeTF(sen[i].id,ma[tmp]!=id))
                return;
        }

        // 检查证词是否包含"Today is …"
        pos=sen[i].s.find("Today is ");
        if(~pos)
        {
            if(judgeTF(sen[i].id,sen[i].s==day))
                return;
        }
    }

// 如果之前已找到一个罪犯, 但现在又找到另一个, 说明无法确定
if(ans&&ans!=id)                     // 找到了不止一个罪犯
{
    puts("Cannot Determine"); // 不能确定
    exit(0);
}
```

```
        ans=id;                        // id是罪犯
    }

string s[25],name,a;
int main()
{
    scanf("%d%d%d",&m,&n,&p);          // 输入总人数m、说假话人数n和证词总数p
    for(int i=1;i<=m;++i)
    {
        cin>>s[i];
        ma[s[i]]=i;                    // 将名字映射到编号
    }

    for(int i=1;i<=p;++i)
    {
        cin>>name;                     // 输入说话者名字
        name.erase(name.length()-1,1);        // 把后边的冒号去掉
        getline(cin,a);                // 输入完整证词
        a.erase(0,1);                  // 把前边的空格去掉
        if(a[a.length()-1]=='\n'||a[a.length()-1]=='\r')        // 把换行符去掉
            a.erase(a.length()-1,1);
        sen[i].id=ma[name];            // 存储说话者的编号
        sen[i].s=a;                    // 存储证词内容
    }
    for(int i=1;i<=m;++i)              // 假设第i个人是罪犯
        for(int j=0;j<7;++j)           // 假设今天是S[j]天
            solve(i,S[j]);
    if(!ans)                           // 如果找不到罪犯
        puts("Impossible");
    else
        cout<<s[ans];                  // 输出罪犯名字
    return 0;
}
```

【NOI2015】程序自动分析

题目描述

在实现程序自动分析的过程中，通常需要判定一些约束条件是否能同时满足。

考虑一个约束满足问题的简化版本：假设$x_1,x_2,x_3,\cdots$代表程序中出现的变量，给定n个形如$x_i=x_j$或$x_i\neq x_j$的变量相等或不等的约束条件，请判定是否可以分别为每一个变量赋予恰当的值，使得同时满足上述所有约束条件。例如，一个问题中的约束条件为：$x_1=x_2, x_2=x_3, x_3=x_4, x_4\neq x_1$，显然不可能同时满足这些约束条件，因此这个问题应判定为无法满足。

现在给出一些约束满足的问题，请分别对它们进行判定。

输入格式

输入的第一行包含一个正整数t，表示需要判定的问题个数。注意这些问题之间是相互独立的。

对于每个问题，包含若干行：

第一行包含一个正整数n，表示该问题中需要满足的约束条件个数。接下来n行，每行包括三个整数i、j和e，描述一个相等或不等的约束条件，相邻整数之间用单个空格隔开。若$e=1$，则该约束条件为$x_i=x_j$。若$e=0$，则该约束条件为$x_i \neq x_j$。

输出格式

输出包括t行。

输出文件的第k行输出一个字符串YES或NO（字母全部大写），YES表示输入中的第k个问题判定为可以满足，NO表示不可满足。

样例输入1

```
2
2
1 2 1
1 2 0
2
1 2 1
2 1 1
```

样例输出1

```
NO
YES
```

样例输入2

```
2
3
1 2 1
2 3 1
3 1 1
4
1 2 1
2 3 1
3 4 1
1 4 0
```

样例输出2

```
YES
NO
```

提示

【样例说明1】

在第一个问题中，约束条件为：$x_1=x_2$，$x_1 \neq x_2$。这两个约束条件互相矛盾，因此不可被同时满足。

在第二个问题中，约束条件为：$x_1=x_2$， $x_1=x_2$。这两个约束条件是等价的，可以被同时满足。

【样例说明2】

在第一个问题中，约束条件有3个：$x_1=x_2$，$x_2=x_3$，$x_3=x_1$。只需赋值使得$x_1=x_2=x_3$，即可同时满足所有约束条件。

在第二个问题中，约束条件有4个：$x_1=x_2$，$x_2=x_3$，$x_3=x_4$，$x_4\neq x_1$。由前三个约束条件可以推出 $x_1=x_2=x_3=x_4$，然而最后一个约束条件却要求$x_1\neq x_4$，因此不可被满足。

参考代码

```cpp
#include <bits/stdc++.h>
using namespace std;

// 并查集结构体
struct UnionFind {
    unordered_map<int, int> parent;      // 存储每个结点的父结点

    // 查找根结点
    int find(int x) {
        if (parent.find(x) == parent.end()) {
            parent[x] = x;
        }

        // 递归查找x的根结点，并进行路径压缩
        if (x != parent[x]) {
            parent[x] = find(parent[x]);
        }
        return parent[x];
    }

    // 合并操作
    void unionSets(int x, int y) {
        // 查找x和y的根结点
        int rootX = find(x);
        int rootY = find(y);
        if (rootX != rootY) {            // 如果x和y的根结点不同，则合并它们
            parent[rootX] = rootY;
        }
    }
};

int main() {
    ios::sync_with_stdio(false);    // 提高输入/输出效率
    cin.tie(0);          // 解除cin和cout的绑定，进一步提高效率

    int t;               // 存储测试用例的数量
    cin >> t;            // 读取测试用例的数量
```

```
    while (t--) {
        int n;              // 存储当前测试用例中约束条件的个数
        cin >> n;           // 读取约束条件个数

        vector<tuple<int, int, int>> equalities, inequalities;

        // 读取每个约束条件
        for (int i = 0; i < n; ++i) {
            int x, y, e;                    // 约束条件 x, y, e
            cin >> x >> y >> e;             // 读取约束条件
            if (e == 1) {
                equalities.emplace_back(x, y, e);   // 如果是等式, 添加到equalities
            } else {
                inequalities.emplace_back(x, y, e);// 如果是不等式, 添加到inequalities
            }
        }

        UnionFind uf;                       // 创建并查集实例

        // 处理等式约束
        for (const auto& eq : equalities) {
            int x, y, e;
            tie(x, y, e) = eq;              // 解包等式约束
            uf.unionSets(x, y);            // 合并x和y所在的集合
        }

        bool canSatisfy = true;            // 标记是否可以满足所有约束条件

        // 检查不等式约束
        for (const auto& ineq : inequalities) {
            int x, y, e;
            tie(x, y, e) = ineq;           // 解包不等式约束
            // 如果x和y的根结点相同, 则不等式约束无法满足
            if (uf.find(x) == uf.find(y)) {
                canSatisfy = false;
                break;                      // 立即结束检查, 不需要继续
            }
        }
        // 输出结果
        if (canSatisfy) {
            cout << "YES\n";                // 如果可以满足所有约束条件, 输出"YES"
        } else {
            cout << "NO\n";                 // 否则, 输出"NO"
        }
    }

    return 0;
}
```

【NOIP2003 普及组】数字游戏

题目描述

丁丁最近着迷于一个数字游戏。这个游戏看似简单,但丁丁在研究了许多天之后,发觉原来在简单的规则下想要赢得这个游戏并不容易。游戏的规则如下:在你面前有一圈整数(一共n个),要按顺序将其分为m个部分,每部分的数字相加,相加所得的m个结果对10取模,然后将这m个结果相乘,最终得到一个数k。游戏的要求是使所得的k值最大或最小。

例如,对于下面这圈数字($n=4$,$m=2$):

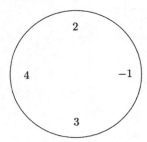

要求最小值时,计算过程为: $((2-1) \bmod 10) \times ((4+3) \bmod 10) = 1 \times 7 = 7$。

要求最大值时,计算过程为: $((2+4+3) \bmod 10) \times (-1 \bmod 10) = 9 \times 9 = 81$。

值得注意的是,无论是负数还是正数,对10取模的结果均为非负值。

丁丁请你编写程序,帮他赢得这个游戏。

输入格式

输入文件的第一行包含两个整数n($1 \leqslant n \leqslant 50$)和m($1 \leqslant m \leqslant 9$)。接下来n行,每行包含一个整数,表示圈中的数字,它的绝对值$\leqslant 10^4$,按顺序给出圈中的数字,且首尾相接。

输出格式

输出文件包含两行,每行包含一个非负整数。第1行输出最小值,第2行输出最大值。

样例输入

```
4 2
4
3
-1
2
```

样例输出

```
7
81
```

提示

在此问题中，输入的数字按顺序形成一个环形结构，注意数字的首尾是相连的。
每个部分的和对10取模后，负数需要转换成正数来计算。

【题目来源】

NOIP 2003　普及组第二题

参考代码

```cpp
#include <bits/stdc++.h>
using namespace std;

const int INF = 2147483647;              // 定义常数INF, 用于表示最初的极大值
// B和S分别存储区间 [l, r] 内分成 i 段时的最大值和最小值
int B[101][101][11], S[101][101][11];
int n, m;                                // n表示数字的个数, m表示分成的段数
int a[101];                              // a 数组用于存放前缀和

// 对 10 取模的函数
int mod(int a) {
    return ((a % 10) + 10) % 10;         // 使得结果始终为非负数
}

int main() {
    ios::sync_with_stdio(false);         // 禁用同步, 提升cin和cout的效率
    cin.tie(0);                          // 解除cin和cout的绑定, 进一步提高输入/输出效率

    // 读入 n 和 m
    cin >> n >> m;
    vector<int> nums(n + 1);             // nums数组存放输入的数字
    for (int i = 1; i <= n; i++) {
        cin >> nums[i];                  // 输入数字
    }

    // 计算前缀和并将数组拓展成环状
    for (int i = 1; i <= 2 * n; i++) {
        a[i] = a[i - 1] + nums[(i - 1) % n + 1]; // 将输入的数字拓展为环形, 计算前缀和
    }

    // 初始化不分段的状态, 计算每个区间的模值
    for (int l = 1; l <= 2 * n; l++) {
        for (int r = 1; r <= 2 * n; r++) {
            // 计算区间 [l, r] 之间的模值
            B[l][r][1] = S[l][r][1] = mod(a[r] - a[l - 1]);
        }
    }

    // 初始化求最小值时的极大值
```

```
        for (int i = 2; i <= m; i++) {
            for (int l = 1; l <= 2 * n; l++) {
                for (int r = l + i - 1; r <= 2 * n; r++) {
                    S[l][r][i] = INF;    // 设置初始最小值为极大值
                }
            }
        }


        // 枚举分段数
        for (int i = 2; i <= m; i++) {
            // 枚举左端点
            for (int l = 1; l <= 2 * n; l++) {
                // 枚举右端点
                for (int r = l + i - 1; r <= 2 * n; r++) {
                    // 枚举区间断点
                    for (int k = l + i - 2; k < r; k++) {
                        S[l][r][i] = min(S[l][r][i], S[l][k][i - 1] * mod(a[r] - a[k]));
                        B[l][r][i] = max(B[l][r][i], B[l][k][i - 1] * mod(a[r] - a[k]));
                    }
                }
            }
        }


        // 答案初始化
        int Max = 0, Min = INF;          // 初始化最大值为0，最小值为极大值
        // 从前往后扫一遍，计算结果
        for (int i = 1; i <= n; i++) {
            Max = max(Max, B[i][i + n - 1][m]);    // 获取最终的最大值
            Min = min(Min, S[i][i + n - 1][m]);    // 获取最终的最小值
        }


        // 输出结果
        cout << Min << '\n' << Max << '\n';        // 输出最小值和最大值

        return 0;
    }
```

【CSP-S 2023】密码锁

题目描述

小Y有一把5个拨圈的密码锁。每个拨圈上是从0~9的数字。每个拨圈都是从0~9的循环，即拨动到9之后会回到0或8。

因为校园里比较安全，小Y采用的锁车方式是：从正确密码开始，随机转动密码锁一次，每次转动的幅度可以是仅转动一个拨圈，或者同时转动两个相邻的拨圈。

当小Y选择同时转动两个相邻的拨圈时，两个拨圈转动的幅度相同，即小Y可以将密码锁从"00115"转成"11115"，但不会转成"12115"。

时间久了，小Y开始担心这种锁车方式的安全性，因此小Y记录下了自己锁车后密码锁的*n*个

状态。需要注意的是，这n个状态都不是正确密码。

为了检验这种锁车的安全性，小Y想知道有多少种可能的正确密码，使得每个正确密码都能按照他所采用的锁车方式，来产生锁车后密码锁的全部n个状态。

输入格式

输入的第一行包含一个正整数n，表示锁车后密码锁的状态数。

接下来n行，每行包含5个整数，表示一个密码锁的状态。

输出格式

输出一行包含一个整数，表示密码锁的这n个状态可以通过给定的锁车方式对应多少种可能的正确密码。

样例输入

```
1
0 0 1 1 5
```

样例输出

```
81
```

提示

【样例说明】

一共有81种可能的方案。其中，转动一个拨圈的方案有45种，转动两个拨圈的方案有36种。

【数据范围】

对于所有测试数据，有$1 \leqslant n \leqslant 8$，如表13-1所示。

表 13-1 数据范围

测 试 点	$n \leqslant$	特殊性质
1~3	1	无
4~5	2	无
6~8	8	A
9~10	8	无

特殊性质A：保证所有正确密码都可以通过仅转动一个拨圈得到测试数据给出的n个状态。

参考代码

```cpp
#include <bits/stdc++.h>
using namespace std;
```

```
int n, cnt[10][10][10][10][10], a, b, c, d, e, ans;

int main() {
    ios::sync_with_stdio(false);
    cin.tie(nullptr);

    cin >> n;              // 输入状态数 n
    for (int i = 1; i <= n; i++) {
        cin >> a >> b >> c >> d >> e;    // 输入5个数字，表示密码锁的一个状态

        // 统计每个位置固定的数字出现的次数
        for (int j = 0; j < 10; j++) {
            cnt[j][b][c][d][e]++;        // 固定位置a，变动位置b、c、d、e
            cnt[a][j][c][d][e]++;        // 固定位置b，变动位置a、c、d、e
            cnt[a][b][j][d][e]++;        // 固定位置c，变动位置a、b、d、e
            cnt[a][b][c][j][e]++;        // 固定位置d，变动位置a、b、c、e
            cnt[a][b][c][d][j]++;        // 固定位置e，变动位置a、b、c、d
        }
        // 统计每个位置按顺序递增的组合出现的次数
        for (int j = 1; j < 10; j++) {
            cnt[(a+j)%10][(b+j)%10][c][d][e]++;        // 按顺序递增，转动a和b
            cnt[a][(b+j)%10][(c+j)%10][d][e]++;        // 按顺序递增，转动b和c
            cnt[a][b][(c+j)%10][(d+j)%10][e]++;        // 按顺序递增，转动c和d
            cnt[a][b][c][(d+j)%10][(e+j)%10]++;        // 按顺序递增，转动d和e
        }
    }

    // 计算所有可能的组合中，刚好出现n次的组合数
    for (int x = 0; x < 10; x++) {
        for (int y = 0; y < 10; y++) {
            for (int z = 0; z < 10; z++) {
                for (int u = 0; u < 10; u++) {
                    for (int v = 0; v < 10; v++) {
                        if (cnt[x][y][z][u][v] == n) ans++; // 如果某个组合出现n次，计数
                    }
                }
            }
        }
    }
    cout << ans;           // 输出最终结果
    return 0;
}
```

[CSP-J 2023] 公路

题目描述

小苞准备开车沿着公路自驾。

公路上一共有n个站点，编号为1~n。站点i与站点$i+1$之间的距离为v_i千米。

每个站点都可以加油，编号为i的站点一升油的价格为a_i元，且每个站点只出售整数升的油。

小苞想从站点1开车到站点n。一开始小苞在站点1，且车的油箱是空的。已知车的油箱足够大，

可以装下任意多的油，每升油可以让车前进 d 千米。问小苞从站点1开到站点 n，至少需要花多少钱加油？

输入格式

输入的第一行包含两个正整数 n 和 d，分别表示公路上站点的数量和车每升油可以行进的距离。

输入的第二行包含 $n-1$ 个正整数 $v_1, v_2, \cdots, v_{n-1}$，分别表示站点间的距离。

输入的第三行包含 n 个正整数 $a_1, a_2, \cdots, a_n$，分别表示在不同站点加油的价格。

输出格式

输出一行，仅包含一个正整数，表示从站点1开到站点 n，小苞至少需要花多少钱加油。

样例输入

```
5 4
10 10 10 10
9 8 9 6 5
```

样例输出

```
79
```

提示

【样例说明】

最优方案：小苞在站点1购买3升油，在站点2购买5升油，在站点4购买2升油。

【数据范围】

对于所有测试数据，保证：$1 \leqslant n \leqslant 10^5$，$1 \leqslant v_i \leqslant 105$，$1 \leqslant a_i \leqslant 10^5$，如表13-2所示。

表 13-2　数据范围

测 试 点	n	特殊性质
1~5	8	无
6~10	10^3	无
11~13	10^5	A
14~16	10^5	B
17~20	10^5	无

参考代码

```
#include<bits/stdc++.h>
using namespace std;

const int N = 1e5 + 5;    // 定义常量N，表示最大站点数量 + 5
```

```
long long i, n, d, a[N], v[N], sum[N], mi, k, ans, mo;   // 定义必要的变量

int main() {
    // 读取输入的n（站点数量）和d（每升油能行驶的距离）
    cin >> n >> d;

    // 读取每段道路的距离，v[i]表示第i段路程的距离
    for (i = 1; i < n; i++) {
        cin >> v[i];
    }

    // 读取每个城市的油价，a[i]表示第i个城市的油价
    for (i = 1; i <= n; i++) {
        cin >> a[i];
    }

    // 初始化最小油价为第一个城市的费用，并将k设为1
    mi = a[1];          // 设置初始的最小油价为第一个城市的油价
    k = 1;              // 设置当前所在城市为第一个城市

    // 计算每段道路的累积时间，并根据当前最小油价更新
    for (i = 1; i < n; i++) {
        if (a[i] >= mi) {
            sum[k] += v[i];       // 如果当前城市的油价不低于最小油价，则在当前城市累加路程
        } else {
            k = i;                // 否则，更新为当前城市，设置新的最小油价
            mi = a[i];            // 更新最小油价为当前城市的油价
            sum[i] += v[i];       // 累加当前路段的距离
        }
    }

    // 计算最终的答案（总费用）
    for (i = 1; i <= n; i++) {
        // 计算当前段道路需要的总费用
        ans += ceil(sum[i] * 1.0 / d) * a[i];      // 用 ceil()计算需要的油量，乘以油价

        // 计算剩余的时间
        mo += ceil(sum[i] * 1.0 / d) * d - sum[i];   // 计算每段路程的多余时间

        // 如果剩余的时间大于或等于d，则减少一次费用
        if (mo >= d) {
            mo -= d;              // 减少多余的时间
            ans -= a[i];         // 由于剩余时间已满d，减少相应的油费
        }
    }

    // 输出最终的答案（最小费用）
    cout << ans;
    return 0;
}
```

【CSP-J 2023】旅游巴士

题目描述

小Z计划在国庆假期搭乘旅游巴士前往他向往已久的景点旅游。

景点地图共有n处地点，在这些地点之间有m条道路。其中1号地点为景区入口，n号地点为景区出口。我们把一天中景区开门营业的时间记为0时刻。从0时刻开始，每间隔k单位时间便有一辆旅游巴士到达景区入口，同时有一辆旅游巴士从景区出口驶离景区。

所有道路均为单向通行。对于每条道路，游客步行通过的用时均为恰好1单位时间。

小Z希望乘坐旅游巴士到达景区入口，沿着自己选择的任意路径步行到达景区出口，并搭乘旅游巴士离开。为了实现这一目标，小Z到达和离开景区的时间都必须是k的非负整数倍。

由于节假日客流多，小Z不希望在景区内的任何地点（包括景区入口和出口）或道路上停留，而是希望一直沿着景区的道路移动。

出发前，小Z得知景区采取了限制客流的措施：每条道路均设置了一个"开放时间"a_i，游客只有不早于a_i时刻才能通过这条道路。

请帮助小Z设计一个旅游方案，使他能够尽可能早地乘坐旅游巴士离开景区。如果不存在符合条件的方案，则输出-1。

输入格式

输入的第一行包含三个正整数n、m和k，分别表示景区地点的数量、道路的数量以及旅游巴士的发车间隔。

接下来的m行，每行包含三个非负整数u_i、v_i和a_i，表示第i条道路从地点u_i出发，到达地点v_i，且该道路的"开放时间"为a_i。

输出格式

输出一行，仅包含一个整数，表示小Z最早可以乘坐旅游巴士离开景区的时刻。如果不存在符合要求的旅游方案，则输出-1。

样例输入

```
5 5 3
1 2 0
2 5 1
1 3 0
3 4 3
4 5 1
```

样例输出

```
6
```

提示

小Z可以在3时刻到达景区入口，并沿着路径1→3→4→5步行到景区出口，并在6时刻乘坐旅游巴士离开。

【数据范围】

测试数据包括以下范围：$2 \leqslant n \leqslant 10^4$，$1 \leqslant m \leqslant 2 \times 10^4$，$1 \leqslant k \leqslant 100$，$1 \leqslant u_i, v_i \leqslant n$，$0 \leqslant a_i \leqslant 10^6$，如表13-3所示。

表 13-3 数据范围

测试点编号	$n \leqslant$	$m \leqslant$	$k \leqslant$	特殊性质
1~2	10	1515	100	$a_i = 0$
3~5	10	1515	100	无
6~7	10^4	2×10^4	1	$a_i = 0$
8~10	10^4	2×10^4	1	无
11~13	10^4	2×10^4	100	$a_i = 0$
14~15	10^4	2×10^4	100	$u_i \leqslant v_i$
16~20	10^4	2×10^4	100	无

参考代码

```cpp
#include <bits/stdc++.h>
using namespace std;

const int INF = 0x3f3f3f3f;        // 定义一个很大的数，表示无穷大，用于初始化最短路径
const int N = 10005;               // 最大结点数，假设最多有10005个结点

vector<pair<int, int>> G[N];    // 用邻接表存储图，每个结点有一个 vector，用于存储其邻接结点及边权
int d[N][105];              // 最短路径数组，d[u][i] 表示从起点到结点 u，并在阶段 i 时的最短距离
int vis[N][105];           // 访问标记数组，vis[u][i] 表示结点 u 在阶段 i 时是否被访问过

struct Node {
    int u, i, d;                   // 结点编号 u，阶段编号 i，当前距离 d
    bool operator<(const Node &rhs) const {
        return d > rhs.d;          // 定义优先队列中结点的比较规则，距离较小的优先
    }
};

int main() {
    int n, m, kk;                  // n 为结点数，m 为边数，kk 为周期
    scanf("%d%d%d", &n, &m, &kk);  // 读入结点数、边数和周期
    while (m--) {
        int u, v, w;               // u是起点、v是终点，w是边权
```

```
        scanf("%d%d%d", &u, &v, &w);    // 读入每条边的信息
        G[u].push_back({v, w});        // 将边 (u, v, w) 加入邻接表
    }

    memset(d, 0x3f, sizeof d);        // 初始化最短路径数组为无穷大
    priority_queue<Node> q;           // 定义优先队列,用于实现Dijkstra算法
    q.push({1, 0, d[1][0] = 0});      // 起点是结点1,阶段是0,初始距离设置是0

    while (q.size()) {                // 当优先队列不为空时,持续处理
        int u = q.top().u, i = q.top().i;// 从优先队列中取出当前距离最小的结点 q.pop();
        q.pop();
        if (vis[u][i]) continue;      // 如果结点 u 在阶段 i 时已经被访问过,跳过
        vis[u][i] = 1;                // 标记结点 u 在阶段 i 时已经被访问过

        for (auto [v, w] : G[u]) {    // 遍历结点 u 的所有邻接边 (v, w)
            int t = d[u][i], j = (i + 1) % kk;// 当前距离 t,计算到下一个结点后的阶段编号j
            if (t < w)
                t += (w - t + kk - 1) / kk * kk;        // 调整距离t,使其满足周期要求
            if (d[v][j] > t + 1)
                q.push({v, j, d[v][j] = t + 1});        // 更新最短路径并将结点加入优先队列
        }
    }

    if (d[n][0] == INF)               // 如果目标结点n的阶段0的最短路径仍是无穷大,
        d[n][0] = -1;                 // 则说明无法到达
    printf("%d\n", d[n][0]);          // 输出结点n的最短路径

    return 0;
}
```

13.3　蓝桥杯往年真题选讲

【2022 蓝桥杯 B 组　国赛】背包与魔法

题目大意

有n件物品,每件物品的重量和价值分别为w_i和v_i。现在可以至多使用一次魔法,使某件物品的重量增加k,价值翻倍。背包的最大承重为m。求在这种条件下,背包能装下的最大物品价值之和。

解题思路

这道题可以转化为二维背包问题来解决。

定义状态$dp[i][j]$表示到当前物品为止(实际上可以优化掉这一维),背包容量为i,且使用了j次魔法的情况下的最大收益。

那么每次有三种选择:

- 不选当前物品。
- 选择当前物品。
- 对当前物品使用魔法后再选择。

还有一种情况是"使用魔法且不选择物品"，但这种情况的结果必然不如直接"不选"，因此可以舍弃。

基于上述分析，代码实现也相对简单。

```cpp
#include <iostream>
using namespace std;
using ll = long long;
const int N = 1e4 + 9;              // 定义常量 N，表示数组 dp 的最大容量

// dp[j][0] 表示未使用魔法时背包容量为 j 的最大收益，dp[j][1] 表示使用过魔法时的最大收益
ll dp[N][2];

int main()
{
  int n, m, k; cin >> n >> m >> k; // 输入物品个数 n，背包容量 m，以及魔法增加的重量 k
  for(int i = 1;i <= n; ++ i)        // 遍历每件物品
  {
    ll w, v; cin >> w >> v;          // 输入当前物品的重量 w 和价值 v
    for(int j = m; j >= 0; -- j)     // 从大到小遍历背包容量，避免状态重复更新
    {
      if(j >= w)                     // 如果当前背包容量 j 足够容纳物品重量 w
      {
        // 不使用魔法选择当前物品，更新未使用魔法的收益
        dp[j][0] = max(dp[j][0], dp[j - w][0] + v);
        // 使用过魔法后选择当前物品，更新使用过魔法的收益
        dp[j][1] = max(dp[j][1], dp[j - w][1] + v);
      }
      if(j >= w + k)        // 如果当前背包容量 j 足够容纳魔法增重后的重量 w + k
      {
        // 使用魔法并选择当前物品，更新使用过魔法的收益
        dp[j][1] = max(dp[j][1], dp[j - w - k][0] + 2 * v);
      }
    }
  }

  // 输出背包容量为 m 时的最大收益，取未使用魔法和使用过魔法的最大值
  cout << max(dp[m][0], dp[m][1]) << '\n';
  return 0;
}
```

【2022 蓝桥杯研究生组 省赛】GCD

题目大意

给定两个不同的正整数 a 和 b，求一个正整数 k，使得 $\gcd(a+k,b+k)$ 尽可能大。如果存在多个满足条件的 k，请输出其中最小的正整数 k。

解题思路

遇到这种gcd两边有相同变量的情况，利用定理gcd(a,b)=gcd(a,b-a)来消除变量。

题目要求：

$$gcd(a+k,b+k-(a+k))=gcd(a+k,b-a)$$

尽可能大，其中b-a是一个定值。显然，这个gcd的最大值就是b-a。

于是可以得出，a+k一定是b-ab-a的倍数，有a+k|b-a。为此，可以计算出k的最小值为：

$$((b-a)-a)(mod(b-a))$$

需要注意，当k=0时，需特判为b-a，因为题目要求k为正整数。

参考代码

```cpp
#include <bits/stdc++.h>
using namespace std;
using ll = long long;

int main()
{
    ll a, b;  cin >> a >> b;   // 输入两个正整数 a 和 b

    // 计算满足 gcd(a+k, b+k) 最大的最小正整数 k
    // 第一步：(b - a - a) % (b - a)，计算 a+k 满足 a+k 是 b-a 的倍数时的 k 值（可能为负）
    // 第二步：加上 (b - a)，使 k 成为非负数
    // 第三步：再次对 (b - a) 取模，确保 k 是 (b - a) 范围内的最小正整数
    ll k = ((b - a - a) % (b - a) + (b - a)) % (b - a);

    if(k == 0)k = (b - a);     // 特判：如果 k 为 0，则设为 b-a，保证 k 为正整数

    cout << k << '\n';          // 输出最小正整数 k
    return 0;
}
```

【2022 蓝桥杯 B 组 省赛】数组切分

题目大意

给定一个长度为n的序列，问有多少种方法将其划分为若干连续子数组，使得每个连续子数组都由连续的自然数构成（即排序后满足从前往后逐个加一的规律）。

解题思路

题目给的是一个序列，因此无须考虑重复元素的问题。这是一个典型的线性动态规划问题。

定义状态dp[i]，表示前i个元素的合法划分方案数。状态转移：在枚举过程中，我们只需要枚举最后一段子数组的左端点j。在此过程中，记录子数组的最大值和最小值。若最大值与最小值之差等于i-j，则说明该子数组是合法的。

```cpp
#include <bits/stdc++.h>
using namespace std;
using ll = long long;
const ll p = 1e9 + 7;           // 定义常数 p，表示模数，用于防止结果溢出
const int N = 1e4 + 9;          // 定义常数 N，表示数组的最大长度
ll a[N], dp[N]; // a[]用于存储输入的序列, dp[]表示到第i个位置为止，合法的连续自然数段的个数
int main()
{
    int n;
    cin >> n;           // 输入序列的长度
    for(int i = 1;i <= n; ++ i)cin >> a[i];       // 输入序列 a[i] 的各个元素

    dp[0] = 1;    // 初始化 dp[0] = 1，表示空序列的合法划分方案数为 1（基准情况）
    for(int i = 1;i <= n; ++ i)     // 遍历每个位置 i，计算以 i 为结尾的合法划分方案数
    {
        ll mx = a[i], mi = a[i];     // 初始化当前子数组的最大值和最小值，初始时只有一个元素
        for(int j = i;j >= 1; -- j)// 枚举当前子数组的左端点 j，遍历所有可能的划分
        {
            mx = max(mx, a[j]);     // 更新当前子数组的最大值
            mi = min(mi, a[j]);     // 更新当前子数组的最小值
            if(mx - mi == i - j)    // 判断当前子数组是否满足连续自然数的条件
            {
                // 如果满足条件，更新 dp[i]，累加合法的划分方案数
                dp[i] = (dp[i] + dp[j - 1]) % p;
            }
        }
    }
    cout << dp[n] << '\n';          // 输出最终的合法划分方案数，即到第 n 个元素的合法划分数
return 0;
    return 0;
}
```

【2023 蓝桥杯 A 组 国赛】第 k 小的和

题目大意

给定两个序列 A 和 B，长度分别为 n 和 m。

另有一个序列 C，它包含 A 和 B 中所有元素两两相加的结果（C 中共有 $n \times m$ 个数）。求 C 中第 k 小的数是多少。请注意，重复的数需要计算多次。例如，在序列 1,1,2,3 中，最小的数和次小的数都是 1，而 3 是第 4 小的数。

解题思路

虽然是 A 组的题目，但这题并不难，容易想到使用二分法来解。

我们可以将答案的范围设为 $[1,10^{18}]$，通过二分法查找出一个数字 mid，然后通过二分法计算序列 C 中有多少个数小于 mid，进而确定 mid 的排位。

那么，如何计算排位呢？

我们可以先对 A 和 B 进行排序，这并不影响最终的结果。

注意，序列C可以视为一个矩阵，其中$C[i][j]=A[i]×B[j]$。可以发现，对于每一行，元素是按非严格升序排列的。因此，我们可以遍历每一行，使用二分法计算出每一行比mid小的元素的个数，最后求和得到C中比mid小的元素的个数。

接下来，我们判断小于mid的元素个数，如果比mid小的元素的个数大于或等于k，说明我们枚举的mid偏大；反之，如果小于k，说明mid偏小。

实际上，这是将序列C划分为两部分（定义$f(mid)$表示C中比mid小的元素的个数）：

- 左边部分满足$f(mid)<k$。
- 右边部分满足$f(mid)≥k$。

因此，分界点l就是我们所求的答案，如图13-1所示。

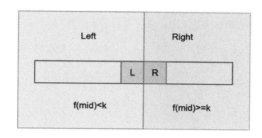

图 13-1　第 k 小的和

由于mid从l到r的过程中，$f(mid)$发生了变化，因此可以得到结论：l一定是序列C中的一个元素。

```cpp
#include <bits/stdc++.h>
using namespace std;
using ll = long long;
const int N = 1e5 + 9;          // 定义数组大小的常数
ll a[N], b[N], n, m, k;         // a[]和 b[]是两个输入序列，n 和 m 是它们的长度，k是目标排名

// 获取小于x的元素个数
ll f(ll x)
{
    ll res = 0;
    for(int i = 1;i <= n; ++ i)         // 遍历数组 a
    {
        ll l = 0, r = m + 1;            // 设置二分查找的左右边界
        while(l + 1 != r)               // 二分查找，寻找小于 x 的元素个数
        {
            ll mid = (l + r) >> 1;      // 计算中间点
            if(a[i] + b[mid] < x)l = mid;   // 如果当前和小于 x，说明可以继续向右查找
            else r = mid;               // 否则向左查找
        }
        res += l;                       // 累加当前 i 行中小于 x 的元素个数
    }
    return res;         // 返回小于 x 的元素总数
```

```
}

int main()
{
    ios::sync_with_stdio(0), cin.tie(0), cout.tie(0);

    cin >> n >> m >> k;
    for(int i = 1;i <= n; ++ i)cin >> a[i];        // 输入数组 a
    for(int j = 1;j <= m; ++ j)cin >> b[j];        // 输入数组 b
    sort(a + 1, a + 1 + n);                         // 对数组 a 排序
    sort(b + 1, b + 1 + m);                         // 对数组 b 排序

    ll l = 1, r = 1e18 + 1;          // 定义二分查找的范围，右边界为 1e18+1
    while(l + 1 != r)                 // 进行二分查找
    {
        ll mid = (l + r) >> 1;

        // 如果小于 mid 的元素个数大于或等于 k，说明答案可能在左半部分
        if(f(mid) >= k)r = mid;
        else l = mid;                 // 否则，答案在右半部分
    }
    cout << l << '\n';                // 输出最终的答案

    return 0;
}
```

【2023 蓝桥杯研究生组 国赛】躲炮弹

题目大意

请找出一个距离 n 最近的数字，使其不是 $[L,R]$ 中任意一个数字的倍数。

数据范围：$1 \leqslant n, L, R \leqslant 10^9$，$2 \leqslant L \leqslant R \leqslant 10^9$。

解题思路

对于一个数字 x，如何判断其符合要求呢？只需要对其进行因数分解，确保不存在 $[L,R]$ 范围内的因子即可。

首先，我们关注特殊的数字，对于一个质数，只要它不在 $[L,R]$ 范围内，它一定符合要求。

此时，n 可以暴力地向左右寻找符合要求的解，一定能在一个质数间隔内找到答案（因为可以找到下一个或上一个质数来保证答案符合要求）。

需要注意的是，n 可能会走进区间 $[L,R]$ 内，这样可能导致超时（因为可能需要遍历一段很长的无解区间）。因此，我们可以直接跳过该区间。跳过去之后，仍然可以保证在质数间隔内找到答案。

假设质数的间隔为 $\ln(n)$，那么此解法的时间复杂度为 $O(\ln(n)\sqrt{n})$。

```
#include <iostream>
using namespace std;
using ll = long long;
ll n, l, r;
```

```
// 检查数字 x 是否符合条件，即其因数中是否存在位于 [l, r] 区间内的因子
bool check(ll x)
{
    // 对x因数分解后，若不存在[l, r]之间的因子，则说明ok
    for(ll i = 1;i <= x / i; ++ i)          // i 从 1 遍历到 x 的平方根
    {
        if(x % i)continue;                  // 如果 i 不是 x 的因子，跳过
        // 检查 i 是否在 [l, r] 区间内
        if(l <= i && i <= r)return false;
        // 检查 x / i 是否在 [l, r] 区间内
        if(l <= x / i && x / i <= r)return false;
    }
    return true;         // 如果没有找到区间内的因子，返回 true
}

int main()
{
    cin >> n >> l >> r;          // 输入数字 n, 区间 [l, r]
    ll ans = n - 1;              // 初始答案设为 n - 1，表示最坏情况的答案

    // 向右暴力拓展，直到在一个质数间隔内找到符合条件的解
    ll rpos = n;
    while(!check(rpos))          // 如果 rpos 不合法，则继续向右拓展
    {
        if(l <= rpos && rpos <= r)rpos = r; // 如果 rpos 在 [l, r] 区间内，直接跳到 r
        rpos ++;         // 向右拓展
    }
    ll lpos = n;         // 向左暴力拓展，直到找到合法解
    while(!check(lpos))          // 如果 rpos 不符合条件，则继续向左拓展
    {
        if(l <= lpos && lpos <= r)lpos = l; // 如果 rpos 在 [l, r] 区间内，直接跳到 r
        lpos --;         // 向左拓展
    }
    ans = min(ans, min(n - lpos, rpos - n));     // 计算最小的合法解，更新答案
    cout << ans << '\n';         // 输出最小的合法解
    return 0;
}
```

【2023 蓝桥杯 B 组 国赛】非对称二叉树

题目大意

小明觉得不对称的东西有着独特的美感。

对于一棵含有 n 个结点的二叉树，小明规定，如果对于其中任意一个结点 i 都满足条件：$\max(h_{li}, h_{ri})$ $\geqslant k \times \min(h_{li}, h_{ri})$，则此二叉树为一棵非对称二叉树。其中，$l_i$ 和 r_i 分别为 i 的左儿子和右儿子，h_x 表示以结点 x 为根的子树的高度（如果结点 x 不存在，则视为高度为0）。

给定 n 和 k，计算有多少棵不同的非对称二叉树。

解题思路

本题可通过动态规划（DP）来解决，具体的状态定义和转移过程可以参考示例代码。

```cpp
#include <bits/stdc++.h>
using namespace std;

using ll = long long;
const int N = 40;
ll f[N][N];          // f[i][j]表示有i个点、高度为j的非对称二叉树的数量

int main()
{
    int n, k; cin >> n >> k;        // 输入结点数量 n 和参数 k
    f[0][0] = 1;                     // 0 个结点的二叉树高度为 0 的情况有 1 种

    for(int i = 1;i <= n; ++ i)     // 枚举树的结点数量 i
    {
        // 枚举左子树的结点数量 nL, 右子树的结点数量 nR = i - 1 - nL
        for(int nL = 0;nL < i; ++ nL)
        {
            int nR = i - 1 - nL;             // 右子树结点数量
            // 左子树的高度nL, 右子树的高度nR
            for(int hL = 0;hL <= nL; ++ hL)
            {
                for(int hR = 0;hR <= nR; ++ hR)
                {
                    // 当前左子树高度为hL, 右子树高度为hR
                    int h = max(hL, hR) + 1;  // 当前树的高度是左右子树高度的最大值 + 1
                    // 判断是否满足非对称的条件: max(hL, hR) >= k * min(hL, hR)
                    if(max(hL, hR) >= k * min(hL, hR))
                        // 如果满足条件, 则更新当前树的数量
                        // f[i][h] 表示包含 i 个结点、当前高度为 h 的非对称二叉树的数量
                        f[i][h] += f[nL][hL] * f[nR][hR];
                }
            }
        }
    }
    // 计算所有高度的非对称二叉树数量的总和
    ll ans = 0;
    for(int i = 0;i <= n; ++ i)ans += f[n][i];  // 将 f[n][i] 中所有高度的数量累加
    cout << ans << '\n';            // 输出结果
    return 0;
}
```

13.4 天梯赛往年真题选讲

天梯赛是难得的有"简单语法题"的比赛，门槛较低，因而可以拿到不错的成绩。比赛分为

三个等级，分别是：L1（语法和简单算法）、L2（基础和中等算法）和L3（较难算法）。

【2024 年天梯赛全国总决赛】L1-4 四项全能

新浪微博上曾有一则帖子，题目如下：全班有50人，其中30人会游泳，35人会篮球，42人会唱歌，46人会骑车，问至少有多少人4项都会？

发帖人无法解答这道题，但是回帖给出了答案：每项才艺可以视为一个"技能点"，一共是30+35+42+46=153个技能点。假设50个人平均分配这些技能点，每人会3项技能，那么总共是150个技能点。由于总技能点数为153，因此至少有3人会4项技能。本题请你编写一个程序，自动解决这类问题：给定全班总人数为n，有m项技能，每项技能分别有$k_1,k_2,\cdots,k_m$个人会，问至少有多少人能掌握所有m项技能。

输入格式

输入的第一行中包含两个正整数n（$4 \leqslant n \leqslant 1000$）和$m$（$1 < m \leqslant n/2$），分别表示全班人数和技能总数。接下来的一行包含$m$个不超过$n$的正整数，每个整数$k_i$（$4 \leqslant k_i \leqslant 1000$）表示会第$i$项技能的人数。

输出格式

输出至少有多少人能掌握所有m项技能。

样例输入

```
50 4
30 35 42 46
```

样例输出

```
3
```

解题思路

本题主要考察理解能力和细节处理，题目可以通过简单的模拟来求解。首先，计算所有技能人数之和，减去$n(m-1)$就是答案（可能为负数，需要与0取最大值）。需要注意的是，题目要求求一个m_i，即所有人数的最小值，这是一个细节问题（但题目数据中似乎并未体现这一点）。

```cpp
#include <bits/stdc++.h>
using namespace std;

int main()
{
    int n, m; cin >> n >> m;          // 输入n和m，n为每项技能所需人数，m为技能种类数
    // sum初始化为0，用于累加所有技能人数的总和；mi初始化为1001，用于记录最小技能人数
    int sum = 0, mi = 1001;
    for(int i = 1;i <= m; ++ i)        // 遍历每项技能的技能人数
    {
        int x; cin >> x;              // 输入每项技能的技能人数
```

```
            sum += x;                    // 累加技能人数
            mi = min(mi, x);             // 更新最小技能人数mi
        }
        sum -= (m - 1) * n;              // 减去其他技能所需的总人数，得到最终结果所需的人数
        cout << min(mi, max(0, sum));    // 输出最终结果，取sum和0的最大值，再与mi取最小值
        return 0;
    }
```

【2024 年天梯赛全国总决赛】L1-7 整数的持续性

从任一给定的正整数 n 出发，将它的每一位数字相乘，记得到的乘积为 n_1。以此类推，令 n_{i+1} 为 n_i 的各位数字的乘积，直到最后得到一个个位数 n_m，m 就称为 n 的持续性。例如，679的持续性是5，因为我们从679开始，得到 $6 \times 7 \times 9 = 378$，随后得到 $3 \times 7 \times 8 = 168$、$1 \times 6 \times 8 = 48$、$4 \times 8 = 32$，最后得到 $3 \times 2 = 6$，一共用了5步。

本题请你编写程序，找出任一给定区间内持续性最长的整数。

输入格式

输入在一行中给出两个正整数 a 和 b（$1 \leq a < b \leq 10^9$ 且 $(b-a) < 10^3$），为给定区间的两个端点。

输出格式

首先在第一行输出区间 $[a,b]$ 内整数的最长持续性。随后在第二行中输出持续性最长的整数。如果这样的整数不唯一，则按照递增顺序输出，数字间以一个空格分隔，行首尾不得有多余空格。

样例输入

```
500 700
```

样例输出

```
5
679 688 697
```

解题思路

本题可以通过暴力计算来求解。在区间 $[a,b]$ 中枚举每个整数 x，计算所有 x 的持续性，最终取出最大的持续性值即可。

然而，有一个问题是，计算持续性的时间复杂度可能较高，尤其对于大数，可能会超时。因此，我们需要分析并确定暴力计算是否合理，即时间复杂度是否符合比赛要求。在实际比赛中，可以先实现暴力算法。如果该算法能够通过所有测试用例，则无须进一步优化。

假设一个整数表示为 $a_n \times 10^n + a_{n-1} \times 10^{n-1} + \cdots + a_0 \times 1$，那么进行一轮运算后，数字的乘积为 $a_n \times a_{n-1} \times \cdots \times a_0 < a_n \times 10^n$，也就是说，每一轮运算后必然至少可以使得最高位数减1，对于一个 n 位的整数，至多 $10 \times n$ 步（轮次）就可以将其转换为个位数（对于一个 10^9 数量级的数，最多也不过90步），而实际所需的步数通常远小于此上限。基于这一理论基础，我们可以确定该暴力算法的时间复杂度是可以接受的。

　　互联网上许多博客的题解往往只是简单地提供代码，或者仅仅给出表面的解释，而未能深入阐述背后的原理。与之相对，本书的真正价值在于不仅让读者知道如何解题（知其然），还帮助读者理解为什么这么做（知其所以然）。

```cpp
#include <bits/stdc++.h>
using namespace std;
using ll = long long;

ll f(ll x)           // 计算整数x的持续性（即将每一位数字相乘直到变为个位数）
{
    ll res = 0;            // 记录持续性的步数
    while(x > 10)          // 当x大于10时继续计算，直到x变为个位数
    {
        ll y = 1;             // 用于存储每次相乘的结果
        while(x)              // 遍历x的每一位
        {
            y = y * (x % 10);    // 取当前位数字并与y相乘
            x /= 10;             // 去掉最后一位
        }
        x = y;                // 将相乘的结果作为下一轮计算的x
        res ++;               // 增加步数
    }
    return res;           // 返回持续性步数
}

vector<int> v;    // 存储持续性最大值的整数

int main(){
    int a, b; cin >> a >> b;        // 输入区间的两个端点a和b
    ll ans = -1;                    // 用于存储最大持续性
    for(int i = a; i <= b; ++ i)    // 枚举区间[a, b]内的每个整数
    {
        ll t = f(i);            // 计算当前整数的持续性
        if(t > ans)            // 如果当前持续性比最大值还大
        {
            ans = t;             // 更新最大持续性
            v.clear();           // 清空之前的结果
            v.push_back(i);      // 记录当前整数
        }
        else if(t == ans)      // 记录当前整数
            v.push_back(i);      // 也将当前整数加入结果
    }
    cout << ans << '\n';        // 输出最大持续性

    for(const auto &i : v)      // 输出所有具有最大持续性的整数
        cout << i << " \n"[&i == &v.back()];      // 按照递增顺序输出，避免行尾多余空格
    return 0;
}
```

【2024 年天梯赛全国总决赛】L2-3 满树的遍历

一棵"k阶满树"是指树中所有非叶子结点的度都是k的树。给定一棵树，需要判断它是否为k阶满树，并输出它的前序遍历序列。

注意，树中结点的度是该树拥有的子树的个数，而树的度是树内各结点的度的最大值。

输入格式

输入首先在第一行给出一个正整数n（$n \leqslant 10^5$），表示树中结点的个数。结点从1到n编号。随后n行，第i行（$1 \leqslant i \leqslant n$）给出第$i$个结点的父结点编号。由于根结点没有父结点，因此对应的父结点编号为0。题目保证给出的树是一棵合法的多叉树，并且只有唯一的根结点。

输出格式

首先在一行中输出该树的度。如果输入的树是k阶满树，则加一个空格后输出YES，否则输出NO。最后，在第二行输出该树的前序遍历序列，数字间以一个空格分隔，行首尾不得有多余空格。

注意，兄弟结点按编号升序访问。

样例输入

```
7
6
5
5
6
6
0
5
```

样例输出

```
3 yes
6 1 4 5 2 3 7
```

解题思路

本题考察对树的基本理解，以及深度优先搜索（DFS）等内容，属于基本功的范畴。按照题意逐步求解即可。

```
#include <bits/stdc++.h>
using namespace std;
using ll = long long;
const int N = 1e5 + 9;            // 定义常量N，表示树的结点最大数目
int d[N], fa[N];                  // d数组未使用，fa数组存储每个结点的父结点编号
vector<int> g[N], v;              // g数组表示邻接表，v用于存储前序遍历结果

// 深度优先搜索（DFS）遍历树
void dfs(int x){
```

```
    v.push_back(x);                    // 将当前结点加入前序遍历结果
    for(const auto &y : g[x])          // 遍历当前结点的所有子结点
    {
        dfs(y);    // 对每个子结点递归进行深度优先遍历
    }
}

int main(){
    ios::sync_with_stdio(0), cin.tie(0), cout.tie(0);    // 优化输入/输出, 提高效率
    int n;cin >> n;                    // 输入结点的个数
    for(int i = 1;i <= n; ++ i)
    {
        cin >> fa[i];                  // 输入每个结点的父结点编号
        g[fa[i]].push_back(i);         // 将当前结点添加到其父结点的子结点列表中
    }
    int rt = 1;              // 假定根结点为1

    // 查找树的根结点（父结点编号为0的结点）
    for(int i = 2;i <= n; ++ i)if(fa[i] == 0)rt = i;      // 根结点的父结点编号为0

    // 对每个结点的子结点按编号升序排序
    for(int i = 1;i <= n; ++ i)sort(g[i].begin(), g[i].end());

    bool ans = true;         // 假设树是k阶满树
    // 检查所有非叶结点的子结点数是否一致
    for(int i = 1;i <= n; ++ i)
        if(g[i].size() && g[i].size() != g[rt].size())
            ans = false;               // 如果某个结点的子结点数与根结点不同, 说明不是k阶满树
    // 输出树的度以及是不是k阶满树
    cout << g[rt].size() << ' ' << (ans ? "yes" : "no") << '\n';

    dfs(rt);         // 从根结点开始进行DFS遍历
    for(const auto &i : v)
        cout << i << " \n"[&i == &v.back()];    // 输出前序遍历结点, 末尾不加空格
    return 0;
}
```

【2024 年天梯赛全国总决赛】L3-1 夺宝大赛

夺宝大赛的地图是一个由 $n \times m$ 个方格子组成的长方形，主办方在地图上标明了所有障碍以及大本营宝藏的位置。参赛的队伍一开始被随机投放在地图的各个方格里，同时开始向大本营进发。所有参赛队从一个方格移动到另一个无障碍的相邻方格（"相邻"是指两个方格有一条公共边）所花的时间都是一个单位时间。但当有多支队伍同时进入大本营时，必将发生火拼，造成参与火拼的所有队伍无法继续比赛。大赛规定：最先到达大本营并能活着夺宝的队伍获得胜利。

假设所有队伍都将以最快的速度冲向大本营，请你判断哪个队伍将获得最后的胜利。

输入格式

输入首先在第一行给出两个正整数 m 和 n（$2<m$，$n\leqslant100$），随后 m 行，每行给出 n 个数字，表示地图上对应方格的状态：1表示方格可通行；0表示该方格有障碍物，不可通行；2表示该方格是大本营。题目保证只有一个大本营。

接下来是参赛队伍信息。首先在一行中给出正整数 k（$0<k<m\times n/2$），随后 k 行，第 i（$1\leqslant i\leqslant k$）行给出编号为 i 的参赛队的初始落脚点的坐标，格式为 x,y。

这里规定地图左上角的坐标为1,1，右下角坐标为 n,m，其中 n 为列数，m 为行数。注意参赛队只能在地图范围内移动，不得走出地图。

题目保证没有参赛队一开始就落在有障碍物的方格里。

输出格式

在一行中输出获胜的队伍编号和其到达大本营所用的单位时间数量，数字间以一个空格分隔，行首尾不得有多余空格。若没有队伍能获胜，则在一行中输出"No winner."。

样例输入

```
5 7
1 1 1 1 1 0 1
1 1 1 1 1 0 0
1 1 0 2 1 1 1
1 1 0 0 1 1 1
1 1 1 1 1 1 1
7
1 5
7 1
1 1
5 5
3 1
3 5
1 4
```

样例输出

```
7 6
```

样例说明

7支队伍到达大本营的时间顺次为：7、不可能、5、3、3、5、6，其中队伍4和队伍5火拼了，队伍3和队伍6火拼了，队伍7比队伍1早到，所以获胜。

解题思路

本题考察"正难则反"的思路，由于起点很多，而终点只有一个，我们发现路线是可逆的，于是不妨从终点出发执行广度优先搜索（BFS）求"从终点到所有点的最短路径"，也就相当于求到了所有点到终点的最短路径。

将所有最短路径的长度和编号存下来之后，排序遍历一遍就容易得出结果，如果从小到大遍历，某个距离仅出现一次，说明就是答案了。

本题有个小"坑"，输入询问的*x*,*y*坐标是反过来的（这是从样例观察出来的）。

```cpp
#include <bits/stdc++.h>
using namespace std;

// 定义常量N和inf，N是最大地图大小，inf是一个足够大的数，表示不可达的距离
const int N = 105, inf = 1e9;
int n, m, k;                      // n: 行数，m: 列数，k: 参赛队伍数量
int mp[N][N], d[N][N];            // mp[][]: 地图信息，d[][]: 从起点到每个点的最短距离
int dx[] = {0, 0, 1, -1};         // 定义方向数组，表示上下左右的偏移量
int dy[] = {1, -1, 0, 0};

void bfs(int sx, int sy) {
    // inmp 函数：判断某个坐标(x, y)是否在地图范围内
    auto inmp = [](int x, int y) {
        return 1 <= x && x <= n && 1 <= y && y <= m;  // 判断x和y是否在合法范围内
    };

    queue<pair<int, int>> q;  // 使用队列存储当前的搜索结点（坐标）
    bitset<N> vis[N];         // vis[][]: 标记某个点是否被访问过
    q.push({sx, sy});         // 将起点加入队列
    d[sx][sy] = 0;            // 起点的最短距离为0

    while (q.size()) {        // 当队列非空时继续进行BFS
        int x = q.front().first, y = q.front().second;  // 获取队列中的当前结点坐标
        q.pop();              // 弹出当前结点

        if (vis[x][y]) continue;  // 如果该点已经访问过，则跳过
        vis[x][y] = true;         // 标记当前点为已访问

        // 遍历4个方向（上下左右）
        for (int i = 0; i < 4; ++i) {
            int nx = x + dx[i], ny = y + dy[i];  // 计算下一个结点的坐标
            // 如果新坐标在地图范围内且未被访问过且该位置没有障碍物（值不为0）
            if (inmp(nx, ny) && !vis[nx][ny] && mp[nx][ny] != 0) {
                d[nx][ny] = d[x][y] + 1;          // 更新最短距离
                q.push({nx, ny});                 // 将新结点加入队列
            }
        }
    }
}

int main() {
    ios::sync_with_stdio(0), cin.tie(0), cout.tie(0);  // 优化输入/输出
    cin >> n >> m;                  // 输入地图的行数n和列数m
    // 输入地图的状态（1表示通行，0表示障碍物，2表示大本营）
    for (int i = 1; i <= n; ++i)
```

```
        for (int j = 1; j <= m; ++j)
            cin >> mp[i][j];

    int sx = 0, sy = 0;     // sx, sy: 大本营的位置坐标
    // 遍历地图，找到大本营的坐标并初始化d[][]为不可达的最大值
    for (int i = 1; i <= n; ++i)
        for (int j = 1; j <= m; ++j) {
            if (mp[i][j] == 2) sx = i, sy = j;       // 找到大本营的坐标
            d[i][j] = inf;              // 初始化所有点的最短距离为inf（表示不可达）
        }

    bfs(sx, sy);                        // 从大本营开始进行BFS计算最短路径

    int q; cin >> q;                    // 输入参赛队伍的数量q
    vector<pair<int, int>> ans;         // 存储队伍到大本营的最短距离及队伍编号

    // 输入每支队伍的起始位置，并计算到大本营的最短距离
    for (int i = 1; i <= q; ++i) {
        int x, y; cin >> y >> x;        // 输入队伍的起始坐标
        ans.push_back({d[x][y], i});    // 将队伍的最短路径和编号加入结果数组
    }

    // 按照最短距离升序排序，若有多个队伍到达相同位置，则进行处理
    sort(ans.begin(), ans.end());
    bool tag = false;                   // 标记是否找到唯一的获胜队伍

    // 遍历所有队伍，寻找唯一获胜的队伍
    for (int i = 0; i < ans.size(); ++i) {
        // 如果当前队伍的到达时间是唯一的（不与前后队伍相同）
        if ((i == 0 || ans[i].first != ans[i - 1].first) &&
            (i + 1 == ans.size() || ans[i].first != ans[i + 1].first) &&
            ans[i].first != inf) {
            // 输出获胜队伍的编号和到达时间
            cout << ans[i].second << ' ' << ans[i].first << '\n';
            tag = true;                 // 标记找到获胜队伍
            break;                      // 只找第一个符合条件的队伍
        }
    }

    if (!tag) cout << "No winner.\n";   // 如果没有找到获胜队伍，输出"No winner."
    return 0;
}
```

【2023 年天梯赛全国总决赛】L1-7 分寝室

学校新建了宿舍楼，共有n间寝室。在等待分配的学生中，有女生n_0位、男生n_1位。所有待分配的学生都必须分到一间寝室，且所有的寝室都要分出去，最后不能有寝室留空。

现请你编写程序完成寝室的自动分配。分配规则如下：

- 男女生不能混住。

- 不允许单人住一间寝室。
- 对每种性别的学生，每间寝室入住的人数必须相同。例如，不能出现一部分寝室住2位女生，一部分寝室住3位女生的情况。但如果女生寝室都是2人一间，男生寝室都是3人一间，这样是允许的。
- 在有多种分配方案满足前面三项要求的情况下，要求两种性别每间寝室入住的人数差最小。

输入格式

输入的一行中包含三个正整数 n_0、n_1 和 n，分别对应女生人数、男生人数和寝室数。数字间以空格分隔，这三个正整数均不超过 10^5。

输出格式

在一行中顺序输出女生和男生被分配的寝室数量，两者之间用一个空格分隔。行首尾不得有多余空格。如果有解，则题目保证解是唯一的。如果无解，则在一行中输出"No Solution"。

样例输入

```
24 60 10
```

样例输出

```
4 6
```

注意：输出的方案对应女生都是24/4=6人间、男生都是60/6=10人间，人数差为4。满足前3项要求的分配方案还有两种，即女生6间（都是4人间）、男生4间（都是15人间）；或女生8间（都是3人间）、男生2间（都是30人间）。但因为人数差都大于4而不被采用。

解题思路

本题考察暴力枚举和数论基础。我们可以枚举每间女生寝室的人数，从而计算出男生寝室的人数，再进行比较，得出人数差最小的解。需要特别注意的是，不允许单人住一间，寝室不能留空，并且数据均为正整数，因此无须特判0。

```cpp
#include <bits/stdc++.h>
using namespace std;

int getabs(int x){return x < 0 ? -x : x;}  // 计算绝对值的函数

int main(){
    int n0, n1, n;cin >> n0 >> n1 >> n;       // 输入女生人数n0、男生人数n1和寝室数n
    // 初始化最小差值mi，以及女生寝室数ans0、男生寝室数ans1
    int mi = 1e9, ans0 = 0, ans1 = 0;
    // 枚举每个女生寝室的人数
    for(int i = 2;i <= n0; ++ i)
    {
        // 如果i不能整除n0，说明i不合法，跳过
        if(n0 % i)continue;
```

```
            int j = n - n0 / i;      // 计算男生寝室数量j

            // 如果j小于或等于0，或者j不能整除n1，或者男生每个寝室的人数小于或等于1，跳过
            if(j <= 0 || n1 % j || n1 / j <= 1)continue;

            // 此时说明男生寝室的人数为n1/j
            // 如果女生寝室人数i和男生寝室人数n1/j的差值较小，更新最小差值和结果
            if(getabs(i - n1 / j) < mi)
            {
                mi = getabs(i - n1 / j);          // 更新最小差值
                ans0 = n0 / i, ans1 = j;          // 更新女生寝室数，更新男生寝室数
            }
        }
    if(mi == 1e9)cout << "No Solution\n";    // 如果没有找到合法解，输出No Solution
    else cout << ans0 << ' ' << ans1 << '\n';    // 输出女生寝室数和男生寝室数
    return 0;
}
```

【2023 年天梯赛全国总决赛】L2-4 寻宝图

给定一幅地图，其中有水域和陆地。被水域完全环绕的陆地称为岛屿。部分岛屿上埋藏有宝藏，这些宝藏的位置已经被标记出来了。请你统计一下给定地图中一共有多少岛屿，其中有多少是有宝藏的岛屿。

输入格式

输入的第一行包含两个正整数N和M（$1<N\times M\leqslant 10^5$），表示地图的尺寸，即地图由$N$行$M$列的格子构成。随后$N$行，每行给出$M$个0~9的数字，其中0表示水域，1表示陆地，2~9表示宝藏（宝藏都埋在陆地上）。

注意，两个格子共享一条边时，才是"相邻"的。地图的外围默认全是水域。

输出格式

在一行中输出两个整数，分别是岛屿的总数量和有宝藏的岛屿的数量。

样例输入

```
10 11
01000000151
11000000111
00110000811
00110100010
00000000000
00000111000
00114111000
00110010000
00019000010
00120000001
```

样例输出

```
7 2
```

解题思路

本题可以用并查集（Union-Find）来求解。首先，将所有陆地连接成一个连通块。然后，扫描所有陆地，对包含宝藏的连通块进行标记（标记到该连通块的根结点），同时计算连通块的总数。

当然，也可以使用广度优先搜索（BFS）或深度优先搜索（DFS）等算法来求解这个问题。

```cpp
#include <bits/stdc++.h>
using namespace std;
const int N = 2e5 + 9;          // 定义常量N，表示最大可能的格子数
string mp[N];                   // 存储地图的数组
int dx[] = {0, 0, 1, -1};       // 表示上下左右4个方向的x坐标增量
int dy[] = {1, -1, 0, 0};       // 表示上下左右4个方向的Y坐标增量

// (i, j)用i * m + j来表示
int pre[N];

// 并查集的路径压缩查找操作
int root(int x){return pre[x] = (pre[x] == x ? x : root(pre[x]));}

int main()
{
    ios::sync_with_stdio(0), cin.tie(0), cout.tie(0);     // 提高输入/输出效率
    int n, m; cin >> n >> m;          // 读取地图的行数n和列数m

    for(int i = 1;i <= n; ++ i)     // 读取地图数据
    {
        cin >> mp[i];
        // 将每一行的首字符设为 '?'，方便后续处理
        mp[i] = "?" + mp[i];
    }

    // 初始化并查集
    for(int i = 1;i <= n; ++ i)
        for(int j = 1;j <= m; ++ j)
            // 每个格子自成一个集合，初始化时每个格子的父结点为自己
            pre[i * m + j] = i * m + j;

    // 边界检查函数，判断坐标 (x, y) 是否在地图范围内
    auto inmp = [=](int x, int y)
    {
        return 1 <= x && x <= n && 1 <= y && y <= m;
    };

    // 对每个格子进行处理，使用并查集合并相邻的陆地
    for(int i = 1;i <= n; ++ i)
    {
```

```
        for(int j = 1;j <= m; ++ j)
        {
            for(int k = 0;k < 4; ++ k)
            {
                // 注意跳过水域
                if(mp[i][j] == '0')continue;
                int nx = i + dx[k], ny = j + dy[k];    // 计算相邻格子的坐标
                // 如果相邻格子在地图范围内, 并且不是水域, 则合并两个陆地
                if(inmp(nx, ny) && mp[nx][ny] != '0')
                {
                    pre[root(i * m + j)] = root(nx * m + ny);  // 合并两个连通块
                }
            }

        }
    }
    // 使用 bitset 存储每个连通块是否包含宝藏
    bitset<N> tag;
    int cnt = 0;        // 统计连通块的数量
    for(int i = 1;i <= n; ++ i){
        for(int j = 1;j <= m; ++ j)
        {
            if(mp[i][j] == '0')continue;            // 跳过水域
            // 如果该格子有宝藏 (2到9表示宝藏), 标记包含宝藏的连通块
            if(mp[i][j] - '0' >= 2)tag[root(i * m + j)] = true;
            // 如果是该连通块的根结点, 说明这是一个新的连通块
            if(root(i * m + j) == i * m + j)cnt ++;  // 增加连通块数量
        }
    }
    cout << cnt << ' ' << tag.count() << '\n';  // 输出结果: 岛屿总数和有宝藏的岛屿数量
    return 0;
}
```

【2023年天梯赛全国总决赛】L3-2完美树

给定一棵有N个结点的树（树中的结点从1到N编号，根结点编号为1）。每个结点有一种颜色，或为黑，或为白。

若以结点u为根的子树中的黑色结点与白色结点的数量之差的绝对值不超过1，则称该子树是好的；若对所有$1 \leqslant i \leqslant N$，以结点$i$为根的子树都是好的，则称整棵树是完美树。

你需要将整棵树变成完美树，可以进行以下操作任意次（包括零次）：选择任意一个结点i（$1 < i \leqslant N$），改变结点i的颜色（若结点i目前是黑色，则将其改为白色，若是白色，则将其改为黑色）。每次操作的代价为P_i。

求将给定的树变为完美树的最小代价。

注意，以结点i为根的子树，由结点i以及结点i的所有后代结点组成。

输入格式

输入的第一行为一个整数 N（1≤N≤10^5），表示树的结点个数。

接下来的 N 行，第 i 行的前 3 个数分别为 C、P 和 K（1≤P$_i$≤10^4，0≤K$_i$≤N），表示树上编号为 i 的结点的初始颜色（0 为白色，1 为黑色）、变换颜色的代价以及子结点的数量。紧跟着有 K$_i$ 个整数，为子结点的编号。数字均用一个空格隔开，所有的编号保证为 1~N，且树没有环。

数据中只包含一棵树。

输出格式

一行输出一个数，表示将树 T 变为完美树的最小代价。

样例输入

```
10
1 100 3 2 3 4
0 20 1 7
0 5 2 56
0 8 1 10
0 7 0
0 2 0
1 1 2 8 9
0 15 0
0 13 0
1 8 0
```

样例输出

```
15
```

提示

样例中最佳的方案是：将 9 号结点和 6 号结点从白色变为黑色，此时代价为 13＋2=15。

解题思路

本题是一道比较难的树形动态规划（DP）问题。

状态定义：

- dp[x][0]：令以 x 为根的子树是"0 比 1 多一个"的完美树的最小代价。
- dp[x][1]：令以 x 为根的子树是"1 比 0 多一个"的完美树的最小代价。
- dp[x][2]：令以 x 为根的子树是"1 和 0 数量相等"的完美树的最小代价。

想一下如何进行状态转移？我们可以先计算一棵子树的大小 sz[x]，然后根据具体情况进行分类讨论。

假设有一个结点 x，它有若干子结点 y，其中有 k 个子结点 y 满足 sz[y] 为奇数，我们称这些子树为大小为奇数的子树 y。若 sz[y] 为偶数，则直接转移即可。

当sz[x]为偶数时（此时必然有k为奇数）：

- 若x选0，则从k个大小为奇数的子树y中选取 $\left\lfloor \dfrac{k}{2} \right\rfloor - 1$ 个为0，其他为1。

- 若x选1，则需要选 $\left\lfloor \dfrac{k}{2} \right\rfloor$ 个0，其他为1。

当sz[x]为奇数时（此时必然有k为偶数）：求解dp[x][0]，此时有两种方案：

- 令x选0，奇数子树中选择相同个数的0和1。
- 令x选1，奇数子树中选0的比选1的多2个（前提是k不为0）。

求解dp[x][1]，方法与dp[x][0]类似。

现在问题是，如何从k个子结点中选出x个变为0，代价最小？可以采用贪心法的选取策略：假设所有子树初始都选为1，然后将"修改代价"按照升序排序，选择前x个子树进行修改（变为0），得到最小代价。这是经典的贪心模型。

```cpp
#include <bits/stdc++.h>
using namespace std;
const int N = 1e5 + 9;
int col[N], p[N], sz[N];
vector<int> g[N];

//dp[i][2]：令以i为根的子树，0和1数量相等的最小代价
//dp[i][1]：令以i为根的子树，1比0多1个的最小代价
//dp[i][0]：令以i为根的子树，1比0少1个的最小代价
int dp[N][3];

void dfs(int x)
{
    // 根据子树情况分类，若sz[y]为偶数，则用dp[y][2]转移
    // 若sz[y]为奇数，假设有k个子结点的sz都为奇数，那么要考虑从中选多少个为1型、多少个为2型来转移
    int sum = 0;
    sz[x] = 1;
    vector<int> v;      // v存储所有奇数结点的代价差值dp[y][0] - dp[y][1]

    for(const auto &y : g[x]) // 遍历所有子结点
    {
        dfs(y);                 // 递归计算子树信息
        sz[x] += sz[y];         // 更新当前结点的子树大小

        if(sz[y] & 1)           // 如果子树大小为奇数，则需要考虑该子树的选择代价
        {
            sum += dp[y][1];    // 假设选择子树为1型，先加上其代价
            v.push_back(dp[y][0] - dp[y][1]);     // 存储修改为0型的代价差
        }
        else sum += dp[y][2];   // 如果子树大小为偶数，直接加上0和1平衡的代价
    }
```

```
// 排序后可以从前往后贪心选，修改代价一定是最小的
sort(v.begin(), v.end());

if(sz[x] & 1)        // 如果当前子树大小为奇数
{
    // 此时dp[x][2]非法
    // 此时奇数子结点的个数必然为偶数，同时还有一个当前结点x
    int tmp = 0;

    // 贪心选择，将v中前一半子树的代价加起来
    for(int i = 0;i < v.size() / 2; ++ i)tmp += v[i];

    // 分4种情况讨论
    // 求解dp[x][1]，即1更多
    // 若x选1，则子树上的都均衡
    // // 计算dp[x][1]，即1比0多1个的最小代价
    dp[x][1] = (col[x] == 1 ? 0 : p[x]) + sum + tmp;

    if(v.size())   // 如果v.size()大于0，则可以考虑选择0型方案
    {
        // 注意若v.size()==0，则无法采取这种选法
        // 若x选0，则子树上选的0比1少2个
        tmp -= v[v.size() / 2 - 1];         // 恢复tmp值
        dp[x][1] = min(dp[x][1], (col[x] == 0 ? 0 : p[x]) + sum + tmp);
        tmp += v[v.size() / 2 - 1];         // 恢复tmp值
    }

    // 计算dp[x][0]，即0比1多1个的最小代价
    // 若x选0，则子树均衡
    dp[x][0] = (col[x] == 0 ? 0 : p[x]) + sum + tmp;

    if(v.size()){        // 如果v.size()大于0，则可以考虑选择1型方案
        // 若x选1，则子树上1比0少2个
        tmp += v[v.size() / 2];         // 向tmp中加入下一个代价
        dp[x][0] = min(dp[x][0], (col[x] == 1 ? 0 : p[x]) + sum + tmp);
    }
}else{    // 当前子树大小为偶数
    // 此时dp[x][1]、dp[x][0]均为非法，不能选0比1多1个或1比0多1个
    // 此时考虑从sz[y]为奇数的子结点中选多少个0、多少个1
    // 需要考虑从奇数大小的子树中选哪些为0，哪些为1
    int tmp = 0;

    // 贪心选择，将v中前一半子树的代价加起来
    for(int i = 0;i < v.size() / 2; ++ i)tmp += v[i];

    // 假设x选0，那么需要从v.size()个子结点中将v.size() / 2（向下取整）个子结点修改为0
    dp[x][2] = (col[x] == 0 ? 0 : p[x]) + sum + tmp;

    // 假设x选1，那么需要从v.size()中选出v.size() / 2 + 1个子树修改为0
```

```
            tmp += v[v.size() / 2];        // 注意下标从0开始
            dp[x][2] = min(dp[x][2], (col[x] == 1 ? 0 : p[x]) + sum + tmp);
        }


}

int main(){
    ios::sync_with_stdio(0), cin.tie(0), cout.tie(0);
    int n;cin >> n;
    for(int i = 1;i <= n; ++ i)// 读取每个结点的信息
    {
        int k;
        cin >> col[i] >> p[i] >> k;
        while(k --)               // 读取每个结点的孩子结点
        {
            int x; cin >> x;
            g[i].push_back(x);  // 添加子结点到当前结点的子树中
        }
    }
    dfs(1);        / 从根结点开始DFS

    // 如果树的大小为奇数，则输出dp[1][0]与dp[1][1]中的较小值
    // 如果树的大小为偶数，则输出dp[1][2]
    if(sz[1] & 1)cout << min(dp[1][0], dp[1][1]) << '\n';
    else cout << dp[1][2] << '\n';
    return 0;
}
```